森林ビジネス革命

環境認証がひらく持続可能な未来

Michael B. Jenkins
M・B・ジェンキンス
Emily T. Smith
E・T・スミス──[著]

大田伊久雄＋梶原晃＋白石則彦──[編訳]

築地書館

The Business of Sustainable Forestry :
Strategies for an Industry in Transition
by
Michael B. Jenkins and Emily T. Smith
© 1999 The John D. and Catherine T. MacArthur Foundation
Japanese translation rights arranged with
ISLAND PRESS
through ASANO AGENCY, INC.
Published in Japan
by
Tsukiji-Shokan Publishing Co., Ltd.

訳者によるまえがき

　ブラジル・リオデジャネイロで1992年に開催された地球サミット以降、「持続可能な森林経営」が世界の森林・林業のキーワードとなりました。各国共通で森林のモニタリング基準を設けたヘルシンキプロセスやモントリオールプロセス等の動き、国連の場における森林条約締結に向けてのフォローアップ会議など、森林環境問題は新たな局面を迎えています。

　一方、森林資源に依存する木材産業は、こうした潮流を事業活動を制約するものとの危機感を持って受け止めました。同じ時期、環境運動のさかんなアメリカで起こったマダラフクロウ保護を焦点とする国有林の伐採反対運動とその帰結は、木材産業の危機意識を大いに高めました。そこでは、稀少な生物種を守るために森林資源の利用が大幅に制限された結果、きわめて深刻な経済的打撃が地域を直撃しました。

　このような状況の中、木材産業の内部においても環境への配慮を真剣に取り上げる企業が出てきました。そこには、森林資源が有限であり大切に扱わないと将来の原料確保が厳しくなるという認識や、環境を考えない企業は社会から淘汰されてしまうという逆の危機感、環境配慮を売り物にしていこうという積極志向など、いくつかの理由がありました。

　本書で登場するFSC（森林管理協議会）は、環境保護団体が主導し、木材産業や先住民団体などとの密接な協力関係のもとで1993年に設立された国際非政府組織です。環境面での基準の厳しさと第三者機関による厳正な審査という点から、FSCによる枠組みは現在世界で最も信頼性の高い森林認証制度であるといえます。「持続可能な森林経営」という、これまでは単なる理想像であり大学の研究テーマでしかなかったような概念が、現実に形を持ち始

めたのです。

　FSCによる森林認証では、環境・経済・社会の3つの分野それぞれにおいて高い水準の森林管理が求められます。その一例をあげますと、環境面では、希少な野生動植物のモニタリング、環境への負荷の少ない施業方法、天然林や渓畔林の保護など、詳細で具体的な項目が審査の対象となります。また経済面では、森林管理計画の妥当性、経営の効率性・収益性・将来性などが、社会面では、周辺住民との良好な関係、地元での雇用創出と雇用労働者の待遇や教育などが考慮されます。FSCでは優良な森林管理の実践履歴が求められるため、認証の取得は容易ではありません。

　本書では、紙パルプ大企業から製材工場や家具工場、生活の一部として森林を管理する先住民や修道院、良い森林を作ろうとしている個人林家、熱帯で植林事業や熱帯材の加工に取り組む海外資本など、「持続可能な森林経営」を目指すさまざまな事例が紹介されています。原著者のまえがきにも書かれていますが、本書は30人を超す専門家のチームが3年の月日をかけ徹底的な現地調査をもとに書き上げたもので、森林ビジネス関連の最新情報が満載されています。しかし、ここに登場する事例のすべてが認証を取得しているわけではありません。それは、FSC認証の取得が難しく、また直接的な利益もすぐには現れないからです。「持続可能な森林経営」をめぐるそうしたさまざまな問題点も、本書の中では浮き彫りにされています。

　一方で、わが国の林業は低迷を続けており、木材生産量も木材関連産業従事者数も減少の一途をたどっています。昨今では農作物や工業製品でも輸入品におされるという傾向が見られますが、木材は早くから輸入が自由化されており、国産材は長い間安い外国産材の攻勢にさらされてきました。日本の林業・木材産業を取り巻く現状はまさに非常事態ともいえるもので、「持続可能な森林経営」などと悠長なことを言っている余裕はないというのが、多くの関係者の率直な意見ではないでしょうか。

　しかし、そうした中で、わが国においても森林認証取得に挑戦する人たち

が現れてきています。2000年2月には、三重県の速水(はやみ)林業が国内で初めてFSCの森林認証を取得し、続いて同年10月には高知県の檮原町(ゆすはら)森林組合もFSC認証を取得しました。こうした事例の成功を受けて、その後各地で認証取得に取り組む動きがさかんになりつつあります。また、認証木材を扱うため、加工・流通過程の業者が生産・加工・流通過程の管理認証（CoC認証）を取得する事例も増加しています。CoC認証は製品のラベリングには不可欠な要素で、本書の中でも再三言及されています。

　編訳者の白石は速水林業に関して、大田は檮原町森林組合に関して、それぞれFSC森林認証の審査委員として参加する機会を得ました。どちらの審査も無事に終了し、良い結果が出たわけですが、世界基準という物差しで日本林業を審査する作業は、審査をする側にとってもされる側にとっても想像以上に困難なものでした。また、もう一人の編訳者である梶原は、アメリカでの生活の中で森林認証の先進事例のいくつかに立ち会いました。そんな3人がお互いの経験を語り合う中で、日本林業再生に向けたひとつの可能性としての森林認証制度を、積極的に普及宣伝していく重要性を確認しました。本書（日本語版）の出版は、こうして企画されました。

　原著のタイトルは "The Business of Sustainable Forestry"（持続可能な林業ビジネス）というもので、日本語版のタイトルほど刺激的なものではありません。しかし、本書をお読みになれば、訳者らがなぜあえて『森林ビジネス革命』という、この種の本にしてはきわめて挑発的なタイトルを掲げたのか、おわかりになるものと信じます。現在、世界の木材産業界で起こっていることは非常に大きな変革であり、これまでの常識が通用しなくなる未来もそう遠い先のことではないと感じているからです。

　木材は、かつては伐採地の近くで製材され、基本的に産地の近くで消費されていました。しかし木材の利用技術が進歩し、小さな端材を接合して大きな部材を作ったり、元の材料とはかけ離れた性質を持つ木質材料に転換することが可能になると、木材は量の確保と価格を競う国際的な商品となりました。世界的な木材企業は、その規模の優位性と企業的合理性で日本市場にも

参入し、いまや国内需要の8割を輸入材が占めるまでになりました。こうした企業は、いち早く市場と社会が求める要求を察知し、自らを変革し、競争力を高めてきたのです。この変革は、環境認証の取得を直接意味するものではありませんが、環境認証の求める森林ビジネス像と多くの点で重なることは確かです。

「持続可能な森林経営」という世界の潮流は、すでに実現段階に入っているということができます。わが国においても、もはや森林行政担当者や林学研究者だけに任せておけばいいという時代ではないのです。1990年代半ば以降に世界のあちこちで起こっている事態を知り、その理由を探り、流れの行く末に思いを馳せることは決してむだではないでしょう。本書が、林業や木材産業関係者はもちろん、森林問題に関心のある多くの方々にとって、将来の世界と日本の森林管理のあり方を考えるうえでお役に立てれば幸いです。

原著の翻訳に当たり、本書では日本の読者に世界の森林ビジネス界で起こっている変化の潮流を理解してもらうことに主眼をおきました。そのため原著には各章末に付けられていた膨大な量の参考文献は省略しました。本書を通じて興味を抱き、さらなる情報を求める読者は、原著の参考文献をご参照されることをお勧めします。

また各章の始めに、内容をよりイメージしやすいようにとの理由から、大田がヨーロッパやアメリカ等で撮影した写真を用いました。それゆえ、必ずしも章の内容そのものに対応するものではないことをお断りします。

本書の出版に際しては、築地書館の土井二郎社長および橋本ひとみさんにお世話になりました。ここに記してお礼を申し上げます。

2001年11月吉日

訳者を代表して
大田伊久雄
梶原　　晃
白石　則彦

目 次

訳者によるまえがき　iii

序　ジョナサン・ラッシュ　ステファン・シュミッドハイニ　1
まえがき　4

序章 ――――――――――――――――――――――――――― 8
持続可能な林業と企業利益…8　　重要なターニングポイント…10
森林破壊がもたらす負の遺産…11　　より価値の高い森林…11
木材供給の減少への対応…12　　新たな競争…12

第1章　新たな地平を求めて ――――――――――――――――― 17
持続可能な森林…18　　規模の問題…19　　持続可能な林業…20
新たな地平の追求…21　　機会…21　　挑戦…25
適応学習としての持続可能な林業…27　　戦略の評価…27
結論…28

第2章　激動する木材産業 ――――――――――――――――― 29
業界を変える圧力…30　　政府によるいっそうの監督…41
変わりつつある木材産業と環境リスク…42
持続可能な森林経営への新しいビジネスチャンス…43
厳しい紙パルプ産業の将来…44　　環境適応の新しいサイクル…46
木質パネルとエンジニアードウッドの時代…47
世界的な化粧単板市場…52　　製材品の展望…53
アメリカの広葉樹の現状…55　　アメリカの広葉樹の環境的好機…56
環境の力によって形づくられる未来…58

第3章 拡大する認証木材市場 ──── 60

持続可能性をめぐる前進・後退…62
持続可能な経営を取り入れることへの圧力…62
需要と供給の隔たり…73　　木材から紙製品へ…76
変わりつつあるアメリカ市場…79　　リサイクルの教訓…82
カナダにおけるISO14000認証…83
日本とアジアにおける低い関心…84　　グローバリゼーション…85

第4章 技術への新たな要求 ──── 87

違いのある技術…88
将来有望な持続可能な森林経営技術に対する障壁…90
簡単に使えるGISソフトウェアから得られる林家のための情報…96
環境にやさしい伐採機械：ポンス・システム…97
廃棄物利用と効率向上のための製造技術…98
木材廃棄物変換：スクラップ・リカバリー・システム…99
木材乾燥技術：トリム・ブロック・ドライング・ラック・システム…99
短小材と廃材利用：未乾燥木材のフィンガージョイント技術…100
グリーンウェルド・プロセス…102
大豆ベースの接着剤：クライビッチ・システム…103
廃棄物の削減：多機能ロボアイ…104
材質の改良：インデュライト・テクノロジー…105
熱帯地域における適切な持続可能森林経営の技術…107
BOLFOR：ボリビアにおける持続的森林経営プロジェクト…108
変化を誘う解決策…110　　経済的パートナーシップの強化…111

第5章 先駆者からの教訓 ──── 113

「元本と利子」による経営…114
持続可能な林業に関連した戦略…115
オレゴン州とカリフォルニア州での造林事業…116
より健全な森林、隣人との良い関係、満たされた従業員…119
持続可能な森林経営の制約…120　　未知数の認証製品市場…122
認証製品に対する市場の壁…123　　販売における成功と失敗…124

「グリーン」プレミアムはどこに存在するか…126
高い経営成績…126　　持続可能な森林経営の予期せぬ帰結…127
得られた教訓…128

第6章　環境と経済の両立 ― 129
メノミニーの森――永遠に茂る樹々…130
バーノン計画――儲けるための丸太選木…145

第7章　持続可能な林業への私有林所有者の参入機会 ― 153
さまざまな会計帳簿…154　　アメリカにおけるNIPFの概要…154
専門家の助言の重要な役割…158　　非市場性便益の重要性…158
ヴァンナッタ家のツリーファーム――3世代の生活の糧…160
フリーマン一家のファーム――スチュワードシップの実践…163
リオンズ一家の土地――健全な林業による収入…166
トラピスト修道院林――対立の効果的な解決…167
ブレント氏の森――ダグラスファーの永続的森林…171
税制――持続可能な森林経営の大きな障害…173
カリー家の森――相続税の衝撃…174
フレデリック家の地所――投資法人の設立…175
NIPFのための認証の新しいモデル…177
小規模林家の認証体系の将来…180　　溝を埋める…181

第8章　ニッチ市場を求めて ― 182
パーソンズパインプロダクツ社――ゴミを現金に…183
コロニアルクラフト社――初期の認証ベンチャー…191
ポルティコ社――垂直的統合の力…199

第9章　難しい熱帯地域での持続的森林管理 ― 208
複雑な熱帯材の需給関係…209
移り気なアマゾンの木材産業界…209
さらに厳しい政府の政策…211　　破壊に代わる道…212

導入された持続可能な森林経営システム…213
品質を重視した市場戦略…214　知名度の低い樹種の重要性…215
半製品の利点…215　ヨーロッパ市場の重要性…216
不運な始まり…216　将来の利益？…218
プレシャスウッド社におけるリスク…219
利益を上げる可能性…220
持続的な林業としてではなく、商業的経営としての成功…220

第10章　パルプ・プランテーションの社会経済学 ── ブラジルを例として ── 222

アラクルスセルロース社…223　リオセル社…234
アラクルスセルロース社とリオセル社の比較…240
インドネシアの破壊的プランテーション戦略…243

第11章　認証への道のり ── 247

銅の採掘から森林経営へ…248　持続可能な森林経営への移行…249
1993年──新たな全社的森林経営戦略…252
ストラ社に対する挑戦…254　ヨーロッパ市場のグリーン化…254
FSC認証への動き…258　認証取得の競争優位性…259
反対者を支持者に変える認証取得…260
持続可能な森林経営の経済リスク…261
認証の競争上のリスク…261
会社所有以外の森林──持続可能な森林経営への鍵…262
不明確さの程度…263

第12章　木材の城壁 ── 264

針葉樹材に基づく経営…265　ウェアハウザー林業の発展…267
ウェアハウザー林業…271　経済的・環境的持続可能性…272
市場競争における立場…275　競争手段としての高収穫林業…275
「木材の城壁」…276　競争優位としての環境…277
財務状況…279　今後の課題…279　経営上の問題点…279

第13章 経営戦略としての持続可能な森林経営――――――283
　　　　環境戦略における持続可能な森林経営の役割…284
　　　　持続可能な林業の枠組み―― 4つの戦略…286
　　　　成功と失敗の違い…288　　市民権の保護…289
　　　　負荷の低減…290　　製品品質の向上…291　　経営の再定義…292
　　　　統合された持続可能性…293
　　　　未来の「木材繊維サービス」企業…296

第14章 得られた教訓――――――――――――――298

Box2.1　チャンピオン社：変化する経営環境への適応　31
Box2.2　紙の環境配慮への可能性　48
Box2.3　有利なMDFパートナーシップ　51
Box3.1　B&Q社：認証製品市場の創出　75
Box3.2　アッシドマン社：信頼のためのFSC認証　78
Box3.3　ホームデポ社：不確かな取り組み　80
Box4.1　伐採技術認定プログラム　95
Box11.1　環境保護圧力への妥協　255
Box11.2　認証製品のたゆまぬ追求　256
Box12.1　環境保護団体からのさまざまな評価　274

英略語一覧　303
用語解説　305
索引　314

序

ジョナサン・ラッシュ
ステファン・シュミッドハイニ

　我々のうちの1人、ジョナサン・ラッシュは世界資源研究所（WRI）の所長である。WRIは、世界規模の森林の劣化・減少に対処すべく、国際環境政策の研究に取り組んでいる。最近のWRIの研究では、世界の至るところで商業伐採が森林の乱開発に先鞭を付けていることが明らかになっている。

　この序のもう1人の著者であるステファン・シュミッドハイニは、南米で家具・ドア・フローリングなどを扱う木材企業のビジネスマンである。

　読者は、我々2人の間に、世界の森林資源の保全と利用に関して意見の不一致があるとお思いになられるであろう。森林ビジネスの世界は急速に変化しており、環境保護とビジネスとにおいて、その目標とするところが同じ方向に収斂しつつあるなどとは、5年前には誰も考えつかなかったはずである。

　基本となる考え方は大いに違っていても、我々は森林問題に関して完全に一致した見解を共有している。さらに、お互いにたくさんのことを教え合ってきたことも強調しておきたい。WRIはこれまで、「緑の投資」や利益改善について木材関連企業とどのように協力していけるのかを調査研究してきた。チリにおいて人工林経営を行っているステファン・シュミッドハイニのテラノバ社は、環境ガイドラインであるISO14001を最初に取得した木材企業である。その人工林は、荒廃した農地跡に造成されたものであった。

　各国政府を中心としたさまざまな努力にもかかわらず、世界の森林荒廃と消失面積は依然として高くしかも増加傾向にある。これは特に、熱帯と亜寒帯地域において顕著である。ブラジル国内のアマゾン地域に限ってみても、1997〜1998年にかけて1万7,000km^{2}の森林が消失したが、これは前年度より27％も増加している。中国における大洪水、ホンジュラスやアメリカ西部における地滑り、ブラジル・インドネシア・ロシアにおける森林火災などは、森林減少に拍車をかけている。環境保護団体は、森林の状態や存続への脅威に対するモニタリングを強化してきた。同時に、消費者に木材製品の生産方法に関する情報を伝える独自の認証制度を普及させることによって、森林問題の解決に向けて企業との良好な関係を構築してきた。

木材関連産業の人々は、森林がなくなってしまうことを恐れている。もっぱら皆伐と新たな林道建設によって天然林から木材生産を続けてきた結果、林業が経済的に成り立つような地域には天然林はほとんど残っていないというほどに世界の森林は劣化し減少してしまった。近年になってようやく、一般の人々や政治家はこうした現状に気づき、各国政府は生物多様性の保護、気候変動の緩和、森林減少への対策に叡智を集めるようになった。その結果、市場や立法府において、森林資源のより注意深い管理が求められるようになった。これはもはや一時期思われていたようなニッチ市場や一過性の流行ではなく、この変化を受け入れようとする企業にとっては大きなビジネスチャンスなのである。荒廃地における人工林経営は、森林を増やし、雇用を生み、天然林への負荷を弱めるといった意味できわめてすばらしい対応であるといえよう。

　木材あるいは木質繊維を利用するばかりでなく、森林は多くの価値を有している。その中には、将来的な「生態系サービス」としての、生物多様性の保護、水域管理、炭素貯留なども含まれよう。地域経済においても世界市場においても、こうしたものへの需要は増大しており、近い将来には森林保全に積極的な所有者や管理者が報われる時がくるであろう。

　森林減少に取り組むための国際条約の必要性が叫ばれている。そのための多大な費用や時間が調達可能であるとしても、こうした政府間の条約が目を見張るような成果を上げることはあまり期待できないのが常であり、我々としては企業や市民によるリーダーシップが必要であると感じている。

　木材加工技術・バイオテクノロジー・人工林管理における技術革新は、わずかに残され危機にさらされている原生林への開発圧力を和らげるような新しいビジネスチャンスを提供するはずである。そうした企業においては、廃棄物を減らし、国際的な「緑の市場」への働きかけを進め、費用の低減化を図る中で、木々の成長とともに利益も拡大するであろう。

　こうした分野は、我々にとってはもちろん、より広いビジネス界や環境保護に関心のある人々にとっても、注目に値するものである。我々の接点はまさにそこにあるのだが、本書はこの問題を詳しく取り扱っており、誰にとっても価値の高い情報が詰め込まれている。特に、木材関連企業・森林所有者・森林管理者・環境保護団体・研究者・企業経営者などの方々にとっては興味深い内容であろう。小規模な森林所有者から巨大企業に至るまで、木材関連企業は政府・自治体・従業員・株主などの要求を満たすことに四苦八苦しているはずである。本書『森林ビジネス革命』は、企業のリーダーたちが環境と企業経営に対して、どのような戦略を取っているのかを明らかにしてくれる。具体的には、資源の効率的利用、廃材利用、未利用樹種の用途開発、より良い森林施業などである。こうした新しい取り組みの成功は、森林の未来への明るい展望を示してくれる。

　『森林ビジネス革命』は、木材産業におけるドラマチックな変化のただ中でとった

スナップ写真である。それは、世界的な市場状況の変化、技術革新、そして木材産業界を変えていく企業リーダーたちを映し出している。最も進歩的な企業を取り上げ、どのように持続可能性の達成に取り組んでいるのかを検討したのである。本書は、すべての産業に関わる人々、森林学や自然資源学専攻の学生、環境保護に関心のある人々に、大きな変化に直面する木材業界の現状と持続可能な開発を目指す動きを教えてくれる。多くの事例分析は、エコロジーとエコノミーとをひとつにまとめ上げる試みに、どのような限界と可能性があるかを示してくれよう。それゆえ、企業経営者・管理職・コンサルタントの方々は、環境問題とビジネスとをうまく調和させる方法に関するヒントを得られるであろう。本書の最大のメッセージは、持続可能な森林管理というものは、達成可能であるというだけではなく、経済的にも非常に大きな可能性を秘めたものであるということである。

まえがき

　本書のもととなった持続可能な林業のケーススタディーは、NGOとの共同作業を続ける企業経営者たちの新しい考え方と、独自の基金設立の中から生まれた。1990年代初めより、世界の生物多様性の保護問題は、マッカーサー財団国際環境資源プログラムのスタッフの間では最重要課題のひとつであった。持続可能な森林経営という新しい概念を普及させるためには、多くの異なる組織や企業の人々との連携が最も効果的であると思われる。

　ほとんどの国において、恒久的に保存されるだろう森林はごくわずかである。今日、特に熱帯地方において、保護林とされている森林の85％は、林内あるいはその近傍に5億もの人々が暮らしているのである。長期的に考えて、生物多様性保護計画を成功させるためには、こうした森林とその資源に直接依存して生きる人々の暮らしの向上なくしてはあり得ないであろう。そこで問題となるのが、保護と生産のバランスである。世界の生物多様性の命運は、保護地域のあり方ではなく、その周囲にある保護されない森林の管理いかんにかかっているといっても過言ではない。

　生物多様性保護対策の一環としてマッカーサー財団は、保全地域内外における経済開発プロジェクトを支援してきた。ペルー・メキシコ・パプアニューギニア・インドなどの国々ではかなり高度な森林管理が行われてきているが、国際市場はこうした変化に敏感に反応してはいない。持続可能な森林経営の現場が市場と隔絶されているのは世界共通の現象であるが、これは従来の持続可能な森林経営計画が木材産業の複雑さや現況を考慮してこなかったからである。1本の木が森林から伐り出されてから最終消費者の手元に届くまでの間の、複雑な加工・流通段階の関係性にもっと注意が払われるべきであったのだ。それゆえ、そうした持続可能な森林経営の計画は経済的に持続可能ではなく、十分な成果を達成できなかったのである。

　こうしたギャップを埋めるために、マッカーサー財団は、木材産業・資源管理・認証制度・緑のマーケティング・政策立案等に関わるアメリカ内外の林学専門家および持続可能な森林経営に協賛する資金提供者で作る小さなグループ（持続可能な林業ワーキンググループ）を立ち上げた。グループでは、まず持続可能な森林経営という概

念を批判的に検討した。具体的には、生産・伐採・モニタリング・認証・貿易・製造・教育・販売促進などが検討課題であった。その結果として、資源基盤から最終消費までの木材製品の流れの概観を描いたポスター大の持続可能な森林製品図を完成させた。これは、市場を形成する外部からの影響力までをも含んだものであった。この単純化した関係性のモデルは、しかし、立木から製品までの製造・流通・販売過程における木材関連産業の「付加価値の連鎖」を的確に捉えた。ワーキンググループのメンバーは、何回もの討議と文献調査、さらには木材産業関係者や消費者との話し合いの中から、持続可能な森林経営に対する基本的な考え方の枠組みを作った。

　この時点でワーキンググループは、こうしたニッチ市場から競争市場への移行が、どのように経済的な合理性の上に立ったものであるのかという視点を欠いていることを強く認識した。そこで、1996年からの第二次ワーキンググループでは、この点を追求すべく、従来型の森林管理や製材工場経営からの脱却を目指すいくつもの事例を調査検討する中で、特に経営問題と市場との関わり方について注目した。

　このグループは、環境保護団体、大学、アメリカ内外で活躍する木材関連の工場・資源管理・企業経営・野外調査・マーケティング分野の30人以上の人々で構成されており、2年間に5回の会議を持った。最初の2日間にわたる会議では、事例となる企業の選定とともに、グループの収集したデータを加工し分析する投資部門の人材が必要であることが申し合わされた。そこで新たに、ウェアハウザー社の戦略計画部長、アンダーセンウィンドウズ社のコンサルタント、ハンコック木材資源グループの林業経済学者、マッカーサー財団の投資担当部長がグループに加わった。

　調査に先立って、取り上げた事例の比較検討を容易にするため、共通の調査項目や方法に関するガイドラインが定められた。また、以下に示す4点に関して、広く産業全体を見渡した視点から個別事例を検討することが求められた。

1. 持続可能な林業の定義
2. 持続可能なあるいは「緑の」木材製品に対する需要や貿易拡大の可能性の分析
3. 持続可能な森林経営の採用に影響を及ぼす経済的・生態的な圧力要因に関する検討
4. 持続可能な森林経営の採用を促すであろう新たな技術に関する分析

　2回目以降の会議においては、各担当者が調査の進捗状況を報告し、それに対する討議が展開された。最終回の会議では、調査全般において明らかになった事項に加えて、各事例からは何が学び取れるのかという点についての討議が繰り返された。

　調査を進める中で、これまでにはなかったような新しい形の資金協力が得られ、また財団のそうしたことへの対応力も強化された。35名を超えるメンバーによる4大陸にまたがる調査活動や会議をまとめるに当たっては、おびただしい量の電話やEメールや宅配便が飛びかった。編集作業は困難をきわめ、それによってプロジェクトは

6カ月延長された。グループの調査結果を広く普及させるため、出版だけではなく、AV教材、企業や投資家へのプレゼンテーション資料、インターネットでの情報提供などを画策した結果、さらにそうした分野の専門家を加えることとなった。いろいろな混乱が各段階で生じた。例えば、いくつかの企業では経営方針の変更や逆戻りが見られ、調査の完成にかなり手間取ることになった。マイケル・ジェンキンスは、一度ならずもこの調査プロジェクトを始めたことを後悔した。しかし、1997年暮れに調査報告書が完成した時には、一切の苦労は吹き飛んだ。この600頁に及ぶ報告書は、持続可能な森林経営に取り組んだ企業の努力の軌跡と、より高度な持続可能性を追求する姿を克明に記録するものであった。

持続可能な林業ワーキンググループは、この事例研究をもとに、企業、林業関係者、林学・自然資源学・ビジネス専攻の学生などを対象とした書籍を刊行することにした。しかし、事例調査報告書を書物にする作業は、全く一筋縄ではいかなかった。企業や個人のそれぞれの経験は、全体として一致した見解を導くものではなかったのである。逆に、お互いに矛盾し、予期せざるほどの複雑さを有し、失敗を露呈し、戦略的な生産方法に対しても不十分な議論しかできなかった。もちろん、持続可能な森林経営は、企業活動の周縁部で試験的に行われていることだからという言い訳は可能である。しかし、1996年初めにこのワーキンググループが活動を開始してから1997年の暮れに報告書を提出するまでの間に、持続可能な森林経営に対する世界の取り組みの勢いは驚くほど加速され、事例に取り上げた企業のいくつかではさらに状況が変化していた。例えば、調査を始めた頃には、紙パルプの巨大企業であるストラ社ですら森林管理協議会（FSC）への認証申請は検討中であった。しかし、1997年の後半には、既に数社の紙パルプメーカーがその壁を突破していたのである。同様にイギリスの販売店であるセインズベリー社などでは、1996年にはごく一握りの認証製品しか扱っていなかったのであるが、1998年初頭には何百という棚にぎっしりと認証材が並んでいるといった状況になってきているのだった。

環境への配慮が産業界に大きな影響を及ぼすようになってきている現状を見てきた我々の目には、木材産業における1996〜1997年にかけての持続可能な森林経営をめぐる状況は、1980年代後半の化学産業界の状況と酷似しているように映る。環境保護団体と政府からの強い突き上げにあって、化学産業では何十億ドルという資本を投入して有毒廃棄物の除去に取り組んだ。彼らは、新しい技術、新しい製品、そして汚染防止方法の開発に努めたが、同時に消費者と生産者との関係を決定的に改めることに取り組んだのであった。

本書の執筆に当たって、研究メンバーのエミリー・スミスとジョー・ストラスマンは、持続可能な森林経営の最新の動向を盛り込むべく、対象企業のほとんどを再訪し、1998年までの新たな動きを経営陣から直接聞き取った。さらに彼らは、原料納入者・環境保護団体・経済アナリスト・投資家・顧客や事例対象以外の企業経営者とも接見

し、正確な数値の抽出と持続可能な木材製品に関する最新の市場動向などの情報収集に努めた。インタビューの総数は100回を数えた。その後スミスは、事例を再構成して全体の章編成を行い、新たな情報を各章に盛り込んだり新しく書き直したりという作業を行った。

　持続可能な林業ワーキンググループが1996年に提出したレポートにおける個別企業の取り組みは、どれも「進行中の事業」であった。事例にあげた企業の持続可能な森林経営への取り組みは、市場の動きに合わせて大きく進展することが予想される。もしも数年後、同じ企業を追跡調査した場合、あるいは市場と産業を別の角度から見る新たな分析を行った場合、現状では明らかに成功している事例が失敗に終わっているかもしれない。逆に、現状では十分な戦略が練られていないと思われる事例が大成功を収めているかもしれない。いずれにせよ、木材産業とその世界市場が、今後数年間で驚くような変化を遂げることは間違いない。誰にも未来を予言することはできない。しかし、本書に取り上げた企業の努力と持続可能な森林経営に対する分析を通して、我々は、どのようにそしてなぜ、前向きな少数の企業にとって持続可能な森林経営が理にかなった選択であったのかを理解することができるはずである。

　　1999年2月1日

マイケル・B・ジェンキンス
エミリー・T・スミス

序章

持続可能な林業と企業利益

　チリ南部ティエラ・デル・フエゴ島の南部ブナのオールドグロース林は、持続可能な林業の実験舞台である。この微妙な生態系の中で、アメリカ・ワシントン州に本社を置くトリリウム社の子会社サビアインターナショナル社は、37万haの林地経営と製材工場に2億6,000万ドルの投資を行った。1990年代初頭、トリリウム社の会長デビッド・シャイル氏は、増加する世界の木材需要に応えるため、環境保護運動のあおりで規制の厳しくなった太平洋岸北西部以外での林地拡大を検討していた。カナダ・ロシア・ニュージーランドなどの林業事情を検討した結果、彼は木材産業部門への海外からの投資を切望するチリが最適地であると判断したのであった。

　このリオ・コンドル・プロジェクトでは、最初から生態系・経済・社会のすべての面における持続可能性が追求された。サビア社は、皆伐を控え高木の樹冠を残す択伐作業法を採用し、土地への負荷の少ない施業方法を取り、森林を確実に更新させることを誓約した。この方法が森林の長期的な健全性を保証するものであることを確認するため、同社は100名の科学者からなる委員会を発足させ、生態学から土壌学まで、

水文学から野生生物学までをカバーする17もの調査研究を行った。また、第三者機関の認証として森林管理協議会（FSC）認証を取得することも計画された。

サビア社の森林経営は、生態学的に適切な林業経営は長期的に見て経済的にも優位性を持つという考え方に賭けた結果であった。ティエラ・デル・フエゴ島に育つ南部ブナは、家具・キャビネット・乾燥材・単板・モールディングなど付加価値の高い製品用材として、北米産のサクラやカエデをしのぐ材質を持っている。認証を獲得することは、熱帯木材を敬遠する北ヨーロッパ市場への参入許可を得ることでもある。持続可能な林業は経費がかさむうえに輸送賃も高くつくにもかかわらず、高付加価値製品を製造しその90％をヨーロッパ・北米・アジア市場へ輸出することで、サビア社は投資額の20％の利益を見込んでいる。さらに同社は、失業率の高いこの地域において600人分の雇用創出という、地域経済への大きな貢献も見込んでいる。

サビア社の社長兼最高経営責任者（CEO）であるロバート・マン氏によれば、持続可能な林業に基づくビジネス戦略は、天然林資源が希少になり市民からの伐採反対運動が激しさを増す状況の中では、「存続を賭けた戦い」なのである。残念なことに、同社はチリにおける天然林消失の歴史を憂える環境保護団体から提訴され、数年を経て現在は最高裁までもつれ込んでいる。企業側は1998年末までにこの問題を解決しなくてはならなかった。ところが、投資家は持続可能な林業と環境認証とが、南半球における議論の多い天然林伐採事業に対して信頼性を保証するものであると判断した。それゆえ、認証の取得を融資の条件としたのである。プロジェクトの環境専門フォレスターであるシェイラ・ヘルガス氏は、「銀行は、緑の認証に非常に興味を示しています」と述べている。「彼らは、私たちの事業の持続可能性と環境面での信頼性を評価するのに、認証制度を用いているのです。」

1980年代には、サビア社のような持続可能な林業をベースにした事業展開は皆無であった。しかし1990年代半ばになると、サビア社に代表されるように木材産業界は減少する森林という現実と、森林から木材を取り出す行為の生態学的な関係性という問題に直面する中で木材生産をしなければならなくなってきている。サビア社の試みは、1995～1998年の間に木材産業界に根を下ろした持続可能な林業と環境認証を追求しようとする多くの企業・貿易グループ・政府の取り組みのほんの一例である。持続可能な森林経営への挑戦は、一気に世界へ広がりを見せている。負荷の少ない森林施業、バイヤーズグループ、人工林林業、バイオテクノロジー、遺伝子工学、歩留まりを高める新技術、廃材利用技術、認証制度、市民参加。これら持続可能な森林経営に関わるすべてのことはこの10年間に起こった。大企業から中小企業まで、資源を枯渇させず健全な森林を保ったまま、いかにして人々の需要に見合うだけの木材生産ができるかということをさまざまな方法で実験しているのである。さらに、森林消失の最大の原因である開発途上国の貧困問題に取り組む企業も出てきている。

こうした数々の取り組みは、木材産業界の中での新しいやり方への競争が本格化し

てきていることを示すものである。ただ、サビア社の事例でもわかるように、こうした取り組みの多くはまだまだ実験段階である。どれだけの企業が、激化する国際競争の中で生き残れるかはわからない。しかし、個々の取り組みの成否はともかく、木材産業が持続可能な林業を商業的に軌道に乗せられるかどうかは、業界全体の存続にも関わる課題であると言えよう。

重要なターニングポイント

　持続可能な森林経営という概念はそれほど新しいものではない。ただし、近年までこの概念は、もっぱら大学や環境保護団体の手になるもの、あるいは環境保護団体から資金提供を受けた欧米のごく一部の企業が熱帯林業で試している程度のものであった。変化は、1990年代に入ってから起こった。天然林の激減、進まぬ植林活動、林地の他用途への転用、森林の利用方法をめぐる衝突、伐採反対運動、環境規制の強化、木材供給の不足といった事態が進行し、木材産業は従来のやり方のままでは立ちいかないことを痛感させられた。

　昨今の環境保護の動きは、新たな市場ニッチを作り出し、木材資源の可能性を広げ、技術開発に拍車をかけ、新たな資本の動きを促進している。同時に、皆伐施業やオールドグロース林伐採に代表されるような従来の林業に対する人々の反対意識は高まるばかりで、そうした後押しを受けてメディアや法廷や市場は、持続可能な森林経営へと木材産業界を向かわせている。環境保護運動の圧力は、既に産業界に少なからぬ経済面での影響を与えてきているが、さらに世界レベルでの競争ルールに変更を加え、貿易構造を変化させ、今後20年にわたる新たなビジネスチャンスを作り出すであろう。

　持続可能な森林経営および森林認証制度の普及は、木材産業にとってきわめて重要なターニングポイントである。それは、豊富な木材資源を基礎とした従来型の林業の終焉を示すシグナルであり、また物理的にも政治的にももはや森林資源は将来にわたって有限であることを認識せざるを得ない時代の到来を告げるものである。持続可能な森林経営が木材産業界の中で受容されつつあるという現状は、それが従来型の林業に取って代わり得るものであるというコンセンサスができてきていることを示している。すなわち、持続可能な森林経営は、森林を破壊しなければ木材需要を満たすことはできないというジレンマを解決できる可能性を持つのである。その過程において、独立した第三者機関が生態的・社会的・経済的基準を満たした森林経営からの製品であることを証明する森林認証制度が生まれた。これは、企業の持続可能な森林経営に対する姿勢を測る物差しであると同時に、環境保護団体からの攻撃を避ける避雷針の役割をも果たすのである。

森林破壊がもたらす負の遺産

　歴史を振り返ってみると、木材産業というものはほとんどが現存する天然林を伐採することのみによって成立してきたと言える。現在アマゾンで行われている森林破壊は、19世紀後半にアメリカで行われていたことそのままである。その時代、アメリカの人口は3倍に増加し、西部開拓が最も華々しく、農民が一人増えるごとに3ないし4エーカーの森林が開墾され農地に変わった。森林資源は無尽蔵であるかのように思われていたこの時代には、政府は木材産業に対して自由放任政策を取った。立木価格は安く、農業経済は発展しており、移動式製材機の活躍によって森林の消滅とともに木材フロンティアがどんどん移動するといった具合であった。木材産業は、森林資源の豊富な東部から中西部、そして北西部や南部へと、その資源を食いつぶしながら移動した。同じことは世界中で繰り返されてきた。森林破壊にはさまざまな要因があげられるが、貧困と木材伐採、そして商業目的の林業が主なものであることは間違いない。

　世界的な森林資源の収奪行為の対価はきわめて高い。急速に減少する森林、破壊される生態系、生物多様性の減少、空気中への二酸化炭素の放出などである。1950年以降、世界の森林面積は20％消滅した。1990年代後半には、毎年3,500万エーカーの森林が消失している。このままのペースが続けば、21世紀半ばには、かつて地球上の陸地を青々と覆っていた天然林は、わずかな痕跡をとどめるだけになってしまうだろう。陸上生物種の80％を支える森林生態系の破壊は、種の絶滅のスピードを自然界の100倍の速度で進行させる。1990年代後半までに、熱帯林の破壊と焼失は、生物起源による炭素放出の原因の90％を占めている。これは、人間活動全体の炭素放出量の7～30％に相当するもので、森林破壊が地球温暖化の主要因のひとつであることは認めざるを得ない。

　気候変動は森林生態系に悪影響を及ぼす。森林生態系は温度と降水量の変化に対して繊細であり、また森林火災や病害の増加も懸念される。カリマンタン・アマゾン盆地・ロシア中部・メキシコ南部・フロリダで1990年代半ばに発生した大森林火災は、いずれも森林の健全性、土地利用問題、そして地球規模の気候変動の相乗作用を強く示唆するものである。

より価値の高い森林

　人口が増加し、森林生態系が人間の生存に与える恩恵の大きさに対する理解が深まるにつれ、残っている森林の価値ははるかに高いものとなる。地域・地方・国のどのレベルにおいても、森林はきれいな水、洪水防止、微気候の調整などの環境サービス

を提供してくれるが、これらはすべて経済価値を有する。ある試算によれば、熱帯林1ha当たりのこうした経済価値は2,007ドルに上るとされている。ニューヨーク市、コロンビアのカリ、エクアドルのキトなどの自治体政府は、森林の水源涵養機能の価値を高く評価している。森林の持つこの機能を浄水場によって代替しようとすれば、莫大な予算がかかってしまう。

地球温暖化防止のための排出ガス規制に関する1997年の京都議定書は、現存する森林の価値をさらに高めた。森林は炭素を固定するからである。京都議定書は、先進国に温室効果ガスの排出削減を迫ったが、他国における植林プロジェクトなどによって炭素固定を増加させれば、その分だけ削減量から差し引きできる道を残したのであった。専門家によれば、その市場規模は数十億ドルにも達するようである。森林が産み出す財やサービスの価値に関する研究が進めば、やがては生物多様性や炭素固定能力や景観美や水源涵養機能が、木材と同じように取り扱われる日も来るであろう。

木材供給の減少への対応

天然林資源の減少によって、木材供給は逼迫する。例えば今後25年間で、針葉樹材の需要は25％上昇するのに対し、供給は15％しか伸びないと予想されている。オールドグロース林や原生的な森林が減少するにつれて、集約的に管理される二次林や人工林からの木材が増加することになろう。そうした木材は均質であるという長所を持つが、径級は小さく材質も良くないという短所もあわせ持つ。ある地域では、20年前にはオールドグロース林から産出される木材の平均直径が52インチであったが、今では8〜20インチが普通となってしまった。

木材供給が逼迫したうえに径が小さく質の劣る木材しか手に入らないような事態は、木材産業に相当大きな経済的打撃を与えるであろう。既に現状でも、世界の各国において製材工場やその他の木材加工施設は、何百マイルあるいは何千マイルも離れたところから原木を調達しなくてはならなくなっている。アメリカでは太平洋岸北西部がそうである。また、アジアでは、環太平洋地域の森林資源の減少に伴い、南米や中央アフリカにまで資本進出を加速させている。小径木を加工せねばならなくなると、機械も変えねばならないし、労働者も再教育する必要がある。これまでは、小径木はパルプ工場に回してさえいればよかったのだから。さらに、小径木をうまく利用した新たな製品の開発も必要となろう。エンジニアードウッドが堅調に生産を伸ばしているのも、木材産業が供給不足と低質化に対応して製品をシフトさせている一例である。

新たな競争

木材産業はこの10年間に、木材供給の減少と持続可能な社会への人々の高い関心

という新たな現実に直面した。そして、持続可能な林業への企業意識も大きく向上した。持続可能な林業ワーキンググループが調査対象とした21の企業は、持続可能な林業という困難に挑戦する木材産業の代表である。それらは、製材・紙パルプ・パネル製品・エンジニアードウッドなど、木材産業の中核をなす部門で競争を繰り広げる企業群でもある。その中には、ウェアハウザー社やストラ社のような巨大企業から、コリンズパイン社のような年商2億ドル程度の小企業までが含まれている。さらに、ホームデポ社のような大手小売りなどの流通業者や各種の加工業者、そしてアメリカの産業用丸太供給の49％を占める小規模林家も含まれている。

　本書の目的は、これらの企業の取り組みを詳しく調べることによって、どれが成功でどれが失敗かを考察することにある。初めの4章は総論である。ここでは、環境・社会・経済という3方向からの力が木材産業に変革を迫っている現況の中で、21の企業の持続可能な森林経営への取り組みがどう位置づけられるのかが述べられる。持続可能な森林経営については多くの議論があり、例えば持続可能な林業という言葉そのものの定義さえ非常に難しい。ジェフ・ロムによる第1章「新たな地平を求めて」は、専門的な細部にこだわることなく、持続可能な林業に関する概念的な枠組みを提案している。彼の定義によれば、持続可能な林業とは、森林の利用と管理に関する新たな技術展開のプロセスである。それは、対象となる森林についてその時その時の社会・経済・生態系・文化的な状況に対応して展開されていくものである。第2章「激動する木材産業」では、今後20年間に世界の木材産業を再編させるであろう7つの動きが究明される。さらに、ビジネスの潮流と環境運動との関係性が、木材産業の各段階をどのように持続可能な森林経営へと向かわせているのかを解き明かしている。

　第3章「拡大する認証木材市場」は、認証木材市場の混乱状況を整理し、新たな市場と製品の可能性について論じている。ここでは、消費者からの要求がそれほど強いわけではないにもかかわらず、欧米で実績を伸ばす認証制度および認証木材需要の動きについて書かれている。その結論は意外なものである。読んでいただければわかることだが、取引企業の環境に関する説明責任の高まりがバイヤーズグループその他の形を取り、これがヨーロッパやカナダの木材企業における認証取得の動きの主要因となったのである。第4章「技術への新たな要求」では、より効率の高い持続可能な林業のための新技術が従来のそれとどう異なるのかが示される。そして、持続可能な森林経営を可能にする技術がどうして市場に受け入れられにくいのかを説明したうえで、将来性のある10の新技術を紹介している。

　最終章を除く残りの章は、ケーススタディーの分析である。驚くには当たらないことであるが、持続可能な森林経営に取り組む企業は、実にさまざまなアプローチを取っている。さらに、その動機と経済パフォーマンスに至っては、企業間格差はもっと幅広いものとなっている。マシュー・アーノルド、ロブ・デイ、スチュアート・ハートによる第13章「経営戦略としての持続可能な森林経営」では、企業を持続可能

森林経営に向かわせる理由について検討し、成功と失敗を分ける要因を分析した。大雑把に言うと、企業が持続可能な森林経営を取り入れようとする動機は以下の4つに分類できる。

1. 市民権の保護：汚染防止を含む一定の倫理基準を守ることで、市民の厳しい監視の目に耐え得るよう備える企業群
2. 負荷の低減：汚染防止、環境効率の改善、リスク回避などによって生産性を上げようとする企業群
3. 品質の向上：認証材を用いることによって、高い価格で取引される「持続可能な」木材製品の供給を通して、持続可能な森林経営を製品の品質と結びつけようとする企業群
4. 経営の再定義：少数の企業であるが、工程・製品・市場に関して経営を持続可能なものへと再定義しようとする動きがある。こうした企業は、炭素固定・エコツーリズム・木材以外の林産物などを経営戦略に組み込んだ「木質繊維サービス」企業への脱皮を目指している。

　研究者たちはこう結論づける。その企業の持続可能な森林経営への取り組みがどの分類に入るにせよ、持続可能な森林経営は経営戦略の基盤を強化するものであるべきで、それが永続的な競争力の強化につながらなければ失敗に終わる。事例の中で最も成功を収めている企業は、持続可能な林業をビジネスチャンスと捉えており、競争力の獲得によって企業の生き残りを確かなものにする戦略であると位置づけている。すなわち、研究開発・生産・マーケティング・環境理念を調整統合し、企業の永続的競争力を創出しようという戦略である。
　木材産業の持続可能な森林経営に関する取り組みを記録しようとした当初のプロジェクトでは、各企業の取り組み事例や経営方針の詳細が、商業的に軌道に乗る持続可能な森林経営を比較検討する基本になっている。しかし、本書は足早に変革を遂げる木材産業のスナップ写真でしかない。
　本書で語られるそれぞれの事例に、成功か失敗かの判断を下すのは早計である。例えば、ストラ社の場合、FSCの森林認証を受けることでヨーロッパ市場における低コスト参入企業に対する優位性を見込んで、1997年に持続可能な森林経営を採用した。この経営戦略が成功か失敗かが明らかになるにはあと数年は必要である。他の事例を見てみよう。認証された持続可能な森林経営を軸に事業の垂直統合を展開しているコスタリカのポルティコSA社の場合、これまでのところ首尾よくアメリカ市場に参入しているが、将来は厳しい状況が待ち受けている。さらに言えば、1995年時点では世界の産業用丸太の0.6％以下しか認証材は存在しなかった。認証製品の需要と供給のバランスと、企業を直撃している経済や市場の環境重視への大きな変化は、持続可能

な森林経営が木材産業の周辺部から中心へと位置を変える速度と広がり具合に大きく影響するであろう。また、1998年のアジア経済危機のような出来事は、地域の木材産業にとって持続可能な森林経営を妨げる方向に作用することもあろうが、促進する方向に作用することもあろう。

そうだとしても、これら21社の試みは、持続可能な森林経営を商業ベースにおいて目指した最初のものとして、挑戦課題や環境と経済の兼ね合いの問題、そしてその報償に関するささやかなヒントを与えてくれる。疑いもなく、持続可能な森林経営に要する費用は大きな問題である。本書の事例からは、持続可能な森林経営の実践に要する費用は、従来型の森林経営よりも10〜20％高くなる。伐採率の低減と多樹種の利用は持続可能な林業の必要条件と言えるが、その結果、製材・製品開発・マーケティングは大きく影響を受けざるを得なくなる。例えば、第8章で論じたブラジルにおけるプレシャスウッド社による持続可能な森林経営プロジェクトの場合、投資家が期待するだけの利益を獲得するためには、これまでほとんど知られていない約30の樹種を用いて製品を開発し、新たな市場を開拓せねばならない。多様な樹種からの製品をさばく市場の開拓は、時間もお金もかかる厄介な仕事である。しかし長期的に考えると、本書の事例にもあるように、条件さえ良ければ持続可能な管理が行われている森林からの木材は従来型の森林からのそれと比較しても、効率的でしかも品質の良いものとなるだろう。

持続可能な林業と森林認証制度の内容に関しては、今後しばらくは論争が続くであろう。一般の人々の目には、急速な拡大を見せる人工林施業は、持続可能な林業における技術進展の中でも最も問題の多いものと映るであろう。遺伝的に改良されて農作物のように良く育つ少数の樹種のモノカルチャーに典型的に見られるように、人工林は天然林よりもはるかに早く成長し、均質の木材繊維を生産することが可能である。しかし、天然林に比べて生物多様性は低く、自然あるいは人工的な攪乱にも脆弱である。人工林は天然林への伐採圧力を低減するという主張はあるが、第10章のインドネシアにおける人工林戦略のところでも触れられているように、その効果が実証されているわけではない。

多くの企業、政府、そしてFSCをはじめとするNGOは、世界の各森林タイプや特殊な状況に対応できる持続可能な森林経営の原則・基準・指標の制定に努めている。例えば、1998年に世界銀行が招集した会議では、企業のCEOや環境活動家は、持続可能な林業の諸要素、地域・地方・国レベルでのガイドラインの必要性、そして何らかの審査の重要性などの基本的な問題に関して合意を見た。企業・政府・NGO三者間の持続可能な森林経営に対する意見の不一致は、主に認証の審査基準や市民参加の方法論にある。全員が満足するような「持続可能な森林経営の綱領」を作ろうとしたり、意見の不一致の解消にやっきになるのは、おそらく間違っている。第1章でジェフ・ロムが書いているように、「持続可能な森林の意味は、それを定義する人の関心

や価値観や許容範囲、おかれている状況と切り離しては考えられない」のである。人々の要求が時とともに変化するように、天然林それ自体も常に進化していくものなのである。

　長期的に見た場合、森林の健全性と木材産業の発展の両面に関して、企業・政府・民間を包含する何らかの制度を作ることの方がはるかに得るものが大きい。その制度は、すべての関係者の意見を十分に汲み取る場を保証しつつ、向かうべき方向を社会に示すことによって、持続可能な森林経営の実現へのペースを速めることとなろう。残念ながら、1992年のリオデジャネイロにおける地球サミット、1985年の熱帯林行動計画、さらにはその後の森林に関する政府間パネル、国際森林と持続可能な開発委員会など、森林破壊に対する国際的な取り組みのほとんどは、非常に実効性に乏しいものであった。それは、こうした取り組みがNGOや企業など市民社会を十分に参画させることができなかったからである。

　持続可能な林業は、公的機関・私企業・非営利団体など世界の森林問題に多様な関わりを持つ人々をつなぐ、新たな時代のパートナーシップを創造する可能性に満ちている。こうした協力関係が樹立されれば、政策や公的教育、地域内の協力、地方研究開発プロジェクト、林業技術への投資、企業と環境保護団体の非生産的で金のかかる対立の解消など、持続可能な資源管理に不可欠な諸課題克服への展望が開ける。本書の事例中でも、外部との協力や情報交換が企業にとってきわめて大切であることが強調されている。具体的には、市民・環境保護団体・監督官庁からの信頼、環境規制への影響力、顧客とのより良い関係、製品の品質管理の向上などの諸点があげられる。

　より良い森林管理はきわめて重要であり、国際折衝の動向、環境規制、持続可能な管理とは何か、といった問題を考える以前の基本的課題と言えよう。世界のGNPの２％、国際貿易の３％を占める木材産業と世界の森林にとって、より持続可能な管理の実現は危急の要件である。世界の森林は、持続可能な未来という可能性と、引き続く猛烈な劣化と破壊という現実の間で、危ないバランスを保っている。木材産業こそが、その運命の鍵を握っていると言っても過言ではない。

　持続可能な林業ワーキンググループでは、持続可能な森林経営および持続可能な形で生産された木材製品需要の増大は、木材産業のみならず森林にとっても有益であるという結論に達した。本書で語られる持続可能な林業に向かう木材産業の進歩は、下手をすると保全や復興に失敗し悲惨な歴史を刻むかもしれない森林の未来に対して、かすかな光明を与えてくれるものである。産業界にとって持続可能な森林経営は、多くの困難を伴うものであるが、同時に新たなビジネスチャンスに溢れた21世紀のフロンティアなのである。

第1章
新たな地平を求めて

　持続可能な林業が世界的に注目を集めている。これは、森林とそれを取り巻く状況が、かつてない早さで、またこれまでには考えられなかったような形で変化しているからである。かつて森林は、もっぱら社会のニーズに応じて資源を取り出すだけ、あるいはウィルダネスとして保護する価値だけしかないような後背地と考えられていたが、今やアメリカをはじめとする世界の多くの国々では一大関心事となっている。木材・紙・水・食料・仕事・医薬品・鉱物・エネルギーといった人類の基礎的ニーズを満たすという意味において、森林は社会景観の中に広がる重要な存在要素であると認識されつつある。また森林は、流域や農業圏を形づくり、遺伝子・生物種・生態系を保存し、加えて気候を調節する働きも担っている。そうした機能を発揮する過程で、資源とサービスはグループ・共同体・国家のそれぞれの間で分配される。こうした新しい状況の中で我々は、森林が人間活動の外側にいくらでも存在する資源ではなく、人間の利害が直接及ぶ領域の内側に存在するきわめて希少なシステムであるということに思い至る。

　この新しい意味における希少な森林という理解は、社会的のみならず生物物理的な根拠にも立脚している。世界のほとんどの地域において、フロンティアは既に消滅した。地球規模での近代化の衝撃波が届かない地域などほとんどなかろう。このことは

部分的には、人口増加と経済成長とによって説明できる。しかし、衛星放送を通じて村々や農家の茶の間に届くテレビ画像は、この衝撃波の浸透の実態を何よりもよく説明してくれる。その一方で、世界規模での政治的あるいは文化的な接触を通じた民主化の進展は、地方や先住民の社会が森林に関する彼らの利害について発言する機会を与えた。そして、森林問題・政治・組織の国際化は、これまでは未熟で組織化されていなかった国家あるいは地域間の利害関係を、多様で強固なものにした。

　科学の進展によって、森林の希少性に関する理解は深まってきている。生態学は家庭や農地のレベル、さらには地域間や国際的なスケールにおいて、森林の変化を計測し、その原因と結果について説明できるまでになっている。それによると森林は、水循環や気候や生物層における基盤装置として相互に依存し合いながら機能するシステムであり、社会的な権利と責任の交錯する複合体であり、さらには人類と自然との共生の歴史におけるダイナミズムを物語るものと言える。もはや森林は「どこか遠く」にある単なる木材資源やウィルダネスではなく、社会生活の至るところに深く浸透する樹々の組織体なのである。

　現在よりもずいぶん無知であった時代に形成された森林管理のアプローチでは、森林は広く社会一般からの影響を受けることなく、明白なひとつの目的のもとに管理されるはずであった。しかし、森林が社会構造の中に位置する力強い存在であると認識される時代にあっては、こうしたアプローチでは不十分である。林業への古いアプローチは、強烈で多様で複雑な現代人の期待に応えることはできない。新しい意味の森林の希少性は、「伐るだけ伐って次の場所へとんずらする」という考え方を、その対極にある「すべての伐採行為を停止する」態度と同じぐらいばかげたものだと規定する。そして、そうした時代遅れの考え方を改め、貴重で多様性に富むが脆弱な森林という存在を大切に管理したいという衝動に置き換えるものである。

　今日世界の各地で見られる森林の利用をめぐる衝突は、人々の間での森林に対する期待と森林が現実に供給可能なものとの不一致が顕在化している結果である。同じ理由で森林は、その新しい役割の大きさと複雑性に見合うような制度の実現が期待できる新たな地平に向けての注目の的となっている。持続可能な林業は、このように森林を社会生活の中心的な存在として統治し投資し管理しようと目指すものであり、言うなれば林業が成年期に到達したことを示すシグナルなのである。

持続可能な森林

　林業とは諸々の人間活動を指す言葉であるが、森林とは具体的な生物物理システムのことである。持続可能な森林とは、人々が生態系の質・サービス・生産物を好適な状態に保つよう社会的かつ自然的な環境を保護する中で成立する木々の集合体である。その実現のためには、人間活動や自然現象による望ましくない変化を回避する努力が

必要である。保護対策として重要になるのは、森林の利用方法やこれを決定する社会的な力をコントロールすることである。生態系の潜在力を保持し高める努力も大切である。さらに、森林の維持と増進を図るための組織や政策の整備、技術開発に対する資本投下も必要となろう。持続可能な森林は、人々の多様な考え方を反映すべく、経済・環境・社会の三方向の力の動的な平衡状態を達成しようとするものである。

以上のような定義づけは、持続可能な森林の達成のためには相応の資金が必要であるということを強調するものであるが、目的に対して賛同する人々の間にも対立が常につきまとうことを忘れてはならない。森林の利用に際して対立が生じるということは、人々が森林に対して多様な価値観を見出しているからに他ならない。あるひとつの森林のあり方が、すべての人々を満足させるということはあり得ない。「持続可能な森林」の意味は、それを定義する人の関心や価値観や許容範囲、おかれている状況と切り離しては考えられない。単一樹種の短伐期人工林施業であれ自然状態の完全な保護であれ、それを擁護する人にとっては持続可能な森林と言えるのである。ただし、そうした森林は違った価値観の人から見ると持続可能ではなく、時間とともにさまざまな速度で、またさまざまな理由によって変化していく。

規模の問題

森林に対する人々の多様な関心というものは、その空間的な広がりにおいてもひと括りにすることはできない。気候の安定化、生物多様性の保護、国際的な木材企業の存続などに関心のある人々は地球規模の視野で考えるであろう。しかし多くの場合人々の関心は、自分の農場から公的な森林あるいは地方といった規模に限定されるであろう。ここに規模の問題が立ち現れる。あるひとつの規模において持続可能な森林は、別の規模で見るとそうではないかもしれない。こう考えると、集約的な人工林はそれ自体は生物多様性という点からは少しも持続可能ではないとしても、天然林への伐採圧力を軽減させるという意味において、その持続可能性に大いに寄与するものであると言える。逆に、公有林における伐採制限が私有林への伐採圧力となるならば、地域全体としては森林の持続可能性は低減することになるかもしれない。森林管理の規模問題におけるパラドックスは、しばしば建設的な議論に水を差す結果となる。

さらに、望ましい森林の形や大きさは、市場の力や金融機関、人口動態、社会や政治の流れ、科学技術の進展、情報ネットワーク、自然災害などによって容易に変化する。特定の関心を持つ人々にとってさえ、ある時代の持続可能な森林は次の時代のそれとは違っているだろう。もしもすべての関心が同時に取り上げられるならば、持続可能な森林は、規模・構造・構成要素が相互作用しつつ時とともに変幻する昆虫の大群のようなものになるであろう。

このように、持続可能な森林は定義する人によってさまざまではあるが、共通する

条件もある。そのうち最も重要なものは、望ましい形を阻害するような変化からの保護あるいは望ましい変化の受容である。持続可能な森林という概念は、不安定な世界において安定性を求める。それは、人々の望まぬ方向へと森林を改変しようとする短期的な力のただ中における長期的な展望である。火災・飢餓・病気・財政危機・好不況・新発見・対立・政治的必要性など、森林の構造や構成要素、地域分布を変える不安定要因は多い。持続可能な森林はこうした外圧からうまく守られており、また圧力を受けてもあるべき姿を損なわないような受容力を持っている。

　ほとんどの人が森林の維持には賛成していても、どんな森林を残すべきかという点や、その割合・形状、技術革新や投資を誰がするのかといった点については合意が得られていない。残念なことに、こうした合意の欠如は誰もが利益を得られるであろう技術革新や投資を滞らせる結果となり、森林問題に取り組もうとする社会において「共有地の悲劇」を引き起こすことになる。

持続可能な林業

　林業は、森林の望ましい属性を永続させようとする人々の営みであり、社会的な活動である。それは、森林の持つ資源やサービスとしての能力を、特定の目的に沿うよう改変する一連の活動から成り立っている。そこでは、森林内部の、そして森林と外部環境とのバランスをほどよく保つことが期待される。林業におけるさまざまな活動は、伐採・保全・生育促進・除間伐などの計画を通して、森林の構造や遷移過程を制御する。さらに林業活動は、所有構造・協力調整機関・防火対策・市場機構などを通して森林の保護に寄与している。こうした活動は、例えば政策・教育・科学などを利用することによって森林破壊への圧力を軽減させることができる。同時に、その利用に際しては社会的な責任が発生する。

　「林業」と「持続可能な林業」との根本的な違いは、人々と木々との関係の複雑さおよび規模にある。この点に関しては、森林とは何か、森林に対する働きかけをいかにすべきかが議論の対象となっている。フロンティアが豊富に残されていた時代の林業は、人口が4倍にも増大した20世紀を終えようとしている現代においては適当とは言えない。人々はさまざまな政治的・経済的抑圧から解放され、経済や国家においては世界規模で都市化と集中化が進み、森林の価値づけやこれへの働きかけの基本となる社会的・科学的な基礎知識も大きく発展した。森林は、その場所ごとに固有の社会的関心を反映するという意味において、ますます多様な存在として認識されつつある。そこで取られる行動は、状況に対する圧力となり、やがては何らかの方向に収斂する。

新たな地平の追求

しかし、持続可能な林業は未だに新しい状況や価値観の変化に対応する活動規範を提示してはいない。そのかわりに持続可能な林業は、科学技術、森林の所有形態と法整備、ビジネス・財政・市場制度の可能性、政治的な関心づけ、市民参加など、これまでの林業の枠外にあるような諸問題における新たな地平を追い求めていると言える。社会的な営みという側面から、持続可能な林業はその考え方・方法論・応用事例を拡大していく中で、そうした多様な経験を蓄積しつつ社会の許容範囲を広げていくようなものと捉えることができよう。持続可能な林業は我々に、変化を歓迎し、違いを尊重し、革新的な取り組みを推進する気持ちを与えてくれ、そうした事例を取り入れ利用する方法を提供してくれる。

機会

持続可能な林業は既に現実的に役立つ数々の新地平を生み出している。それらの新しい知識は、いくつかの重要な分野において新しい機会を与え、新しい問題を提示している。

造林学から生態系創造学へ

造林学は生態学のすばらしい応用学問と言えるが、これまで木材生産に偏向してきた。これに対して持続可能な林業は、森林が提供してくれるもっと広範囲な財とサービスを対象として、森林生態系の生産能力を多様化し、財政的に支援し、体系化し、維持することを目標としている。食物・香辛料・医薬品・装飾品・飼料・燃料などは、何にも利用できないような木々や木材とともに、森林からの収入源としての可能性を検討されている。水を供給し、水質を高め、レクリエーションの場を提供し、ウィルダネスやオープンスペースを提供するというような森林の環境サービスは、人々の自然に対する価値観の変化に伴い経済的な価値として追求できるようになってきている。木材以外の生産品の価値が木材のそれを凌駕するケースが多く現れてきている。こうした状況下において、森林生態系に対して一定の目的を持った取り扱いを実践するに当たっては、従来の造林学とは比較にならないほど多様な科学的プログラムが必要とされる。研究者や現場の担当者は、生態系創造学に取り組み始めたのである。

量から質へ

従来、木材生産においては質よりも量が重視されてきた。消費者にとっても生産者にとっても木材は一定の品質以上であればよく、高品質な製品を作って差別化するの

ではなく、規模の経済を発揮して大規模集約的に生産する方向を追求してきた。そうした企業戦略が省力化を進めてきたことを考えると、持続可能な林業が求める高品質製品の生産は、知識および労働集約的な就業機会を創出するものと言えよう。

それは例えば、特殊な製品の生産と流通、河川流の修復、森林の更新、森林の健全性確保のための障害物の除去、あるいはこれら事業に対する融資や保険制度の見直しを通して実現されよう。現在でも世界的に見ると零細な家族経営林業が多いわけだが、質の高い木材製品を目指した生産・加工・流通・金融面における生産組織やその規模、技術開発の可能性追求は今後の課題である。

林分から景域（ランドスケープ）へ

近年まで、森林は木材となるべき同質で個別の木々が林立しているところという扱いを受けてきた。しかし今日では、景域内で相互に機能的に関与し合いながら存在する木々の整然とした集合体であるという見方がなされるようになってきている。森林を木材の集積する林分と見るか相互依存するシステムとしての景域と見るかの違いは、宗教的な闘争であることもあるが、多くは価値観の違いからくるものである。さらに、景域という概念そのものが同様に幅広いものであるが、これはひとつの景域というものは人々が大切だと思う相互関係を表現するものであるからである。林分と景域、あるいは景域という見方の中での緊張が刺激となって、景域という捉え方の浸透とそれに関わる新しい概念創出や技術展開が見られるようになった。エコシステムマネージメント、流域での合意形成、アグロフォレストリー、社会林業、河畔林、都市林、炭素林、生物圏委員会などは、森林とは何であり、どんな可能性を秘めるものかという問いかけへの、人々の理解の深まりがさまざまな形で広がりを見せていることの一例と言えよう。

こうした新たな動きによって、すべての森林属性はお互いの間での相対的な位置づけが明確になり、その結果経済価値も十分な評価を受けることができる。ここで問題になるのは、各属性の相対的重要性すなわち価値が、森林への再投資につながる経済利益として回収できるかどうかであろう。知識の蓄積、組織間の軋轢を解消する新たな機構的枠組み、そしてしっかりとした技術という3要素が、林分から景域への思考転換に際して求められている。情報科学・環境調査・シミュレーション・モニタリング・地理情報システム（GIS）の発達は、そうした可能性を視野に捉えさせることに成功しているが、まだ転換は現実のものとはなっていない。

個別所有から委員会方式や地域管理へ

森林の管理経営は通常、特定の森林所有権や法的枠組に従い、行政官や専門家によって行われる。これに対して持続可能な林業においては、そうした画一的なコントロールではなく、森林の管理概念・パターン・規模における多様化が求められる。実際、

森林をめぐる紛争が長引く背景には、公的な管理と現実の利害との離齬が拡大している状況を調停する有効な手だてがないことが多い。それゆえ、持続可能な林業には権限の分散化が必要となる。従来、地域コミュニティーは国家規模の利益集団の狭間で身動きが取れなくなることが多かったが、今後森林管理を考えるうえで地域の重要性は特筆されるべきである。地域コミュニティーは森林に深く依存し、同時にその活性化の鍵となる人的資源を豊富に抱えているのであるが、私有公有を問わず往々にして森林の地域外からのコントロールによって閉め出されてきた。地域の権利を法的に位置づけることは、紛争に対する第三の勢力を確保し、解決に向けての弾力性を増すことにつながるであろう。

　森林の管理経営に地域コミュニティーを参画させることは、持続可能な林業の中心命題であると言っても過言ではない。それは地域の森林管理への資格を認め、森林へのスチュワードシップに対する投資意欲を生み出すこととなる。実際、さまざまな形の協力・協同・コミュニティー管理・企業化・雇用創出などの試みが開始されている。管轄域を超えた流域管理への取り組みやコミュニティーによる森林管理などはその好例である。これらの事例は、森林管理に関する権限の分散化によってより多くの異なる利害を代表させるとともに、森林の許容力を増大させ森林の持続可能性を高めようとする試行錯誤の一端と言える。こうした取り組みを継続させるためには、森林生態系に関する十分な知識とともに、コミュニティーが提供する努力に十分見合うだけの利益がなくてはならない。

製品としての森林から資本としての森林へ

　経済的見地からは、持続可能な林業は森林の資産価値、すなわち経済的な価値の増大を目的とすることになる。しかし、森林が潜在的に有する価値のごく一部しか経済的な評価を受けておらず、投資における本当の資産価値増大を認識することができず、それら利益を当事者に配当するシステムもできていない。それゆえ、森林価値に見合うだけの資金や努力の投下を継続しようというインセンティブが生まれてこない。

　森林は経済的にも非常に大きな貢献をしていることは明らかであるにもかかわらず、そのごく一部しか森林の価値として評価されていない。例えば、水力発電や国土保全に寄与する水を蓄え水流を調節する働き、地域の人々の生活や労働の場を提供する貴重なインフラとしての機能、生産物の販売や観光を通した外貨の獲得への貢献、そして住居の建設や住環境の提供などである。さらに問題なのは、こうした機能を保持するための投資がほとんど考慮されていない点である。森林のこうした機能の恩恵にあずかる人々のほとんどは、これを維持増進するために投資する義務もなければ方法も持ち合わせていない。野生生物・気候・オープンスペース・生物多様性など、さらに目に見えない価値や特殊な食物・医薬品・木材などの将来的な価値の評価はいっそう困難である。

持続可能な林業は、こうしたさまざまな森林の価値とその恩恵を受ける人々とをつなぐ努力を促している。自然資本勘定の中に自然資産を位置づける努力は、森林への投資を国家経済政策の重要項目として取り込む可能性につながる。制度改革は森林の保有や管轄面におけるバリアを取り除き、森林価値の供給源と受益者とを直接に結びつけることによって資金循環を円滑に行うことを可能にする。こうした考え方の枠組みは、あるべき森林の姿に関する長期にわたる議論の中から次第に明らかになってきたものである。

短期の収益から自然資本や緑のファイナンスへ

　森林は金融市場に対して全く無防備である。森林所有者は林地の購入や加工施設の建設時に大きな負債を抱えるのが普通で、ローンの返済のためにいち早く立木をお金に換える必要がある。政府にあっては、対外債務を増やさずにさらなる工業化へのインフラ整備をするため、この無償の自然資本を現金化しようとする。世界的に森林の構成や構造は、生態学や造林学的な判断からなされたわけではなく、経済的な要因によって決定されてきたと言える。森林破壊の鍵を握るのは金融市場である。それゆえ持続可能な林業にとっては、森林生態系と金融市場との動的なバランスを制御する方策の確保がきわめて重要である。

　新たな地平はここでも多くの成果を生み出している。生態学的な属性を金銭勘定にすることで、生態系と金融価値とに互換性を持たせる新しい機構が考案されている。例えば、エコシステムマネージメントの組織においては、生態系・社会・経済それぞれの関心をお互いに認め合うような交流の場を設けている。その他では、森林の質や属性における差別化を市場に反映させようとする中で、森林の保護増進に経済的インセンティブを持たせることに成功している。さらに、グリーンブローカーやエコファンド、環境スワップ、森林トラストなどは、長期的に森林資本を購入し保持するに際しての費用の低減化を図っている。長期的な視野に立った森林の価値に関する知識が増えるに従い、保険会社や年金基金のような資産価値の増大を長期的に期待する企業による森林所有が増大している。このことは、従来までのように金融市場が森林をもっぱら当期収益のために評価するという傾向とは反対であり、そのような変化は多くの自然資産に対する投資へと広がりつつある。

盲目的消費から消費者意識の向上へ

　「自然からの無償の贈り物」のおかげで生産される林産物は、しかしその対価を支払われてはいない。林産物の生産に際して用いられる森林内の栄養分や湿度、生態的な構造や機能といったものは、ただであると思われてきた。競争的な経済が支配する世界では、森林から産出されるこうした製品の価格に対して、ただであると見なされ費用が上乗せされることはない。したがって消費者は、森林を破壊しつつ生産される

製品に本来内在するはずの「自然へのコスト」に気づかないことが多い。持続可能な林業においては、この開いたループを閉じることによって、適正な循環を作ろうとしている。

ここ数年の森林認証制度の普及努力は、消費者が購入する製品がどのような管理体制の森林で作られたものであるかの情報を知らせようとするものである。言い換えれば、生産現場での持続可能性の違いによって市場での差別化を図ろうとするものである。そのうちのいくつかは、中立機関が厳しい基準に照らし合わせて、その林業経営が持続可能であると認定するというもので、認証制度は生産者に認証された製品であるというラベルを提供する。そして、ラベルのない製品は自然からの贈り物に対する対価を払っていないという意味において、認証製品には付加価値が付けられるのである。認証制度は、消費者が市場において森林経営に関して選択する余地を与える。ここ数年、多くの卸売業者や小売業者が認証製品を扱い、その違いについて宣伝するようになってきている。そうした情報提供がなければ、認証製品とそうでない製品とは店頭では全く同じように見えるのである。

挑戦

持続可能な林業は、森林経営における新たな地平を切り開くための触媒である。しかしそれは、取り決めではなく日々の仕事そのものである。多くの未解決問題が、新たな解決法を必要としている。持続可能な林業を概念から現実に移す段階で、いくつかの挑戦課題が顕在化してきている。

統一的な概念と衝突する現場の現実

持続可能な林業のプロセスにおいては統一されていても、現場で実践に移すとなると持続可能な森林のあり方について見解の衝突が現れる。持続可能な森林を経済的に見るか、地域社会の視点で見るか、流域として考えるか、生物多様性の観点から見るかによって、取るべき方法や行動は異なり、目指すべき生態系の構造や機能も違ってくる。地域社会の視点からは森林を利用した雇用機会の維持増進が求められるが、生物多様性の観点からは人間活動を極力抑える方向で考える。こうした多様な見方における衝突を回避するプロセスは、持続可能な林業が実際いかに効率的にやっていけるかを決める。しかし、これまでのところ、このプロセスが決定的に深刻な状況に立ち至ったことはない。

単一の規模での見方と複数の規模を抱える現実

経済林・水源林・コミュニティーフォレスト・野生生物の生息域・生物多様性・都市林などは、それぞれに異なる持続可能な森林機能を発揮するもので、その規模も大

小さまざまである。ある規模において持続可能であると考えられる森林も、違う規模で考えると必ずしも持続可能とは言えない。森林概念の多様性は、その中に同じだけの規模の多様性も含んでいる。さまざまな規模における活動間の連携は、部分的かつ全体的な森林の持続可能性にとってきわめて重要である。

　異なる規模間の関係性の認識は低く、しばしば直感に反するものとなる。それゆえ、建設的な議論にはならず、むしろ問題をこじれさせることが多い。単一樹種による集約的な人工林は小規模で見るかぎり持続可能であるが、地域レベルでの生物多様性の観点からは持続可能とは言えない。ところが、小面積で十分な経済的需要を満たすことができるのであれば、より大きな範囲での森林に対する生産圧力を低減化することになり、その結果、生物多様性の維持やその他の自然保護的取り扱いをより良く行うことが可能となる。あるいは地域レベルで見た場合、程度の異なる小規模な集約的施業林分がモザイクをなすような森林は、たとえ各々の小規模一斉林分が持続可能な方法で経営されていないとしても、同じ広さの天然林よりも持続可能であると言える。さらに範囲を広げて考えると、どの規模で考えても持続可能な森林であると思われるような場合でも、世界的な経済の力学の視点からは長期的に持続可能であるとは言えないこともあり得る。

　世界レベルでの森林の復元力と持続可能性にとっては、異なる規模における活動の間での合理的な相補関係がどうしても必要である。これを実現するには、ある規模や状況においては確実に有効方法であっても、それを一般化して適用すれば全体にとっては不利に働いてしまうような場合には、迷わずその方法を捨て去ることが要求される。規模間の関係性のより良い説明は、現在争点となっている問題に関していかに補完的であり得るのかを示すことによってこそ状況を改善できよう。

専門性を持たない政府機関と柔軟な森林管理機関

　持続可能な林業に裏打ちされて各地で自然発生的に広まっているさまざまな実験的試みは、林業を旧来の堅苦しくコントロールされた体系から、きわめて創意に富んだ活動へと変えつつある。もし過去のやり方に従うのであれば、こうした創造的な柔軟性もやがては一般的で硬直した政府機関に行き着いてしまうであろう。政府は森林の状態などよりもはるかに広い範囲の課題を抱えており、そこには統一的なルールで物事を規制しようとする強い必要性がある。こうした傾向のもとでは、お役所的な限界を抱えた矮小な制度や政策の変化しかできず、たいていは問題の重要性や解決策を切望する現場に対していかにも鈍感である。しかし、政府が森林問題を地域的で特殊なものではなく、国家政策の基本問題として取り扱うようになってきている状況からすれば、事態は多少なりとも明るい方向に向かっていると言えよう。言い換えれば、公的な活動に関する枠組みの変化は、持続可能な林業をサポートする方向に動いているということである。

適応学習としての持続可能な林業

　林業は長い間、生産性が低く特殊化された環境・経済・社会の狭い領域の活動として冷遇されてきた。木材の保続収穫は、古い所有形態や管轄制度のもとで成立してきた。しかし、生態系の持続可能な管理はそうはいかない。そこでは知識・技術・組織体制の充実が肝要であるが、その実現には管理システムと森林規模の拡大およびこれを支える行政組織と予算に対する一般市民の高い関心が不可欠である。人々は森林の取り扱いが引き起こす影響を重視するようになってきており、社会全体の動きが森林に与える影響に気づき始めた。こうした認識は、持続可能な林業に向けた技術革新・投資環境・組織変革の胎動となる。

　こうしたプロセスは自然発生的なものであるべきなのか、あるいはまた方法に工夫を凝らすことで進展するものなのだろうか。これらの質問に対して、答えはともにYesである。複雑で不確実な状況下では、創造性・先導性・冒険心に勝るものはない。想像力豊かな活動は失敗を恐れて躊躇することから比べると社会的に大いに価値があろう。しかし、方法を吟味することで、どのやり方がよりうまく行きそうか、どれだけ有利に働くのか、どんな変化が実現可能で効果的であるのかを知ることができる。

　持続可能な林業を目指して着実に歩むには、長期的に見た実行可能性を基本とする必要がある。持続可能な林業には、必要な投資を継続するに十分な利益の確保が必要であり、自然が荒廃しないよう十分に生態系に適応しておらねばならず、人々の間で被害や紛争が生じないよう十分な社会的責任体制が必要であり、さらに経験を現場に生かす十分な柔軟性が求められる。持続可能な林業に取り組む企業が実際におかれている状況は、そうした十分さのかなり広い許容範囲の内に収まっているので、実行可能な戦略としては、実状にあった許容範囲、実行機会、そして管理上のリスクの間のバランスを取ることによって持続可能な林業活動を行っていくことになる。すなわち、個別事業の実状はそれぞれ大きく異なっているため、状況に応じた戦略が考案されるべきであるが、場合によっては適当な将来展望が示せないこともあり得る。

戦略の評価

　そうした文脈条件は以下の3種類に分類することができる。まず第一の分類は、水平軸である。これは、特定の場所と他地域との間において経済的・生態的・社会的な有利不利を生じさせる空間的な関係性である。例えば、人里離れた場所での事業活動を考えた場合、労働力の確保が難しい反面、社会的な問題には苦しまずにすむであろう。あるいは、壊れやすいが復元力もある天然林では、森林管理に関しては幅広い選択肢があり得るであろうが、利用の側面では限られたものになってしまうかもしれな

い。大都市での事業活動では全く違った問題に直面するであろう。しかしそこでは、同様の問題に悩む者同士が協力し合って問題解決に当たる可能性が開かれている。

　二つ目の分類は、垂直軸である。これは、事業活動に直接関わる関係性である。持続可能な林業経営は以下の3要素に大きく規定される。(1)資源供給と流通過程における良質性・弾力性・安全性、(2)資金の豊富さ・適切さ・調達の容易性、(3)優れた科学技術の利用可能性。事業活動のタイプ・大きさ・歴史によってもこれらの要素が影響する度合いは異なってくるので、それぞれの問題点を克服するための戦略も当然違ったものとなる。

　三番目の分類は政策軸である。ここには、利子率やインフレ率、貿易と投資、税制、各種の規制や補助金、中央政府・地方政府・自治体の間における権限の分担構造など森林経営への外部からの影響力の問題などが関係する。また、その企業の事業活動に対する暗黙の期待というものも重要である。そうした期待というのは、何か問題が起こった時にしか表面化しない性格のものである場合が多く、特徴づけるのは容易ではない。しかし、長期にわたって企業の経営に影響を与える要素であることは間違いない。その中には、企業責任に関する文化的・政治的な考え方や、将来にわたる社会責任や企業環境の明確化も含まれている。

結論

　これまでに見たように、持続可能な林業とは、自発的な技術・投資・制度の改革を伴う適応学習のプロセスである。それには、進歩を続ける事業体と、それを正当に評価する機関、そして成功するために不可欠な創造・批判・改革を促す機関が必要である。企業的組織にとっては、周囲との調和を保ちつつ長期的な対応を取るために学習し適応していくことである。本書における事例は、まさにそうした組織を対象としている。そこでは、新たな技術的展開やリーダーシップの優良事例が示されており、経験を積み重ね、それを現場に生かしていこうとする組織的な努力がいかに大切であるかが書かれている。世界の森林における持続可能性は、そうした個々の事例をどうやってうまくつなげていけるのかにかかっていると言っても過言ではなかろう。

第2章
激動する木材産業

　1997年に起こった3つの出来事は木材産業の将来を暗示するものであった。この年、インターナショナルペーパー社がフェデラルペーパー社を36億ドルで買収し、この結果、同社は220億ドル規模の企業になった。統合された加工部門は同社の紙生産能力とその効率を高めることになった。買収によってインターナショナルペーパー社はアメリカ南東部の製材工場に近い30万ha以上の森林を手にした。スウェーデン紙パルプ業界の巨人で60億ドルの売上を誇るストラ社は、重要な市場であるヨーロッパでの地位をより確かなものにするため、230万haに上る同社保有の森林の一部について環境認証を取得した。地球の裏側の南米・ギアナでは、マレーシアのサムリン社と韓国のサンキョン社の合弁によるバラマ社が、合板やその他の製品をカリブ海やアメリカのマーケットに向けて生産し始めた。この動きは、マレーシア最大の林産企業であるサムリン社の自国内の森林資源衰退をうけた新たな市場進出の一環であった。
　一見したところ、アメリカにおける紙パルプ会社の合併、ヨーロッパにおける巨大製紙企業の環境認証取得、そしてアジア林産企業の南米への進出の間には、ほとんど共通点はないように見受けられる。しかし、個々の事象は今後四半世紀にわたる世界規模の林産企業の再構成をもたらす経済および環境的な圧力へのリアクションである。こうした変化の一環として、持続可能な林業というかつては産業の片隅にあったひと

つの理想が、林産企業の意思決定をも左右する大きな力へと変わっていった。

1990年代、木材産業は急激な経営環境の変化に直面した。人口の増加と経済の拡大による木材需要の増加は、時を同じくして減少しつつあった原料供給にさらなる困難をきたすこととなった。企業は新しい木材資源を求めて新しい地域、特に南米と南アジアに進出し、南半球における人工林へと木材繊維の供給源をシフトさせていった。こうした木材生産の拡大によって、南半球は世界の生産拠点となりつつある。企業が木材供給を急増させ効率化や標準化を通じてコストを削減するのと連動して、技術や製品の開発スピードは加速している。長い時間をかけて木材業界は、価格が安く豊富に存在するゴムなどの樹種を、より高価で希少なナラ材やサクラ材のように見せたり機能させたりするための投資を行うであろう。今や時代の流れはグローバリゼーションである。将来成功する企業というのは常にその供給源を世界中に求め、生産も同様に多国籍化し、製品をはるか遠くにまで流通させる企業である。

環境配慮への動きと圧力はこうした変化のあらゆる場面に影響を及ぼすであろう。今後20年間、既に厳しくなっている木材の供給は、企業における森林管理に対する世論や政府の監視のもとでさらに厳しさを増すであろう。新たな規制や市場におけるイニシアティブによって国公有林に対する企業のアクセスはさらに制限され、私有林に対してさえ管理実践マニュアルを課すことになろう。「認証」によって、環境にやさしい林産物の市場が形成されつつある。環境配慮への動きが業界を動かす経済や市場の力を形作るのとまさに同様に、業界の再構成によって、世界の森林に関する環境配慮への、プラスとマイナスの両面の結果が生じる。

環境配慮のトレンドが産業の日常的な経営活動に影響を与えるようになるにつれて、環境問題が企業の優先課題の上位を占めるようになってきた。チャンピオンインターナショナル社森林政策担当副社長カールトン・オーエン氏は、業界は10年前には環境問題を「利益獲得のためのコアビジネスから外れたもの」と位置づけていたと語っている。しかし「今や環境問題はほとんどの林産企業にとって経営の中心の問題となった」のである。チャンピオン社では、環境問題は企業意思決定と森林経営の一部であって、激動する業界にあって同社の企業戦略の一翼を担っている。(Box2.1)

業界を変える圧力

昨今、(1)木材の供給と木材製品に対する需要の間のギャップ、(2)南半球での人工林の拡大、(3)木材製品貿易のグローバリゼーション、(4)製品規格化の浸透、(5)効率性の向上、(6)環境持続可能性に対する需要と認証の出現、(7)政府規制の強まり、といった産業の中に見られる7つの主要なトレンドが、紙パルプ、パネル・エンジニアード製品、製材のビジネス部門にそれぞれ異なった影響を与えると考えられている。それぞれの分野における環境配慮のトレンドとビジネスプレッシャーの相互関係で、

Box 2.1　チャンピオン社：変化する経営環境への適応

　1990年代半ば、チャンピオンインターナショナル社経営陣は、林業界の将来が必ずしもこれまでとは同じでないことを悟った。58億ドルという規模の同社であったが、原木のコストと調達力が戦略的な決定要因となるグローバルビジネスにおいて競争力を保持するための準備を始めた。同社はその原木・パルプ・合板・製材品加工のさまざまな段階で効率を高め、原木の供給を確かなものにし、環境に配慮した木材の生産に取り組んだ。

　1996年、チャンピオン社は原木の数量・価格の安定確保のために2つの会社を買収した。ミシガン州とウィスコンシン州に28万エーカーの広葉樹林を保有するレークスペリオルランド社は、ミシガン州キネセックにあるチャンピオン社の紙パルプ工場に原木を供給することになった。チャンピオン社はまた、40年の歴史を持つ同社のブラジルにおける植林事業に43万エーカー余りを追加し、保有面積を約100万エーカーとした。

　あらゆる作業の効率化は、よりコストを下げ原木供給を確保するという新たな緊急課題のために行われた。1986〜1996年の10年間に、紙パルプ製造の生産性を、従業員1人当たりの生産量にして47％も高めた。例えば、ブラジルのモギグアチ工場では、製紙機械の通常メンテナンスを15日周期から45日周期へと延長した。

　新しい加工方法や技術は製材工場の効率性を高めた。1996年、フロリダ州ホワイトハウスにある製材工場に、加工ライン上での丸太間の平均間隔を18インチ小さくする装置が導入された。これによって、工場全体で5％多く丸太を加工することが可能になった。また、光学スキャンシステムも導入された。これは、40〜50フィートの木材のサイズと形を光学的に読み取り、歩留まりを最適にするにはどのような長さの丸太に玉切りするのがよいかを分析するもので、これによって同製材工場では同じ量の原木から4％多く製品を生産できるようになった。

　チャンピオン社は早くから持続可能な森林経営を支持した。それは、持続可能な森林経営が同社の工場に原料丸太の長期的供給の改善を約束するとともに、森林に関係するさまざまなグループの価値観や関心を反映するからであった。持続可能な森林経営ガイドラインを遵守しながら、同社は全米に保有する500万エーカーの森林経営を継続的に改善していった。地帯区分計画によって保有林地を、完全に保護すべきところ、社会的・環境的理由により伐採が制限されるところ、そして生産を第一義とする高生産林に区分する。同時に同社は保護すべき河畔林を線引きしたが、絶滅の危機に瀕する種の保

護プログラムと同様、それらの多くは政府の規定した内容を超えるものであった。製材所では原料在庫を増やし、多雨の時期で搬出によって道路に轍ができ、林地を傷め水質を悪化させる恐れの高い時など、環境配慮の観点から見て適切でない時期の伐採を最小限に抑えた。さらに同社社有林や個人有林において仕事をしている契約伐採業者を対象に、伐採作業改善のためのトレーニング・プログラム開発にも貢献している。こうした契約伐採業者は同社の70％の原木を伐採するが、会社の設定した基準を満たす伐採業者は優良事業体としての扱いを受けられる。

　製材工場で大量の原木を抱えることなどは大きな財政負担であったし、その他の改革の中にも利益につながるかどうか疑わしいものもある。しかし、森林政策担当副社長のオーエン氏は、たとえ持続可能性のゴールはわかりにくくても持続可能な森林経営問題はいずれ解決する、と胸を張った。「持続可能性とは旅の行程であり、目的地ではない」と彼は言う。「これが持続可能な森林だと言い切れる地点には、決してたどりつけるものではない。」(Box2.2)

持続可能な森林経営と持続可能な木材製品がどのように産業内に統合されていくか決定される。ビジネスのある分野では他と比較して、与えられた条件が持続可能な林業ビジネスの機会を捉えるに当たってより好都合であろう。それらの分野では、環境配慮への度合いによってどんな市場と製品が支持され、あるいは支持されないかが決定される。

供給と需要のアンバランス

　これからの25年間において、増加する木材需要と停滞する供給の間で拡大する需給ギャップが木材産業界の明らかな現実となろう。人口拡大と経済発展は林産物の消費者数を引き上げつづけ、丸太の消費を1961年の20億5,600万 m^3 から1995年の33億5,400万 m^3 へと63％余り急増させた。木材は常に不足がちであり、木材産業はその拠り所とする天然林資源を急速に消費してきている。1980年からの15年間に、メキシコの面積に匹敵する1億8,000万ha以上の森林が、主として農地として切り開かれ破壊された。煮炊きや暖を取るために木を燃料として使う貧しい人たちは、開発途上国において引き続き林地破壊をもたらすだろうし、経済の拡大と人口成長は世界各地で森林への大きな負荷となるであろう。

　森林が減少するにつれて、その価値はいっそう高まる。かつて森林は主に木材生産のために高く評価された。現在では森林が保護する生物多様性、美しい景観、そして水資源のために切望される。さまざまな利害関係者が森林の便益と価値に対して競合

する要求をしている。ちょうど産業が資源の枯渇に直面しているまさにその時に、環境保全主義者からは前例のない圧力を受け、政府からは森林管理に関して詳しい査察を受け、さらに森林利用に関して競合する要求を突きつけられる。

こうした状態のもとで、産業は継続的にその効率を改善するものの、世界の木材繊維の供給は需要を満たすことができないと予想されている。産業用材の全世界消費量は1983～1993年の10年間に年およそ1.3％で増加した。しかし、この比較的穏当な成長率では地域間格差が見えてこない。先進国では木材製品の消費はわずかしか増えないか、あるいは全く増加しなかった。しかし、太平洋沿岸諸国では需要が急激に高まっていた。さらに重要なことは個別の製品に対する需要の増加率が、概して丸太消費の増加率より大きかった点である。丸太をより効率的に製品へ加工する技術の向上によって、需要と消費の間のギャップは説明できた。けれども将来、環境配慮への圧力と最も関係が深い諸要因によって、針葉樹材・広葉樹材ともに生産が制限され地域的な供給不足の発生が懸念される。原木を供給する森林に近い一次・二次加工工場では、付近の森林が疲弊し原木供給を止めた時の資源の確保がきわめて重要な問題となる。

森林製品には2つの基本的なカテゴリーがある。針葉樹材と広葉樹材である。紙パルプ・パネル・製材品といった主要産業は、これら両方の材を消費する。

世界の木材の過半数、54％が煮炊きや暖房のための燃料材として消費される（図表2.1）。それに続いて、製材として26％、製紙・紙パルプに11％、合板・パネルとして9％が消費されている。

将来への不確実性と偶発事象のため、未来の木材需給状況を予測することは大変難しい。これまで供給面で何らかの問題に直面した時、木材産業は新しい樹種や技術の開発、代替品の生産、未利用の樹種の利用によってこれらの問題を乗り越えてきた。ところが最近は、経済の発展と上昇する個人所得によって、たいていの社会では森林

図表2.1　世界の木材繊維需要（1995年）

用　途	数量（百万m^2）	割合（％）
燃料材	1,971	54
産業用材	1,680	46
製材	949	26
製紙・紙パルプ	402	11
合板・パネル	329	9
需要合計	3,651	100

出典：Hagler, Robert W. (1995). "The Global Wood Fiber Balance: What it is, what it means," from 1995 TAPPI Global Fiber Supply Symposium Proceedings, Atlanta.

資源に木材生産以外の価値を見出すようになってきた。新たに出現したこうした意識を持つ中産階級が将来、どの程度収穫の削減を求めるかはわからない。ロシアにおける伐採率、南米と東南アジアでの再造林率、森林製品の価格といった要素が将来の需要にどのような影響を与えるのか、アナリストの間でも統一した見解は示されていない。1990年代中盤以降、将来の需給状況についてのいろいろな意見がヤッコポイリ社やロジャー・セジョー、アスペイとリードなどから出された。それらの中身はそれぞれ異なるが、原料木の供給が次の20年間は逼迫するであろうという点では共通している。

不足する針葉樹材生産

　1996年の時点で世界の木材繊維生産の32.7％を占める針葉樹材は、主としてカナダ・スカンジナビア・アメリカ・ロシアなどの温帯林に生育し、建築用材や新聞紙などの長い繊維を必要とする紙を作るために用いられる。今後25年間に、針葉樹材生産は今より15％程度しか増加せず、量にして10億8,500万m^3にしかならないと予測されている。一方の需要は北半球を中心に今より25％増大すると予測される。供給と需要のギャップは2020年までにおよそ3億1,500万m^3に達すると懸念されている（図表2.2）。

　針葉樹材の供給が次の20年間に思うように伸びない理由は、主に開発地域の特殊性にある。世界の針葉樹林の50～60％を占めるロシアでは生産は停滞し、許容伐採量をはるかに下回ることが予想される。また、たとえ生産が緩やかに改善したとしても、インフラの欠如・投資ならびに政治環境の不確実性・汚職などがこの地域の森林の供給力に見合った開発を妨げるであろう。実際の例としてウェアハウザー社は1994年に、ロシアのコッペンスキーコンビナート社とのシベリアにおける合弁事業を先に示した理由から中止した。

　北米では政府の所有する針葉樹林において、環境配慮による伐採制限により生産が抑制されよう。アメリカ森林局によれば、1980年代から1990年代にかけて北西部の連邦有林1,000万ないし1,200万エーカーで、マダラフクロウを守るために伐採ができなかった。このような規制は今後も生産を制限しつづけると予想される。南部での針葉樹材生産はかろうじて増加するものの、先の公有林伐採量の減少を補うには十分でない。カナダも同様な制約に直面する。カナダでは、数十年来再造林を怠ってきたつけが出始めている。さらに各州政府は1990年代後期から21世紀にかけ、環境保全に配慮したより厳しい伐採制限を課すようになってきている。

　ヨーロッパでは針葉樹材生産高の増加は見込まれるものの、需要に見合う十分な量とはならず、必要とされる針葉樹材繊維の輸入は続くだろう。南米とオセアニアでは植林が軌道に乗り、次の25年間に針葉樹材の生産量は増加する。これらの人工林の輪伐期は15年と短く、その供給は他のところに比べはるかに機動的である。

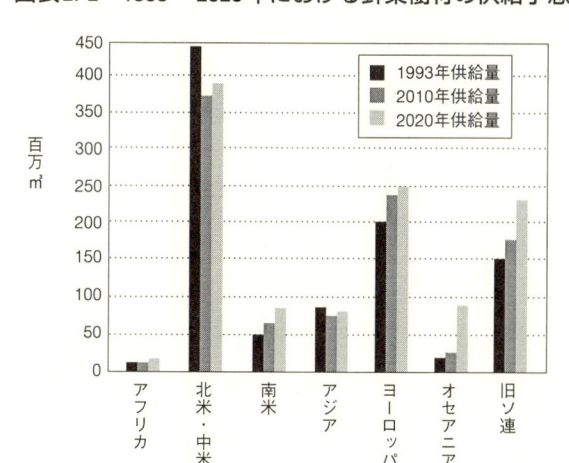

図表2.2　1993－2020年における針葉樹材の供給予想

出典：Aspey, Mike, and Les Reed（1995），"World Timber Resources outlook, current perceptions: A discussion paper," second edition. Council of Forest Industries, Vancouver, B.C., Canada.

希少な広葉樹材

　熱帯および温帯地域は膨大な広葉樹の蓄積を有し、これまで製材や合板、紙に用いられてきた。広葉樹材も針葉樹材と同様、需要と比較して供給の不足が予想されている。全世界の産業用広葉樹材生産量は1993～2020年の間に6％伸びておよそ5億9,900万m³になるが、その増加量はもっぱらアメリカに集中すると予測されている（図表2.3）。生産の状況および環境への配慮の動向によっては、将来利用可能と目される重要な広葉樹供給源であってもその利用が阻止される可能性が高い。

　たいていの熱帯林は広葉樹であり、こうした熱帯広葉樹の利用は熱帯雨林の保護という議論の多い問題と関連する。主にブラジルのユーカリ人工林やインドネシアのアカシア人工林を中心に、熱帯地域が広葉樹材の生産を増やすことが期待されている。しかし、環境配慮への圧力は天然林からの熱帯広葉樹の生産を制限する。アジアの主要な生産国であるマレーシアとインドネシアは、その広葉樹材生産をほとんど天然林に依存している。過去何十年間も両国は持続可能な限度を超えて森林を伐採しつづけた。1990年代後半から21世紀初期にかけて、両国政府は伐採量を減少させるだろう。アジア第2の生産国であるインドネシアでは、天然林からの広葉樹材生産量を21世紀の初頭までに2,000万m³にまで減らすと予測される。これは、1985年時点の生産量

図表2.3　1993－2020年における広葉樹材の供給予想

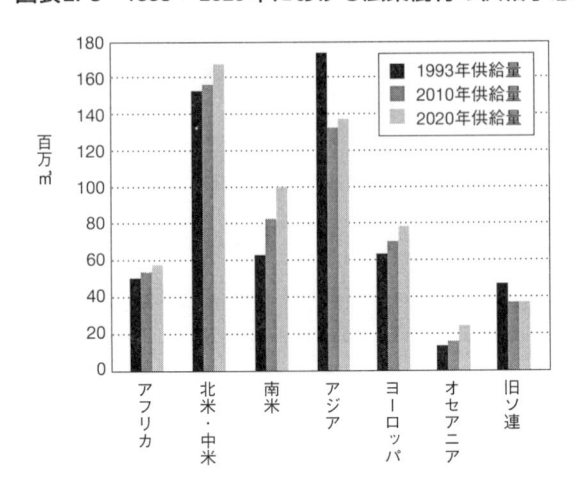

出典：Aspey, Mike, and Les Reed (1995), "World Timber Resources outlook, current perceptions: A discussion paper," second edition. Council of Forest Industries, Vancouver, B.C., Canada.

4,000万m³の半分である。面積については未定であるが、マレーシア・インドネシア両国とも今後20年間に収穫可能な広葉樹人工林の開発を試みている。しかし、両国ともほとんど伐採跡地には植林をする意思がなく、そうした林地からは地元の製紙工場の低品質パルプ用として二次林材を供給しつづけるであろう。

　アメリカには膨大な広葉樹資源が存在するが、主として環境への配慮のために、許容伐採量を下回る生産量で推移すると予想される。たいていの広葉樹林は個人所有であり、このことが広葉樹材生産を針葉樹材生産より政府から独立したものにしている。しかし、湿地に関する規則や生物多様性に関するガイドライン、さらに政府の義務づける森林経営規定のいっそうの厳格化が、私有林からの供給を制限することになろう。

　広葉樹材および針葉樹材生産にかかるこうした制約は、木材産業が既に抱える問題をより深刻なものにする。そして後述するように、増加する需要と制限される供給のギャップを個々の企業や木材産業全体が埋めようとするその方法によって、次世代の企業戦略・市場機会・木材貿易と持続可能な森林経営への取り組みが形成されるであろう。

南半球における人工林の拡大

　森林資源が減少し天然林がますます手の届かない存在となるにつれて、南半球での

人工林が安定供給のための解決策となってきた。この先20年で、南半球は人工林林業によって木材繊維の世界的な供給源になるであろう（図表2.2と2.3）。1990年代半ばには世界の産業用材のうち人工林からの生産量は10％に満たなかった。しかしその増加率は他のどんな供給源よりも高く、2桁の成長を示していた。ある試算によれば、南米人工林からの生産量は1990年代半ばの9,500万m³から2005年までには2億1,500万m³と、226％もの増加が見込まれている。同期間における東南アジアでの人工林生産は9％増え、1,400万m³になることが予想されている。チリ・ブラジル・ニュージーランドなど人工林優遇政策を取る国は、巨額な投資を自国に呼び込んでいる。

　人工林林業は天然林と比較して明らかに有利な点をいくつも持っている。人工林は天然林に比べてより均質な木材繊維を供給できるので、性質のよくわかった原料を使えば威力を発揮する高価な装置を使う紙・パルプ産業にとって、非常に魅力的である。また人工林では成長が速いので、投下資本のより早い回収が見込める。歴史的に見ても人工林は、政府の規制や環境保護団体の干渉をこれまであまり受けてこなかった。長い目で見ると、こうした特徴は人工林に対する投資を促進する環境を作り出すものと言えよう。

　南半球は、育林費用が他地域と比べて安いので、人工林に最適である。穏やかな気候は高度に品種改良された樹種に適した生育環境を与え、集約的な生産と伐採技術による近代的な人工林林業を作り出すことができ、他のどの地域よりも効率の良い生産を誇っている。ブラジルではわずか5万haの土地から毎年50万トンの木材繊維をパルプ工場に供給することができる。ブリティッシュコロンビア州では同じ量の木材繊維を生産するのに160万haを要するのと対照的である（図表2.4）。労働賃金も他の地域に比べて低く、人工林に適する荒廃地も比較的安価に入手できる。さらに、通信や輸送の発展と資本の国際的移動によって、生産の国際化はずいぶんと容易になってきている。こうした状況は顕著なコスト優位性を南半球の生産者に賦与する（図表2.5）。

　南半球における人工林林業の興隆は世界的に重要な意味を持つ。それは、やがて木材産業が二重の供給構造を作り出すかもしれないからである。限られた面積の天然林は保護されるか最低限の収穫が続けられる一方、世界の木材繊維のほとんどが人工林か他の「木材繊維の畑」から生産されるということである。イギリスのデヴィッド・プライスのような木材産業アナリストによると、世界のパルプ需要のすべては、ブラジルの国土面積のわずか2％に満たない集約的なツリーファームで賄えるという。供給源が人工林に集約されていくうちに、生産国はさらに大きな影響力を世界市場に持つようになる。例えば、インドネシアやマレーシアは単に未加工丸太の輸出を禁止するだけでなく、合板の価格操作を行おうとしている。1995年末にこれら2国は、対中国・韓国・日本向けの合板の最低価格を決定した。さらにマレーシアは自国の一次・二次加工部門を奨励するため、2000年までに製材品の禁輸を構想している。

　南半球の諸国がより多くの木材を人工林で生産するようになると、さらなる利益を

図表2.4　年間50万トンの製品生産を行うパルプ用製材工場が必要とする森林面積（ha）

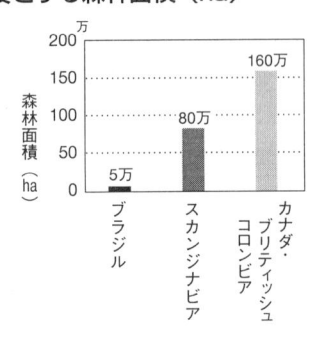

森林面積（ha）
- ブラジル：5万
- スカンジナビア：80万
- カナダ・ブリティッシュコロンビア：160万

図表2.5　南半球における木材繊維生産のコスト優位性

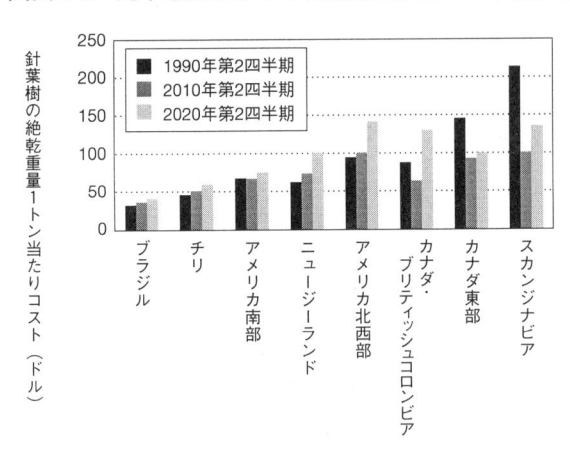

針葉樹の絶乾重量1トン当たりコスト（ドル）

1990年第2四半期／2010年第2四半期／2020年第2四半期
- ブラジル
- チリ
- アメリカ南部
- ニュージーランド
- アメリカ北西部
- カナダ・ブリティッシュコロンビア
- カナダ東部
- スカンジナビア

出典：Hagler, Robert W. (1995). "The Global Wood Fiber Balance: What it is, what it means," from 1995 TAPPI Global Fiber Supply Symposium Proceedings, Atlanta.

求めて、あるいは生産国がかける圧力や提供する誘因に影響されて、一次および二次加工業もその地域に移動するであろう。こうした移動は木材関連産業に新たなビジネスチャンスを与える。チリのリオ・イアタグループの進展はその典型的な事例である。1960年代、チリ政府はラジアタパイン人工林の開発を奨励し始めた。1990年代半ばにはその加工産業を整備することによって、チリの木材産業は人工林を一気に拡大する準備を整えた。その際にリオ・イアタグループは、パーティクルボードと単板の世界的な供給不足を見越してそれらの生産に乗り出したという。同社はこれまでの人工

林経営をベースに製材所・パーティクルボード工場・単板工場を加え、さらにモールディングやフィンガージョイントのような高付加価値製品の生産に乗り出し、全量を輸出、とりわけ日本向けに出荷するようにした。2000年までに、同社の操業で消費される原材料の70％が人工林から供給される予定である。

貿易の逆行とグローバリゼーション

　広葉樹および針葉樹材の生産制限は、南半球における人工林の興隆とあいまって、世界の木材貿易における革命を促す。アジア太平洋地域の人口増加と天然林の枯渇を伴う急速な経済発展によって、将来の木材繊維の不足が懸念される。結果として、同地域はこの20年以内に主要な木材輸出国から主要な輸入国へとその立場を変えるだろう。1990年、この地域の木材輸出量と輸入量はほとんど均衡していた。ところが、2010年までに、輸入が輸出を完全に超過するという。この地域で最大の輸入国である日本は、今後も大量の輸入を続けるであろう。こうした貿易構造の変化は、木材生産国に対してアジア太平洋諸国への輸出の機会を喚起することになる。

　原木の供給源と消費地が変化し、世界的な木材貿易が盛んになるにつれて、木材産業のグローバリゼーションはさらに速まるだろう。今日、国際的な製紙会社が東京で資金を調達し、ブラジルで木を育て、ヨーロッパで製紙装置を購入してその製品を世界の市場で売ることは珍しくない。同様に、製材品を使う会社はしばしば、広く拡散した市場に同様のサービスを提供するため、原材料を世界中に求める。

　いくつかの地域における高い経済成長率と、世界貿易機関（WTO）、関税と貿易に関する一般協定（GATT）、北米自由貿易協定（NAFTA）、その他地域的な協定を含む新しい貿易協定による障壁の緩和によって、林産物の国際的な貿易はさらに促進される。この15年で、北米とアジアからの輸出が急に落ち込むと予想されるが、ロシアとオセアニアからの増大する輸出がその落ち込みのいくらかを埋め合わせるであろう。また、アフリカからアジアへ、南米からヨーロッパへという木材の流れが加速されよう。木材産業がそのグローバリゼーションの流れの中で、国境を越え生産コストを低減させるにつれて、国際的な効率追求のための物流の重要性はますます高まる。業界のリーディング企業は洗練されたシステムでこのようなグローバリゼーションに対応し、流通コストを低減させることによって競争に勝ち得る優位性を既に手中に収めている。

さらなる規格化

　均質さへのこだわりは創造への扉を閉じるという諺があるが、こと木材産業に限って言えば、この均質さと規格化は成功を収める鍵になっている。ちょうど購入する食料品や運転する自動車に期待通りの品質を求めるのと同じように、消費者は自らが使う紙や木製品にも安定した品質を求める。生産工程や製品のさらなる規格化と均質さ

は、小さなニッチ市場を除けば避けられない動きである。例えば製紙産業では工場で加工する際、品質にばらつきが少ない繊維の取れる遺伝子組み換えの人工樹種の利用が増えている。また新しい技術によって、成長の早い二次林からの木材を使った中質繊維板（MDF）を着色してマホガニー材のように見せることも可能となった。その性能にばらつきのないことが、配向性積層板（OSB）や他のエンジニアードウッド製品を成功に導いている。

　さらなる均質さと規格化への動きは、木材産業の森林・プラント・設備装置に対する投資の配分にも影響を与える。均質さが最優先される分野では、他の条件が同じであるとすると、無垢材を直接組み込んだ製品はエンジニアードウッドで造られた製品より低く評価される。前者は後者に比べ、不完全であると見なされてしまうからである。そして、さまざまな樹種の中から材料となる木が選ばれ、それが「木製品」として加工されていくにつれ、最終的な製品の価値に占める森林本来の重要性は薄れていく。結果として、収穫より後の製品加工の過程に対する投資が、森林自体への投資に比べて突出したものとなる恐れがある。

　均質性追求と規格化への動きはまた、人工林林業の進展に寄与するであろう。コストを引き下げ規格化された製品をより多く生産するために、世界中に広大な面積の森林を保有し経営する製紙企業は、人工林で育てられたさらに遺伝的に均質な木を好んで用いる。過去においては木材産業の別の分野で、森林の質が最終製品の品質を決定したこともある。齢級が高く管理の行き届いた森林は、若くて管理の十分でない森林より高く評価された。OSBやMDF、さらには人工林で生産されるクローンのユーカリの出現によって、森林の質が製品の品質を規定することは木材産業の中でほとんどなくなってきた。森林の質と最終製品の品質の間の乖離によって、原料繊維生産を最大にすることが第一の目標になり、これが人工林林業をより有利なものにしている。

絶えざる効率性の追求

　歴史的に見て、技術の改良により木材産業は同じ量の原木から絶えずより多くの製品を生産できるようになってきた。これが、紙やパネルなど製品の多くのカテゴリーの消費が急速に増加したにもかかわらず、丸太の消費が過去10年間、年にわずか1.3％しか増えていない理由である。製紙産業では、アルカリパルプ技術と製紙機械の改良によって驚くほどの効率が実現した。同様にパネル製造業も、さもなければボイラー燃料として用いられたであろうスクラップ材料を製品に加工する技術によって繁栄を遂げた。

　増加する需要と停滞した供給の間のギャップを埋めるため、木材産業には過去と同様、将来にわたっても効率性を追求しつづけることが求められる。資源の効率的利用がより重要になり、天然林がより貴重になるにつれて、さらに効率的なシステムや技術が南半球に導入されるべきである。1990年代後半におけるこの地域での収穫・加工

には依然むだが多く、加工される原木の25～30％しか製品にすることができていない。これに対し、先進地域では45～50％である。

環境認証

　1990年代初頭に出現した森林管理認証システムは、持続可能な森林経営を通して林業を改善するという、木材産業に対する圧力の急先鋒である。認証制度の影響の程度、あるいは認証が木材産業に浸透するスピードは予測することが難しく、ビジネスの状況に応じ、国により、あるいは異なる市場部門によって大いに異なる。1990年代の終わりまでに、半ダース近くの異なった認証システムが登場した。それらの中には、森林管理実務の監査機関を認証するという形を取る第三者の独立した組織である森林管理協議会（FSC）から、国際標準化機構（ISO）が定める国際基準、そして、全米林産物製紙協会（AF&PA）のもとでアメリカ木材産業のバックアップを受けたものまでさまざまである。

　森林管理を改善するために自発的・非規制的・市場取引的メカニズムとして非政府部門から出現した認証制度は木材産業内で物議をかもし、ほとんどの企業は正式にはそれを受け入れなかった。それにもかかわらず専門家やアナリストの中には、認証制度が今後10年以内に木材製品の貿易を再構築し、電気器具のUL（保険業者試験所）と同じぐらい重要な制度として、マーケットアクセスに欠くことができないものになるであろうと予測した者もいた。1990年代終わりまでには、ヨーロッパ、アメリカ、そして欧州市場で競争力を持つ生産国の間で、FSCに代表される認証が森林経営の基準を提起し、持続可能な森林経営を広める旗振り役になっていた（認証制度については次章で詳しく論じる）。

政府によるいっそうの監督

　政府による監督は環境パフォーマンスを改善するため、木材産業に刺激を与えつづける。国際条約や国内法はもちろん地方自治体レベルにおいても、林業経営に関する規制によって木材産業における原材料の調達や国際的な交易条件、そして森林経営の実践はますます制約を受けるようになる。林業に関する規則は、既に先進国ではかなり整備が進んでいる。開発途上国では、規制がほとんど存在しないものから実質的に貿易や事業活動を統制するものまで、さまざまなものがある。しかし木材産業を国内に持つすべての国では、いかに森林資産が管理されるべきかについての議論が戦わされており、今後とも規制が強まる方向に進むことは間違いない。新しい規制は一般に、ある特定の伐採方法を禁じるか、あるいは流水域や野生生物の生息地といった特定の地域の伐採を禁止することによって、結果として伐採のコストを押し上げることになる。また、全体として天然林からの木材生産を減らすことになる。

国際的にも1992年のリオデジャネイロにおける地球サミットで、森林経営が環境問題における大きな議題として取り上げられた。先進国と開発途上国の間の意見相違によって、森林に関する拘束力のある国際協定は結べなかったが、あらゆるタイプの森林の持続可能な開発のための原則声明は採択された。1994年に国際熱帯木材機関（ITTO）は、2000年までにすべての熱帯材は持続可能に経営された森林から生産するという目標を掲げた。こうした協定は、その他の地域的協定や、1985年の4億ドルから1993年の15億ドルにまで増えた森林経営のための開発援助とあいまって、国や政府に問題の本質や具体的な行動の必要性を理解させるのに役立った。しかしながら、これらの国際的な協定は意見の集約と行動のための重要な枠組みではあるが、森林経営の実践に実質的な影響を及ぼすほどの強力な基準・罰則・執行力を持ってはいない。
　将来、林業に関する効果的な国際協定がいっそう実現可能になるかもしれない。2000年までに森林経営を持続可能なものにするというITTOの試みは失敗したが、これにより別の国際協定が締結される可能性が高くなった。既に一回失敗しているので、ITTOあるいは他の熱帯生産国のグループが、もっと効果的な協定を作成する可能性は高い。1992年の地球サミットに端を発した国際連合の活動や、世界的な森林問題の進展を監視する持続可能な開発委員会（CSD）は同様に、将来の森林経営を改善させるための圧力を関係諸国に対して穏やかにかけるだろう。最終的には、1997年に京都で各国政府が二酸化炭素排出削減のための行動を準備すると同意したが、これによって木材産業が標的にされる可能性は高い。地球温暖化現象を和らげるために取られる政府の行動は当然、天然林の伐採に関する制限を含み、これは短期的に原木の供給減少をもたらす。しかし、それらの行動はまた、炭素固定のための植林に対する誘因をもたらすことも確かであり、長期的には原木の供給増加につながるだろう。

変わりつつある木材産業と環境リスク

　経済・市場・環境の圧力は木材産業の再構築を促進し、同時にこれは産業自体を環境に敏感なものに変える。こうした影響は天然林の状況を改善する場合も、また破壊を助長する場合もある。同時に、これらの力は持続可能な森林経営ビジネスの機会に有利にも不利にも働き得る。
　南半球への原木供給源の移行、グローバリゼーション、およびアジア太平洋諸国における輸入の増加は、南半球の天然林のためには良くない組み合わせとなる恐れがある。木材産業の成長は主に未開発地域やその他の環太平洋地域といった、原木の供給に関して環境的配慮にほとんど関心の払われない供給市場に依存している。企業が原木の供給源を求めて地球を歩き回るにつれて、例えば、ガイアナ・スリナム・アマゾン・東南アジアの黄金の三角地帯といった、より僻地にあり、壊れやすく、あるいは利益になりにくい天然林を伐採しようとする圧力が高まるだろう。アジア、とりわ

けマレーシアとインドネシアでの伐採を独占する垂直統合された巨大企業は、自国の天然林が枯渇してしまったので、原木を求めて既に南米やアフリカにその事業展開を開始している。もしこうした企業が自国でやったのと同じ伐採方法を続けるのなら、南米やアフリカにおける熱帯広葉樹林への長期的なダメージは現実のものとなるであろう。

　新興生産国の中には、国際的大企業からの供給拡大要求に対処する法律が未整備の国もあり、そこでは持続的でない伐採を招く危険性が高い。まさにそうしたケースは、1980年代後半から1990年代にかけてガボンで現実のものとなった。アジア太平洋市場からの大規模な引き合いによって、1990年には7万5,000m^3であった丸太輸出量が1995年には70万m^3と約10倍に達し、ガボンの森林は破壊の危機に直面した。こうした事態は禁輸措置によって初めて落ち着きを取り戻し、政府と木材産業を正常な経営に戻すことができた。先進国での木材生産を制限する環境規制は、南半球の森林に有害な影響を与える場合もある。例えば、自国内の環境規制によってアメリカやカナダから日本への輸出が落ち込んだ場合、その供給不足分はアジアからの非持続的な生産者による木材によって賄われることになりかねない。

　人工林の増加は同じく環境への予期せぬ結果をもたらす。人工林は天然林ほど木材生産に広い土地を必要としないため、人工林の奨励によって天然林に対する生産圧力を減らすことが可能となる。しかしながら、人工林は野生動物の生息や水源涵養、レクリエーションといったその他の貴重な機能は乏しい。木材産業は人工林に技術的・経営的・環境的な魅力を感じて、より多くの投資を行う一方で、天然林に対しては投資を控えるようになる。もしそのようなことが起きるなら、持続可能な森林経営の発展は阻害され、状況によっては天然林がよりいっそうの搾取の危機にさらされることになる。

持続可能な森林経営への新しいビジネスチャンス

　産業の再構築はまた、持続可能な森林経営の周辺において新たなビジネスチャンスを作るであろう。例えば、原木供給の変化はさまざまな新しいビジネスの機会を作る。改善された物流・輸送によって、加工業者は多種多様な供給源から原木を買うことができる。資本もいっそう機動的に動き、加工のための設備もより容易に原木の供給地に向かう。長期的に見て、環境に配慮して天然林を管理することのできる企業は、南半球で新しいビジネスの機会を見出すであろう。スリナム・チリ・ブラジル・ペルーでは、持続可能な森林経営を実践する企業は既に、より良質な森林や財務的な補助を獲得するなどの特恵的な取り扱いを受けたり、地方政府からのいっそうの援助を受けたりしている。サビア社はまさに上記の理由で、ファゴ諸島にある40万haの天然林にビジネス戦略として、持続可能な森林経営を採用した。同様に、将来、規制を自国

内に課す国は、インフラ整備やマーケティング、適切なコントロールに対して投資するならば、あるいは天然林の買い手であり人工林への投資家として振る舞うならば、産業の再構築によって作られた機会を利用することが可能かもしれない。

　グローバリゼーションは、持続可能な森林経営ビジネスのためのいっそう有利な条件を作り出す。もし拡大する需要が広葉樹材価格を引き上げるなら、この拡大したマージンによって持続可能な森林経営は可能になる。強い規制を持つ国ほど持続可能な森林経営の実践に費用はかかるが、その分商業的には競争力のあるものとなる。世界に張りめぐらされた情報通信システムと、グローバリゼーションとともに進化したより効率的な物流メカニズムもまた、ニッチ市場のためには有利な材料となろう。「認証」製品の多くはニッチ市場からもたらされ、さらなるグローバリゼーションは新たなビジネスの機会を創造する。ちょうど世界中に拡大した市場とマネージメント技法に関する情報によって大きな貿易の潮流が持続可能性を他の市場へ広げるのに役立ったのと同じように、認証や持続可能性といった新しいトレンドは産業全体にすばやく広がるであろう。情報伝達と物流の進歩によって、これまでは商業的に用いられなかった樹種、特に熱帯種の利用が可能になる。低利用の樹種材に対する市場の開拓は、熱帯における持続的生産者にとって非常に重要となる。こうした生産者は、これまで典型的であった商業的に価値の高い少数の樹種のみの収穫ではなく、天然林にあるすべての樹種の価値を最大限に引き出し、持続可能な林業を経済的に成り立たせる必要がある。

　今後とも、木材産業にとっての優先事項によって森林経営は左右されるであろう。しかしながら、将来、森林が提供する非木材「製品およびサービス」の価値が、森林の経済をいかに成立させるかを決定するかもしれない。例えば、インドネシアやマレーシアでは、未だに多くの面積を占める保護林、相対的に効率的な政府、重要な生物多様性の問題、そして成熟した国内の木材産業の組み合わせによって、木材産業は木材生産とその他の競合する利害、例えば、その地域にある豊かな生物多様性の持つ商業的な可能性を犠牲にすることとの調整を迫られることになろう。もしそうしたことが起きるのであれば、新しいビジネスの機会が森林を所有する企業にもたらされるであろう。

厳しい紙パルプ産業の将来

　持続可能な林業は確かに実際の現場である森林でなされるかもしれないが、それが産業に定着するかどうかは最終製品の中でどのように木が使用されるかにかかっている。木材関連産業の主要な3つの部門、紙パルプ・木質パネル・製材は異なる企業環境のもとで営まれている。産業にかかる圧力は、部門ごとに固有な企業環境に応じて、持続可能な林業のための促進要因にもなれば阻害要因にもなるだろう。

世界の紙パルプ産業は、1990年代後半には5,000億ドルから6,000億ドルの推定年間売上高を誇り、木材を利用して新聞紙や印刷用紙から段ボールやその他の梱包材に至るまで何千種類もの製品を生産している。アメリカの紙パルプ販売は1997年に合計で1,700億ドルに達した。アメリカではGDPの約2％を占め、カナダではGDPのおよそ6％を占めている。アジアでは、紙パルプ産業は地域GDPの約3％を占めている。世界的な紙パルプ産業は1996年には、およそ6億m³の丸太を消費し、1億5,700万トンのパルプを作り出した。以下の4項目の経営環境がこれから何年か続くと思われる。

- 比較的安定した需要：紙製品に対する世界的な需要は、主に経済発展と人口増加により促され、今後5年間に年間2～3％拡大すると予想される。アメリカでは1人当たり年間330kgが消費され、次にフィンランド（266kg）、そして日本（231kg）と続く。中国やインドのような開発途上国では、1人当たり年間消費量が30kg以下にとどまっている。1990年代、アジア、ラテンアメリカ、東ヨーロッパでは急速な経済成長のために紙の消費量の伸びが過去最大であった。この傾向は今後も続くと予想されている。長期に及ぶエレクトロニクス革命と「ペーパーレス」オフィスは、紙の需要に対して不確定な要因となる。すべての印刷・筆記用紙の70％が企業内部向けで消費される。企業が支払いや発注、そして「事務全体」をさらに自動化すれば、企業は紙をだんだん使用しなくなるであろう。しかし、企業において減少する需要がいかほどであろうとも、開発途上国の旺盛な紙需要に相殺されてしまうだろうと予想されている。
- 分散した供給態勢：産業は不安定な供給の時代に入りつつある。合併による統合が加速しているように思われるけれども、依然として供給源と製造設備の所有権は世界中に分散している。1980～1990年までの10年間に、主要市場での製紙・段ボール工場数はアメリカで21％、ヨーロッパで25％、日本で23％も減少した。1995年、アメリカでキンバリークラーク社とスコットペーパー社が大きな注目を受けながら合併して110億ドルの新会社が誕生し、市場はこの巨大合併に驚いた。さらに、1997年にはインターナショナルペーパー社が36億ドルでフェデラルペーパー社を買収した。アナリストの中には、今後10年間に安定した原材料の確保問題が企業吸収・合併の引き金になると分析する者もいる。
- 高まる資本集約：高い資本集約性は産業の顕著な特徴である（図表2.6）。アメリカでは、紙パルプ企業の資本支出は売上高の10～11％であり、資本集約産業の典型とされる化学・鉄鋼・製造業のおよそ2倍である。しかも、さらにその資本集約の度合いは高まりつつある。アメリカで年間45万トン以上生産するパルプ工場の全体に占める割合は、1980年の40％から1990年の約60％にまで高まり、年間50万トン以上を生産するパルプ工場の数は実数で2倍になった。大規模製紙工場にかかるコストは規模に応じて膨らみ、1990年代後半では、50万～70万トンの標準的な生

図表2.6 パルプ産業の資本集約度

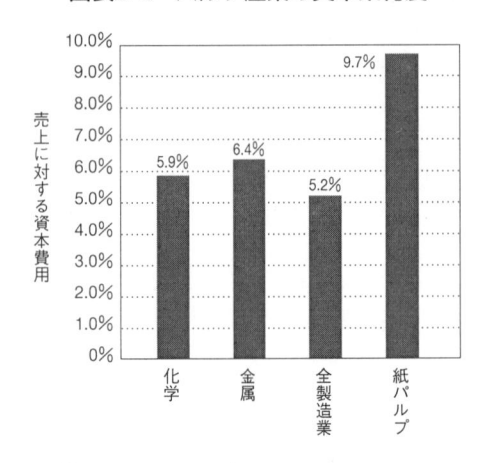

（売上に対する資本費用）

- 化学: 5.9%
- 金属: 6.4%
- 全製造業: 5.2%
- 紙パルプ: 9.7%

出典：AF&PA 1995年

産能力を持つ新しい製紙工場の建設コストは約10億ドルとなった。パルプを安価に生産するために巨大な生産規模が求められる、これがこの産業の高い資本集約性の主な理由である。紙パルプ製品はほとんど例外なく、製造業者が価格を競い合う商品である。価格が購入に関する意思決定の大部分を占めるため、買い手市場を構成する。こうした価格過敏性は、造林・伐採・加工の各段階での新しい技術と効率によって、生産者に継続的な生産コストダウンを求めることになる。

● 変動する利益：分散した供給体制、高い資本集約性、商品の特性、工場や設備に対する過剰投資の傾向、こうした要素はパルプ価格に周期的な上下動をもたらし、これにつれて企業利益も大きく変動する。過去30年間、アメリカの紙パルプ産業の純利益率は平均で約4.5%であった。また、1960年以来、同産業の純資産利益率は約9％であった。過度の負債は各企業の株主資本利益率を悪化させ、これはしばしば平均資本コストを下回ることもあった。こうした理由から、紙パルプ産業に対する長期投資収益率は他の世界的な産業に比べ、1970〜1996年までの間で35％も下回っていた。

環境適応の新しいサイクル

紙パルプ業界は、過去30年にわたる環境配慮への圧力から、金のかかる、しかも自分で自分の首をしめるような変化を受け入れざるを得なかった。1970年代、業界は汚染とそれに関連した汚染削減規制法に悩まされた。1973年以降ほとんど毎年、アメ

リカの紙パルプ産業は汚染防止法に従うための費用を賄うため、最も高い1973年で35％、低くて1980年代の5～10％、平均して資本支出の10％以上を費やしてきた。環境保護局の大気と水質に関する規制を統合するクラスタールールによって、2001年までに業界は50億～150億ドルの追加支出が求められている。1980年代にはごみの埋立地がいっぱいになりそうだという大衆の危機感からリサイクルが奨励され、これが製紙業界に大きな打撃を与えた。アメリカの製紙工場では1985～1995年までの10年間で再生紙の利用を率にして94％高め、3,200万トンにした。アメリカ森林局によると、再生繊維は1986年時点で25％以下にすぎなかったが、1998年までには総生産の約35％になった。同じ期間に、アメリカでは繊維再生のための設備能力は倍以上になった。AF&PAはこうした動きが今後も継続すると予想しているが、その成長率はやや控え目なものである。

業界関係者は、さらなる持続可能な経営に対する紙パルプ産業への圧力が今後20年間にいっそう強まる一方、業界はその急進的な変化を拒否するだろうと見ている。実際、環境への取り組みは道半ばであり進行中である。巨大でしかも高額な投資となる近代的な製紙工場を効率的・効果的に操業させるためには、安定した原料繊維の供給が以前にも増して重要な課題となっている。原料の供給を確保するため、パルプ会社は南半球の人工林に巨額の投資をし始めた。1993年当時、オールドグロース林から産業用パルプの16％が生産され、人工林からはわずかに11％が生産されているにすぎなかった。将来は外来種による人工林が産業用繊維の主要な供給源となる。大口需要家からの圧力によって、紙パルプ会社はより持続可能な森林管理に向かって変わりつつあり、環境認証を取り入れようとしている。1990年代後半までには、主要なスカンジナビアの製紙会社は自らの森林で認証を取得し、21世紀初頭にはヨーロッパで認証紙パルプ製品市場が現れることが予想されている（認証紙製品の市場機会については第3章で議論される）。環境の面で差別化された製品を扱う市場への期待は、いち早く動いた者にさまざまなビジネスチャンスを与える。1990年代には既に少数の企業ではあるが、そうした機会を利用し始めていた（Box2.2）。

木質パネルとエンジニアードウッドの時代

最近まで、ほとんどのエンジニアードウッドは、基本的には木の繊維を平らで薄い板にした木質パネルであった。しかし、1980年代から1990年代に製造業者はパネルの生産技術を一気に高め、主に建材と家具製造業において無垢材の代用となるような新しい製品を生み出した。1995年には、木質パネル向けに用材の9％が消費された。しかし、次の15年で、MDF・OSB・パーティクルボードなどの新製品への需要は急上昇するであろう（図表2.7）。

環境への配慮、急速に進展する技術、そして魅力的な価格によって、これらのエン

> **Box 2.2　　紙の環境配慮への可能性**
>
> 　世論の動向や顧客・規制機関の運動を受けて、少数の企業が既に持続的森林経営の問題に取り組み、その戦略を構築している。他者に先駆けて行動を起こすことにより、競争上の優位性を既に獲得したか、あるいは獲得しようとしている。
> - スウェーデンの製紙会社上位3社（SCA社、ストラ社、アッシドマン社）は、スウェーデン国内の認証基準を策定するFSCワーキンググループに参加した。1997年までにこれら3社はFSCによる認証をその所有する森林に対して受けた。1998年初め、これらの森から最初の認証製品がヨーロッパ市場向けに出荷された。例えば、アッシドマン社は認証角材をセインズベリー社が所有するイギリスのホームベース社に提供し、また、認証パルプをセインズベリー社に送り、FSC認証衛生ナプキンの製品化を可能にした。
> - アメリカ再生紙業界の大手のロックテン社は垂直統合、高度技術、不要な木材繊維の集約的利用といった戦略の実施に成功した。再生紙への特化によって同社は経営コスト構造をより弾力的なものにし、原料パルプの価格変動から生じる収益変動を、同業他社に比べ小さくすることを可能にした。
> - 世界のティッシュ生産最大手のフォートハワード社は、オフィスからの安価な使用済み用紙を原料にしてティッシュを生産できるリサイクル技術を開発し、業界で最高の利益率を確保した。同社製品の大部分は100％再生紙でできており、特許登録済みのインク剥離技術で処理され、ティッシュペーパーに加工される。
> - ブラジルに本拠地を置く世界最大の漂白広葉樹パルプ製造企業であるアラクルスセルロース社は、業界で最も安く上質パルプを製造できるようになった。その過程で同社は、ユーカリの森林経営で業界他社に差をつけ、環境パフォーマンスをその戦略の要にした。

ジニアードウッドは、ますます無垢材や合板に取って代わるだろう。

- OSB：OSBが1970年代に開発されるまで、「構造用パネル」と言えば合板のことであった。1990年代の後期、OSBは北米とヨーロッパで急速に合板に取って代わりつつあり、その流れは他地域にも広まっている。2010年までには、世界のパネル市場のかなりの割合を占めるだろうと予測されている。OSBは、繊維が一定方向に走る薄板（ストランド）を、それらの繊維の方向が互いに直交するよう配置され、何層にも重ねられる。これらは熱と圧力をかけて糊づけされ、均一の強度を持つ板に

図表2.7　2010年における木質パネルの世界需要予想

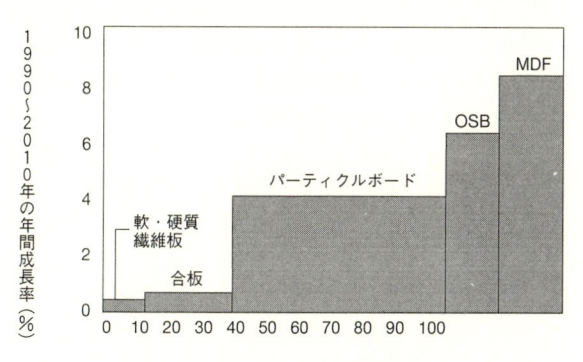

[グラフ：縦軸 1990〜2010年の年間成長率（％）、横軸 2010年における市場占有率（％）。軟・硬質繊維板、合板、パーティクルボード、OSB、MDFの各バー]

出典：Jaakko Pöyry (1996). Solid Wood Competitiveness Report, Tarrytown, N.Y., 8.

なる。これらのパネルはポプラ・カバノキといった、通常は二次林に生え、ほとんど他には使い道のない安価な「雑木」種により作ることができる。OSB製造工場のコストは合板製造工場のコストよりも早く下落している。1990〜2010年の間に、北米のOSBの生産能力は3.6倍拡大し2,390万m^3になると予想される。これに対し、合板の生産能力は約29％低下し、1,563万m^3になるという。同じような傾向は世界中に広がっている。

●パーティクルボード：OSBよりも安価なこのパネルは、世界中でエンジニアードパネルの主流となっている。パーティクルボードとは木材繊維の小さなかけらや、時としておがくずあるいは合板の削りくずを、糊を使い熱と圧力をかけて接着し作られた安価な板で、家具やキャビネット、床板の下敷き、ドアの心材に使われている。パーティクルボードは、組立家具（RTA）市場の爆発的な成長によって、1980年代後期から1990年代に需要が上昇した。将来、技術的な革新によって製品の構造上の性質は改善され、コストは下がるだろう。パーティクルボードは世界の木質パネル市場を独占しつづけるだろう。家具などの用途が、アメリカやその他の国における主な成長要因である。木材産業の他の領域同様、パーティクルボードについても、特注部品やその他の細分化した製品を製造することによって、生産者は効率的な管理が可能になり、顧客のニーズに合った製品を作ることができる。パーティクルボードのコストパフォーマンスの良さを凌駕できる代替品は今のところ見あたらない。しかし、単位容積・重量当たりの価格が安い製品なので、国際的な貿易にはなじみにくい。したがって、パーティクルボードの生産と消費は、概して地域的なものでありつづけるだろう。

●MDF：1990年代、MDFは史上最も成功した新製品となった。この木質パネルは、典型的には木材チップを木材繊維にほぐし、これに尿素、ホルムアルデヒドを加えて加熱・加圧して板状に成型することで生産される。これはゴムやユーカリなどの木、または綿のような一年生の植物からも作ることができる。1997年のMDF生産能力は1994年のそれに比べ、アメリカで約2倍、ヨーロッパで5倍、アジアで3倍になったと推定される。他の木質パネルより高価なMDFは、機械加工や塗装がしやすく、見かけが自然でなめらかな表面を持ち均質であるため、木質パネル市場における最高級品として扱われる。1990年代、MDFはもっぱら家具やキャビネットに使われたが、薄物合板、ドアの外板、そして木工製品としても使われるようになった。例えば、耐水性があったり厚みが薄いといった特別な性質のあるMDFが市場に出回れば、さらに新しい用途も生まれるだろう。その結果、MDFパネルに対する需要は今後15年間に、年平均で8％以上の勢いで拡大すると予測されている。

エンジニアードウッドに対する環境の重要性

　エンジニアードパネルの製造業者は、環境配慮への制約が強まるこの時代に利益を得ることができるだろう。OSB・パーティクルボード・MDFは、合板を作るために使われる大径材の供給減少と利用可能な材の品質低下という、どちらも森林の劣化が原因となった空隙を埋めている。OSB・パーティクルボード・MDFはいずれも、従来とは異なる樹種、低質材、または副産物を利用し、高品質の素材には依拠していないので、製造業者は素材を天然林に頼る場合とは違い、木材供給におけるさまざまな困難や変化により容易に適応できる。廃材や一年生作物、その他のものから得られる木材繊維が、供給の不足分を埋めることができる。アジアでは、製造業者はパーティクルボードの原料繊維として常に一年生作物を用いている。特にアジアでは、高品質の立木を産する天然林は既に伐採が進み、合板の原木となる大径材の供給がより困難であるため、OSBが合板に取って代わりつつある。

　MDFの製造業者は、特にアジアにおいて、家具・建材市場での「グリーン」な環境配慮への解決策として木質パネルを売るのに好適な環境にある。アジアでは、1990年代に森林に近い立地での加工能力が増強され、MDF生産能力は爆発的に拡大した。そして、輸出用の家具生産が開始された（Box2.3）。家具の多くは、森林経営について最も関心の高いヨーロッパへと輸出されている。防衛的な手段にすぎないとしても、ヨーロッパへ輸出をしているMDF製造業者にとって、製品を「グリーン」と位置づけ、認証を取得することはおそらく賢明だろう。事務用家具市場でも認証MDFは支持されると思われる。フォーチュン誌500社にあげられる会社がかなりの部分の事務用家具を購入している一方で、クノール社、ハーマンミラー社、スティールケース社といった一握りの会社が事務用家具市場を支配している。環境的に正しくあろうとする巨大企業の願望がその取引先に影響を与え、持続的に生産された家具を製造するよ

> **Box 2.3　有利なMDFパートナーシップ**
>
> 　トレンディで安価な組立家具で有名なスウェーデンのイケア社とマレーシアのゴールデンホーププランテーション社は、業界を襲う再編の圧力に自らの収益のチャンスを見出した。2つの会社は合弁で、ゴールデンホープ社の集約的なゴムの人工林をベースに加工製品の開発に乗り出したのである。ゴールデンホープ社は、イケアデザインの家具部品とMDF家具の製造を行う生産規模10万m^3の工場を建設する。パーティクルボード組立家具最大手のイケア社は、マレーシア以外の世界中の全市場でMDF家具を販売する。こうした家具は当初「グリーン」な製品としては市場に出ないが、この家具に対する需要の高まりと市場におけるイケア社のリーダーシップによって、将来は「グリーン」なものへと変えていく。
>
> 　この事業によって、ゴールデンホープ社は単なる原木供給から付加価値生産へと展開する。イケア社は、東南アジアの人工林という新しい原材料供給地の近くで製造され世界に出荷されるヨーロッパデザインの製品によって、グローバリゼーションの流れに乗る。この2つの会社が生産するエンジニアードウッド製品は、これまで人気がなく安価であったが、入手が容易な樹種により作られるため、天然林に依存した従来の木製品に比べ競争力がある。

うに仕向けるだろう。

　しかし有利な状況下にあってさえ、木質パネルの性質から、「認証」製品の市場で発展するのは難しいだろう。エンジニアードウッド製品の原材料の多くは他の木材加工品の副産物なので、製造業者がパネル認証製品の生産・加工・流通過程の管理（CoC）の認証要件を満たすのは困難だからである。また、この分野は集約されておらず、製品の差別化にも乏しく、支配的な生産業者もいない。こうした状況は認証製品市場の発展の障害となる。さらにバイヤーの力は、パネルを最終製品に使用する何万もの建築業者や家具製造業者に分散されている。

　消費者もまた、どんなタイプやブランドの木質パネルを購入するかという決定から隔離されているので、その影響力は小さい。こうした理由から、認証パネル製品の大規模な市場は、おそらくその他の林産物の認証製品市場よりも遅れて形成されると予想される。しかし、こうした障害にもかかわらず、家具製造の分野では、建築業よりも「グリーンさ」や認証製品に対する理解が進んでいるので、エンジニアード製品の製造者が家具向けに認証パネルを生産する機会は依然存在する。

世界的な化粧単板市場

　環境配慮の傾向は単板製造に肯定的にも否定的にも働くだろう。化粧単板は本物の木に見せかけるための装飾用表装として家具、壁の羽目板、そしてその他の高付加価値製品のために、1996年には世界全体で610万m³が生産された。アメリカの単板産業は1996年に8万m³の製品を生産したが、昔ながらの小規模家族経営が支配的である。工場建設のための必要資本は数百万ドル以下と、他の製品カテゴリーと比較してかなり少ない。しかし近年、新しい設備や技術へのより高額な資本投資の必要から、合併や買収など業界の再編も進んでいる。原木調達力があり効率的な設備を導入できる、資本力に富んだ大企業がますます市場を支配していくだろう。

　化粧単板は林産物の中で最も「グローバル」なものである。価格が比較的高く、軽く、合理的なコストで製品を顧客の注文に合わせ差別化することが可能であり、家具設計者がこの製品を熟知しているので、国際貿易には好都合である。アメリカでは生産量の50％近くが輸出されているが、ヨーロッパの消費者が熱帯産の単板を嫌うので、1997～2001年の間はそうした状況が続くと予測されている。世界の単板製造業者は、できるかぎり「同一の」単板を求める顧客を満足させるために、製造工程におけるよりいっそうの均一さを求めて発展している。こうした顧客の嗜好は暗い色の熱帯材単板よりも明るい色で着色加工しやすい温帯材単板に市場優位性を与える。これからの数年間でMDFが、広葉樹材合板のように見える高品質の上張りやプリントとして利用されるようになると予測されるので、これが単板製品にとって最大の脅威になるだろう。

　しかし長い目で見ると、質の良い広葉樹丸太材の欠如が、単板製造業者にとって最も深刻な問題になる。単板に対する需要は中長期的にはかなりの伸びが予想される。しかし高品質の単板を作るには高品質の森林が必要である。高級で自然な見かけや手触りのいい家具と木質パネルの原材料となる貴重な広葉樹資源は減少しており、入手可能であったとしても高価なものになる。単板用材は、世界の丸太生産量合計の1％にも満たないが、非常に高価である。最高品質の化粧単板用丸太は他用途用材の7倍もの価格で取引される。大径材がより高価になるにつれて、製造業者は無垢材の代わりにエンジニアードウッドを使い、その表面に化粧単板を貼り付け、消費者の求める見栄えをリーズナブルな価格で提供している。

　単板産業の特徴の多くは、認証単板製品を製造するのに適している。単板の大半は、認証製品に対する需要が最も強いヨーロッパに輸出されている。単板製造業者は他の製品セクターの製造業者に比べて、より「出来高払い」的なので、顧客の注文やCoCといった認証製品の生産に伴う問題にも、より容易に対応できる。アメリカ・インディアナ州のカリーミラー単板社のような製造業者では、土場から顧客に至る原木から

製品までの流れを追跡できるよう、既にバーコードシステムを採用している。というのも、単板の買い手はしばしば丸太1本まるごとの単板を買いたがるからである。単板製造業者はこの形式の追跡システムを、丸太の伐採から製造を通じ最終消費者に至るまで認証木材を監視する第三者認証制度に容易に適用できる。そして認証製品は、適切な市場へと出荷された場合には大きな利益につながることから、単板生産は森林認証にとって最有力の部門ということができよう。

製材品の展望

世界的に見て、他の産業界に働いているのと同様の圧力が、針葉樹林や温帯および熱帯の広葉樹林からの製材品の生産傾向を方向づけるだろう。

針葉樹製材品の消費停滞

針葉樹製材品は年間3億m³以上の生産量があり、その多くは温帯国の天然林から伐採されている（図表2.8）。貿易木材製品の中でも最も重要である針葉樹角材は、1995年において世界全体の針葉樹材消費の約26.6%、約11億4,500万m³であった。針葉樹材はカナダからアメリカへ、北米太平洋沿岸地方から日本へ、そしてカナダからヨーロッパへと出荷される。オセアニア・南米から環太平洋地域への貿易が伸びていることを除き、この傾向は2005年まで変化しないと予測される。

針葉樹角材生産は、カナダ・アメリカという世界で最も大きな生産国において、針葉樹材生産一般を制限しているのと同じ力によって規制されるだろう。伝統的に、カナダでは針葉樹材生産を政府所有の土地に依存してきた。ブリティッシュコロンビア

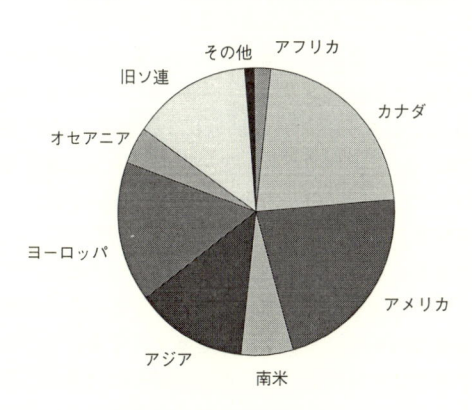

図表2.8　世界の針葉樹製材品生産量

出典：FAO　1995年

図表2.9　アメリカにおける針葉樹の生産動向—1962年と1986年の比較

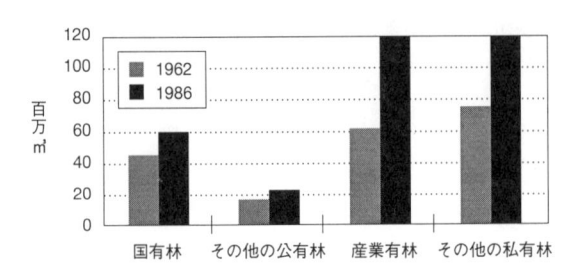

出典：Lange, William J. U.S. Forest Service, 1992.

州では、生産の90％が公有地からである。アメリカでは近年、針葉樹材生産を政府の土地に依存しなくなってきている（図表2.9）。にもかかわらず、両国の広大な公有針葉樹林の存在は、ほとんどの針葉樹材が私有地から生産される場合と比べ、森林管理に対する公共の優先事項や政策によって針葉樹材生産が影響を受けやすいことを意味している。

　建設業は、主に住宅を建てるために針葉樹製材品の大部分を消費する。アメリカは世界で最大の針葉樹建材の使用国である。しかし、アメリカにおける針葉樹建材の消費は、1995～2010年までの間、一定で推移すると予測される。2番目に大きな針葉樹建材市場である日本では、人々が古い住宅の改修や改築よりも新築を好む傾向があるので、新規住宅の建設が消費を支配している。

　いくつかの要素が針葉樹材の消費を鈍化させる。環境保全のために公有林からの生産が減少し、二次林や人工林がオールドグロース林に取って代わるにつれて、針葉樹材の質は低下している。こうしてより高品質の丸太はますます高価になり、入手も困難になってきている。そこで、建築業者は代替品へと乗り換え始めた。針葉樹製材品は、鋼鉄や複合Ｉビームのようなエンジニアードウッド、その他の代替品に市場のシェアを譲ってきた。将来、針葉樹材の供給問題による価格変動を回避する理由から、より頻繁に代替品が選択されるようになり、この傾向は一段と進行するだろう。代替品は針葉樹材の価格が上がった時にのみ市場を侵食する傾向が強い。しかし、価格が下がっても代替技術は既得の市場シェアを保持するのである。

　より高い効率性もまた消費を抑える方向に働く。建物の建設は木材の使用に関してますます効率的になっている。製材所で原木をスキャンし、その強度によって格づけをするような新しい技術は効率性に重要な影響を与えるであろう。一般にたいていの製材品は規格によって格づけされていて、最低限の強度を共通して持つと仮定されている。こうした新技術は特定の用途において木材のより効率的な利用を可能にする。

認証針葉樹材の不透明な見通し

　針葉樹材市場は環境配慮への圧力に非常に影響されやすいので、認証製品の最有力候補である。しかしいくつかの要素が認証針葉樹の取引の障害となるだろう。歴史的に見て、建設業界は環境問題への解決を積極的には求めてこなかった経緯がある。そのうえ、最終消費者と森林経営者の間には多くの中間的な段階があり、市場は非常に細分化されたエンドユーザーで構成されている。したがって、認証製品に対する消費者の需要が供給側へ働きかけるというのは難しい。また、単板のような高付加価値製品と比べ、針葉樹材のような低価格製品に関する認証製品の市場形成はより難しいと言わざるを得ない。

　長期的に考えれば、こうした困難は解決されるかもしれない。環境配慮的認証を採用し始めた北欧の大手パルプ製造業者は、同時に大量の針葉樹製材品も生産している。ノルウェーの業者は疑いなく競争優位性を求め、アメリカやカナダの業者に追従の圧力をかける。さらに、ブリティッシュコロンビア州のような環境的に重要な地域からカリフォルニア州のように環境に敏感な市場への針葉樹製材品の大きな流れは、認証針葉樹製材品の生産が可能となる場を提供し得る。

アメリカの広葉樹の現状

　1996年の世界の広葉樹材生産は、1990年総生産量の1億3,170万m³から8.6％減少して1億2,030万m³となっている。ほとんどの広葉樹材はその生産国内で消費されているため、その貿易量が世界の広葉樹材消費量に占める割合は小さい。貿易量のうち、広葉樹材の主要な流通はアメリカ、東南アジア、そしてブラジルからヨーロッパへ、また東南アジアとアメリカから日本へとなっており、次の10年では日本への流れが特に増加すると見られている。環太平洋地域における生産量減少に伴い、西アフリカは広葉樹材貿易の重要な役割を担うことになるであろう。

　アメリカ森林局の推定によると、1990年代にアメリカは世界の温帯広葉樹材の40％を生産したが、そのほとんどは個人所有林からのものであった。この期間、ヨーロッパとロシアでの広葉樹材の生産量が減少する一方で、アメリカでの生産は増加した。アメリカの広葉樹林は農業の歴史を背景に相続されたり、売却されたり、譲渡されたりして小さな区画で所有されていることが多く、このような個人所有地が統合されることは期待できないため、アメリカでは中・小規模の非産業的所有の土地からの広葉樹材の生産がほとんどを占めていくことになるであろう。

　1995〜2000年までの間にはアメリカの広葉樹の生産・消費パターンに変化が見られることはほとんどないと予想されている。過去40年間、広葉樹成長量は伐採量を上回ってきた。しかし、今後は受動的な森林管理方法と湿地保護や成長不良などの環境的理由による伐採の回避により、2,900万m³程度でほぼ安定生産されていくこと

になるであろうと見られている。輸送用パレットと運搬用木枠が、体積にして広葉樹材全消費量の35％、1,050万m^3を消費している。ついで消費が多い家具産業は、1995年には800万m^3の広葉樹材を消費した。

広葉樹製材所の統合

　温帯広葉樹を製材する製材所は統合の過程にある。中小規模経営で近隣地域との取引を行っているこれらの製材所は、近隣の森林から産出される木材に依存している。広葉樹材生産で業界をリードしているペンシルバニア州には、578カ所の製材所が存在する。広葉樹製材所は増益と利益維持のために、さらなる効率化と付加価値製品の生産を迫られている。しかし売上が100万ドルから1,000万ドルの中規模製材所は、製材生産の歩留まりを最大化させるためのハイテクCNC（コンピュータによる数値制御）製材機械やスキャナーなどの技術を持たない。さらに多くの小規模製材所は、売れ筋の高付加価値製品を生産するために必要な組織的技能、技術、さらには市場へのアクセスさえも持たない。中大規模製材所は小規模製材所に比べ、高い付加価値を生み出す製品生産に必要な技術、投資、マーケティングのノウハウ、製品開発能力を獲得しやすいと言えよう。それゆえ、このような広葉樹製材所に対する圧力は、製材所の統合を加速していくであろう。

アメリカの広葉樹の環境的好機

　1990年代のヨーロッパにおける熱帯広葉樹林破壊への関心の高まりは、アメリカの生産者にとっては恵みになるものであった。アメリカ広葉樹輸出協議会によると、アメリカ広葉樹材輸出額は1988年の4億ドルから1996年の20億ドルへと急増した。アメリカの生産者にとっては、色の薄い木材への人気の高まりも幸いした。アメリカがその一大産地なのである。アメリカからの輸出の急伸は徐々に鈍ることだろう。しかし、熱帯広葉樹林への憂慮は引き続き、その供給量は減少するであろう。逆に、アメリカの広葉樹資源は豊富にあり、またヨーロッパの消費者におけるアメリカ広葉樹材への認知度の高まりも加わり、今後10年間にアメリカからの輸出はさらに拡大するものと予想される。

　アメリカの広葉樹材ビジネスの関心は、認証製品の方へ向いているようである。アメリカのケーンハードウッド社、メノミニー部族企業（MTE）、セブンアイランド社のような会社は既に認証製品を生産しており、この事実はこれらの会社をヨーロッパ市場に進出しやすくしている要因のひとつにもなっている。新しい市場参入機会はヨーロッパでの認証製品市場の発達に伴い、疑いなく増加していくだろう。アメリカの個人広葉樹林所有者は、適切な条件のもとで持続可能な森林経営や認証を採用しやすい状況にある。しかし、こうした所有者たちはその土地を長期投資のために所有して

いることが多い。したがって彼らがその土地から必ずしも毎年の収入を求めているとはかぎらず、また、収益を最大にしたいと思っているともかぎらない。多くの個人所有者は、狩猟やハイキングといった多様な目的のために森林を経営し、木材生産だけを目的にしているわけではない。所有者たちは既に複数の目的のために森林を管理しており、それは持続可能な森林経営の要件の一部を満たすものである。持続可能な森林経営で使われている択伐方式による伐採は、個人所有の広葉樹林では普通に行われている。小規模森林所有者が散在しているという実態はCoC認証取得を難しいものにしているが、いくつかの認証スキームには小規模森林所有者の土地が認証を受けやすく、しかも認証プロセスにかかるコストを安くする選択肢も盛り込まれている（第7章）。

熱帯広葉樹林に関する論争

熱帯広葉樹は、この木材産業界で最も大きな議論になってきた問題であり、これからも続いていくであろう。1990年代前半から西側諸国は熱帯諸国に広葉樹林を保存するように圧力をかけてきた。というのは、これらの森林は地球上で最も豊富な種の多様性の宝庫であり、同時に世界で最も重要な「炭素の貯蔵庫」だからである。しかし、熱帯広葉樹林を経済発展のための重要な資源と位置づけるほとんどの開発途上国は、森林経営に対する外部からの圧力に対して抵抗する姿勢を示している。

ITTOによると、世界市場に出回っている熱帯材丸太・製材品は生産量のわずか4〜6％である。しかし、熱帯広葉樹合板は、年によっては生産量の80％が貿易されている。1993年時点で、合板生産に用いられる木材量は、熱帯広葉樹材総生産の1％よりわずかに多いぐらいと比較的少ないものであるが、単板生産のための高品質丸太の伐採は熱帯林経営における重要な問題のひとつなのである。熱帯広葉樹材の伐採はアジア地域が中心で、インドネシア・マレーシア・ブラジルに集中している。ITTOによると熱帯広葉樹材のうち、アジアとブラジルで70％の丸太、63％の製材、84％の単板、そして90％の合板が生産されている。

先進国、特にヨーロッパ市場での熱帯広葉樹製品に対する関心は、こうした生産国に対し大きな影響を与える。1990年代には熱帯産材の輸入禁止措置や認証制度の整備、および消費者の買い控えに対応する形で、熱帯広葉樹材のヨーロッパへの輸出、特にマレーシアとアフリカからの輸出は激減した。この時期、マレーシアからヨーロッパへの輸出量は30％も減少した。熱帯生産国は広報活動から始まり、長期にわたる産業の存続可能性の確認行動に至るまで、さまざまな方法で広葉樹材輸出のイメージ改善に取り組んでいる。

一方でアフリカからの輸出先は、ヨーロッパから環太平洋諸国へと移った。この地域は自らの経済的繁栄を支え、自国内の木材不足を補うために熱帯広葉樹林の大部分を輸入している。最大の輸入国である日本はその木材需要の70％を熱帯と温帯から

の輸入材で賄っている。1994年、日本は1,270万m³の熱帯広葉樹丸太、製材品、合板そして単板を輸入した。日本・台湾・タイその他の環太平洋の輸入国では、環境問題は最優先課題ではない。こうした状態が続くかぎり、熱帯広葉樹材製品はこれらの旺盛な市場に輸出されつづけることになる。

ヨーロッパは持続可能な方法で生産された熱帯広葉樹材に対して、新たなチャンスを与えているようである。ヨーロッパの消費者は熱帯広葉樹材のすばらしさに強い魅力を感じている。しかし同時に、環境に対して問題ない形で生産された木材を使いたいとも考えており、それゆえ認証熱帯広葉樹材に対する需要はその供給をはるかに上回っているのである。認証熱帯林製品を生産する会社の大半は小規模である。中長期にわたり認証材市場が発展するにつれ、熱帯材生産企業は、持続可能な方法で生産されたマホガニーやチークのようなヨーロッパで需要がある樹種に新しいビジネスチャンスを見出していくであろう。

環境の力によって形づくられる未来

1980年代後半、木材製品産業が直面した環境問題は主にパルプ工場からの汚染、紙製品のリサイクル成分など、主として製造プロセスのみに限定されていた。それから10年、環境問題とこれに関する圧力は、紙パルプ、パネル・エンジニアードウッド製品、製材品の3つすべての産業内セクター、さらに製材業者・加工業者・販売業者といったすべての木材関連会社が考慮すべき戦略上重要な課題になった。環境の圧力は複雑で範囲が広いが、それらは木材供給者へ影響を与え、新しい市場機会を創造し、製造技術開発を促進し、木材製品業界に規制的な雰囲気を作っている。

環境配慮への圧力は、一般市民からの非難や政府からの干渉の回避、木材供給の確保、新しいビジネスチャンスの創造といった、3つの鍵となる活動の舞台で業界が戦略上考慮すべき重要な課題となった。持続可能な森林経営は、木材産業にとって、環境問題に関する一般市民や環境保護団体からの批判、消費者からの圧力、そしてヨーロッパなどの環境問題に敏感な市場におけるシェアの喪失といったことに対する、保険になり得ることを証明しつつある。マレーシアからヨーロッパへの熱帯広葉樹材の輸出が1990年代に約30％減少したという事実は、環境面で問題のある経営活動が将来的に抱えるであろうリスクの顕著な事例である。持続可能な森林経営を通じて、より良い森林経営を求める一般市民の要望を取り込むことは、北米やいくつかの南半球の国における森林経営に関する厳重な政府規則を突破する有効な手段となるだろう。

木材業界のすべての部門にとって、失われつつある世界の天然林という重要な木材繊維供給源を守ることはきわめて重要である。そしてここでも環境問題が意思決定の中心的役割を果たす。業界のある役員は「今後の20年間では、木材資源を持っている会社だけが競争に勝利する」と指摘する。

優れた森林経営は木材繊維の確保競争で有利となろう。南半球諸国では、健全な森林経営を実施している会社に対して優先的に天然林利用を許可する政府が増えている。需要が供給を上回る高品質広葉樹製品の世界市場では、持続可能な森林経営によって単板などの高品質広葉樹製品を生産できる事業者は断然有利と言えよう。南半球で行われている人工林への投資の増大は、天然林伐採により引き起こされる環境リスクを回避するためのひとつの手段という側面も持っている。

　環境配慮への圧力は、それをうまく利用する事業者に新たなビジネスチャンスを与える。そして、新しい市場を創造し、ある種の製品に競争上の優位性を与え、貿易に大きな変化を与えることになろう。国内の森林枯渇によるアジア太平洋諸国の輸入増加は、木材産出国企業に貿易の機会を与えるだろう。増加する南半球での人工林による木材生産は、スウェーデンのイケア社が1990年代中頃に行ったように、地域外の事業者にも参加可能なさまざまな製造事業への機会も与える。ヨーロッパでは環境的に望ましいとされる製品への強い支持があり、それは持続可能な経営を行っている生産者、特に認証熱帯広葉樹材製品を生産している事業者に新しいビジネスチャンスを提供するものである。

　紙のように環境の面で差別化された製品を売る北米やヨーロッパの企業は、北ヨーロッパ市場にもビジネスチャンスを見出すことができると考えている。MDF、パーティクルボード、そしてOSBの生産者は、合板や針葉樹製材の生産者を凌駕する態勢を整えた。エンジニアードパネルは、容易に入手でき値段の安いさまざまな木材繊維から製造することができるからである。変化する世界に急いで追いつこうとしている木材産業にとって、環境への配慮はビジネス戦略のうえで最重要な課題となったのである。

第3章
拡大する認証木材市場

　究極的に、持続可能な森林経営の成否を決めるものは世界規模の市場の存在である。1980年代終わりに楽観主義者が予言したところによると、1990年代初めには世界の森林破壊を憂慮する消費者の要求に応える形で「グリーン」な林産物がこぞって陳列棚に並ぶであろうとのことであった。それが実現されずに終わると、懐疑主義者は持続的経営からもたらされた林産物の市場などというものは単なる幻想にすぎなかったのだと主張した。

　しかしながら、1990年代の終わりまでにその市場は異なる現実を映し出した。消費者は、林産業を持続可能な森林経営へゆっくりと向かわせる多くの要素のひとつにすぎなかったのである。他の多くの要素が初期段階において消費者の要求よりも大きな力を持ち、持続的経営によりもたらされた林産物の市場へ活力を与えた。この力とは、小売店からパルプ・製材工場、さらには林業の現場に至るまで、林産業の需給サイドに働きかけて環境への配慮を求めるものである。重要なことは、持続的な林産物が発展するか否かではなく、いかに早く、どの市場で持続的林業が重要な要素になるかである。

　1990年代の終わりには、持続可能な森林経営が勢いを得たことを示すさまざまな徴候が見られた。独立した第三者機関が森林経営を審査した後に「エコラベル」を貼付

した認証製品は、持続可能性の最先端を象徴するものである。1997年、認証と認証材の供給は指数的に増加し始めていた。1998年終わりまでに少なくとも世界中の1,000万haの林地が森林管理協議会（FSC）の基準によって認証される予定で、FSCによるとこれは1997年10月時点の380万haから増加したものとのことであった。世界銀行は世界自然保護基金と共同で2005年までに2億haの認証を達成すると発表した――それは1997年の総認証面積と2桁も違う、はるかに大きな目標であった。また1997年にはFSCは、70％以上の認証材を利用した製品にもFSCのラベルを付けることを許可した。この変更はより多くの生産者と製造業者が認証を取得するよう誘導するものであった。そして1998年初めには認証製品を生産する20の企業の経営幹部たちが、認証製品に対する受注は増えつづけていることを報告した。コリンズパイン社マーケティング担当副社長のウェイド・モスビー氏は、認証材製品の市場は「坂を転げ落ちる雪玉」のようなものであると表現した。

　バイヤーズグループとは、1991年にイギリスで組織された集団に端を発する概念で、認証製品の供給を促進することを目的とする、木材製品購入者が構成するグループである。その数は1997年までにヨーロッパとアメリカにおいて12にまで増えた。また、いくつかの自主的な認証制度がカナダ・フィンランド・スウェーデン・アメリカで林産業界の支持を得た。カナダ林産業界は、1996年に国際標準化機構（ISO）が提唱する環境管理システムに基づいて、独自に持続可能な森林経営のための国内基準を作成した。1998年にはスウェーデン独自の国内基準が初めてFSCに承認された。認証は、初め丸太に対象を絞っていたが、1996～1997年にかけてその対象を製紙部門にまで広げた。折しも当時はスカンジナビア半島の3大パルプ製造会社であるストラ、アッシドマン、コーナスの各社が認証を取得した時であった。さらに1998年には北米における認証が大きく進展した。カナダ最大の生産者であるマクミランブローデル社が、オールドグロース林の皆伐は今後一切行わずに認証取得を目指していくと発表したのである。これは環境保全主義者からの圧力、ヨーロッパにおけるボイコット運動の成功を受けての方向転換であった。

　持続可能な森林経営が、いかに早く、そしてどの程度まで林産業界の牽引役になり得るかということは、経済と市場の情勢に依存するであろう。持続的な林産物の市場は未熟である。製品を差別化するための環境認証は1992年に始まったばかりの現象であり、ようやく新たな市場が形成されつつあるところである。認証製品に対する需要は、認証製品の供給が限られていることから制限されていると言える――エンヴァイロメンタルアドバンテージ社の調査によると、1995年時点で世界の丸太供給量に占める認証材の割合は0.60％以下にすぎない。迫りくる持続可能な森林経営に対して林産業界が反応するスピードは、市場の立地、その業界内外の構造、おかれた状況などにより異なるであろう。ヨーロッパはこうしたさまざまな条件が最も好ましい場所であり、1990年代終わりから21世紀初頭の間に持続的林産物を需要する中心地となる

であろう。

持続可能性をめぐる前進・後退

　認証材市場に作用する力の中には、持続的木材製品への移行が進む過程で、林産業界を前進させるものも後退させるものもある。環境団体は、林業活動の際に環境への負荷を最小限にとどめるよう林産業界に圧力をかける。政府は、木材会社が持続可能な経営をするよう新たな規制をかける。環境認証制度の登場により、持続的経営を行う企業とその製品が市場で差別化される。さらに早期認証取得者まで含めて、これらすべてが林産業界をより持続可能な方向へ前進させる力となる。

　自ら環境の重要性を理解する消費者の代理人も林産業界に対して、持続的経営を取り入れ、認証された製品を提供してゆくよう働きかけるという点で、強力な推進力となっている。バイヤーズグループ、顧客企業、設計業者などの専門家集団は団結して林産業界に、より環境的負荷の少ない製品を供給するよう求めてきた。消費者と産業界の間に立つこのような仲介者は持続的木材製品の需要を喚起する、おそらく最も重要な触媒として機能してきた。

持続可能な経営を取り入れることへの圧力

　1990年代を通して、行政官・一般市民・環境保全主義者などの外部の力といくつかの先駆的企業の活動によって、林産業界は持続可能な経営の実践を迫られるようになった。保全戦略を有する環境団体、新たな販路への参入を目論む流通業界、販売すべき認証製品を有する企業などが、森林経営を変える主人公となった。

環境活動家の影響力

　今世紀を通じて環境団体は繰り返し林産物会社に働きかけ、林産業界に変化を起こすことに成功した。1960年代から1970年代にかけて、環境活動家は製紙工場に圧力をかけ、廃液の流出を減少させることに成功した。1980年代には彼らは林産業界に働きかけて、紙製品におけるリサイクル繊維の含有率の増加や汚染度の低いパルプ精製技術の開発に一役買った。グリーンピースはヨーロッパでキャンペーンを行い、多くの製紙会社に完全無塩素（TCF）紙を生産させ、無塩素（ECF）法を環境的に受容できる最低限の製造方法とするよう強く求めた。1990年代には環境保護主義者は全勢力を傾けて、林産業界に森林経営を改善するよう圧力をかけた。

　環境団体は政策過程において影響力を持つ。なぜなら彼らは信頼を勝ち取っているからである。1990年代の世論調査では、彼らが一般市民や高学歴のエリートの間で産業界や政府以上に支持と信頼を集めていることが幾度となく示された。環境団体は市

民の支持を得てひとつの地位を確立しているので、政府が介入する以前に森林の持続可能性に関する行動指針について討論会を開き、その結論に影響力を及ぼすことができるのである。また環境団体は市民の支持を受けて消費者の要求を具現化し、さまざまな活動に協力することもできる。環境団体が影響力を持ち得る理由として、ドイツ雑誌出版協会代表のヴォルフガング・フゥルストナー氏は次のように述べている。「産業界は自然とその資源に対して残酷な開発行為を繰り返したうえで繁栄を成し遂げたのであり、それに対して費用を支払うべきだということを自覚している。環境団体は彼らの持つ罪の意識を代弁しているのだ」

　1990年代にはヨーロッパと北米において環境保護活動は多くの成功を収め、林業活動の変化を促して企業の活動方針に影響を与えた。1991年、グリーンピースはヨーロッパの雑誌・新聞出版社に対して彼らの過剰な紙の消費を、パルプ生産者に対しては彼らの破壊的林業活動をそれぞれ痛烈に非難した。デモなどのキャンペーン活動は1996年に実を結び、その年にはグリーンピースがターゲットとしていたフィンランドの大規模伐採業者エンソ社が、ロシアのオールドグロース林からの木材伐出・販売を１年間停止することに合意した。イギリスでは1990年代初頭に世界自然保護基金（WWF）が主要小売業者と林産物バイヤーに働きかけて、第三者機関により認証された森林から紙と木材を買い付けるバイヤーズグループを結成することに成功した。

　北米でも環境保護団体はヨーロッパに匹敵する成果を上げた。太平洋岸北西部におけるオールドグロース林伐採に対し10年来の反対キャンペーンを行った結果、連邦政府より勝利判決を勝ち取ったのだ。その内容は1991～1994年の間カスケード山脈地域における立木販売計画を凍結するというものであった。当地区の国公有林経営はそれまでも伐採規模を縮小してきたが、環境保護論者の活動によりさらなる変化を余儀なくされた。ブリティッシュコロンビア州では皆伐のあり方に対して10年にわたる抗議活動を行い、1995年には州の林業基準を改定して皆伐面積に制限を設けることや保護林面積を拡大させることに成功した。

　北米とヨーロッパ以外では環境保護団体は森林経営に大きな変革を強いるような政治的影響力を持たなかった。しかし、林産業界の国際化が顕著になれば林産企業は環境保護団体からより強い圧力を受けるようになり、また環境保護団体が個人や共同購入者に影響を与える度合いは強くなる。その結果、林産業界に森林経営を改善するよう他方面からも圧力がかかるようになり、持続的に生産された木材製品に対する需要を刺激するであろう。

持続可能性に向けた自発的な取り組みと第三者認証の隆盛

　森林経営を改善するための自発的な取り組みは1992年以来、林産業界の信頼と支持を得てきており、これも持続可能な森林経営の意識が高まりつつあることを表すものである。FSC、ISO、全米林産物製紙協会（AF&PA）の持続的林業イニシアティブ

(SFI) はそれぞれ基準を設定し、森林経営を改善していく過程で異なるアプローチを取った。ところで三者に共通する見識として、生産者が持続的に生産された製品であると主張したところで、懐疑的な企業バイヤーおよび消費者はその言葉を簡単には受け入れないであろうとの考えがある。実際、過去には偽りの主張がなされていたようである。1991年にWWFがイギリスの小売店を調査したところ、持続的森林経営に由来するとうたった木材製品は360を超えた。ところが確認を求めると、4つを除いてすべて回収されてしまったという。

　これらの取り組みをめぐっては哲学的な激しい論争がある。それは、第二者もしくは第三者機関による森林経営の認証のいずれが果たして望ましいかどうかということである。林産業界の大半は、第二者機関の認証でも計画体系の中で土地所有者の報告を受けて流通関係者や他の産業団体が活動するので、持続性の申請に対して信頼ある保証を提供できると主張する。FSCに代表される第三者認証の当事者は、企業の森林経営を独自に監査することは会計士が企業の会計業務を監査することと似ており、持続性の信頼性を主張するうえで必須であると主張する。

　1993年に設立されたFSCは、森林経営を認証し製造者に対して市場で差別化を図れるよう、ロゴマークの貼付を認めている唯一の独立した非営利組織である。FSCの森林経営に関する国際原則は持続的木材生産の促進のみならず、生態系、水質、野生生物の保護、さらに持続的経済発展の促進まで意図したものとなっている。基準は、環境団体、林産業界、経済開発組織、一般市民らによって国および地域レベルで適用される。FSC自身は、認証作業を請け負う独立機関を審査し、認可し、監視する。FSC認証にかかる費用は一律ではない。ドイツ政府による1996年の調査によると、熱帯材の認証費用は木材価格の1.5％以下であった。FSC認証団体の報告によれば初期認証費用は1ha当たり7〜21セントかかり、また認証後の年次監査のために1ha当たり1.6〜2.5セントかかるという。

　FSCが認めた認証機関は2種類の認証を行っている。森林経営に関する認証と生産・加工・流通過程の管理（CoC）に関する認証である。森林経営の認証は経営計画と現場作業を吟味し、それらがFSC基準を満たしているかどうかで決定されるものである。CoC認証は、森林から最終消費者までの認証材の流れを審査するものである。FSCの希望は、いずれ世界共通でただ1組の基準を確立して森林および木材製品を認証することである。1997年半ばまでにアメリカ・イギリス・オランダの3カ国に認定された認証機関が生まれ、ブラジル・カナダ・スウェーデンを含む7つの国から認証機関への申請が出されている。また、国の認証基準を作成するための取り組みが16カ国で始まった。

　ISOは規格の標準化を目指す世界的な組織で、1993年独自に環境管理基準である14000シリーズを作成した。パフォーマンス基準とCoC基準を設けているFSCと異なり、ISOは環境活動の改善を意図した一般環境経営ツールに基づくシステム・アプロ

ーチを採用した。カナダ基準協会（CSA）は産業界の後援を受けて、ISOの認証を取得するべく持続可能な森林経営基準の開発を行ってきた。アメリカ・ニュージーランド・ヨーロッパの大規模生産者の興味を引き付けてきたISO基準が広く受け入れられれば、FSCに取って代わることもあり得よう。

　産業団体、主要木材生産国も企業から報告された情報を頼りに独自の森林経営イニシアティブを開始した。国際熱帯木材機関（ITTO）は熱帯材の生産国と消費国からなる組織で、加盟国は2000年までに持続的な森林経営を達成するという目標を課されている。AF&PAはアメリカの90％の林産企業が参加しており、1996年には参加企業に対して独自のSFIを採用するよう求めた。参加企業は、再造林、水質保護、野生生物生息環境の改善、伐採時の景観保護などを盛り込んだ林業指針に従わねばならない。目標は、林業の質をより高めるべく段階的かつ継続的に努力していくことである。参加企業は毎年、協会に対して、目標達成に向けた進捗状況を報告し、それらの報告はまとめられて公表される。SFIは報告内容の検証は行わない。ただし、会員企業にとって皆伐面積に制限を加える林業指針は非常に重荷となるようで、AF&PAは1996～1997年にかけて指針に従わなかったとして15の企業を退会処分とした。さらに10の企業は自主的に退会した。このようにして1995～1997年の間に10％以上の参加企業が脱落した。それでも1997年までにSFIは5,300万エーカーの産業林をカバーした。

　いずれの認証システムにも支持者と反対者がいる。当然ではあるが、環境保護論者はFSCのパフォーマンス基準と監査システムを支持する。そして案の定、産業界はFSCと衝突している。産業界からの反対者は概して自分たちの活動を外部から監視されることに拒否反応を示しており、森林は既に持続的に経営されているので認証など必要ないと主張している。また彼らは以下のようにも主張している。FSC基準は不合理に厳しい、私有林の経営者にとって認証費用は高すぎる、CoC認証の要求事項はあまりに煩雑である、これまで明らかになった認証取得による便益ではそれにかかる費用を補いきれない、と。

　環境保護団体は、AF&PA、ITTOなどのイニシアティブが監視を自前で行っている点を批判している。そのメリットがどのようなものであれ、産業界の支援を受けた活動が、林産業界の変革を迫る多くの人々を満足させるとは思えない。その理由として、世界資源研究所（WRI）所長のブルース・カバーロ氏は「キツネが鶏小屋を守るようなマネをしても誰も受け入れないであろう」とコメントした。AF&PAのSFIを支持する企業の経営幹部でさえ、SFIの限界やSFIが長期間にわたって利益を生み出しつづけ得るのかという疑問に気づいていることをほのめかしてきた。

　どの認証制度が最終的に最も多くの支持を得て、どの市場で優勢となるか予測することは不可能である。周囲を取り巻く環境は企業ごとに、また市場ごとに大きく異なるため、初期段階ではどのシステムも持続性を立証する万全の策を提供することはできないであろう。ゆえにさまざまな基準が混在することになる。しかしFSC認証が

勢いを得るにつれ、持続可能な森林経営を広く世に知らしめ、他の自発的取り組みの触媒として働き、産業界に持続可能な森林経営の基準を浸透させるなどの働きを見せている。認証材を取引するプラザハードウッド社のポール・H・フュッグ社長は「FSC認証の取得には、大企業が他者に不快感を与えないように仕事のやり方を変えるという意味がある」と述べた。

1997年にはAF&PAは、自らのSFIを用いて第三者機関監査を行うことができるか検討し始め、グループ内で持続可能な森林経営指針からパフォーマンス基準への移行について議論した。そして、初めはFSC認証に反対し監査に興味を示さなかったAF&PAでさえ、そうした変化はFSCの影響力が拡大している証拠だと考えるようになった。概して、産業界、環境団体、木材企業を巻き込んだ持続的林業への取り組みの拡大は、認証を抜きにしても産業界と政府が森林経営を改善する必要があると認識していることの十分な証しとなる。さまざまな企業がこうした取り組みに参加すればするほど、不参加の企業は自社の行いを改善しなくてはならないとの圧力をいっそう感じるようになり、結果として持続的な製品がより多く供給されるようになる。

早期認証取得者の影響

　林地、工場、製造過程に関して早期に認証を取得した企業は、産業界において持続可能な森林経営を伝道する宣教師のごとく人目を引く存在となった。彼らはそのステイタスを利用して認証製品の需要を刺激し、認証材の供給を増加させた。その過程で、彼らは林産業界でどのような経営が受容可能かという基準を定め、同一市場の競合者を彼らのやり方に従わせることさえした。彼らは、認証された供給者となるための条件としていくつかの経営合理性を引き合いに出している。

●企業の位置づけ：第三者認証に先行して模範的な森林管理を実践してきたいくつかの企業にとって、認証取得は当然の成り行きである。例えばアメリカのコリンズパイン社とメノミニー部族企業（MTE）は長く伝統的な森林管理を行ってきており、すぐにでも第三者認証を受けることができる。認証は持続的林業を行っていくという誓約を確証するものであり、その価値を行政官・消費者・同業者へ知らしめる役割を果たす。また、経営幹部は徐々に認証を、企業が「グリーン」であると位置づけ、企業の経営能力に制限を加えようとする批判や威嚇を回避するための手段と見なすようにもなった。企業に対して森林経営を改善するよう求める圧力が大きくなるにつれ、「我々は認証されたので、これからは大いに見栄えが良くなるであろう」とケーウィナーランドアソシエーション社のデヴィッド・エヤー社長が述べたが、この点でも認証取得は増加するであろう。

●資源へのアクセス：いくつかの状況下において企業は、単純に林地へのアクセスを確保したり他の資源を利用する権利を取得するために認証を必要とする。例えばコスタリカで操業しているポルティコ社・ファンデコ社・ストンフォレスタル社は、

林地を保持しコスタリカの厳しい林業法に対処できるとして、自社の林地についてFSC認証を取得した。ストンフォレスタル社は認証のおかげで造成予定のメリナ植林地に対する環境保護論者からの反対意見を拡散することができた。ファンデコ社は認証を通じて土地を取得することに成功しただけでなく、さらに再造林と天然林経営のための資金も世界銀行から手に入れることができた。

● 市場と消費者へのアクセス：認証は新たな市場へ参入する際の入場券になり得ると同時に、新たな消費者を獲得するための切り札にもなり得る。窓枠・ドア枠、額縁、モールディング製品を製造するアメリカの中堅企業コロニアルクラフト社は認証製品を出荷し始めるとすぐに、ヨーロッパの顧客の注目を浴びるようになった。そうした顧客の中には同社が気に入り、後に非認証製品についても大量注文したケースなどもあった。ヨーロッパでは1990年代初頭より熱帯林破壊に対する市民の関心が高まり、各国で熱帯広葉樹材の輸入量が急激に減少していた。そのような状況で認証熱帯材製品を扱う企業は、ヨーロッパ市場に参入して失われたマーケットシェアを取り戻すうえで有利な立場にあった。ブラジルとコスタリカの森林で生産された認証熱帯材製材品および認証熱帯材半製品を生産するプレシャスウッド社役員のダニエル・ホイヤー氏によると「FSCラベルなしでは中央および北部ヨーロッパ市場へ輸出することはまず不可能だ」とのことである。

● 製品の差別化：世間一般の企業は認証を利用して自社製品を無数の競争相手から際だたせようとしている段階だが、コリンズパイン社はFSC認証製品専用の自社ブランド「コリンズウッド」を作り、同社を太平洋岸北西部地域にある多数の類似製造業者から差別化させるのに成功した。

一般に認証取得を決断するまでにはさまざまな状況を考慮する必要がある。セブンアイランド社の例を見てみよう。その企業はメイン州で100万ha近い林地を経営しており、副社長のジョン・W・マクノルティ氏によれば、当時形成されつつあったグリーンな木材製品市場に対応するため、1993年にFSCの認証審査を受けた。認証を取得すれば、企業が実践する持続可能な森林経営システムを利用できると同時に、自社の森林経営システムをマクノルティ氏が表現するところの「セルフチェック」することができるであろうと考えたのである。しかしメイン州の大規模林地所有者の一員としてセブンアイランド社は、社有林を州内の他の商用林地から差別化すること、市民に対する企業イメージをアップさせること、自社に対する批判から逃れることもあわせて望んでいた。当時、北東地域の商用森林所有者は環境保護論者からの痛烈な批判を浴びていたため、認証取得は先見の明があると見なされていた。セブンアイランド社は将来、外部からさまざまな規制がかけられることを想定して、むしろ認証をある種の自己規制と見なしていた。同社は1994年に認証を取得し、マクノルティ氏が表現するところの「熾烈な競争が繰り広げられる市場においても即座にそれとわかる」

認証床材の販売に乗り出した。

持続的経営へのインセンティブ

1990年代終わりまでに、森林経営に対する消費者の意識、認証された生産者により新たに作り出された市場、産業界の需要、バイヤーズグループに支えられた需要といったものが次々に顕在化し、認証製品の需要を刺激する最も強い力となった。

グリーンな消費者の理想と現実

消費者が持続的製品市場の発展にどのような影響を及ぼすか、ということはしばしば誤解される。多くの研究事例は、ヨーロッパおよび北米の消費者は環境に配慮して生産された林産物を選好し、それらにはより多くの代金を支払う意思があると指摘する。1995年、ヨーロッパのユーロバロメータ委員会がさまざまな事例に対する消費者意識を調査したところ、調査対象者のうちイギリスでは58％、ドイツでは50％の人がグリーンな製品にはより多くの代金を支払う意思があった。アメリカにおける調査でも非常に多くの消費者が同様の意思を持つことがわかった。1996年、ルイジアナ州立大学・農業センターのリチャード・P・ヴロスキー氏が行った調査によると、消費者の72％は、10～50％超までの価格プレミアムを支払う意思が見られた（図表3.1）。しかしながらそれらの調査結果には、消費者が支払う意思があることと実際に支払うことの差違をいかに見きわめるかという問題が伴う。

消費者の「支払い意思」に関する研究は、環境に配慮した製品に消費者が実際に価格プレミアムを支払う見込みを過度に楽観視しているようである。林産業界の大半は、価格とグリーンラベルという点でのみ異なる、類似した2品があれば消費者は価格の安い方を選ぶ、との見解を持っている。多くの企業は、公表しないものの独自に調査を行ってきており、それによると大半の消費者は認証あるいは持続的に生産された林産物に興味を持っておらず、認証された林産物とは何かということすら理解していない。ホームデポ社は1990年代半ばに大量の認証製材品を取り扱ったが必ずしも成功したとは言えず、このことは林産業界の見解を裏づけるものであろう。

さまざまな「支払い意思」に関する研究を見てみると、興味深いことに、どの研究でも一様に、林産物の消費に対して消費者が不快感を持っていることが指摘されている。1994年、フィンランド製紙協会がドイツの消費者に対して行った調査によると、調査対象者の大半は紙の製造が「大きな」もしくは「非常に大きな」環境問題を引き起こすと考えていた。1990年代半ばにスウェーデン林産業界が独自に行った調査の結果によると、イギリス人の75％は自分たちの紙の消費量が多いのではないかと心配し、できるかぎり消費量を抑えようとしており、また62％は世界の森林が世界の需要に簡単に応えることができるという主張に賛同できないとした。消費者はまた、環境問題に関する産業界の主張を環境団体のものほどには信用しない傾向がある。カナ

図表3.1 認証木材製品に対する支払い意思の回答

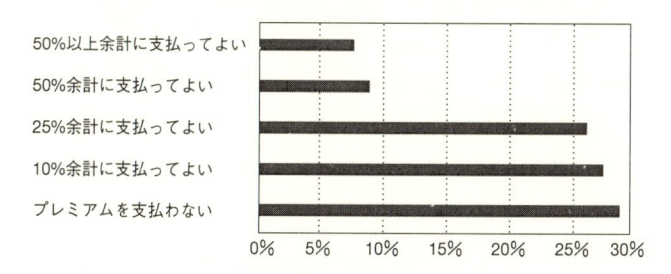

50%以上余計に支払ってよい	■
50%余計に支払ってよい	■
25%余計に支払ってよい	■■■■
10%余計に支払ってよい	■■■■
プレミアムを支払わない	■■■■■

0%　5%　10%　15%　20%　25%　30%

出典：Richard P. Vlosky (1996) "Willingness to pay for Environmentally Certified Products: The Consumer Perspective"

ダの市場調査団体であるアンガスリードグループの研究によると、成人の79％は環境団体が環境について彼らに述べることのすべて、もしくは一部を信用し、78％は科学的根拠を信頼している。企業や産業界の主張を信じる成人はたった37％である。

消費者の代理人

　消費者は未だ、自らの環境に対する意識に基づいて行動していないかもしれない。しかし消費者の意識は必ずや市場に反映される。大半の消費者は毎年消費されている産業丸太を直接的には購入しない。彼らはそれを紙、家の一部もしくは改築のための木材、家具の見えない部分やその他の形態で消費している。そのことが、少なくとも初期には持続的林産物に対する産業界の需要が、持続的林産物市場を形成する決定要因となる理由である。産業界の行動は市場において多大な影響力を持つ。なぜなら大半の林産物は産業的な流通経路を通るからである。1990年代後半、施工業者・小売業者・設計業者、そしてその他の中間に位置する業者は認証木材製品の需要に対して第一段階の触媒要因として作用した。

　調査によるとこれら中間業者は、消費者が環境に配慮した製品に興味を持っていると考えているようである。消費者を代表して購入の意思決定を行う団体である西部木材製品協会の調査によると、設計業者の30％以上は、顧客が木材製品を利用することで環境に害を及ぼしていると思い込んでいることを理解していた（図表3.2）。大半の指定業者（さまざまな製品に対して木材を使用するよう指定する人）や大多数の施工業者でさえ、彼らの顧客について同じようなことを言っていた。木材消費が環境に有害だと信じている人の70％以上はまた、「産業界は国有林のことを気にかけていない」と考えていた（図表3.2）。また施工業者と設計業者からの報告によれば、消費者は以前にも増して森林経営の内容に興味を持っているようである。

図表3.2 木材を利用することが環境に有害であると回答した人の理由

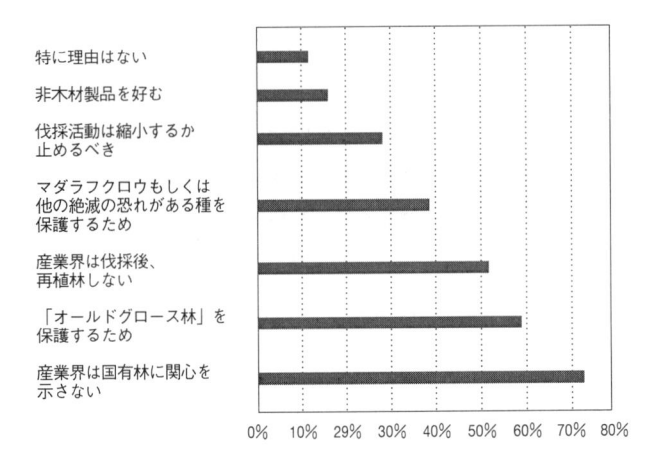

理由	割合
特に理由はない	
非木材製品を好む	
伐採活動は縮小するか止めるべき	
マダラフクロウもしくは他の絶滅の恐れがある種を保護するため	
産業界は伐採後、再植林しない	
「オールドグロース林」を保護するため	
産業界は国有林に関心を示さない	

出典：西部木材製品協会

図表3.3 森林経営の認証に対する業界顧客の見解
森林経営および伐採活動を認証する際の信頼度
（1＝最も信頼できる～4＝最も信頼できない）

	建築業者	建築下請け業者	ホームセンター小売業者	加重平均
第三者認証機関	2.0	1.6	1.7	1.7
林産業界	2.6	2.4	1.9	2.2
連邦政府	2.8	3.1	3.0	3.0
非政府環境団体	2.5	3.0	3.6	3.1

出典：Richard P. Vlosky (1996) "Willingness to pay for Environmentally Certified Products: The Consumer Perspective"

　これら消費者の代理人たちも認証製品を好んでいるように見える。同じく西部木材製品協会の調査によると、設計業者の84％、施工業者の75％、そして指定業者の90％以上が、顧客は第三者認証機関によって保証された木材製品に興味を持っているであろう、と考えていた。もうひとつ、1996年、ルイジアナ州立大学・農業センターのヴロスキー氏が行った調査の中で、設計業者・建設業者・ホームセンターは森林経営および伐採作業の認証団体として、どの機関を最も信頼するかという質問があっ

た。結果を見てみると、中立的な専門家グループである第三者認証機関が、政府・環境団体・林産業界を抑えて最も信頼できる団体と見なされていることがわかった（図表3.3）。

需要を加速するもの

　最近まで、設計業者・キャビネット製造業者・家具製造業者・床材製造会社・建設業者等が認証製品を市場へ持ち込む責任を主に負っていた。そして、これらのニッチ市場がこれまで認証木材製品にとって最も重要な販路であった。将来的にはバイヤーズグループが、認証木材製品の需要を生み出す最も重要なエンジンとなろう。1991～1997年の間に主としてヨーロッパとアメリカにおいて、12のバイヤーズグループが誕生した。グループが結成された理由は、メンバーが認証木材製品を見つけるのに非常に苦労していたという経験からであった。彼らは認証木材製品の取引を進めるうえで集団・個人の両側面から影響力を持ち始めた。1997年にアメリカで発足したバイヤーズグループである認証林産物協議会は、バイヤーが世界最大の木材製品市場において認証林産物を購入し利用することによって、持続可能な森林経営を推進できるよう援助した。そのグループは140のメンバー（アメリカの大手建設会社のターナー社、ドンヒァ社、アメリカの大手住宅建設会社のひとつハビタットフォーヒューマニティー社を含む）を集め、認証されたサプライヤーとバイヤーを結びつけるさまざまな活動を行っている。

　バイヤーズグループの元祖であるイギリスの1995+グループは長年にわたり、持続的木材製品の需要に働きかけることの必要性を知らしめてきた。1991年当時、環境団体から激しい非難を受けていた大手日曜大工店（DIY）チェーンが集まり、12のメンバーからなる1995+グループが発足し、1997年には79メンバーにまで拡大した。メンバーは認証製品を確保しつつ、その数を増やしていくという目標を持っている。セインズベリー社を含むDIYメンバーはDIY市場の80％のシェアを占めている。その他のメンバー――数十の流通業者、2つの大手スーパーマーケット、大手ニュース配信会社、大手薬局チェーンなど――は、各々の分野を代表するトッププレーヤーである。メンバーを合わせるとイギリスの産業丸太消費量の15％を占めることになる。

　しかし、認証林産物の供給は比較的小規模なイギリス市場にとってさえも不十分なものである。1996年、グループは、丸太および紙を原料とする製品の供給を促進することを最優先課題とした。スウェーデンとフィンランドの生産者は、メンバーにとって最大の木材供給源であったため、最重要ターゲットとなった。メンバーは、ストラ社とアッシドマン社がFSC認証を取得する際や、両社幹部の意向を受けてスウェーデン林産業界がFSC国内基準の開発を決定する際に重要な役割を果たした。カナダパルプ製紙協会のマーケティング担当であるブライアン・マクロイ氏は、グループのメンバーがカナダのISO認証イニシアティブのきっかけを作ったことも評価した。

産業的需要の動機づけ

　アメリカとヨーロッパにおける大手バイヤーは、バイヤーズグループの一員であろうとなかろうと、彼らが使用し在庫している木材や紙が、責任を持って林業を実践している生産者からもたらされたものであることを保証するよう望むようになってきた。1990年代半ばにウェアハウザー社が社内で行った調査によると、彼らの中間業者および小売業の顧客が関心を持つ事項として、森林経営が一番にあげられた。大手バイヤーは環境に汚点を残す製品に対して市民が困惑し、自らへの非難が起きる危険性を回避したいともっぱら望んでいる。ゆえに彼らはサプライヤーに対して、購入した林産物が環境的に健全な方法で生産されたものであることを保証するよう求める。同様にブランドを付けて製品を販売する企業は、環境を汚染する素材が、たとえ包装紙のようなものであっても、自社の製品へ入り込むことを阻止したいと思っている。包装紙と紙おむつの大手顧客であるプロクターアンドギャンブル（P&G）社のある経営幹部の言葉を借りれば、「持続的林業はすべての前提条件」であるべきなのだ。

　顧客と長期にわたる取引関係を確立した小売業者は、自分たちの評判を悪くするような環境問題には特に敏感である。イギリスで1990年代初頭にDIYチェーンの最大手が直面したエピソードとして、熱帯広葉樹材製品の販売に抗議した環境保護論者が当時爆発的に普及していたチェーンソーを店の駐車場内で振り回したということがあった。この行動は、棚に陳列してある商品が環境に与える影響について無知であると、どのような危険に直面するかわからないということを痛感させるものであった。同社は即座に認証林産物を買い付ける契約を交わした。なぜなら認証は、彼らの扱う商品の性質に関する質問に答えるために、さらには環境的に疑わしい商品を販売して彼らの評判が損なわれる危険性を回避するために利用できるからである。

政府規制の威力

　政府もまた林産業界に森林経営を改善するよう圧力をかけている。近年、伐採箇所、伐採量、伐採する樹種、そして伐採技術などについて世界各地で政府が規制をかける動きが出てきた。こうした動きの中には持続可能な森林経営の推進を意図したものがある。なぜなら政府は、それが経済的利益を獲得しつつ森林を保全する手段となり得ることを認識しているからである。いくつかの例をあげると、1996年にはブラジルの行政官が過伐を理由にマホガニーの伐採を2年間禁止した。インドネシア・フィリピン・ブラジル・アルゼンチンを含むいくつかの国では加工による付加価値を得るために、高い伐採権料、高い関税、さらには全面禁止といった手段まで用い、原木丸太輸出を制限する政策を取った。カリフォルニア州およびオレゴン州ではエコシステムマネージメントに基づく規制を実施し、木材生産を経営システムを最適化するうえでのいくつかの選択肢のひとつとして位置づけた。このシステムは地域の森林経営に対してこれまで以上の複雑さ、監視の強化を要求するものであった。

アメリカおよびヨーロッパでは、主に地域や地方の行政機関もまた、持続可能な森林経営に対する奨励策を提供している。行政機関が何かを購入する際や、管轄内の市場を評価する際に、持続可能性を判断基準とするいくつかの条例が採択されてきた。関税と貿易に関する一般協定（GATT）や他の国際貿易協定は、環境への配慮を理由に貿易に制限をかける規制の大半を不法と見なし、決してすべてではないが、多くの貿易関連イニシアティブの発展を妨げる制約に他ならないとの見方を示した。例をあげると、最も早いものでは1988年、ヨーロッパ議会の採択した法的拘束力のない条例として、ECは熱帯広葉樹材製品に関しては、健全な森林経営と保護プログラムのもとで生産されたと証明されたものしか輸入しない、というものがある。イギリス・ドイツ・アメリカの市町村レベルの行政機関は既に公共事業で熱帯材を使用することを禁止しており、1990年代後半にはなるべく認証製品を使用するという方針に変更し始めた。さらにアメリカ政府も建設関係のプロジェクトでは認証木材を選択するようになってきた。1997年、アメリカ国防省はペンタゴンの大規模修繕を申請した際、認証材を利用するよう指定した。

需要と供給の隔たり

　認証製品に対する需要面・供給面双方からの求めにもかかわらず、持続可能な経営によって生産された認証製品の流通量は、FSC認証を受けた産業用丸太の供給量で計った場合、ほとんど無視できるほどでしかない。先にも述べたように、1995年時点で、認証木材は世界の産業用丸太供給量の0.60％を占めているにすぎない。さらに、現在のところ、大半の認証木材は流通段階で非認証製品として取り扱われてしまっている。認証木材を生産する企業は、木炭や合板、チップなどの生産を行っているが、ほとんどの企業はそれらの製品を認証製品として売ることには成功していない。中間・最終消費者は認証製品を求めて、認証製品購入のための組織まで作り上げているのに、どうして認証生産者は製品を認証されたものとして売ることができないのであろうか。このような状況があるために、認証木材製品市場の今後の発展に対して、未だに疑問符が付されているのである。

　林業には、立木段階と最終製品段階の間に多くの取引プロセスがあるが、このことが持続可能な方法で生産された林産物に対する需要の伸びを阻害してきた。林産物は最終消費者に達するまで、土地所有者から伐採業者、製材工場、仲買人、二次加工業者、卸売業者、小売業者を経由する。このような流通システムは、特定の樹種・製品を効率的に取り扱えるように作り上げられてきたものであるが、取引の流れはきわめて複雑である。また、林産物に対する注文は、納入時期と数量を特定したうえで行われるため、取引の複雑さはさらに高まることとなる。この複雑な取引環境のもと、認証木材生産者は膨大な数の潜在的顧客から認証木材を求めている顧客を見つけ出さな

図表3.4　認証林産物の価値連鎖に熱心な両端からの働きかけ

```
初期から              林産物の              産業界や
認証を取得した         価値連鎖は            消費者からの
森林経営の先駆者       生産者と消費者を       需要
    ▼                結びつける             ▼
認証林産物の           それは                小売店、
取扱企業              認証を支援するか、      あるいは木材の
                    障害となるか？         直接の需要者
```

ければならない。さもなければ、認証木材は一般の木材と同様のものとして扱われてしまう。一方、認証製品の需要者は、限られた認証木材生産者から、特定の樹種・等級・納入時期・数量を満たしてくれる業者を見つけなければならない。また、多段階にわたる加工業者や卸売業者の存在、原産地表示義務が事情をいっそう複雑にしている。さらに、ほとんどの認証木材生産者は二次加工施設を有しておらず、流通経路のうち直近の業者を知っているだけで、認証材がどのように使われているのかを必ずしも理解していない。したがって、活発な認証製品市場を作り出すためには、持続可能な経営を行っている森林所有者と環境に関心を持つ消費者が、長い流通経路の隔たりを越えて出会うことがきわめて重要なのである（図表3.4）。

ヨーロッパ——トレンドを生み出す市場

　ヨーロッパにおいては、認証木材をとりまく状況はずっと好ましいものである。ヨーロッパは世界の認証木材に対する需要をリードするとともに、持続可能な森林経営の普及を先取りしている。一般にヨーロッパ人は、アメリカや他の地域の人々よりも資源の浪費が環境問題の多くを引き起こしていることをよく理解している。また歴史的にも、北欧諸国は環境問題に対して他の先進国よりも大きな関心を示してきた。この関心が1980〜1990年代における、ドイツとオランダでの「緑の党」の活動を支えてきたのである。セインズベリー社の技術マネージャーであるウィリアム・マーチン氏によれば、このような歴史と環境問題に対する姿勢が、ヨーロッパを「環境問題について最も関心の高い市場」にしたのである（同社は認証木材・紙製品を販売することに努めてきた大規模小売チェーンのひとつである）。マーチン氏はヨーロッパ市場を「生産者・流通業者・消費者間の隔たりが狭まり、相互理解が深まりつつある市場、顧客の期待が高まりつつある市場、そして、環境保護団体が影響力を持ち、一般消費者の賛同を得ている市場」であると述べている。

　ヨーロッパにおける林産物取扱業者は、一般に、環境問題・認証製品に対して、ア

Box 3.1　B&Q社：認証製品市場の創出

　イギリス企業であるB&Q社の顧客は、近いうちに木材・紙について、認証製品を購入する以外の選択肢を失うことであろう。同社は2000年までに281店舗においてFSC認証木材を100％使った木材・紙製品を売り出すことを予定している。1997年末には、同社の取り扱う林産物製品のうち9％が認証木材から生産されたものであったが、1998年末にはこの割合は20～25％に増加する見込みである。同社の環境政策担当であるアレン・ナイト氏によれば、今後認証製品の取扱数は「指数関数的」に増加する見込みである。

　B&Q社（年間売上29億ドル、1997年）は、ナイト氏が「認証製品に対する需要が増加しているような兆候は全くない」と認めているにもかかわらず、認証林産物に対する取り組みを積極的に行っている。ナイト氏の考えによれば、消費者の需要が熟するのを待ったうえで認証製品を取り揃えるような企業は、持続可能性の考え方と市場のダイナミズムを誤解しているのである。顧客は認証製品の存在を知らないために認証製品を需要しないのであり、顧客の認識を高め市場を作り出すことこそが小売業者の務めなのである。ナイト氏は製品がそこにあれば、需要は自ずから生まれてくるということを確信している。「一体、どれだけの顧客が非持続的な経営から生産された木材を買いたがるでしょうか」と彼は言っている。

　しかしながら、認証製品の供給を確保することは忍耐を要することである。1998年にはスカンジナビア諸国からの認証木材・パルプの供給が始まることが見込まれ、また同社への木材供給の35％を占めるイギリスの素材生産者も認証取得に向けて動いているものの、同社がイギリス市場の30％を占める壁紙については1997年現在、認証製品の供給は未だめどが立っていない。これまで、B&Q社はすべての取引先に対して、認証木材の供給を増やすための計画を策定するように指示してきた。ナイト氏によれば、認証製品を取り扱おうとしない取引先には、「他を当たります」と宣告することにしているそうである。

　実際、B&Q社は認証製品の供給について約束を守ってきた。イギリスにおける屋外用家具取扱業者の最大手である同社は、これまで東南アジア、主にベトナムとインドネシアから年間600コンテナに相当する製品を購入してきた。しかしながら、アジアの生産者は認証取得に積極的ではなかった。それに対して、ボリビアの小さな認証製品取扱業者であるIMR/CIMAL社は好機と見て、同社に認証家具を供給することを持ちかけた。1998年にはIMR/CIMAL社は、B&Q社に50コンテナ分の野外用家具を輸出する予定であり、これは同

> 社の取扱量の10％に当たるものである。また1999年には、IMR/CIMAL社はB&Q社への供給を4倍に増やす予定であり、同社の総取扱量600コンテナの約半分を供給することになる。この取引の仲介をしたシルバニアフォレストリー社のロバート・J・サイモン氏は、「IMR/CIMAL社にとってB&Q社との取引は大きなビジネスチャンスなのです」と言っている。

メリカ企業とは異なった姿勢を示している。例えば、B&Q社のようなイギリスの小売チェーンは、消費者が認証製品を求めるようになるのを待つのではなく、認証製品に対する需要を自ら作り出そうとしている（Box3.1）。

　彼らの考えによれば、企業が顧客の好みを先取りするような新製品を開発し、対応する生産システムを確立することによって市場を作り上げるのであり、消費者が市場を作るのではない。歴史的にも、IBMによるパソコンやソニーによるウォークマンのように、消費者需要が生まれる以前に、企業はさまざまな新製品を開発して市場を立ち上げてきた。

木材から紙製品へ

　FSC認証を受けた林産物は木材から始まり、1997年時点においても未だ木材が認証製品のほとんどを占めているが、ヨーロッパでは認証の取り組みは木材から紙パルプ製品へと広がりつつある。これは主に、ヨーロッパにおけるバイヤーズグループと出版業者の影響力によるものである。1994年のフィンランド製紙協会の研究によると、ドイツにおいては企業の紙購入担当者と個人の紙購入者は購入先を選ぶに当たって、「環境保全上適切な生産」を行っているか否かを、価格と品質に次いで最も重要な指標と見なしているということが明らかにされている。

　出版業者は林地や生産施設を有しておらず、しかも世論に対して敏感であることから、環境保護団体からの圧力には影響を受けやすく、紙生産者に対しては持続可能な生産を行うよう影響力を行使しやすい位置にある。いわば、出版業者が世論に弱いのと同様に、紙パルプ生産者は顧客の求めに弱いのである。木材と比較すると、紙・パルプの流通経路は比較的短いものである（図表3.5）。ヨーロッパの出版業者は北米の業者とは違って、仲買人からではなく生産者から直接紙製品を購入している。取引の際の紙価格は「紙サイクル」によって決定されている。「紙サイクル」とは、紙の価格が上昇すると、新たな生産施設が操業を始め、やがて紙の価格は下降するという周期的な動きのことである。通常、価格の下落期に大量の注文を受けた場合、生産者は工場をフルに稼働するか、注文を受けずに全く生産を行わないかのどちらかを選択しなければならない。というのは、生産施設の高い稼働率が高い利潤率を達成するため

図表3.5　紙パルプ産業の価値連鎖における持続可能な森林経営

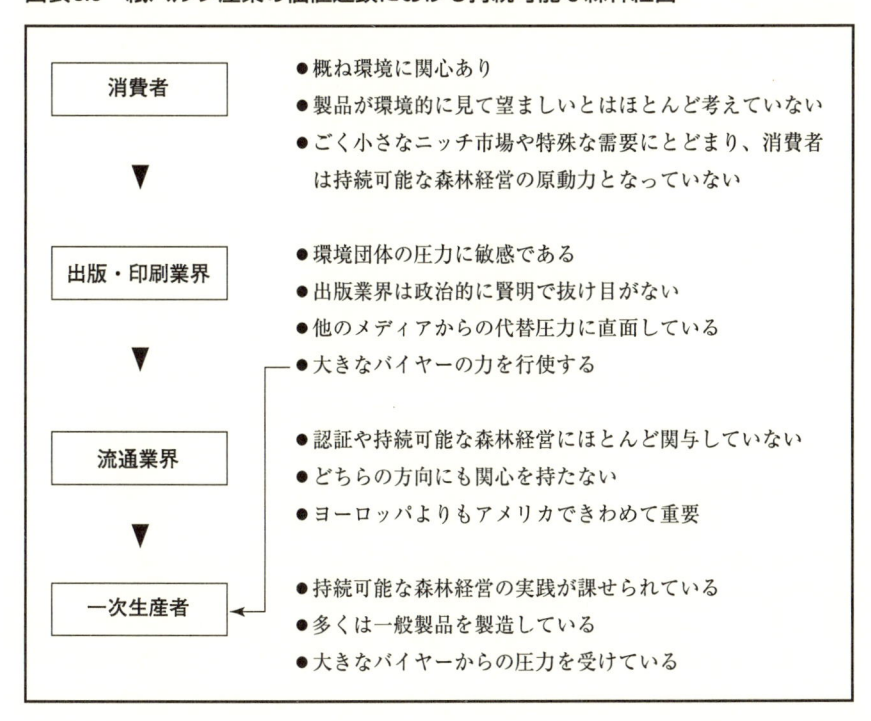

消費者
- 概ね環境に関心あり
- 製品が環境的に見て望ましいとはほとんど考えていない
- ごく小さなニッチ市場や特殊な需要にとどまり、消費者は持続可能な森林経営の原動力となっていない

▼

出版・印刷業界
- 環境団体の圧力に敏感である
- 出版業界は政治的に賢明で抜け目がない
- 他のメディアからの代替圧力に直面している
- 大きなバイヤーの力を行使する

▼

流通業界
- 認証や持続可能な森林経営にほとんど関与していない
- どちらの方向にも関心を持たない
- ヨーロッパよりもアメリカできわめて重要

▼

一次生産者
- 持続可能な森林経営の実践が課せられている
- 多くは一般製品を製造している
- 大きなバイヤーからの圧力を受けている

にきわめて重要なためである。また不況の際には、売れない製品を動かすために価格の割引を行うことが一般的である。そのため生産者は、一般製品しか取り扱っていないのであれば割引を行わざるを得なくなるかもしれないが、認証を取得していれば不況の時でも高級品販売によって売上を維持できるのではないかと考え始めている。また、印刷業者は一般製品に対してだけでなく、最高級品に対しても強い購買力を有しているということも付け加えておく。

スカンジナビア諸国における認証の積極的な受け入れ

　スカンジナビア諸国の紙パルプ企業は、大手顧客からの圧力を受けて当初の反対姿勢を取り下げ、FSC認証を受け入れるようになった。スウェーデンは1995年時点で5,610万m³の産業用丸太を生産しているが、1998年にはFSCの認定を受けた国内森林経営基準を採用した。それ以前にも、スウェーデンの三大生産者であるストラ社・アッシドマン社・コーナス社は、大手顧客の需要に応えるため、既に自社所有地に対する認証の取得に取り組んでいた（Box3.2）。一方、フィンランドはFSCとISOのいず

Box 3.2　アッシドマン社：信頼のためのFSC認証

　売上規模25億ドルを誇るスウェーデンの大企業アッシドマン社が、FSCおよびISOの認証取得に乗り出すことによって、認証は林産物業界の常識となるべく大きな一歩を踏み出した。同社は、木材・紙・梱包材の巨大メーカーであって、320万haに上る世界最大の森林所有者でもある。同社は、スウェーデンにおける森林経営基準の策定に当たっては、ワーキンググループの一員として多大な貢献をした。また、FSCの役員としても名を連ねている。同社の所有森林の50％は1997年末までに認証を受けており、1998年には残りの林地についても認証を受ける予定である。

　FSC認証は、アッシドマン社が認証に対して求める「信頼」の度合いを満たす唯一のものである。同社の森林経営を担当する生態学者オラフ・ヨハンソン氏が言うように、「信頼は林産物企業にとって重要なポイント」であり、認証は顧客に対して環境保全への期待を満たすことができるということを証明する重要なものである。FSCは、企業・環境団体・政府・研究者の参加によって、環境的・社会的・経済的なすべての関心事項に対して共通の配慮を与える唯一の認証システムである。「これらすべての利害関係者の協力を欠くいかなるシステムも、必要とされる信頼を欠くのです」とヨハンソン氏は言う。

　FSC基準を満たすための追加的な経営コストは、同社による認証取得への決断に当たって大きな問題ではなかった。スウェーデン企業にFSCの森林経営基準を採用した場合、企業の生産量は12～13％減少するものと見込まれているが、アッシドマン社の場合、1990年代に、森林経営に対する新たな規制と、高まりつつあった環境保全の基準に適合するよう森林経営の方法を変えており、生産量は既に減少していた。したがって経営陣の間では、認証によって生産量が低下することに対する懸念よりも、取引上の優位を獲得することに対する期待の方が高いのである。「ヨーロッパ市場においては、認証製品に対する需要が高まりつつあり、我々は認証を競争力を高めるための手段として使おう」とヨハンソン氏は考えている。

れの基準にも適合する国内認証システムを導入するためのワーキンググループを結成したところであり、1998年には大規模な認証作業を始める予定である。今後、フィンランドの産業用丸太年間生産量4,610万m³の一部とスウェーデンの生産量の一部が認証木材として流通し始めることによって世界の認証木材供給は大きく増加するであろう。また両国における大規模な認証により国内消費量以上の認証木材が生産され、輸

出が増加することが見込まれる。その際には、両国の生産者は輸出市場において有利な立場を築くために、競争相手の製品からの差別化を行うであろうが、認証による差別化製品が顧客に受け入れられるに従って、認証製品に対する需要はさらに高まることであろう。

　スカンジナビア諸国の林産物企業は以下のような条件を有することから、大規模な認証を受けることに好都合である。まず、林産業は歴史的に輸出志向型産業であったため、顧客と市場の環境保全に対する求めに敏感であることがあげられる。次に、同諸国における認証取得は、他の地域よりも簡単かつ低コストであることである。というのは、スカンジナビア企業は、原生林伐採を行っていないため紛争に巻き込まれることはなく、その森林経営方法も世界で最も進んだものであるためである。特に、伐採は冬季に行われるため土壌の侵食はさほど深刻な問題ではなく、伐採機材の移動も凍結した地面の上で行われるので土壌に対して悪影響を与えることがないのである。さらにスウェーデンには、世界最大の家具メーカーであるイケアグループがあることも好条件のひとつとしてあげられる。同社は環境保全の面で評判が高く、「クリーンでグリーンなスウェーデン製品」をキャッチフレーズとして販売を行っているため、今後有力な認証製品の買い手となるであろうことが見込まれている。

　スカンジナビア諸国の生産者は、世界における林業のリーダーを自負しているが、彼らは認証を、このリーダーシップを発揮するための絶好の機会であると考えている。業界の中には、「スカンジナビア諸国の生産者は、ヨーロッパ市場におけるシェアを低コストの競争相手から守るための手段として認証を使っている」と批判する者もいるが、認証は消極的な防衛手段というよりは、積極的に競争優位を得るための手段なのである。実際スカンジナビア企業は、同様の環境保全の取り組みを前提としたうえであれば、他国の低コスト企業と競争することにやぶさかでないと、市場競争に対して積極的な姿勢を示している。

変わりつつあるアメリカ市場

　アメリカの林産物業界は、第三者認証に対する支持という点ではヨーロッパに大きく遅れをとっている。アメリカ企業は、以下に述べるような経営環境におかれているため、森林経営に対する外部監査をヨーロッパ企業ほどは受け入れていない。まず、AF&PAによるSFIプログラムの導入によって、FSC認証の必要性が低下したことがあげられる。SFIプログラムは（第二者認証とも言うべきものであるため）、環境保全製品を求める顧客に対して何が第三者認証であるかという点をわかりにくくしてしまった。また、アメリカ企業はヨーロッパやカナダの企業ほど輸出に依存していないこともあげられる。アメリカ市場は環境問題に対して敏感なヨーロッパ市場とは強くつながっていないことから、アメリカの生産者はヨーロッパ市場への供給者が直面す

Box 3.3　ホームデポ社：不確かな取り組み

　ホームデポ社の認証林産物に対する取り組みは、ヨーロッパのDIY企業と比べ、消費者行動のあり方に大きく依存している。世界最大の建物リフォーム用品小売企業である同社（年間売上241.56億ドル、1997年）は第三者認証を推進しており、認証製品の販売は同社の取り組み目標のひとつである。「正しいことをしていない」供給者とは取引を行わないことをモットーとしている。また、同社は、森林所有者と共同して森林経営のあり方を改善する努力を行うとともに、不適切な経営方法によって生産された製品を見つけ出す取り組みにも関わっている。1994年には、同社はリフォーム用品小売企業として世界で初めて、温帯および熱帯の認証森林から生産された木材を売り出した。その製品は、アメリカ企業であるコリンズパイン社製の棚とコスタリカ企業であるポルティコ社製のドアであった。

　しかしながら、この取り組みはホームデポ社の長期的販売戦略のひとつと言えるものではなかった。1996年に同社はコリンズパイン社製の棚の販売をやめ、1996年末にはFSCロゴを持つ林産物の販売を全く行わなくなった。同社の副社長であるラリー・マーサー氏は、他のすべての条件が同じであれば同社は必ず認証製品を選ぶと言っているが、同社の環境マーケティング担当であったマーク・アイセン氏は、「このプログラムがうまくいかなかったのは、認証製品が特に人気の高い製品ではなかったためです」と言っている。また経営陣も同社が認証製品市場を開拓できるだけの資金と能力を有しているとは考えていなかったことを認めている。

　ホームデポ社の認証林産物に対する消極的な姿勢は、イギリスとは大きく異なる経営環境によるものである。アメリカ市場は売上量ではイギリス市場の６倍であるが、この大きさと多様さのため、同社の仕入れは各地域ごとに分権的に行われている。そのために、全国一律に認証製品を取り揃えることは難しいものとなっている。また、リフォーム用品だけでなくすべての製品市場において他に認証製品を取り扱う企業がなかったため、同社は供給者を森林認証へと導くとともに消費者の認識を高めるという困難な仕事を一手に引き受けなければならなかったのである。

　マーサー氏は、「重要なことは、人々の環境問題に対する関心を捉えることと利益を維持しながら認証製品を販売することです」と言っているが、このことは認証製品販売の取り組みにおけるポイントを的確に言い当てている。リフォーム市場の大手である同社は安売りを旨としており、効率性と規模の経済、取扱製品供給源の確保、間接経費の抑制が成功のための重要な条件と

> なっている。イギリスのB&Q社は、1995+バイヤーズグループの支持を受けていたため、先進的な取り組みを行うことが可能であったが、アメリカにおける現状のもとではホームデポ社が消費者需要を先取りするような取り組みを行い利益を上げることはきわめて困難である。したがって、現在のところ、同社が認証製品を市場に導入する場合、取り組みの成功は消費者が認証製品を購入するか否かだけにかかっているのである。

るような、森林経営のあり方に対する厳しい態度を避けることができたのである。アメリカの熱帯林産物の輸入量は少なく、熱帯林問題が環境保護団体の注意をあまり引いてこなかったことも、認証に対する低い関心の理由のひとつと言えよう。さらにアメリカの生産者は、カナダの生産者ほど公有林からの原料供給に依存していないことから、私有財産の所有者として外部からの圧力を避けてこられたこともあげられる。

　アメリカの大手林産物取扱企業は、認証製品の供給を取引相手に求める必要を特に感じてこなかった。というのは、アメリカの環境保護団体はヨーロッパほど敵対的ではなく、一般に環境問題に対する認識も低いためである。アメリカにおいては、認証製品は環境問題に敏感なごく少数の消費者のための製品でしかなく、小売業者は消費者が認証製品を買おうとするのでなければ、製品を取り揃えようとしないであろう。例えばホームデポ社は、1990年代半ばから認証製品を試験的に販売してきたが、売れ行きが芳しくなかったため1997年末現在では数えるほどの認証製品しか取り扱っていない（Box3.3）。

　それにもかかわらず、アメリカ企業の外部監査に対する抵抗感は1990年代後半にはかなり和らいできた。その要因としてカナダで経営を行うアメリカ企業がカナダにおける認証の取り組みに関わることによって、認証に対する姿勢を変えつつあることがあげられる。チャンピオンインターナショナル社の子会社であるウェルドウッド社は現在、面積100万ha、年間許容伐採量200万m^3の林地に対してCSAプログラムの認証を受けようとしている。同社の幹部は、「CSAプログラムはすべての利害関係者にとってプラスになるのです」と言っている。また、ウェアハウザー・カナダ社も他のアメリカ企業とともにCSAプログラムに参加している。さらに、ウェアハウザー社とチャンピオン社は、FSC認証の可能性についても検討を始めたところである。

　また、国公有林の認証取得が進むことによって、今後、持続可能な森林経営に対する一般の認知度は高まるであろう。1997年には、ミネソタ州とペンシルバニア州の180万エーカーに上る州有林がFSC認証を取得している。ペンシルバニア州は、最終的には210万エーカーの州有林すべてに対してFSC認証を取得する予定であり、次期の15カ年経営計画においては持続可能な森林経営を主要な取り組み事項とする方針である。また、ニューヨーク州やミシガン州、ウィスコンシン州も同様の取り組みを

始める見込みである。ミネソタ州は、同州の天然資源局のジョン・クランツ氏によれば、州民が適切な公有林経営が行われていることの証拠を求めていることから、認証取得の取り組みを始めたとのことである。アメリカ森林局もまた、認証取得の可能性について内部的な検討を始めたところである。一部の専門家は、もし認証が国公有林において広く受け入れられ、業界と環境保護団体との間で森林利用に対する合意が達成されたならば、ここ数年伐採の行われていなかった国公有林からも木材供給が行われるようになるかもしれない、と分析している。

　さらに、大手の林産物取扱企業は環境的なリスクを避けるために、購入する木材・パルプの原産地情報を求め始めている。例えばP&G社は、森林経営とパルプ生産を行うことによる経営と企業ブランドに対するリスクを避けるため、森林所有と紙パルプ生産から撤退しようとさえしている。確立されたブランドを持つ企業、あるいは環境問題に敏感な消費者を抱える企業は、森林経営に係る紛争を避けるため、原料供給者に対して木材が持続可能な森林経営から生産されたものであること、あるいは熱帯木材を使用していないことなどの証明を求めるようになりつつある。

　家具やキャビネット、住宅建築など、既に認証製品が一定の顧客を確保している市場においても、認証木材に対する需要は増加している。需要の多くは小規模の加工業者からのものである。例えば、ワシントンD.C.に本拠地を置く家具メーカーであるロフトベッド社（年間売上300万ドル）は、1997年に認証家具エコファニチャーを発売している。また、ステーツインダストリー社は、1997年半ばに100％認証木材によって作られた合板用ベニア板を発売しており、同年末には同社の売上の2％を占めるまでになっている。マーケティング担当のウイリアム・パウェル氏によれば、同社は、GAPやボディーショップ、レインフォレストカフェなど環境責任をマーケティング戦略の一環として採用している企業からの認証製品に対する需要があったため、同製品を発売したとのことである。今後数年は、市場に出回る認証木材の量は増えることが予想されており、パウェル氏も「需要は今後も堅調だろう」と考えている。

　アメリカの建設業界も、認証林産物の新たな購入者となることが見込まれている。1997年に、ターナー社（年間売上33億ドル、1996年）は、アメリカのバイヤーズグループに加盟した。同社の「持続可能な建設」担当であるイアン・キャンベル氏によれば、この加盟は、認証木材が今後、環境保全デザイン・環境保全建築の分野における新しいフロンティアになるであろうと判断されたためである。キャンベル氏は建築業界における環境分野の売上は、1994年には建築マーケット全体の2％である2億ドルに上り、1998年末には12億ドルに達するであろうと予測している。

リサイクルの教訓

　歴史的に、ヨーロッパ市場、アメリカ市場とも、環境問題に関心の高い消費者や環

境保護団体からの圧力には従ってきた。1980年代に紙パルプ業界は回収古紙からの紙生産を増加させたが、この変化は近年における持続可能な森林経営への移行の予兆であったと言えよう。アメリカ・ヨーロッパにおけるリサイクルパルプの割合は、1985年の16.5％から1998年には37.5％にまで増加している。このリサイクルの取り組みには、工場と機材への数十億ドルの投資を行うことと、古紙回収・流通システムの構築を行うことが必要であった。また、生産者は新たな機会を生かすために紙製品のマーケティング戦略を改めざるを得なくなり、それによって消費者の行動も変化した。

　リサイクルの取り組みは持続可能な森林経営のように、生産者・消費者の両者からの動きを受けて生まれたものである。1980年代半ば、アメリカでは家庭からの紙ごみが埋立処理場を満杯にしつつあることが問題となったが、その背景には森林の破壊が進むことによって、近い将来、森林から十分な量のパルプを生産できなくなるのではないかという懸念があった。そのため人々は、リサイクルを推進することによって、森林の破壊と処分場の不足に対処するとともに、資源の浪費に対する人々の認識不足を改めることができるであろうと考えたのである。紙パルプ業界は初め、一定の古紙利用割合を義務づけるような取り組みには反対していたが、次第に一定の条件のもとではバージンパルプからよりも再生パルプから紙を生産した方がコストがかからないことを認識するようになった。そのため、各種規制や高い古紙利用率を求める買い手からの圧力、消費者の関心などに従うようになった。その後リサイクル活動は大きく広がり、1997年には何百万人もの消費者が紙やガラス・金属・プラスチックなどを自発的にリサイクルに出すようになった。業界の取り組みや消費者の行動にこれほどの変化が起こるとは、15年前には誰も想像していなかっただろう。

　アメリカ市場は、今後持続可能な森林経営の動きに順応するために、多くの問題を解決していかなければならない。しかしながら、リサイクルの場合に技術の急速な発展と積極的な取り組みによって業界全体の変化が可能になったことを考えると、持続可能な森林経営の場合も業界のシフトは十分可能であり、確実に起こるものと考えられる。実際、環境問題に関心の高い消費者の数は認証製品市場を作り出すほどには至っていないが、環境問題は社会問題の中でも特に高い関心を集めている。また、アメリカの林産物取扱業者は森林経営に対する人々の潜在的な関心に反応し始めており、ヨーロッパ市場では既に持続可能な森林経営への移行が進みつつある。したがって、今後アメリカ業界もこのような変化を無視することはできなくなるであろう。

カナダにおけるISO14000認証

　カナダにおける認証の取り組みの背景には、ヨーロッパと同様に、カナダにおいても市場の変化によって認証製品に対する需要が高まっていることがあげられる。カナダにおいては業界が海外市場に依存していること（カナダ紙パルプ業界の統計によれ

ば、カナダの林産物企業は、世界の新聞紙輸出の50％、パルプ輸出の34％、印刷用紙輸出の15％を占めている）、環境保護団体の圧力に直面していること、厳しい気候のため樹木の成長が遅いことから、持続可能な生産を行う必要性は高い。このためカナダの林産物企業は、1996年に森林経営の国内基準を策定した。この基準はISO14000システムから発展させたものであり、業界はこの基準が国際的に通用するものになることを期待している。1998年には、合わせて2,000万haを経営する20以上の森林所有者が認証に対して関心を示していると報告されている。カナダで最初の認証製品は、1999年には市場に出始めることが見込まれている。

しかしながら、カナダの業界は認証プログラムの導入に当たって、原産地表示、および認証製品に対するラベリングについては行わないこととした。というのは、カナダ業界は、認証システムを構築するに当たって、持続可能性は顧客の期待するごく一般的な条件になるであろうと考えたためである。CSAの基準は持続可能性を満たしていることを保証するために考え出されたものであって、特定の製品に特化した生産者に優位を与えるために作られたものではない。これに対して、FSC認証はロゴと原産地表示義務があることから、差別化された製品を作り出すのに適した仕組みであると言えよう。

日本とアジアにおける低い関心

一方、アジアと日本においては、持続可能な森林経営と森林認証の取り組みはほとんど受け入れられていない。実際、アジアの大手生産者は、ヨーロッパ諸国におけるアジアの熱帯広葉樹製品ボイコットに対して怒りさえ示しており、1996年にはマレーシアの生産者がドイツ製品に対する報復ボイコットを行おうとまでしている。ヨーロッパでの熱帯林問題に対する関心の高まりによって、アジアの生産者は、数値化は困難なものの、ヨーロッパ市場においてシェアを失いつつある。ただ、アジア木材社のオ・ベン・ペック氏によれば、アジアでの紙製品需要が非常に高いため、現在のところ紙パルプ企業はヨーロッパにおける市場アクセス問題から大きな影響は受けていないとのことである。このような環境ボイコットに対する守りの戦術として多くのアジア諸国は、持続可能性の取り組みを始めている。その多くは、ITTOによる持続可能な森林経営イニシアチブに従おうとするものである。これらの取り組みは、スカンジナビア諸国やカナダの取り組みには遅れをとるものではあるが、持続可能な森林経営への関心を高めることによって、今後のさらなる取り組みにつながることであろう。

アジア市場の先導役である日本では、認証製品市場が確立されるのは当分先のことのようである。1996年現在、日本では認証製品は販売されていない。同年、キヤノン・サンヨー・ソニー・松下電器などの大企業と環境保護団体が、「グリーン製品」の市場を発展させるための取り組みとして「グリーン購入ネットワーク」を立ち上げ

たが、その目標は緩やかなものであり、特に林産物を対象としたものでもない。日本は、熱帯林産物の最大の輸入国として、熱帯の生産者に対して森林経営を改善するよう働きかけるだけの力を有しているはずだが、残念なことに何ら取り組みを行っておらず、近い将来に行う気配も感じられない。

グローバリゼーション

　グローバリゼーションの力は林産物業界のあり方を変えつつあり、今後、持続可能な森林経営のあり方にも確実に影響を与えるであろう。グローバリゼーションによって、消費者は持続可能性の条件を、自国だけではなく世界中の売り手に対して簡単に要求できるようになるであろう。現在ではほとんどの売り手は、持続可能な森林経営を、特定の市場でだけ求められる特殊な条件とは考えておらず、むしろ環境保全のために積極的に取り組むべきことと考えているが、つい最近までは認証製品の流通は微々たるものであったため、認証製品の取り扱いには大きなリスクがあった。今後、認証製品の取扱業者が増えるに従ってそうしたリスクは減るため、消費者はすべての売り手に対して認証製品の供給を求めることに躊躇しなくなるであろう。

　以前は認証製品の流通が少なかったために大企業は認証製品市場に参入しようとしていなかったが、今後は認証製品の流通が増加することによって市場参入は促進されるであろう。このことは1990年代後半におけるニューハンプシャー州のマナドック製紙にあてはまる。同社の経営陣は、認証製品を供給しないかぎり同社の壁紙製品はイギリス市場から締め出され、スカンジナビア諸国の認証生産者が即座に市場シェアを奪うであろうと懸念していた。この恐れから同社は認証を受けた原料供給者を探すことにしたのである。

　生産者もまた、同様の影響を受けることになるであろう。業界トップのパルプ生産者は世界規模で経営を繰り広げる多国籍企業であるが、もしそのうちの1社が認証取得に動けば、他の企業も同様の取り組みを始めるであろう。このような動きによって、各企業は一斉に認証製品の生産に向かうことになり、認証林産物の市場は活発なものとなるであろう。また、素材供給者は、環境保護団体や政府、消費者やバイヤー企業、さらには林産物業界のリーダーなど、利害関係者からの圧力を受けて持続可能な森林経営を行う努力を進めており、そのことを関係者に何らかの形で伝えようとしている。これらの動きが組み合わさることによって、近い将来、持続可能な森林経営は林産物業界の基本的な価値基準となるであろう。もちろん、品質や価格、信頼、サービスは購買意思の決定における主な要因でありつづけるであろうが、持続可能性も不可欠な要因のひとつとなるであろう。また、持続可能性の条件が生産過程と購買意思決定に組み込まれるに従って、製品に求められる基準は高まるであろう。

　地理的な広がりと業界の複雑な構造のため、業界全体の変化は今のところそれほど

激しいものではない。しかし21世紀の初めには、第三者認証がヨーロッパにおいて強力な市場の力となることは確実である。製品生産者にとっては、高級品市場で市場競争に打ち勝つために認証を取得することが不可欠となり、原料供給者にとっても認証は高級品市場に供給を行うための最低限の条件となることであろう。また、ヨーロッパにおいて認証が広まるにつれて、ヨーロッパ市場に参入しようとする国は、カナダのように認証の取り組みを行わざるを得なくなるであろう。さらに、もし21世紀の初めにいくつかのアメリカ企業が認証を受けたならば、アメリカ林産物企業の多くが森林経営に対する第三者認証の受け入れに動き、認証木材の供給は大きく増加するであろう。そして、大量の認証製品が市場に流通するようになれば、持続可能性は消費者にとって当たり前の製品特性のひとつとなるであろう。

第4章
技術への新たな要求

　ソービライト社の木質材料成型加工システムは、技術的に「ヒット」するあらゆる特徴を備えているように思われる。中質繊維板（MDF）や配向性積層板（OSB）のような木質パネル製品の売上は、1990年代に飛躍的に伸びた。なぜなら、これらの製品は鋸くずや木材チップや品質の低い木材資源から製造でき、合板や無垢材に対する安価な代替材となっているからである。北米のほとんどの木材加工業者が小規模・中規模の企業であるにもかかわらず、その製造技術は一般的に大手製造業者に適するように設計されている。これに対して、ソービライトシステムは、小規模の加工工場向けに省コストで効率的な圧縮成型方法を提供するように設計されている。この技術は、いくつかの製造ステップを統合して、家具や建築部材から玩具やジュエリーボックスのような小箱に至るまで、あらゆる高品質の木質材料製品を製造できる。さらに、同様の製品を作る他の技術に比べて木材繊維の廃棄量を減らして省エネルギーを達成している。

　従来の圧縮成型技術では木材繊維の含水率を8％以下にする必要があるが、ソービライトプロセスは含水率50％までの木材繊維が利用できる。さらに、繊維質の材料であるカーペット繊維、ピーナッツの殻、あるいはプラスチックと木材という組み合わせでさえ処理できる。この方法で生産される製品は、木材と同等の強さと密度であ

りながら、生産コストはずっと低い。合板で事務用椅子の木材の背もたれ部を作ると90セントくらいかかるのに対して、ソービライトプロセスで成型加工すると30セントほどである。ソービライトシステムを購入した業者は、35万ドルの設備投資を30カ月足らずで回収できる。この省スペース型のシステムは、工場での特別な準備がいらず、廃棄木材繊維の排出源に隣接して簡単に設置できるので、僻地や遠隔地に適している。

　それらの長所にもかかわらず、ソービライト社の技術は北米ではいくつかの障害に直面している。現在の取引先のおおよそ70％は南米とアジアなのである。アメリカでは、従来型の技術に投資している大手の木質パネル製造業者は、技術変更を拒んでいる。また卸売と製造業者はともに、新しい木質材料製品を一般市場に最初に試すことにも消極的である。製材工場のような大量の木材廃棄物排出業者も、必ずしも付加価値製品を製造したがらない。事業を継続できる大企業では、「技術の潜在能力に対して見る目がある社員は、たいがいの場合、意思決定者ではない」と、ソービライト社の前マーケティングディレクターであるディアンヌ・ベックウィズ氏は説明している。

　ソービライトプロセスのようにコストを下げ、廃棄物を価値のある製品に変え、飛躍的に効率を向上させ、かつ小規模事業体や開発途上国に適した革新的な技術は、持続可能な森林経営の経済的成功にとって重要である。この重要性は、市場での需要あるいは適切な森林経営と同等である。世界中での持続可能な森林経営を通して得られた経験から、ひとつの否定できない結論が得られている。それは、持続可能な森林経営は従来の森林経営に比べて、森林での実践にコストがたくさんかかるということである。この要因のために消えることのない議論が、持続可能な森林経営は林産業界にとって経済的に実行可能かどうかという点である。

　長い目で見て、持続可能な森林経営が成功するかどうかは、新しい技術にかかっている。新しい技術により、同等あるいは低質の資源から製造された木材製品の価値を増して、持続可能な森林経営の収支を良くすることができるのである。幸いなことにそのような将来有望な数多くの技術が存在している。しかし不幸なことは、アメリカ市場に受け入れられる際にソービライトシステムが直面した困難は、未来技術につきものだということである。持続可能な森林経営を成功させるためには、公的融資機関、非営利基金、環境保護団体の協力を得ることが不可欠である。これらは、新技術が市場で認知されるに値するなら、技術開発と市場を強固に結びつけるのを助ける役割を果たす。

違いのある技術

　持続可能な森林経営技術は、産業界で行われている通常のビジネスの手法による技

図表4.1　従来型と持続可能な森林経営（SFM）の目的と求めている結果の違い

従来型の目的	求めている結果	SFMの目的	求めている結果
原材料資源の生産性の増大	原材料加工速度の高速化	従来型および特別仕様の木材製品を加工する事業を容易にすること	高品質、低品質の材料を両方とも加工できるように木材供給への接触を増やし信頼性を高める
原材料の生産量の増加	原材料加工量の増加	木材の供給量に見合った生産品の価値を高めること	廃棄物の再生利用、付加価値、特別仕様製品の開発により加工した木材の単位量当たりの経済的価値を高めること
従来型の木材品質にあわせた機械加工効率の最適化	●作業休止時間（ダウンタイム）の削減 ●木材廃棄物の削減 ●資源生産の量的増大 ●従業員数と労働コストの削減	従来型および特別仕様材料双方にあわせた機械加工効率の最適化	●作業休止時間（ダウンタイム）の削減 ●木材廃棄物の削減 ●資源生産の経済的価値の増大 ●実際の従業員数の増加
従来型の木材品質にあわせた人的資源の最適配置	●従業員の安全性の強化 ●労働者の技術教育強化 ●材料生産時間の削減	従来型および特別仕様材料双方にあわせた人的資源の最適化配置	●従業員の安全性の強化 ●労働者の技術教育強化 ●より安定した雇用保障

出典：メイターエンジニアリング社

術開発ではない。持続可能な森林経営関連技術は、従来型の技術と目的や求めている結果は多少似ているかもしれないが、根本的に異なる。そもそも従来型の新技術は、伝統的な資源基準に照らして、原材料を高速で大量に加工する産業機械設備を林業と木材工業にもたらすものである。その関連技術はそれらの目標を達成するために機械と人的資源を最適化してきた。

　持続可能な森林経営技術は、天然資源を持続的に保つことと経済発展との間のより良いバランスを作り出す手助けをするものと定義できるであろう（図表4.1）。原材料の資源生産あるいは製品製造の効率を良くすることが従来型の産業の目的であるが、持続可能な森林経営技術では、多岐にわたる等級あるいは品質の原材料を加工できるように設計されている。木材加工業では、一定の寸法と品質の丸太がないということに大きな制約を受ける。ある一定範囲の品質の丸太を買い、加工して利益を得ている

事業者は、原材料の資源供給源とより直接的にかつ恒常的に取引するようになるだろう。

原材料の資源生産高を増やすというのも、同様に従来の産業の目的である。持続可能な森林経営技術は、廃棄物を効果的に再生して付加価値を生み出し、顧客の要求に合う特別仕様の木材製品開発を通して、木材の価値を高める方向づけがなされる。二次加工により製品価値を高めることは、新規雇用による直接的経済的効果を持っている。丸太から通常の製材品を生産すると、世帯維持可能な常勤の職が100万ボードフィート当たり3人分創出される。同量の木材を、例えば、さらに家具の部材に加工すると、オレゴンコンペティティブカウンシルによると、新たに20人の雇用が創出される。そして、未利用樹種や木材小片だけを用いて、あるいはそれら同士、さらには従来の木材加工工程では多くの場合廃棄物あるいは欠点と考えられていた、いわゆる「キャラクター」を持つ木材とを接合することにより、多くの付加価値製品の生産が可能なのである。

将来有望な持続可能な森林経営技術に対する障壁

ソービライトのように将来きわめて有望である革新的な技術であっても、それらの多くは、木材工業界で認知されて受け入れられるのは困難である。多くの障壁が新しい持続可能な森林経営技術に立ちはだかっているが、その大半は産業界と技術開発の過程に原因がある。僻地にある小・中規模の木材製品製造事業者に未来技術を認知してもらうことは、今まさに直面している課題である。これらの製造業者は林産業界に重要なインパクトを持っている。アメリカでは、従業員20人未満の小規模製造業者が、紙・パルプを含めた全木材製品製造事業者の約80％を構成している。このような業者は大半が僻地にあるため、業界の協会活動や出版物にほとんど接することがなく、新技術に関して提供される情報を逃しやすい。さらに、小規模の林家と製材所の事業主には、新技術に投資する資本や、市場で成功するノウハウ管理がしばしば不足している。

量対質

林産業界の新技術は多くの場合、大学とその研究所のようなアカデミックな研究機関、小規模の民間機関、個人によって開発されている。アカデミックな研究機関では、木材および紙・パルプ産業の大手木材製品製造業者が利益を上げるような技術開発に、研究の焦点を当てる傾向にある。なぜなら、これらの製造業者が研究資金を提供しているからである。各研究機関での研究の焦点は異なっているが、そのほとんどが木材製品の価値ではなく量を増大するような、従来型の産業界の目的に向けてのものである。あるいは、高付加価値木材製品ではなく主要な木材製品生産に向けてのものであ

る。また、アカデミックな研究機関は研究計画から完成までの所要時間が長くかかるのが通常であり、そのことが研究成果を市場へ投入する好機を逃しがちにしている。

　多くの持続可能な森林経営関連技術のように、小規模の機関や個人による技術革新はハンデを負っている。小さな機関は技術を市場で売る経済的能力に限りがあり、産業界側へ技術を売るマーケティング能力がない場合が多い。小さな企業は、その技術を保有したままそこから生産される製品を売りたがる。しかし実際には、市場の潜在的購買力は小企業が自ら生産あるいはサービス提供できるキャパシティを上回っている。小企業での生産販売管理能力、資本、製造能力は限られているので、たとえ設計者がオリジナルの技術を市場に導入したとしても、その技術を二次的に取得した者がより大きな商業的成功を収めるというのが、産業界の経験則である。

誰が新技術を最初に導入するか？

　従来型の木材工業界の心理条件もまた持続可能な森林経営に関する未来技術にマイナスに働いている。木材工業界とその取引の得意先である建設業界は新製品に対して保守的である。それは、部分的には信頼性への危惧から来ている。非常に訴訟の多い社会では、何十年も保つと考えられている耐久性商品のメーカーは、それほどでもない製品や消耗品のメーカーに比べて、新技術を採用するのは遅れがちである。他者の発明品に対する懐疑的態度もまた、この業界では広範に見受けられる。この心理条件は、新技術の導入に際していくつかの現れ方をする。新技術がもたらすいかなる性能改善も、毎日の生産体制と比較考慮することが求められる。例えば、新しい乾燥機の技術は過乾燥による歩留まり低下を35％削減するかもしれない。しかし新技術を採用している生産設備に投資するには、製材所が2交代制に変えられるように廃棄物削減を50％にしなければならない。さらに、新技術に対する投資収益率として一般に、導入後18～24カ月以内は22～25％が求められるが、多くの新技術はその率に満たない。

　従来型の大手機械メーカーが供給しないかぎり、木材製品製造業者は新技術導入に対してもまた慎重である。しかし従来型の機械メーカーは、新技術に投資する前に製造業者がその技術に対して関心があるという報告を、文書で見る必要がある。技術設計者は供給側と製造業者の間に立って、通常十分に提供されることのない専門的知識、時間、資金を必要とする役割を果たすように強いられている。

　この業界では、コンピュータリテラシーの不足もまた持続可能な森林経営技術を採用するうえで妨げとなっている。新しい加工技術のほとんどがコンピュータベースである。木材製品企業の平均的従業員は、自ら進んで新技術に対応するようなコンピュータスキルがないことが多い。製材所の管理職は、彼ら自身にコンピュータスキルがない場合が多いのであるが、新技術を導入して稼働するとラインの操業休止時間が多すぎると不平を言うのである。このことだけでも、持続可能な森林経営技術の導入を

躇躇させる大きな要因となる。この問題は、従業員にコンピュータ技術を身につけさせるようにトレーニングする必要性を浮かび上がらせている。これは、職場で仕事がうまくいくために新技術を支持するように従業員を説得するのと同じくらい重要である。

研究開発資金の不足

　未来技術の市場への売り込みを成功させる定石は、まず大きな製造業者への売り込みに焦点を合わせることである。それにより、公的機関および民間の双方から研究開発投資を早急に受けることができる。だが、持続可能な森林経営技術の企画設計者はそのようなことはできないであろう。付加価値を増すプロセスの改善技術は、中小規模の製品製造業者の注意をより簡単に引き付ける。しかし、初期の研究開発資金を確保するためには、その回収期間に見合った投資をする数社の大手製造企業が必要であろうが、従来の設備機械メーカーは、多くの場合、大手企業が投資しないかぎり参加しようとはしない。木材の製品開発において、未利用樹種の市場参入機会の研究や、高次加工製品製造業での低質製材品の利用拡大の研究、キャラクターウッドに関する研究が不足しているため、木材製品製造においても通常のビジネスアプローチにとどまり、未来技術の芽生えにはつながらない。

持続可能な森林経営技術に関する異なるニーズと制約

　林産物の製品開発に関して持続可能な森林経営のそれぞれの過程では、林家、伐採業者、一次あるいは二次加工業者のいずれもが、異なった技術のニーズと制約に直面している（図表4.2）。例えば、林家は持続可能な森林経営を実践していくうえでのシステムとサービスに関する情報の入手・利用を必要としている。しかし、そういう情報を提供し得るコンピュータ化されたシステムは、アメリカの広葉樹の大半を所有している小規模林家にとって利用するのが困難であるか、または高価すぎることが多い。一方、木材製造業者は加工過程で排出される木材廃棄物を削減する必要があるが、コスト的に可能な廃棄物削減方法の選択肢を知らないかもしれない。

　業界におけるそれぞれの部分で持続可能な森林経営に関わる問題点に取り組むための、豊富な種類の未来技術やプログラムがある。1997年にオレゴン州のコバリスにあるメイターエンジニアリング社は、持続可能な森林経営に対するボトルネックとなっている問題に対処する10種類の持続可能な森林経営未来技術とプログラムを明らかにした（図表4.3）。これらの技術のすべてが製品・サービステストを完了して市場に出されていたが、市場で受け入れられるためにはより高い認知が必要であって、確固たる市場は北米には存在していなかった。木材廃棄物を再生利用し利益を生み出すこと、すなわち同量あるいは少ない資源でより多くの製品を作ることを目的とした持続可能な森林経営技術の大半は、規模にかかわらず世界中の木材製品製造業者に適合し

図表4.2　ターゲットとするニーズと制約

	主なニーズ	主な制約
林家	●持続的森林経営実践システムとサービスに関する情報を利用すること ●知識のある伐採請負業者を特定し伐採委託すること	●土地管理システムとサービスは小規模林家にとっては利用が困難であり、多くの場合に高価すぎること ●システムは僻地での利用に適応していない ●業者への伐採委託を口伝えの評判に頼らざるを得ないこと
伐採業者	●労務コストの削減（利益の増加） ●林地での伐採に関して環境規制に従うこと	●労働災害コストの増加 ●環境に配慮した新しい伐採技術の情報不足
木材製品製造業者（一次および二次加工）	●製造過程での木材廃棄量削減 ●製造単位量当たりの製品価値を高めること ●安定した原材料供給 ●認証木材をコスト的に見合うように流通させるCoCの実用化	●入手可能な付加価値製品製造手法に関する情報不足 ●入手可能な木材廃棄物削減手法に関する情報不足 ●システム改善のための資本融資元への接触の欠如 ●CoCの追跡手順に要するコストを削減するためのバーコード等に関する情報不足

出典：メイターエンジニアリング社

得るものである。ここには持続可能な森林経営を商業的に成功させるために必要とされる革新的技術のすべてが表されている。持続可能な森林経営とその技術要求事項は、その他のニーズをも作り出す。例えば伐採業者に持続可能な森林経営伐採手法をトレーニングすることなどである（Box4.1）。伐採業者は持続可能な森林経営に不可欠なものであるので、このプログラムは持続可能な森林経営の知識を、この業界の重要部分へと拡張する巧みな試みを表している。

図表4.3　ボトルネックとソリューション

	主なボトルネック	SFMが目指す解決策
林家	●消費者が利用しているパーソナルコンピュータに対応していないGIS ●信頼できない伐採契約に関する近隣者の照会	●パーソナルコンピュータで利用できる新しいGISソフトウェア ●伐採業者の認定プログラム
伐採業者	●森林生態系に大きなダメージを与える大きさと重量と機能の林業機械 ●労働災害コストの増加	●環境負荷の少ない伐採・集材技術 ●伐採業者の認定プログラム
一次加工製造業者（製材）	●背板、耳すり後の端切れ、短小材を再生利用しての製品開発 ●少量の鋸くずとチップから価値のある製品を製造する（特に小規模製造業者のために） ●製造過程での欠点除去のための廃棄	●スクラップ・リカバリー・システム ●トリム・ブロック・ドライング・ラック・システム ●ソービライトシステム ●新しいスキャニング技術
二次加工木材製品製造業者	●製品開発における短小材の利用 ●製品開発のための好ましい特徴を持った木材資源の不足 ●製造過程での欠点除去による廃棄要因	●集成加工技術 　グリーンウェルド 　大豆ベース接着剤 ●木材の注入処理技術 ●新しいスキャニング技術

出典：メイター・エンジニアリング社

Box 4.1　伐採技術認定プログラム

　メイン州の89％を占める1,970万エーカーの森林は、3万人近い木材関連産業の雇用を支え、その生産量は州の全製造業生産高の約30％に上っている。メイン州は、アメリカ最大の製紙供給地であり、16の製紙工場と15のパルプ工場が1日当たり12トンの紙を生産している。林業界は1991年に重要な4つの問題に対処するために認定伐採者プログラム（CLP）を始めた。まず、伐採者をトレーニングするには州内の高校や職業教育プログラムがふさわしい場所だったが、その数が減少してしまったということ。次に、この業界は労働者の高齢化が進み、若い人たちが生計の途として伐採業を選択することがますます少なくなっているということ。同時に、一般の人たちから皆伐に対する抗議の声が上がって、環境にやさしい伐採を行うように州政府が規制する動きが出てきたことなどによる。

　このCLPは、伐採業に職業的専門家としての地位を与え、伐採に関する技術、知識、職業に対する誇りを呼び起こして、若い人たちに魅力ある職業として持続的林業を勧めるように意図されている。1990年代の後半には、最初の実地トレーニングプログラムができた。この中には、持続的林業の基本理念、森林経営、安全で効率的な伐採および集材、魚類と野生生物の保護、伐木技術と機械集材、救急処理に関するカリキュラムが含まれていた。認定を受けるには、このトレーニングプログラムに参加後、プログラムで身につけた技術と施業方法を用いて6カ月間実務についたことを文書で報告して、現場でそれらの技術を実際にうまく適用できるかの審査に合格しなければならない。このコースに合格した伐採者には、認定カードと認定番号が伐採技術認定プログラムより発行される。この認定プログラムは、メイン州森林基金が運営主催している。

　1997年までには、CLPプログラムはその目的を実現させていた。このプログラムは非常に良く機能して、事故による負傷率を低下させた。その結果、非認定伐採者と認定者を別個に取り扱う、認定者のために優遇された保険料率が作られた。メイン州の伐採者の事故負傷は、1990年にはフルタイムの従業員100人当たり20件もあり、州産業平均の14.5件に比べて多かったが、1994年には8件となり州平均の10.5件に比べても少なくなった。事故負傷率の減少に対応して、CLP認定伐採者の労働災害保障適用率も改善された。1997年5月までに、CLP認定伐採者の労働災害保障適用率は非認定伐採者より53％低かった。認定伐採者は、仕事を逃すことも少ない。認定伐採者が仕事に就けなかった日数は、1994年ではフルタイムの従業員100人当たり4.8日

であった。州内の大きな林産物企業が、認定伐採者を好んで雇用する主な理由は、CLPプログラムにおける持続可能な森林経営のトレーニングにある。1997年に、インターナショナルペーパー社は、すべての伐採契約者が1998年初めまでにCLP認定を受けることを目標とすると発表した。1991～1997年の間に、CLPプログラムで認定を受けた伐採者は約2,000人に上った。

メイン州ノリッジヴォックにあるロバートベリーアンドサンズ社のエドワード・ベリー氏は、安全で効果的に仕事をこなせて、環境に責任を持つ伐採者とそうでない人を峻別するプログラムへの信頼を明らかにした。「多くの伐採者がその名に値しない。彼らは人々を困惑させている」とベリー氏はコメントしている。そして、CLPプログラムはすべての伐採者の能力を向上させたと彼は言っている。最終的には、認定は必ず必要になるだろう。なぜなら、「認定されていない伐採者はいずれ木材を売ることができなくなるからである。」

簡単に使えるGISソフトウェアから得られる林家のための情報

持続的森林経営は情報集約的である。林地の1本1本の樹木について位置を地図に示し、絶滅危惧種の生息域を把握し、バッファゾーンや河畔保留木などを計画することが必要である。地理情報システム（GIS）と汎地球測位システム（GPS）技術は、フォレスターがそのような情報を獲得し管理する手助けをしてくれるという点で非常に貴重なものである。さまざまな種類のGPSデータ収集機器があり、これにより調査中の土地について現地で情報を集め入力する。GPS機器により収集されたコントロールポイントは、森林資源分布の分類図を作り、湿地、遊歩道、野生生物の生息地、植生、森林景観概要を明らかにするためのデータとなる。そして、それらを用いてフォレスターは伐採計画を作成し、収穫材積を推定することが可能となる。

GISシステムは地図を生成することができるが、複雑で高価である。通常、林家は現地で集めた情報をGISサービス会社に持ち込む。この情報は、地形図、衛星画像、分類図、あるいは市街地地図のような形式のこともある。これらを受けてGISサービス会社は、森林資源調査の行われた地域について特殊な地図を作成する。このサービスの利用料金は高価である。最近まで、小規模林家あるいは個人の資源管理コンサルタントは、この技術を簡単には利用できなかったし、また利用可能な金額でもなかった。

ウインドウズ95™搭載のパーソナルコンピュータ上で動作する汎用ソフトウェアパ

ッケージであるフォレスト・ビューが、オレゴン州ビーバートンのアタベリーコンサルタント社により開発され、市場に売り出された。これは小規模林家が高価な外部サービスを使わずに、林地の調査と評価を実行し地図を作成できる安価なツールである。市場に出た1996年に、このソフトウェアパッケージは3,195ドルで販売された。この価格は、その当時外部サービスで土地地図を作り同様の結果が得られるコストの半額以下であった。

このソフトウェアを用意し、スキャナーなどの補助的な装置および関連するいくつかのソフトウェアプログラムがあれば、林家はまさに現地で自分の土地のデータを収集し入力することができる。このシステムは、スキャンした画像をはじめ、航空写真、分類図、そしてGISとコンピュータ支援設計（CAD）データのような、その他の種々のデータを統合して地図を作成することもできる。FLIPS96（Forest Level Inventory Planning Systems）をはじめとする各種プログラムとフォレスト・ビューとを結合することによって、持続可能な伐採量、材積成長量、そしてある森林区画について将来の推定蓄積量を、林業家はコンピュータで求めることができる。

そのような情報を収集し、地図に落とし、処理し、操作する能力により、小規模林家はより良い経営者となることができる。シカゴに拠点を置くマイアミオレゴンコースト社で2万5,000エーカーの林地管理マネージャーをしているマーク・シュローダー氏は、フォレスト・ビューによって同社が「人工林についてはるかに優れた情報」を入手でき、長期的に生産性を向上させる経営計画が実行可能となったことを明らかにしている。シュローダー氏は人工林の衛星画像を購入して、2万5,000エーカーの航空写真とともにフォレスト・ビューへと入力した。それにより、彼のモニターには人工林全体が映し出されるようになった。その土地の個々の樹木を拡大して見ることができ、川がどこに流れているかが正確にわかり、そしてマダラフクロウの生息場所さえ知ることができる。シュローダー氏はコンピュータを利用し、伐採計画、林道設計、伐採する木材価格の計算、森林簿の作成などを行い、計りしれない時間を節約している。そしてコストについても、彼はこのシステムにかかった費用をわずか6カ月で償却できると見積もっている。

環境にやさしい伐採機械：ポンス・システム

森林へのダメージを少なくする装置――例えば、林床へのダメージを最小にする伐採・集材機械ならびに択伐や間伐をするシステムは、持続可能な森林経営を実行するうえで必要な、新しい技術の一部である。低負荷の伐採および集材という考え方は、新しい技術に固有のものではない。機械の設計は、伐採・集材時の周辺部へのダメージを少なくするように改善されつづけている。しかし、北米では、特に小規模の丸太伐採・集材では、この低負荷の伐採・集材技術への関心および使用は低いままである。

持続可能な森林経営で間伐される木は、通常、径が小さく低質材とされる。というのは、間伐木は径級のばらつきが大きく、丸太中に欠点があるからである。この材はパルプ用材として扱われるのが一般的である。パルプ材は丸太全部をパルプ用チップにするため、丸太から取れる可能性のある何らかの品質の材を木取りしようという気が起こらない。昔からある例は、径が小さくて梢が急激に細くなっている丸太の木取りであろう。丸太の根元部分は、径が小さいにもかかわらず、家具やフローリングのような高付加価値製品へと生まれ変わり得るボルトウッドと呼ばれる短い丸太として使うことができる可能性がある。

フィンランドのヴィエレマにあるポンス社により開発されたポンス丸太伐採・集材システムは、そのような問題に対処するように設計された。1983年に、フィンランドで行われていた集約的な伐採に対して同国の世論と政府からの圧力を受けたことから、早くて機動性があり効率の良い丸太伐採搬出システムを設計したのである。これは、初回と第2回の間伐に使用するもので、現場で丸太を玉切りできる。これらの機械は、林内を移動する際に植物体と森林生態系に与えるダメージが、従来の装置と比べてずっと小さい。

特に、ポンスHS10丸太伐採機は、初回と第2回の間伐作業ですばらしい性能を発揮する。このシステムは、伐倒木を伐採現場で効率的に玉切りすることができる。伐木造材者は伐倒木を1本1本スキャンして、本来ならパルプ材になっていた材から採材可能な挽き材やボルトウッドの木取りを決める。簡単な操作によりこのシステムは木を伐倒し、それをスキャンしながら大枝を払い、そしてスキャンから推定される挽き材等級やボルトウッドの品質に基づいて玉切りする。全体のプロセスは、木が伐倒されてから数分以内で終了する。直径が2～25インチの間で行われる初回と第2回の間伐で、このシステムを使うことにより、木材の約50%は、パルプ材からもっと価値の高い丸太品質へと変えることができる。

ウイスコンシン州ラインランダーのブラウントラッキングアンドロギング社は、小規模の伐採・集材作業に、ポンス・システムを購入し、伐採した丸太の価値が20%上昇したと報告している。これは、従来のパルプ材からより多くのボルトウッドへ変えることができ、機械操作に習熟するとさらに困難な地域にある林地へのアクセスが増えるために可能となった。ポンスHS10システムの定価は43万5,000ドルであるが、この初期投資は2年以内に償却可能であるという。

廃棄物利用と効率向上のための製造技術

製材所やその他の木材製造業では、鋸くず、チップ、挽き材の端切れ、欠点を持った小部材などの種々の木材廃棄物が出てくる。最近までは、そのような材料はほとんど価値がないと考えられていた。しかし、丸太の価格が上昇するにつれ、加工業者は、

より少ない木材でより多くの製品を生産し、以前には雑木と見なされていた未利用樹種を活用することに熱心になってきている。そして、これらの問題に対処する木材の一次・二次加工に関する多くの新しい技術が開発されている。

木材廃棄物変換：スクラップ・リカバリー・システム

効率性と付加価値製品製造は産業界では最優先事項であるが、多くの一次・二次加工業では、未だに木材の成型後の端材、寸法不足の挽き材、ランバージャケット、耳すり後の端切れ、加工を失敗した材料、低質材、欠点のため除去された部分を廃棄材として扱っている。既存の廃棄材再生の改善技術は限られており、通常では背板や寸法不足の木材を工場のラインに1回通すだけでは加工できない。あるいは6インチ以下の木片は加工できない。現在の技術で短い木片を加工するには、機械に何回も通すことが必要であり、効率的でない。

メイン州ルウィストンにあるオーバーンマシーナリー社は、6インチの小さな木材小片を省コストで加工する技術と廃棄材再生技術をあわせたシステムを製造している。イールド・プロという機械は、針葉樹にせよ広葉樹にせよ1回機械に通すだけで、背板、形が悪い木片、欠点のある材、成型後の端切れ、短い材など加工が難しい材料を処理することができる。この機械は、フィンガージョイントのための半加工品、集成材用ブロック、モールディングなどの構成部材やパレット（運搬用台木）へとこれらの材料を変換する。1996年にメイターエンジニアリング社が、この技術を買う可能性がある製材所にコンタクトし、もしこのオーバーン・スクラップ・リカバリー・システムを使ったら、廃材を再生することによりどのくらいの利益になると推定されるかを調査した。製造業者の計算によれば、現在の挽き材の8％に当たる量が利用可能で、もしこの装置の初期投資が6万～10万ドルであれば、2年以内で償却できるということであった。

木材乾燥技術：
トリム・ブロック・ドライング・ラック・システム

製材所では一般的には生材すなわち未乾燥材を加工している。広範な技術の採用によりオーバーン社のシステムは、未乾燥の端切れや短小材を効果的に、かつコストも見合うように乾燥できる機能がある。そのためにオーバーン社は、オレゴン州ビーバートンにあるカータースプラーグ社により開発されたトリム・ブロック・ドライング・ラック・システムを製造ラインに導入している。このシステムはある種の未来技術であり、未乾燥の木材端切れと短小材をいかに乾燥し、そして付加価値の高い製品へと加工できるようにするかという業界の積年の問題に対するひとつの解決策を与え

てくれる。

　最近まで木材工業界には、この種の廃材再生に関心を抱くような経済的インセンティブがなかった。コストの見合う乾燥プロセスがないということも、背板、端切れ、短小材を再生利用しようという努力に水を差していた。しかしながらこの新しいトリム・ブロック・ドライング・ラック・システムは、オーバーン・システムのような廃材を再生加工する装置とフィンガージョイント集成技術とを組み合わせることによって、生材の端切れと短小材を製品製造に使うことを可能にする。これにより、価格の低いチップやボイラーの燃料にするような廃材として扱わなくてすむ。

　トリム・ブロック・ドライング・ラック・システムは、広葉樹材と針葉樹材のいずれの工場にも対応し得るものであるが、広葉樹に加えてシュガーパイン、ポンデローサパイン、ダグラスファー（ベイマツ）、ホワイトパインの製材品の端切れで試験が行われた。その結果、含水率が19％から7％へと低下することが示された。このシステムは、端切れ、短小材をラックなしで乾燥する方法に比べて労働コストも同時に減少させた。また、乾燥した材の欠点が少ないことも報告されている。そして、従来の乾燥技術よりエネルギー効率が良かった。

　この技術は、広葉樹材と針葉樹材の事業体に経済的利益を生み出させる潜在的能力を持っている。生材の端切れを640万ボードフィート生産する針葉樹材製造業者では、この乾燥システムを使い、廃材をチップにする代わりにフィンガージョイント材料を製造することによって、丸々100万ドルを回収できることを、メイターエンジニアリング社が分析して明らかにした。同様の計算により、50万ボードフィートの生材端切れを生み出す広葉樹材製造業者は、毎年50万ドル以上の純益を余分に手に入れられることがわかった。

　年に6,000万ボードフィートを加工するある針葉樹材製造業者は、トリム・ブロック・ドライング・ラック・システムを使うことによって、木材材積にして毎年推計360万ボードフィートを得られると1996年に推計している。この会社では、従業員を20％だけ増加することで2交代制が可能となることも明らかになった。短小材を乾燥する能力があると、工場では自分のところの廃棄物を製品へと変えられるだけでなく、生材あるいは部分的に乾燥した端切れや短小材を近隣の他工場から購入して加工できる。装置への投資は1年で償却できると思われる。

短小材と廃材利用：
未乾燥木材のフィンガージョイント技術

　木材工業界では、1980年代後半から接着剤で木材小片同士をフィンガージョイントで集成することができるようになった。この技術は、廃棄されたり低価格での利用にとどまっていた木材を回収・再生することにより効率を高め、広葉樹材・針葉樹材を

加工する工場の双方に経済的利益をもたらす。ポンデローサパインは、パレット用途の場合、1,000ボードフィート当たりちょうど160ドルである。しかし、同じ材料を使いフィンガージョイントした針葉樹モールディングにすると、1,000ボードフィート当たり1,250ドルで売れる。こうしたことは広葉樹材でも同様で、パレットを作ると1,000ボードフィート当たり200ドルくらいにしかならないが、フィンガージョイントした広葉樹モールディング用の半加工品にすると、1,000ボードフィート当たり1,350ドルに値する。

　フィンガージョイントした材料は、塗装して使う成型材、ドア、窓枠部材、垂直方向に使う間柱、床根太のような完全な構造用製品などの種々の製品用として引き合いがある。1997年までにフィンガージョイントした集成材は、モールディングや製材品をはじめとするいくつかのターゲット市場において十分なシェアを獲得した。そして、製造業者は、フィンガージョイント製品のプレミアムは最大30％に上ると報告している。製品購入業者は無垢材製品よりフィンガージョイント製品を好む。これは主にフィンガージョイントした集成材は在庫時の寸法変化がないことによる。長く連続した木理を持つ無垢の挽き材は、長い間貯木しておくと反ったりねじれたりしやすい。輸出先である日本の顧客は、貯木場に置いている間に挽き材の32％を反りやねじれで失っている。フィンガージョイントした材料は、貯木場での損失もわずか平均3〜4％である。

　フィンガージョイント自体は未来技術というわけではないが、未乾燥材あるいは凍結材でさえフィンガージョイントできる接着技術は新しいものである。フィンガージョイントに使う木材は、まずすべて乾燥するというのが標準的な作業である。そして、木材を接着する前に欠点部分を切って除去する。これはコストのかかるプロセスである。そのため特別な技術として未乾燥材を加工できるフィンガージョイント・システムが求められている。含水率30〜100％までの濡れた針葉樹の端切れや短小材を集成接着し、欠点のない製材品を製造し、それから付加価値のある製品を作るために乾燥できるようにしなければならない。またこのシステムは、含水率18〜20％の部分的に乾燥した針葉樹の端切れや短小材をもフィンガージョイントして欠点のない製材品を製造し、それから付加価値のある製品を作るために乾燥できるようにしなければならない。

　未乾燥材をフィンガージョイント加工できる新しい接着技術は、環境的にも経済的にも有益である。フィンガージョイント製品製造に使われる乾燥材の30〜50％は欠点を持っており、そのような欠点部分は切って捨てられる。乾燥前に欠点を除去することで、従来の乾燥に比べて、コストを50％まで節約できる。そして、もちろん未乾燥の短小材は市場で売れる製品へと品質を高めることが可能である。未乾燥材を使うシステムは、標準的な乾燥木材をフィンガージョイントする接着よりも硬化が早く、従来の接着剤が24時間かかるのに対して5分で硬化する。

グリーンウェルド・プロセス

　2つの接着に関する未来技術であるグリーンウェルド・プロセスとクライビッチ・システムはこれら上記の目的を達成している。グリーンウェルド社は、ニュージーランドのロトルアにあるニュージーランドリサーチインスティツート社の全額援助で運営されており、未乾燥材と凍結材のフィンガージョイント技術のパイオニアである。その技術は、ニュージーランドとオーストラリアで1993年から使われている。1997年に同社は、北米市場にこの技術を売り込むため、アメリカで大手の製材品製造業者であるWTDインダストリ社と共同で、アメリカで初めての工場をオレゴン州に建設し操業を開始した。

　グリーンウェルド・プロセスは、多くの針葉樹材と広葉樹材でテストを行い、その利点を示してきた。グリーンウェルド・プロセスでフィンガージョイントした材料は、アメリカをはじめとしたいくつかの国で建築基準と製材品の規格を満たしている。この技術では、いくつかの樹種の木材について、含水率200％のものまで加工できる。従来の乾燥材をフィンガージョイントする技術では、品質管理のための製品テストを終了するまでに7～8日かかるのが典型的であったが、グリーンウェルド・プロセスではこの待ち時間を24時間に短縮している。問題箇所は製造後ではなく製造中に検出可能であるため、最終製品を24時間後には出荷できるようになる。このプロセスは、1分間に80個のブロックを製造でき、長さ5～30インチ、幅3～6インチ、厚さ4インチまでの木片を加工できる。これらの利点を得るために、製造業者は新しい装置を購入することさえ必要ない。というのも、グリーンウェルド・システムは乾燥木材をフィンガージョイント加工するのと同じ機械を使うからである。

　1997年には、グリーンウェルド・プロセスを導入した企業グループが経済的利益を受けたとメイターエンジニアリング社に報告している。その時、生材（未乾燥材）をフィンガージョイントした間柱の販売価格は、生材の無垢材間柱と同じかそれ以上であった。生材をフィンガージョイントした製品の1,000ボードフィート当たりの純利益は、その当時125～130ドルであった。また、生材をフィンガージョイントした製材品は、乾燥材をフィンガージョイントした製材品より1,000ボードフィート当たり35ドル安かった。この材料は、価格が安いだけでなく釘打ちが割れずに簡単にできるため、建築施工業者が好んで使うという大きいメリットがある。これらの企業はこの技術に各々約350万ドルを投資したが、18～24カ月以内にこれら投資分を回収できると考えている。この投資回収期間はビジネスとして十分許容される長さである。

　しかしながら、グリーンウェルド・プロセスは環境への負荷がある。このプロセスは、フェノール・レゾルシノール・ホルムアルデヒド（PRF）樹脂という毒性のあるものを使っている。接着剤に使われている樹脂硬化剤が作業時に環境中に蒸発するの

で、換気システムあるいは機械的に硬化剤を冷却して除去しなければならない。また、フィンガージョイント・プロセス中に生成される排水は埋め立て汚泥として扱われなければならない。さらに、ニュージーランドリサーチインスティツート社はグリーンウェルド技術の使用に対して、1,000ボードフィート製品生産当たり7ドルの特許使用料を求めている。

大豆ベースの接着剤：クライビッチ・システム

　ユナイテッドソイビーンボード社から資金を得ているクライビッチアンドアソシエーツ社のローランド・クライビッチが開発したクライビッチ・システムは、大豆の加水分解物とフェノール化合物の化学反応を基にした2液の接着システムである。この組み合わせは、未乾燥材をフィンガージョイントする既存のシステムに比べて利点がある。大豆接着剤は未乾燥材をフィンガージョイントするのに使われる他の接着剤よりもコストが低い点、および急速に硬化させるのに外部エネルギーの必要がない点である。この2液接着システムに関するテストでは、多くの北米の針葉樹林について含水率150％までの接着に有効であった。このシステムは単純で、ハイテク装置や電力を全く必要とせず、接着剤は手作業で塗布でき、木材部材同士を簡単なレバー操作で圧縮できる。このことは開発途上国で将来強みとなろう。

　ところで、2液接着システムは、ヨーロッパのフィンガージョイント工場では標準的であるが、アメリカでは一般的ではない。クライビッチ・システムは多少の仕様調整が必要である。この接着加工は、標準的なフィンガージョイント技術では使用できない。つまり、製造業者が2液接着加工へと変更するためにはもうひとつの接着剤塗布用スプレーの追加が必要である。接着剤のちょうど半分が有毒なPRF樹脂を使っているこのシステムは、多くの既存システムに比べて改善されてはいる。しかし、最も急速に硬化するホルムアルデヒドが含まれている樹脂には、環境面でまだ解決すべき問題が残されている。

　オレゴン州のウィラミナにあるウィラミナランバー社は、1997年の終わりにこのシステムを最初に商業的に用いた。しかしクライビッチ・システムが広く市場に出る前に、追加的な研究と試験が必要である。この技術は、今のところ垂直方向に使う間柱と準構造用部材にだけは認定されているが、完全な構造用材としての認定はもう少し先になると思われる。プロセスの性質が通常ではないため工業規格試験を見直されなければならないし、生材をフィンガージョイントした規格製材品を構造部材として使用するための調整も必要である。また、この接着システムは、積層単板（LVL）やIビームなどの他のエンジニアードウッド製品に対しても、それらを市場で売りに出す前にテストが必要である。

廃棄物の削減：多機能ロボアイ

　コンピュータスキャンシステムは林産業界では当たり前のものである。そもそも製材工場の管理者は、丸太の寸法や品質といった特性をもとに、丸太からいかに高価値の材を採材するかを診断するためにこれらを使っている。丸太の特徴は、材中の節、割れ、木理の乱れなど欠点の程度によってほぼ規定される。適切なスキャンシステムを用いることによって、木材加工工程で丸太の価値を20〜50％程度上げることができる。

　1本1本の丸太から多くの価値を引き出すということは、林産業界にとってますます重要になっている。広葉樹材製材工場では、製材品のコストの大部分に当たる60〜80％を丸太の価格が占める。また、広葉樹材と針葉樹材の工場双方にとって伐採が厳しく規制されているために、原材料はいっそう入手困難になっている。オールドグロースの森林が伐採されてしまったため、多くの地域から供給される木材は、直径が12〜18インチの小さい丸太である。付加価値製品製造では、よく知られた商業樹種が入手困難になってきているので、あまり知られていない未利用樹種を用いた製品開発を強化しなければならない。しかし購入者側は、品質や性能のよく知られていない樹種を使うことに対して不安がある。加工効率や安定性を改善するスキャンシステムは、従来使われていない樹種から作られた製品の品質や安定性について購入者の信頼を得る手助けとなる。

　最近まで、ほとんどのスキャン技術は丸太に対して行うものばかりであった。太平洋岸北西部のように木材伐採に対する反対運動がある地域で、樹木に大釘を打ち込んだ妨害活動家は、1990年代の初め、X線スキャンシステムを改善する技術開発にある意味で貢献している。樹木に打ち込まれたセラミックや鉄製の釘、有刺鉄線のような異物は、伐採および製材時に重大な障害をもたらす。そこで、より高度なシステムを用いてこれらの異物を検出するようになった。1990年代後半には、製材および二次加工でより優れたスキャンシステムの必要性が増してきた。製材品と付加価値木材製品製造における現在最も主流のスキャンシステムは、カラー画像センサ、レーザー光による位置測定センサ、X線スキャナを使っている。これらは、製材加工工程で木材の価値を高めるための役割がそれぞれ異なる。

- カラースキャン：カラーラインスキャン技術を用いるシステムは、加工中に製材品表面に現れる節・穴・裂け・割れ・変色・腐朽を容易に識別できる。また、製材品を選別したり、特別仕様の材料を作ったりするのに重要な役割をする木材の色を評価するのにも効果的である。
- レーザー光による位置測定システム：この技術は、製材品の丸み・厚さ・裂け・割れ・穴・種々の反り・ねじれなどの形状の特徴を検出するものである。

●X線スキャンシステム：空港で手荷物を検査するシステムに類似したこのX線技術は、製材品中の節や腐朽を逐一正確に識別し、他のシステムでは検出できない節や巣割れのような内部の特徴を探査できる。

スキャンシステムに意欲的に取り組んだものとして、上記3つの機能を組み込んだリーズナブルな価格のシステムが開発されている。ヴァージニア工科大学の電気工学、木材科学、林産学の研究者チームと森林局南部研究所が、まさにそのような技術を開発した。ヴァージニア工科大学で開発されて、CNNテレビがロボアイと名づけた複数センサマシン（MSM）は、製材品のスキャンシステムを統合する次世代装置として注目されている。3つのスキャン技術すべてを備えているので、汎用機械であっても製材品の表面に現れる特徴（節穴・裂け・腐朽・色・木理配列）、板の幾何学的情報（ねじれ・曲がり・丸み・厚さのばらつき・穴）、内部の特徴（巣割れ・空隙・腐朽）を自動的に検査できる。最初に商品化されたMSMシステムは、25万～50万ドルの費用で、1998年に導入された。

材質の改良：インデュライト・テクノロジー

従来、この業界では、ある樹種の伐採が制限されるという問題に直面した場合、その制限の直接的な影響を回避するために3つの選択肢から解決策を見出していた。製材業者は、同様の性質を持った代替可能な他の樹種を探し求める。多くの場合、このことは伐採制限がさほど厳しくない世界の他の地域に木材供給源を求めるということを意味する。製品製造業者にとっては、使われる材料を木材一辺倒から、一部あるいはすべてを非木質材料、すなわち工業製品へと換えることにより製品開発をするというのもひとつの解決策である。あるいは、製品製造業者は広葉樹材から針葉樹材へと転換するかもしれない。1980年代に北米産の広葉樹の価格が急騰した時、家具業界は枠に使う材を広葉樹材から品質の良い針葉樹材へと転換した。

将来的には、林産業界は、かつてほとんど使われず雑木と考えられていた樹種を開拓し利用しなければならないであろう。これらの未利用樹種を使うことが持続可能な森林経営を成功させるために不可欠である。熱帯の従来型林業では、何種類かの商品価値の高い樹種を利用していたが、それらは多くの地域で伐採しつくされた。しかし熱帯林には、潜在的に商品価値のある樹種が多数存在する。長期間にわたり森林を持続させるためには、1つや2つだけではなく多くの樹種を利用する必要がある。そうすることで、ある特定の樹種を枯渇させることなく経済的にやっていける十分な伐採量を維持することができる。

木材の性質を変える技術は、従来使われていなかった樹種を製品として市場に受け入れさせるためにきわめて重要である。ロトルアのニュージーランド森林研究所の研

究者は、インデュライト・プロセスと呼ばれるそのような技術を開発した。リムは、広葉樹で美しい赤褐色と木目をしており、家具、フローリング、パネルに使われていて、かつてはニュージーランドの森林に豊富に生育していた。数十年の過伐を経て、年間伐採量にして12万m^{3}あったリムの生産は、1994年には2万m^{3}へと激減した。インデュライト・プロセスとは、ニュージーランドのプランテーションで生育した、安価で豊富にあり簡単に加工できる針葉樹のラジアタパインに薬剤を注入して硬化させ、リムのような品質と外観を与えるようにするものである。このプロセスは、価値が高く、ますます枯渇の危機にさらされている広葉樹材に代わり、通常はあまり付加価値製品に使われることのなかった早生針葉樹材を、それらの製品に使えるようにするものである。

1990年代後半には、ニュージーランドのオークランドにあるエバーグリーンインダスツリー社が、木材製品製造業者向けに商標登録したインデュライト・プロセスを世界的に発売した。ニュージーランドのタウランガにある関連会社が、ラジアタパインを注入処理して日本市場向けの床材として加工する工場を建設していた。また、フィジー産のカリビアンパインを積層パネルに加工する同様の工場もニュージーランドに建設中であった。

基本的には、インデュライト・プロセスは、セルロースベースの処理液を木材中に含浸することにより木材の密度を増やすもので、要するに、木材中に木材を注入するようなものである。このプロセスは、その他のパイン・アスペン・カバ・ポプラ・ココヤシ・ユーカリのすべてにうまく応用できる。貯蔵タンク内で6つの成分を化合させた後、含水率30％まで予備乾燥された挽き材は、約1時間真空室で含浸されて、重量が50％増加する。こうして処理された材は、外観上は高品質の挽き材として、普通の乾燥スケジュールに従って標準的な中温度乾燥機で乾燥される。

試験結果によると、ナラ・チーク・アフリカンマホガニーのような広葉樹材よりもラジアタパインを注入処理した材の方が硬さが増す。しかし、自然な木材の色はそのままであり、容易に染色できる。製品製造時の重要な性質は、安定性・接着性・加工性の良いことであり、処理木材はこれらすべてが改良されている。それらに加えて、インデュライト処理針葉樹材は他にも利点がある。注入処理中に材を染色できることである。これは処理後その材を機械加工できることを意味し、木材にとって機械加工性が増すという重要な利点である。その材を用いて製造業者は単板を製造できる。

針葉樹材と低質広葉樹材へインデュライト処理を導入するコストは、挽き材1,000ボードフィート当たり250ドルである。乾燥材の普通の購入価格とあわせて考えると、インデュライト処理材を使っている付加価値製品製造業者にとって十分採算が取れる額である。1997年に、メイターエンジニアリング社が、アメリカの多数の地域から得られた種々のパイン材をインデュライト処理するコストと、従来から好まれるより高品質の広葉樹材のコストを比較した。インデュライト処理材を使うと、平均で40％の

コスト削減が可能である。低コストで染色しやすいインデュライト処理材は、フローリング、家具、ドア、建具、その他の内装仕上げ材、造作材に利用されている北米産広葉樹の代替材として有効であり経済性もある。

熱帯地域における適切な持続可能森林経営の技術

　先進国と開発途上国間での技術移転には大きなギャップがあり、それが、将来有望な持続可能な森林経営技術を熱帯地域に導入する際の問題を複雑にしている。林業専門家によれば、中南米は北米に比べ技術面で15〜20年遅れているという。その理由は、投資を思いとどまらせるような不安定な政治構造や、持続可能な森林経営と相容れない森林政策など複雑である。自国の産業を守るために設けられている関税と非関税障壁が最新の輸入技術を使うことに対してマイナスに働く。例えば、キャタピラ社の中南米地域担当副社長のロバート・ピーターソン氏によると、輸入技術に対する関税は通常16〜20％の間であるが、ブラジルでは60％もの高率になることもある。大きな多国籍企業は、自社に必要な技術に対して投資する資本力とノウハウがある。小規模の企業やコミュニティーフォレストリーは、熱帯地域での持続可能な森林経営にとって不可欠であるが、適切で持続可能な森林経営技術に投資する知識、資本、技術が不足している場合が多く、ましてうまく実現するためにはそれらが全く不足している。労働者の教育水準もまた低い傾向にあり、このことが先進技術を使うのを妨げている。

　熱帯地域における持続可能な森林経営にとっては、いくつかの重要分野での技術とノウハウが不可欠である。ブラジルのサンパウロにある研究機関CPTIテクノロジー・アンドデベロップメント社の社長であるアマンティノ・ラモス・ド・フレイタス氏によると、熱帯の豊かな生態系がどのように機能しているか、そして、経済的にかつ生態学的に活力ある森林がどのように再生産と世代交代をしていくかを理解するには、熱帯の生態系に対する広く深い知識が必要であるという。また、林道建設、河川横断、集材などの森林での作業がもたらす環境負荷を最小限にする技術と、ポンス・システムあるいはキャタピラ社が開発しているような伐採の負荷を減らすシステムが必要であるが、広く実践されていない。

　しかし、ヴァージニア州アレクサンドリアにあるトロピカル・フォレスト・ファンデーションで低負荷伐採プログラムのコーディネーターをしているジェフリー・M・ブレイト氏によると、低負荷の伐採がうまくいかないのは、技術に根本原因があるというより、トレーニングされた人材と管理・計画の不足にあるということである。多くの中南米の林業専門家によると、伐採業者の技術不足は、熱帯での持続可能な森林経営の最大の弱点である。東アマゾンの民間研究機関であるイマゾンが、1990年代前半に、ブルドーザーを使った無計画の伐採と、あらかじめ伐採木にマークし、その

位置を地図に示しておいてブルドーザーとスキッダを使って伐採・搬出する計画的方法とを比較調査した。あらかじめ林地へのアクセスも計画されていて、伐採者は一定方向に伐倒するような低負荷伐採技術を使った計画的伐採では、無計画のものに比べて森林全体で30％以上損傷が少なく、かつ伐倒木を1本も失わなかった。無計画な作業では、作業者が伐倒木の位置がわからなかったために、1ha当たり7 m^3の木材を林地に残してしまった。

　熱帯地域では、例えば小規模林家とコミュニティーフォレストリーとの協同ベンチャーのような小規模の持続可能な森林経営事業が、熱帯林の健全性と持続可能な森林経営の普及を決定づける重要な役割を果たす。しかし、これらのベンチャーは、持続可能な森林経営を実現可能にする最新の林業技術、伐採機械、効率的二次加工製造技術などとはかけ離れたものを必要としている。持続可能な森林経営では、材積を安定させる、あるいは増やすために、森林所有者が伐採できる特定樹種の1ha当たりの伐採量は制限される。そのような状況下で、持続可能な森林経営を経済的に成立させるためには、小規模所有者は「今現在は市場での商品としての認知がないが、豊富に生育する樹種とともに仕事をする」べきであるとシルバニアフォレストリー社社長のロバート・シメオネ氏は述べている。これらの小規模生産者には、その地域に二番目に豊富にある樹種の性質を研究した技術情報の周知が必要である。また、地域、地方、国内、そして国際的な市場で製品を売り込み、納得のいく儲けがある付加価値製品の市場を開拓する技術の周知が必要である。シメオネ氏によれば、市場での機会を得て、購入者を見つけ、製品を開発するのに12〜16カ月かかる。もちろん、このためにはあらかじめ製造ラインへの投資が行われていることが必要である。しかし、二番目に豊富な樹種の知識、あるいは地域を越えた市場の知識を持つ森林所有者はほとんどいない。

BOLFOR：
ボリビアにおける持続的森林経営プロジェクト

　持続可能な森林経営を基礎として産業を発展させるボリビアでの努力は、熱帯地域での持続可能な森林経営についての技術、市場、社会的チャレンジの重要性を示している。最近まで、サンタクルス地域のボリビアの林産業者は、主にマホガニーを一次加工して売っていた。しかし、1990年代の初めにマホガニーは過伐のために枯渇の危機にさらされ、その生産は急激に減少した。生き残るためにはマホガニーの一次製品を売ることから、よく知られていない価値の低い樹種を市場に売り出すような転換を余儀なくされた。そして、それらを用いて儲けを出すために製造工程を通じて価値を付加する必要がある。1996年に政府は新しい森林法を作り、初めて林産業者に長期間の管理計画を提出させて、そのもとで施業をさせ、1ha当たりの年間伐採権料金を支

払うことを義務づけた。これは、持続可能な森林経営実現により好ましい条件を設定するものである。

しかし、ボリビアでは持続可能な森林経営ベンチャーは困難な問題に直面する。ボリビアの森林では400種もの樹木が生育している。ある地域では、およそ20種が豊富に生育している。しかしほとんどの場合、力学的性質がわかっているのはほんの数種だけである。ボリビアには5,200万haの森林があるが、トレーニングを受けたフォレスターはたった180人しかいない。ほとんどのボリビアの林産業者は年間500万ボードフィート以下の挽き材しか製造していない。これらの業者は、効率的な二次加工の開発資本、技術、技術的スキルが欠如しているだけでなく、一次加工の効率的な技術も不足している。何人かの専門家によれば、適切な技術の啓蒙がないために、広葉樹材では最初の加工で30〜50％が木材廃棄物になっているということである。

1993/1994年に、アメリカ国際開発局（USAID）とボリビア政府は共同で2,000万ドルの基金を拠出して、持続的森林経営プロジェクトを実行に移した。これはBOLFORとして知られているもので、ボリビアの林産業者を持続可能な森林経営と付加価値の高い加工方法へと移行させることで、森林の劣化を減らし、生物多様性を保護しようとするものである。BOLFORは森林経営に関する技術移転、ジョイントベンチャーの奨励による代替樹種の市場開拓、環境にやさしい木材製品の市場開発、そして、林産業者に主にヨーロッパの取引先購入者を引き合わせる支援をする。1998年までにBOLFORの森林経営技術の教育コースを受講したボリビア人は2,500人に達した。これは、林業経営、加工業、流通事業をより効率的にするためのコスト管理と財政が一括して学べるカリキュラムとなっている。1995年に行った政策決定者に対するコースは森林経営、認証、森林の価値について扱い、国の上院議員や他の官僚に大きな影響を及ぼした。こうしてBOLFORは、新しい森林法、規制、技術基準を開発する主要な役割を担うことになった。

BOLFORの活動は、同時に森林管理協議会（FSC）認証を加速する働きもした。1998年までに、BOLFORの林業経営体14のうち8つが認証のための審査を受けた。1999年の初めまでには、このグループの100万ha近くの森林がFSC認証を受けるであろうと思われる。認証された森林25万haを共同で伐採するボリビアの6つの林産業者が代替樹種から作られる製品を市場に売り出すために、コンサルタントのシメオネ氏は働いた。1997年にこのグループは約65万ドル相当の製品を販売し、1998年には300万ドル以上売り上げることが期待されている。林業専門家によれば、持続可能な森林経営に関する技術や市場開拓を支援するこれと同様のプログラムが、中南米全域および他の開発途上国で必要であるとのことである。

変化を誘う解決策

　BOLFORプロジェクトは、熱帯地域で活用できる持続可能な森林経営に関連する技術とノウハウを普及するひとつの方法を示している。もし持続可能な森林経営を経済的に可能とする未来技術が市場での競争を公正に受けるべきであれば、市場参入と開発途上国への技術移転への障壁は取り除く必要がある。未来技術に対する認知を得て信頼性を確立することは、そのプロセスのきわめて重要な部分である。それゆえ、産業界と自然保護団体から支持されるはずであるが、現在では困難である。

　未来技術が信頼性を得るには、ある権限を与えられた組織あるいは機関によって、その技術に対する公正なテストが実施されるかどうかにかかっている。この種のテストは、製造業者が法的な信頼性に対して抱く不安を和らげ、その技術と製品の性能に関して外部の承認を受けることにより、市場参入を容易にすることができる。しかし、これもまたコストがかかるプロセスである。技術の発案者に対する資金援助と障害を取り除く手助けをするプログラム、特に、僻地で非常に必要とされている小規模経営に適した技術に対するプログラムは、ほとんど存在しない。林業と林産業の研究開発に対する公的および民間投資の年間推定総額は、アメリカで1990年代半ばにおよそ13億ドルであった。林産物研究に対しては、公的基金は約4,000万ドルであり、一方民間の基金は8億2,500万ドルである。

　産業界と大学は共同研究プロジェクトの確固たる実績を持っているが、ほとんどの大学は大手企業と結びついていて、それらの企業の研究面での関心は、遺伝学や植生管理などの生物学的問題か、土壌と水の性質のような物理的問題のいずれかである。1987年には、アメリカの51の大学が木材関連の業界とこの種の共同研究をしていた。この共同研究には、産業界による研究開発費の50％を超える約520万ドルが投資されていた。

持続可能な森林経営戦略の一部としての技術助成

　アメリカでは、新技術を市場へ導入する援助を行う連邦レベルの支援策が確かに存在するのであるが、これらの基金を入手するにはしばしば追加的な要求がある。例えば、スモール・ビジネス・イノベイティブ・リサーチ（SBIR）支援策は、3段階のプロセスがあり、通常は市場への新技術導入のための基金を得るまでに、数年という期間がかかる。SBIRを拡大したスモール・ビジネス・エマージング・テクノロジー（SBET）を含めた支援策は、現在あるSBIR支援策の枠内で市場へ新技術を導入するためにより良い手助けになるかもしれない。

　同様に、持続的森林経営に関するプログラムを持っている大学でも、持続可能な森林経営未来技術に対する独立の公正なテストを行うため、公的および民間双方から研

究開発費を得ようと共同研究の機会を探し求めている。大学での技術試験の一部として、持続可能な森林経営技術のレンタルプログラムが確立されれば、事業者がその技術に投資する前に性能を現場で確認できるであろう。このレンタルプログラムにより、大学は実験室レベルの技術試験をする機会と、工場環境下での性能をモニターして記録する機会を得るであろう。

　また、環境保護団体やそれを支援する基金は、持続可能な森林経営の未来技術を支援するようにその姿勢と戦略を変える必要がある。持続可能な森林経営を促進する働きを担ってきた環境保護団体は、これまで森林でのさまざまな努力と政府の政策を変更させることに集中してきた。しかし、持続可能な森林経営の目標が、森林生態系とのバランスを保った持続的共同体であるなら、環境保護団体の現在の活動には重要な点が失われている。森林生態系を持続させるための戦略の一部として、木材製品生産を効果的に行うこと、すなわち未利用樹種から生産される製品や認証製品の市場機会を見きわめる活動をしている環境保護団体、あるいはそのような活動に基金を出している環境保護団体はほとんどない。

　活動方針や基金を出す問題として、森林保護活動を実践する際に、環境保護グループに経済的支援を行う人たちにとって最優先事項に位置づけられるべきことは、コミュニティーへのインパクトを安定化させることができる「川上」での生産段階の解決策を積極的に評価するということである。そして、地球規模の環境コミュニティーがこれに積極的に関わることである。毎年の未来技術トップ10リストに、環境保護団体が将来有望な持続可能な森林経営技術としてその概要をあげることは、ひとつの方法かもしれない。通常はこれら環境問題に関する交渉テーブルで相対する席に座っている環境保護団体と林産業界との間で、そのようなリストが従来とは異なる政治的財政的パートナーシップを組むことを促すかもしれない。

　未来技術が一般に認められるには、通常、市場に到達するまでに2つの道を必ず通らなければならない。第一は技術を製造業界に導入することであり、第二は未来技術により生産された製品を市場で受け入れられるようにすることである。もし、新しく作られた注入木材が従来の建築基準で認められないなら、インデュライト・プロセスのような新しい木材注入技術の導入はほとんど意味をなさない。これらの分野で認められて市場へアクセスすることは、上述したすべての理由のために困難であり、その技術の発案者への援助はほとんどない。

経済的パートナーシップの強化

　いくつかのプログラムで、新しい持続可能な森林経営技術を市場に投入する際に効果を生ずる支援の種類が示されている。1990年代初めに、ワシントン州シアトルにあるキーバンクは、輸出用に市場開拓された付加価値の高い木材製品技術に対して融資

をするコミットメント・ローンのために5,000万ドル用意した。このプログラムは、このような類のものとしては銀行業界として初めてであったが、持続可能な森林経営技術に向けたものであれば、価値のあるものとなったであろう。しかし、このプログラムは従来の付加価値技術を対象にしていて、小規模の製造業者や個人の資産に支えられている新しい未来型技術、すなわち標準的でない技術には金融界が躊躇しているということを強く示した。

　アメリカ環境配慮型製品およびサービス業の比較レビューにその点が示されている。1991年におけるこの業界の企業構成は、年間収入の平均が130万ドルである民間企業は5万8,700社なのに比べて、年間収入が平均で1億9,800万ドルの公的企業は207社である。小さい企業になればなるほど、ますます資金援助が得がたく、輸出用は特に厳しい。アメリカでは輸出に焦点があてられる機会は少なく、特に環境サービス部門では少ないことが、先行投資の不足を助長させるであろう。環境配慮製品とサービス産業に関する1992年のデータによると、アメリカの環境サービス産業製品全体のわずか5％しか輸出されていない。これに比べて、日本では24％、ドイツでは31％が輸出されている。

　典型的な融資ガイドラインによると、標準的でない技術はリスクが高いと判定される場合が多い。小企業の場合は特にそうである。さらに、その技術は一般的には市場でテストされていないので、小規模企業により開発された技術を銀行が支援することはさらに困難となる。にもかかわらず、付加価値のある木材製品技術の輸出に資金を提供したキーバンクのような銀行や、世界銀行などとのパートナーシップは、持続可能な森林経営未来技術が世界の市場でもっと認知され、利用されるようになるためのひとつの有効な方法となるであろう。

　民間の非営利財団もまた、未来技術の開発と採用を奨励する経済的パートナーシップを加速する働きをする。未来技術をターゲットとして投資する際に、森林から最終利用者に至るまでの持続可能な森林経営の全過程を考慮することの重要性を強調し、その情報を交換するために多くの関係者を集める機会を作るのに必要な資金力および組織的手段をこれらの財団は持っている。生産過程において、企業間や産業界と技術開発者との間での結びつきを作ることは、革新的持続可能な森林経営未来技術を市場へと移すのに不可欠である。例えば、挽き材の小片を効率的に乾燥するトリム・ブロック・ドライング・ラック・システムは、オーバーン・システムのような製材小片を再生して成型する技術と結びついた時、各々のシステム単独の場合よりも市場へ売り出すことがはるかに容易になる。別々に市場へ投入すると、これらの未来技術は製品製造業者にとっては選択肢のひとつにすぎない。それらを結びつけて製造業者に提供すると、技術的解決策となる。この違いが、これらの新技術が市場で成功するか否かを決定する。

第5章
先駆者からの教訓

　コリンズパイン社の経営者は持続可能な森林経営の価値を、他の多くの企業に先駆けて認識していた。この会社の起源は、伐採しては移動する収奪林業時代の1855年に、トゥルーマン・D・コリンズ氏がペンシルバニア州で林業と製材業の会社を買い取ったところまでさかのぼる。1940年、創業者の孫であるトゥルーマン・W・コリンズ氏は、カリフォルニア州チェスターに近い社有林に保続林業経営を適用した。彼が取り入れた作業法は、当時まだ研究途上にあった連邦森林局のモデルに基づき、天然林で普通に見られる異齢林を作り出す択伐を重視したものだった。森林局はのちに同齢林造成の技術に切り替えたが、コリンズパイン社は異齢林経営を守りつづけ、改良を加えていった。これがこの会社の西部地区における経営の基礎となっている。
　この会社の142年間の歴史を通じて、コリンズ家は終始オーナーであり、経営に関わりつづけた。1997年には、トゥルーマン・W・コリンズ氏の未亡人であるマリベス・コリンズ氏が同社の会長であった。会社の価値観と哲学は、過去も現在もコリンズ家一族の価値観と哲学を反映したものであった。森林経営の実践にはコリンズパイン社の哲学がしっかりと結びついていた。コリンズパイン社の哲学、それを同社は「最高品質の完成品を製造するため、我々の所有する森林資源を長期的に経営し、それらさまざまな資源を責任を持って活用すること」と社訓に記している。

森林の環境認証が開始されると、コリンズパイン社は独立機関によって世界で最初に認証された森林を保有する企業のひとつとなった。またこの会社は、認証された木材製品を市場に提供する最初の企業のひとつともなった。1993年、カリフォルニア州オークランドに本部がある認証機関SCS（旧名Green Cross）により、チェスターにあるコリンズパイン社のオールマナー森林は「最高水準によく管理された森林」と認証された。さらに1994年には同じくSCSにより、ペンシルバニア州にあるケイン広葉樹林が「よく管理された森林」と認証され、1998年にはオレゴン州レイクビューにある製材工場と森林が認証を受けた。

コリンズパイン社はオレゴン州ポートランドに本拠を置き、さまざまな木材製品を製造する製材工場とともに、カリフォルニア州・ペンシルバニア州・オレゴン州で森林を経営している。コリンズリソースインターナショナル社（CRI）は、同社の製品を国際市場、特にこれまでは西ヨーロッパを中心に販売してきたが、1990年代半ばに環太平洋諸国への拡販を目指した。コリンズ一族によって経営されている会社はまた、ビルダーズサプライという名でカリフォルニア州に小売店を経営していた。1996年にコリンズパイン社はウェアハウザー社のクラマスフォールズ工場を取得し、事業を拡大して積層単板（LVL）、硬質繊維板（HDF）、パーティクルボードの製造に着手した。この買収により同社の1997年の売上はほぼ倍増し、2億500万ドルに達した。

持続可能な森林経営および認証林産物の先駆者として、コリンズパイン社はさまざまな難問に直面した。初期の製品の中には失望させるものもあり、会社は認証製品のプレミアムを求めることが困難であった。同社の経験した初期の販売上の問題は、立ち上がりつつある認証製品市場に向けて製品を作り売ろうとする他の林産会社も必ず経験する課題であった。しかし同時に、早くから持続的林業経営に参入していたことは、コリンズパイン社に有利に働きもした。1980年代から1990年代初めにかけて、太平洋岸北西部地域では大径木が消え、国有林が木材生産から撤退するとともに多くの中小製材工場が閉鎖した。しかし同社の森林は自社の製材工場に良質な木材を供給しつづけ、さらに認証を取得したことが新たな市場を開く助けとなり、会社の経営改善に貢献した。

「元本と利子」による経営

コリンズパイン社では、林地はさまざまな目的で管理されている。森林経営は、種および樹木のサイズに関して森林の多様性を維持し向上させ、森林の健全性を高め、会社の生産施設が十分稼働できるように高品質材の生産を増大させることを企図して設計されている。集水域として、また野生動物の生息環境として森林の機能を維持するという、より遠大な目標もまた森林経営計画に組み込まれている。しかしながら、最優先の経営目的は、将来の世代に経営の選択肢を残しておくことである。

同社の森林経営は、「元本と利子」という考えのもとで繰り返し行われる。会社の林地は資源基盤すなわち「元本」であり、一方、成長量は「利子」であると見なされる。経営者は利子を引き出すことは自由だが、元本は安定的に存続させなければならない。コリンズパイン社の経営者は、将来の経営者に選択肢を残し、森林の多様性を向上させ、可能なかぎり森林を天然更新させ、野生動物の生息地と流域の機能を保全するように意識して行動することを了知している。森林管理者は樹種や年齢やその他の特性ごとに求められるさまざまな造林技術を使って、自分たちの管理のやり方をそれぞれの立地に合わせている。同社は同齢林および異齢林造成の両方を使って、多様な林分を形成し天然更新を促進する自然のプロセスを模倣している。

持続可能な林業に関連した戦略

　さらにコリンズパイン社は、持続的林業経営と会社としての価値観に関連した6つの戦略的優先事項下で経営を行っている。それらは、
1．品質：コリンズパイン社の経営者と従業員は、製品の品質が同社の最高の競争優位性の源であることを認識している。「消費者が木材を求めてホームデポ社の商品陳列棚を歩いている時、彼らは認証されていることを表すステッカーを探してはいない」とチェスター工場の総支配人であるローレンス・ポッツ氏は言っている。「消費者は品質の良い板を探しているのだ」同社の林業経営戦略は製品の高品質化も促進する。なぜならこの戦略のもとでより大きく高品質な丸太が生産され、洗練された高い水準の技術が維持されることによって加工処理が完遂するからである。コリンズパイン社は製品の品質に寄与する顧客企業の関心に細心の注意を払っている。チェスター工場では定期的に顧客企業を製材工場に招き、同社が品質の高い製品を効率的に提供しているかどうかの評価を尋ねている。同社はまた顧客企業に対し、製品に対する満足度を四半期ごとに調査している。
2．価格：コリンズパイン社は認証製品の市場を育てるという長期的戦略を採択している。顧客との間で販売価格について協力関係を確立しようと試みており、もしプレミアムが実現した場合に利益を分かち合うという非公式な合意をある顧客企業との間で交わしている。同社は認証製品に対する価格プレミアムが実現することを期待しているが、1997年の時点では、認証製品を製造する際の前提条件である価格プレミアムを要求できる状況にはない。
3．流通：コリンズパイン社はこれまで製品を日用品市場に出荷していた。1990年代初め、同社は日用品市場から、家具や特注の棚など品質に応じて高い値段を付けてくれる高級品市場に目標を切り替えた。それ以来、コリンズパイン社は仲買業者や卸問屋を通さずに、製品をできるかぎり直接販売することによって流通経路を簡略化した。この販路の短縮によりコリンズパイン社はニッチ市場でより効率

的な販売をすることが可能となり、少量ずつ売ることに伴うコスト上昇分を吸収し、顧客とのコミュニケーションを高め、そして製品の品質向上へと結びつけていった。

4．企業イメージ：コリンズパイン社は尊敬に値する企業イメージを維持するために非常な努力をしており、興味を抱いた人には誰にでも自社の持続可能な森林経営について話をした。認証を受けたことは新聞や雑誌、そして林産業や環境関係の出版物において膨大な数の肯定的記事として扱われた。同社はまた持続的発展に関する大統領の審議会からもその努力を認められ、1996年に審議会より持続的林業発展に対する大統領賞を授与されている。この種の宣伝は決して金で買えるものではないと経営陣も指摘している。販売担当副社長であるR・ウェイド・モスビー氏によれば、1996年までにコリンズパインという会社の名前が認識されていないにもかかわらず、顧客たちの間には製品のブランド名である「コリンズウッド；認証林産物のファーストネーム」の名称が浸透し始めていた。ブランド名がよく知られることは、認証された林産物に対する需要を将来コリンズパイン社にもたらすために重要となるであろう。

5．競争：会社は認証製品が競い合うこと、特に大きな企業との競争を奨励している。それは認証製品の入手可能性が限られ、販路が十分に確立していないという新生市場に固有の制約を克服するためである。会社の経営陣の試算によれば、認証製品市場が効率良く機能するためには、木材消費量の約10％が認証される必要があるという。1997年における認証材のシェアは生産量の0.5％にすぎなかった。認証材に対する低調な消費需要は、市場で自社の認証製品シェアを高めていこうとするコリンズパイン社にとって障害となる。多くの消費者は未だ持続可能な林業という問題に関心が薄く、認証製品とはどのようなものかを理解していない。コリンズパイン社は、小売店が認証製品をもっと扱ってくれれば消費者の意識も高まるだろうと期待している。

6．戦略的提携：1996年にコリンズパイン社は他の企業と提携して認証製品を売ることを検討していた。1つの試みは、住宅建設向けに認証製品を供給している業者と提携することであった。建築業者や住宅を建設する最終消費者向けに認証製品のパッケージを作ることも視野に入れた。こうした連携は、需要を生み出すべき最終消費者を啓発する助けとなるであろうし、やがてコリンズのブランド名の入った認証製品の需要を生み出し始めるであろう。

オレゴン州とカリフォルニア州での造林事業

コリンズパイン社の「元本と利子」の林業経営が成功するかどうかは、正確な森林資源量と成長量の推定にかかっている。同社の3カ所の主な森林において情報を集め

るため、それぞれさまざまな方法が採用された。カリフォルニア州チェスターに近いオールマナー森林では、森林資源調査の長い歴史がある。1940年代に成長量測定のための固定標準地が設定され、それらは今や550カ所を超えている。これらの標準地内の林木は周囲の林木と全く同じように管理され、標準地は10年ごとに再測定されている。この結果から林木の成長量の正確な推定値が提供され、収穫量水準を決定するために利用されている。しかしながら、ケインとレイクビューでは、収穫量水準を決定する根拠となる林分情報を同じようには集めていないので、そこで働くフォレスターは林分状況に関する彼らの個人的知識に基づいて伐採量水準を定めている。しかし、こうした方法では精度が十分に確保されない可能性があるとする批判は当たっていない。

　カリフォルニア州チェスターの9万4,000エーカー、そしてオレゴン州レイクビューの8万エーカーは比較的なだらかな地形に位置し、ポンデローサパインやジェフリーパイン、ホワイトファーが優占している。レイクビューにおける経営ではホワイトファー35％、ポンデローサパインおよびジェフリーパイン55％、そして残り10％はロッジポールパインとインセンスシーダーを生産している。この地域では樹木はゆっくりと成長し、その結果、高品質の木材が生産できる。どちらの場所も会社は主に異齢林経営と天然更新を行っている。それぞれの森林区画は12〜20年間隔で伐採される。樹木は選択的に伐採されるが、特に活力が低下し始めているものが選ばれる。近年では、フォレスターはホワイトファーを林分から選択的に伐採することに力を注いでいるが、これは認証機関SCSにより持続性を高めるために勧められた行動である。コリンズパイン社が西部の所有森林で行っている択伐と山火事抑制の作業は、ホワイトファーが過剰に蓄積した森林を作り出したが、それは山火事の危険を増大させ、より利用価値の高いポンデローサパインおよびジェフリーパインの更新を阻害する事態を引き起こしていたのである。

　フォレスターは森林で伐採される区画に印を付け、どの樹木が伐採され、どの樹木が残されるかを示す。一般的には、健全性と形状の一方あるいは両方が最も悪い樹木が伐採されるが、例外的に、野生動物の生息場所のために残されるものもある。フォレスターは時に、非常に高齢な林木をその年齢と大きさに対する畏敬の念から残すことがある。こうした経営活動がさまざまな大きさと樹種の林木からなる健全な林分を造り出すのである。除草剤はほとんど使用されないが、それは部分的に閉鎖した経営林分が下層植生の密度をほどほどに抑えているからである。除草剤や農薬などの化学物質の使用は、植栽が必要であったり山火事によって被害を受けるなど、主として攪乱された森林エリアに限られている。

ペンシルバニア州での育林

　ペンシルバニア州のアレゲニー高原にあるケイン森林12万2,000エーカーは、コリ

ンズパイン社が西海岸に所有する森林とは際だって異なっている。その森林は耐陰性の弱いブラックチェリーやその他の広葉樹が優占し、約100年の比較的長い伐期の同齢林として管理されている。

　天然更新を促進するため、フォレスターは漸伐の経営法を用いている。彼らはある範囲の中で種子の供給源として残すべき林木に印を付け、それ以外のすべての林木を伐採する。この結果、林分の本数密度は劇的に減り、林床に太陽光が届くようになる。競合する下層植生を抑えるため、必要に応じて除草剤が用いられる。この傘になっている林木は、稚樹が望ましい大きさに成長するまで立ったまま残される。それから上木は、もしそれが野生動物の生息場所と見なされるかまたは景観美上の理由のいずれにも該当しなければ伐採されて、林床に満度の太陽光が届くようになる。こうしたプロセスは広葉樹の迅速な成長を促す。もし上木が適当な時期に取り除かれないと競合する植生が若い苗木を凌駕し、その地域は適切な更新にさらに多くの年を要することになる。またもし更新したとしても、立木密度が不十分であったり樹形が不良になったりするであろう。

　ペンシルバニアの森林では、樹木の年齢や森林の構造の多様性、野生動物の生息場所をより大きなランドスケープの中で維持するため、同社は広い地域に散在させた小さな区画（概ね5〜10エーカー）で伐採する。ケイン森林における伐採量水準は控え目である。すなわちフォレスターは毎年の成長量のわずか3分の1しか収穫していない。最近まで彼らは森林の成長量を固定標準地でなく、彼ら自身の土地基盤に対する深い知識に基づいて推定していた。しかし認証取得後にSCSの勧告に従って、記録を保存するため地理情報システム（GIS）が導入された。それは将来の経営の意思決定の基盤として機能するであろう。

過去の問題の改善策

　コリンズパイン社によって購入された林地の多くは、過去に過伐や更新不良、管理不良に晒されていた。それらの林地の中には、会社の経営者が望んでいる多様な林木の林分に仕立てるまでに長年月の成長と改善行動を必要とするところもある。西海岸の社有林では、改善行動として普通、不健全な林木を伐採し、ホワイトファーの本数を減らし、望ましい年齢と大きさの林木分布になるよう間伐することがあげられる。ペンシルバニア州では、過去の森林施業により小径木の優占する蓄積過剰な林分が数多く残されていた。これらの森林が間伐され、それまでとは別の方法で管理されれば、林分の多様性や林木の平均サイズ、そして全体としての森林健全性が増大するであろう。チェスターやケインの森林では、火や家畜の放牧は森林管理の手段としてはまとまった規模では用いられていなかった。しかしながら1997年に、チェスターのフォレスターたちは山火事後の植生制御とポンデローサパインおよびジェフリーパインの更新促進にこれらの手段を試してみることに興味を抱いた。会社の方針では河川の近

くで放牧することは認められていなかったが、望ましい樹種の成長を阻害する植生を抑える働きをする牛の放牧を、別の場所で試してみることは可能であった。

より健全な森林、隣人との良い関係、満たされた従業員

　持続可能な森林経営は単なる木材生産を超えて、より健全な森林、社会とのより良い関係、そして従業員の定着率の良さなど、多くの便益に結びついている。コリンズパイン社の土地経営の実践努力は森林の中に見ることができる。フォレスターが森林を12～20年の間隔を空けて伐採することなどはその好例である。彼らは大量の枯損木を立ったまま、あるいは倒れた状態で存置している。活発な経営活動の行われている林地での伐採は控え目である。良好な林道の維持管理や、比較的穏やかな地形と気候、そして注意深く選ばれた伐採搬出時期により、土壌と水質への損傷は最小限に抑えられている。認証審査にあたって、SCSは次のように報告書に記している。「同社の経営活動はよく自然と調和し、フォレスターは野生動物、水質、自然の多様性、美的感覚を含め、あらゆる森林資源を"称賛に値する水準"で認識している」

　この会社は地域社会を支える公式・非公式のさまざまな活動にも加わっている。同社は住民がその森林に自由に出入りすることを認め、また、自然保護論者を含めさまざまな利害を有する個人からなる地域の土地利用の合意形成グループを直接、間接に支援している。コリンズパイン社は自社有の森林で研究や教育に関わる企画を奨励し、学校や病院を支援する。そして安定した雇用を長期間約束することを通じて、同社は地域社会の経済的安定への功労者として認識されている。太平洋岸北西部によく見られる土地に対する需要の競合に関して、レイクビューとチェスターいずれにおいてもこうした競合を解決するために組織された合意形成グループの中で、同社の従業員が活発に活動している。従業員はコリンズパイン社からのそうしたグループへの使節となって、普及啓蒙や、森林伐採を必ずしも好ましく思っていない地域住民との意思疎通に一役買うとともに、同社が地域社会のニーズと関心に通じることを可能にする。

　こうした活動や森林認証、そして従業員が森林で自分たちの作業を、訪れた人々に進んで説明することを通して、コリンズパイン社は森林経営問題に関わる環境保護論者と協力的にことを進めるのに十分な信頼を勝ち得てきた。例えばチェスターでは、この信頼のおかげで、同社は頑固な環境保護論者をメンバーに擁する地域の合意形成グループであるクインシー・ライブラリー・グループのメンバーとなって活躍しているのである。

　時にはコリンズパイン社の経営者は、この会社に対する得がたい信頼を維持するため、犠牲を求められることもあった。例えば1995年、同社は社有地に近い国有林で山火事にあった森林の被害木販売に競争入札する用意があった。被害木へ接近する最適な方法は同社の土地を通ることであったため、会社はこの入札に関して明らかに有

利であった。しかしクインシー・ライブラリー・グループのメンバーは、被害木の搬出に反対であった。コリンズパイン社にはこの入札販売がうまみのあるビジネスに思えたが、入札を辞退した。同社は、比較的目先の利益を求めることよりも、合意形成グループとの関係維持を優先したのであった。

持続可能な林業経営とその企業哲学は、従業員の離職率を低く抑えることにも貢献している。ある製材工場の従業員は平均で21年の経験年数を持っている。モスビー氏によれば、1990年代は地域の林産業にとって激動の時代であったが、持続可能な林業経営における初期のリーダーとしての評判が確立していたので、同社が新しい従業員を引き付けることは容易であった。「我々が持続的企業であることを誰もが知っている」と彼は言った。

持続可能な森林経営の制約

個人所有であるということが、認証取得にもつながった保守的な経営スタイルを取っているコリンズパイン社の経営能力の中で、重要な働きをしていることは疑いない。会社の林業経営目的のもとで、生産水準を土地の最大レベルまで引き上げることはできない。伐採量水準は成長量を超えてはならないし、通常は成長量以下である。輪伐期は競争相手が採用しているものに比べて大幅に長くなっているし、経営コストは単位面積当たりで見ると高めになっている。それらの目的を達するため、コリンズパイン社のオーナーは、他の上場林業会社が行うような短期の利潤極大化とは一線を画してきた。

この長期的展望には次のような長所がある。製材工場の管理者は社有林からの木材生産をあらかじめ正確に予測することができ、その予測に従って社外から原材料を購入することにより自社の供給を補う計画を立てることができる。しかしながら、持続可能な森林経営はさまざまな点で生産コストを押し上げ、利益を消し去り得る。森林の状態に連動した収穫計画は、市場の需要や価格の変動に対して反応する会社の能力を阻害する恐れがある。林木を長期間生育させ、より長くより多くの林木を残存させ、非木材資源を保護することは、往々にして収穫水準を下げ、よりコストのかかる収穫方法が必要となる。結局のところ、会社が幅広い林分情報を必要とし、伐採作業を相当にコントロールしなければならないので、森林経営は労働集約的になる。

コリンズパイン社の持続可能な森林経営のコストを完全に定量化することは困難である。しかし、この森林経営の方式をもし他の企業が取り入れたとしたら、コストの顕著な増加と、おそらくは収益性の低下を招くことになろう。それでもコリンズパイン社はこうした制約のもとで長い間操業を続けている。付加的コストが生じたとしても、それは既に認められた企業哲学への対価である。1990年代半ば、同社は林業のコストをカバーするため、丸太1,000ボードフィート当たり16〜36ドルを投資した。こ

の中には売る木に印を付けたり、請負業者を監督したり、森林の成長量を測定したり、林道を補修する費用が含まれている。コリンズパイン社の経営者は、自分たちのある部分のコストが他の多くの森林経営企業のコストに比べて高いことを認識している。しかし彼らは、保守的な林業経営の実践によって生み出された自分たちの木材供給の長期的安定は、いかなる短期的利益を犠牲にしても余りあるものであると確信している。

　コリンズパイン社の年許容伐採量は、オールマナー森林において年エーカー当たり丸太換算で平均316ボードフィートである。オレゴン州西部のフレモント製材工場に材を供給するレイクビュー森林では、エーカー当たり平均125ボードフィートである。これはフレモントに比べ、オールマナー森林はかなり雨が多いことと、積極的な経営を長い間続けてきたためで、両者の生産力の違いは驚くべきことではない。オレゴン州東部における他の林業企業では、1995年に、年エーカー当たり丸太換算で平均268ボードフィートであった。カリフォルニア州北部については企業的林業経営に限った統計は得られていないが、そこでのすべての私的林業経営の1994年における平均は、コリンズパイン社のオールマナー森林を含めて、年エーカー当たり約230ボードフィートであった。このことから、レイクビュー森林は企業経営の生産量の平均をかなり下回るが、他方、より経営の確立したオールマナー森林は地域平均をかなり上回る生産力を発揮していることがわかる。

　東部の広葉樹の森林は西部の針葉樹の森林に比べ、はるかに小さな速度でしか成長しないのが常である。コリンズパイン社のケイン広葉樹林もその例外ではない。そこでの年許容伐採量は丸太換算でエーカー当たり平均57ボードフィードだが、最近の森林成長の測定結果によれば、許容伐採量は非常に高まっており、おそらく2倍に達しているという。ペンシルバニア州の森林全体での伐採量の平均は1989年でエーカー当たり102ボードフィードであった。その時点で、州政府の推定値では成長量が伐採量の2.6倍であった。

　こうした伐採量の推定値は、企業的経営体の平均より低い伐採量水準であるとする同社の主張を裏づけている。しかし、コリンズパイン社の林木の多くは伐採されるまでに高齢になっているので、林木の全体としての品質とその結果としての価値はより高くなっているはずである。実際、コリンズパイン社のオールマナー森林から生産された丸太は、会社が外部から購入する丸太よりも確かに高い等級で大径の傾向にある。しかし同社は、自社有林以外から生産されたどこにでもあるような地域材は買おうとはしないであろう。というのも、もしこの地域の他の会社が市場で高品質な丸太を積極的に買いあさったとしたら、コリンズパイン社が購入できる原材料は自社製品に比べ小径で低品質なものに偏るからである。ここで明らかなことは、同社の林業経営を実践することによって、一般市場のものよりも高品質な原材料を入手できるということである。

コリンズパイン社の認証に関わるコストは、林業経営のコストに比べてずっと定量化しやすい。それぞれ認証されたサイトは事前審査と本審査を受けている。それぞれのサイトは認証を維持するための毎年の手数料がかかり、そして最初の認証取得から5年後には再審査を受けることになっている。2カ所の認証の初期費用は合わせて6万～8万ドルで、毎年の費用はそれぞれのサイトで7,200ドルかかる。当然ながら、レイクビューとクラマスフォールズの認証審査が進めば、さらに費用がかかると会社は予想している。認証取得のために投資した資本の合計額は1997～1999年の間、年当たり25万ドルに上るとコリンズパイン社は推定した。この中には、ペンシルバニアの森林において、林木の材積と成長量を測定し記録する新たなシステムを導入した分も含まれている。

認証の取得後は林業経営のコストが上昇する。「オールマナー森林では約2倍になった」認証審査チームからの示唆に対し経営者はこう答えた。さらに、認証木材を森林から加工まで追跡することに伴う事務作業のコスト増加分は年当たり15万ドルであったが、これはコリンズパイン社の総売上の1％未満であった。会社の経営陣はこのコストを妥当なものとして受け止めており、これらのコストの多くはいずれにしても必要となる経営改善に投資されたのであり、いずれは効率の向上として還元されると指摘している。

未知数の認証製品市場

コリンズパイン社の林業経営は成功であったと言えるが、林産物を認証製品として販売するという点から見るとあまり成功したとは言えない。1993～1996年にかけて販売担当の副社長が勤務時間の35％も費やしたことを含め、会社は相当の時間と労力を注ぎ込んだにもかかわらず、認証製品の市場は目立った広がりを見せていない。そのような市場の開拓に失敗したことは、販売担当者を苛立たせることにはなったが、コリンズパイン社の市場参入が早かったことを考えると、必ずしも驚くべきことではない。

コリンズパイン社の3カ所の製材工場においては、社有林から原材料の約50％が供給されている。各工場は社有林からの丸太生産の不足分を一般市場から購入して補い生産水準を維持しているが、その中には持続的に経営された森林から生産された丸太も含まれている。自社の認証木材と外部から購入した認証木材を合わせると、3カ所の製材工場で使われるすべての原材料の50％以上は、持続的林業経営から生産されたものとなる。森林管理協議会（FSC）認可の認証機関によって認証された会社は、販売する製品にFSCのロゴマークを付けることができる。FSCにより認可されたSCSがコリンズパイン社の森林を審査し認証したので、同社はSCSとFSCの両方のロゴマークを付けることができる。しかし同社は、より知名度が高いということでFSCのロゴを使っている。

認証されたコリンズパイン社の工場（ケインとチェスター）では、その森林から生産された「認証材」として売ることのできる原木を分離し、認証されていない供給源から出てきたものと混じらないよう、加工と輸送の過程をチェックしている。しかしどちらの工場でも、少なくとも50％は認証材としての条件を満たしているにもかかわらず、総生産の5％ほどしか認証材として販売されていない。認証材市場の需要が限定的であることが、認証材の生産量と販売量の間の食い違いの原因となっている。

コリンズパイン社は、認証製品を受け入れやすい特定の地理的および階層的な潜在市場が存在することを見出した。そうした消費者は学歴が高く、可処分所得もかなり高い傾向にある。地理的にはテキサス州オースチン、ニューメキシコ州サンタフェ、カリフォルニア州のベイエリア、コロラド州ベイルやアスペン、そしてイギリスなどである。アメリカの中では、気候の厳しい地域ほど「グリーンな」消費者が多く住んでいることがわかった。コリンズパイン社の経営者によれば、気候の温暖なオレゴン州ポートランドでの需要にコリンズパイン社の認証材が適合しなかった原因は、この町の消費者は「グリーンに行動する」よりは「グリーンを語り」がちであったことによる。

コリンズパイン社による消費者の需要評価は、実際の調査から得られたというよりは販売を通じて得た同社の経験によるものである。販売担当者はしばしば認証された林産物を購入したいという人々からの注文を受けるが、そうした注文はほとんど消費者向けの最終製品に対するもので、これらはコリンズパイン社が原材料しか提供することができないものである。本社営業部にも同様の電話がかかるが、このようなことが起こった一因には、認証製品に貼られたシールに会社のフリーダイヤル番号が印刷されていたためであり、また、会社が認証を取得したことが広く報道されたためでもある。いずれにしても、コリンズパイン社は消費者が認証製品を探そうとする時の情報源となったのである。

認証製品に対する市場の壁

認証製品を販売する努力を重ねる中で、同社は市場を開拓する際に5つの普遍的な障壁があることを見出した。
1. 市場における限られた需要：1996年末時点において、認証林産物、あるいはそれ以外の持続可能な経営により生産された林産物への現実の需要は総量で限られており、かつ偏在する。先駆者としてコリンズパイン社はこれら小さなニッチ市場を開拓し、そこに効率的に供給することに力を注いできた。
2. 好ましくない消費者の印象：コリンズパイン社の販売担当者は、多くの顧客が認証木材は標準的な育林によって生産された木材よりも品質が劣っていると誤解していることに気づいた。こうした消費者は、会社が環境への影響を減らすために

品質を犠牲にしていると思っている。この誤解は、他の環境志向の企業、例えばホームデポ社と商談している時でさえ顕著に表れる。しかしコリンズパイン社の場合、実際にはその逆が事実である。林木は、他の競合する企業的林業に比べて長伐期である。より高齢の林木ほど欠点のないきれいな木材の割合が高い傾向にある。社員は、同社の森林施業とその森林から生産される製品の品質の関係について、認証材の顧客になる可能性のある人々を啓蒙しなければならなかった。

3. 限られた販路開拓：既存の木材製品流通業者は、認証により流通経路が複雑でコストが余計にかかるため、認証された木材製品を取り扱うことに乗り気ではなかった。認証製品は林床から小売店の棚に並ぶまで追跡しなければならない。もし認証製品が在庫や運搬の過程で分離されていないなら、この追跡のためとても高度なシステムが必要となる。

4. 特定の市場需要に応えることへの困難：イギリスのように認証製品にかなりの需要がある市場では、需要を正確に予測することができる。潜在的な購買者はもっぱら、特定の樹種である厚さの最上級板材を求めるであろう。ところが、特定の等級・樹種・厚さのものに対して、コリンズパイン社および子会社のCRI社が対応できないほど大量の注文が舞い込むことが少なくない。

5. 限られた製品入手可能性：認証された木材製品は、非常に限られた量しか入手することはできないが、これにはさまざまな意味がある。大部分の木材製品の製造業者は認証を取っていないし取ろうともしないが、このことが流通業者に認証製品の取り扱いをためらわせている。流通業者にとって、床面積や倉庫などさまざまな流通過程の資源を認証製品に割り当てることを正当化するほどに十分な量を確保することは困難である。そしてさらには、容易に入手できる認証材が不足していることで、建築家や技師などの設計者はそれらの材料を設計の中に用いることをためらっている。

販売における成功と失敗

1996年の終わりまでに、コリンズパイン社は5つの認証製品企画を立ち上げた。それらのうちの2つ、マツ材の棚と家具用のホワイトファー板材は既に生産中止となった。1997年以前に会社が経験したこれら5つの認証製品への取り組みは、認証製品市場というきわめて未熟な市場の中で製品を販売していく際の難しさとともに、市場開拓の努力を続ける企業の増大する苦悩を映し出している。

1. マツ材の棚：コリンズパイン社はマツ材の棚を開発し、それらはホームデポ社（本社ジョージア州アトランタ）のサンフランシスコ・ベイエリアの6つの店舗に置かれた。小売店に直接販売することにより、この商品でコリンズパイン社は通常の販売経路を通すよりも15%高い利益を実現した。同時にホームデポ社は

小売価格を下げ、利幅を維持することができた。この棚は、コリンズウッドという登録商標で、顧客の嗜好に合うよう設計された独占的ブランドとして、原材料の価値を最大限に高めていた。このマツ材の棚はよく売れ、店の経営者は好意的であった。しかし1996年終わりにホームデポ社は、納得できる理由を示さないままこの製品の販売を中止した。コリンズパイン社の経営者は、このことを棚の管理の難しさのせいであると考えた。ホームデポ社は生産・加工・流通過程の管理（CoC）認証の要件から、この製品を分離してカリフォルニア州ストックトンの倉庫に保管しなければならなかったが、これはコリンズパイン社がホームデポ社の多くの店舗のうち、一部の需要に見合うくらいしか製品を供給することができなかったからであった。

2．ホワイトファーの家具用材：家具メーカーのマスコ社の一事業部門であるレキシントン家具にデザイン家具製造のため販売されたホワイトファー材は、コリンズパイン社の視点から見れば大成功であった。会社はその材料を建築用材として販売した場合よりも40％も多くの利益を実現した。この「アメリカを美しく保とう」というブランド名の家具シリーズは、有線テレビ「ファーニチャー・ショー」で特集され、チェスターにあるコリンズパイン社の製材工場のシーンが林業技術主任、工場長のインタビューとともに放映された。このシリーズは1994年12月号の「ファーニチャーデザイン・アンド・マニュファクチャリング」誌でも取り上げられた。しかしこのシリーズは、多くの理由により消費者には受けがよくなかった。この家具はかさ高く、平均的な家庭では部屋を威圧した。100以上もの異なる種類があったが、どれもがかなり高価で、組み合わせによる割引価格も提供されていなかった。また、広葉樹の家具により親しみを感じていた顧客は、針葉樹材であるホワイトファーには容易に関心を示さなかった。家具は運搬中にしばしば損傷したので（ホワイトファーは割れやすい）、この結果、梱包の設計をやり直さなければならなくなり、このことはレキシントンの苛立ちの原因ともなった。最初の年にこのシリーズは500万ドル以上を売り上げた。これは小規模企業であれば成功と見なされる売上水準であったが、大企業のレキシントンにとっては十分なキャッシュフローをもたらすものではなく、このシリーズは中止された。マツ材の棚とホワイトファー家具の企画打ち切りは、認証が消費者によって評価される製品属性のひとつにすぎないことを示した。認証は、印象の悪いあるいは販売力の弱い商品を助ける松葉杖となることも、取り扱いの難しい商品へ販路を通じて顧客の関心を呼び起こし引き付けることもできないのである。

3．単板用の丸太：フリーマン社は高品質な単板規格の丸太をケインとチェスターの工場から購入している。同社はケンタッキー州で積層単板スライス加工の操業をしており、単板を認証製品として販売している。フリーマン社は認証単板の販売によりある水準以上の利益が実現した場合に、コリンズパイン社とその利益を分

かち合うことに合意している。1996年時点で利益は契約の水準以上に達せず、利益を分かち合うことはできなかったが、安定した購入の取り決めと認証を推進する企業との提携により、コリンズパイン社は恩恵を受けることができた。
4．ホワイトファーの建設用材：コリンズパイン社は、テキサス州オースチンのホワイトファー建設用材市場に目をつけた。木材は「持続的な」建築資材の利用を促進するオースチン・グリーン・ビルダー・プログラムに直接販売された。この市場ではホワイトファーはサザンパインと競合しており、概してコストはより大きなサイズの材（2×8インチや2×10インチ）で低く、有利であった。しかし1996年の終わりまでに、コリンズパイン社は認証木材に対する一貫したプレミアムを実現できないでいた。ある月には2％のプレミアムが生じたが、それ以外の月ではごくわずか下回る価格で販売された。プレミアムの水準はサザンパインの価格変動に関係していた。認証によりコリンズパイン社は市場に参入することができたが、そのプレミアムが認証によるものかそれともサイズによるものか明らかではない。
5．広葉樹材のフローリング：ケイン工場の一部門では、毎月ほぼトラック1台分の低品質サクラ材をフローリングを作る企業に販売している。サクラ材に対する需要はコリンズパイン社が供給できる量を上回っている。以前はこの低品質な原材料をパレット用として販売していたが、この素朴な外観の木材は建築市場のある特定の人々にアピールした。このニッチ市場に売られた場合、パレットの材料として販売するのに比べ、コリンズパイン社はほぼ2倍の価格で売ることができる。

「グリーン」プレミアムはどこに存在するか

　コリンズパイン社は市場における自社の総合的な商品販売のひとつの要素として認証を利用している。既存の製品製造工程を認証し市場プレミアムを得ることにはほとんど成功していない。このことはいかなるプレミアムも直接認証に帰因させることを困難にしている。しかしながら、会社の経験から明らかになったことは、認証がコリンズパイン社に新しい市場を開いたことである。例えばサクラ材のフローリングのように、そうした新たな市場における製品からの利益は、その原材料が旧来の市場で売られた時に生み出していた利益を上回っている。コリンズの経験によれば、少なくとも自分の会社にとっては、もし適切に活用されるなら認証は市場での成功に良い影響をもたらす。しかし、価格プレミアムを認証そのものに帰することは難しい。

高い経営成績

　コリンズパイン社の経営成績は、木材価格の急落のため、1994～1996年にかけて

下降した。1994年にコリンズパイン社は、5,095万ドルの総売上から883万ドルの純利益を上げていた。ダン＆ブラッドストリート情報サービスによれば、1996年に同社は5,663万ドルの売上と234万ドルの損失を計上した。この期間中に、枠材の平均指標価格は402ドルから329ドルへ下落した。

いくつかの指標は、同業他社に比べコリンズパイン社が効率的で競争力のある企業であることを示している。オレゴン州ポートランドのベック・グループが1990年代半ばに行った調査では、さまざまな業績指数を用いてチェスターの経営活動を西海岸の他の16の針葉樹製材工場と比較している。それによると、チェスターにおける総製材コストは平均以下であり、1人・時間当たりの生産量は平均以上であった。ポンデローサパインの平均販売価格は平均よりもかなり高く、ダグラスファー（ベイマツ）、モミ、カラマツ、ホワイトファー、そしてヘムロックの平均販売価格は調査対象製材工場の中で最も高かった。

持続可能な森林経営の予期せぬ帰結

コリンズパイン社は早い時期に持続可能な森林経営を採用したことにより、1990年代に入ってさらに重要性を増したある種の特典と便益を手にすることができた。それは安定した木材供給と、関係者からの支持である。持続可能な森林経営は、コリンズパイン社の製材工場の管理者が典型的に直面していた原材料供給の不確かさを、会社の所有森林から原材料を供給することで減少させた。コリンズパイン社は同業他社が撤退している時に、持続可能な林業への取り組みのおかげで事業にとどまることができたとも言える。1990年代、北西部の多くの製材工場は国有林から伐採される木材に依存していたため、事業から撤退せざるを得なかった。さまざまな理由により公有林が木材生産を取りやめたため、それらの企業は原材料の供給源を失ったのである。コリンズパイン社は持続的林業を通して、少なくとも供給源の一部は長期にわたって安定的に確保した。このことはさらに長期的計画と長期投資を促進した。経営陣の持続的林業と持続的社会への取り組みには、地域社会の人々や従業員（彼らは業界の平均よりもこの会社に長く勤務している）、そして林業経営をいかにも支援しそうもない人々や組織さえも相当な好意を寄せているように見える。こうした好意は、将来伐採に対する制限がさらに厳しくなった時、いっそう重要となるに違いない。

この会社の持続可能な森林経営への長年にわたる取り組みは、認証を取得する過程を比較的容易に乗り切る助けとなった。コリンズパイン社は、認証を取得するためにその森林管理の方法を重要な部分に関して大きく変えることは求められなかった。しかし認証機関は改善のため多くの項目について勧告した。コリンズパイン社は、伐採作業員の監督を強化すること、森林経営計画についてさらに文書化すること、林道の維持管理の強化、森林資源調査と分離システムにまとまった投資をすることなどにつ

いて対応した。

　認証もまた会社の経営に便益をもたらした。コリンズパイン社の人事担当職員の中には、認証により管理者の林業や工場経営に対する理解が深まり、彼らをさらに優れた管理者に育てたと主張する者もいる。例えば、認証製品のCoCを確かなものにする在庫管理の必要性から、材積や樹種、木材の出所を正確に追跡することが求められ、この結果、会社の在庫管理システムはさらに効率的で信頼できるものになった。認証木材を販売する過程を通じて、日用品市場志向から高価値の特化製品へと会社の方向を転換させた。もし一般に認められたマーケティングの原則が成り立つなら、認証は将来コリンズパイン社の財政的業績を高めるに違いない。

得られた教訓

　1993～1996年にかけてコリンズパイン社が認証木材製品の販売により得た経験は、企業が初期にそうした市場に参入した場合に直面するであろう諸問題を明らかにした。コリンズパイン社の経験によれば、認証製品に対する市場の需要は限定的で、社会階層や地理的分布により特徴づけられることが示された。将来の需要水準は推定できないながら、消費者が認証製品に良い印象を抱いていないとか、販路開拓が限定的であるとか、あるいは認証製品自体が入手しにくいといった、さまざまな要因が需要を鈍らせる恐れがあることは確かである。しかし認証は、金銭で評価することが困難で市場では得られない企業イメージを高める多くの便益、例えば公共の好意、環境団体からの信用、報道メディアからの関心などを生み出すことができる。認証はまた製品全体のひとつの特徴として競争力のある特典をもたらし、新たな市場とビジネスチャンスを開いてくれる。しかし認証は、ホワイトファー家具シリーズの失敗が例示するように、低品質なあるいは販売力の弱い製品の弱点を埋め合わせることはできない。

　最後に、コリンズパイン社の経験が示すとおり、会社の森林所有構造が持続可能性に重大な影響を及ぼし得る。同社の土地管理体制のもとでは、森林管理側は製材工場に対し伐採水準をどうするかについて指示する大きな権限を持っている。これは業界では珍しい。長期的な森林経営目標に悪い影響を及ぼすことなく利益を上げるために、土地そのものと企業との両方を満足させる経営が要求される。同様に、コリンズパイン社によって実践された持続可能な森林経営は、長期的安定の対価として企業所有者に短期的利益の追求を差し控えさせる。この場合、家族による所有とその価値観がこうしたトレードオフを可能にしている。株式公開企業は短期的な利益に駆られがちである。しかしコリンズパイン社は個人所有の企業として、長期にわたる目的遂行のため、短期的な利益の追求を進んで差し控えることができたのである。

第6章
環境と経済の両立

　林業や製材工場にとって、持続可能な林業は次のような基本的問題を生起させる。持続可能な林業は、森林をより健全な状態にし得るのであろうか？持続的に管理された森林から生産された木材に依存する工場にとって、どのような経済的・経営的結果がもたらされるであろうか？当然のことであるが、持続可能な森林経営の環境的・経済的影響は森林タイプや地域経済構造から、リーダーの洞察力や企業の経済的目標に至るまで、多くの要因に規定されている。

　旧来の伐採方法が15年以上も前から問題視されてきていたアメリカおよびカナダの温帯林において、2つの経営体が経済的・実践的に持続可能な森林経営を樹立する方法を模索してきた。ウィスコンシン州のメノミニーインディアン部族の林業と加工業を運営しているメノミニー部族企業（MTE）では、部族の製材工場での操業に著しい変化が要求されたにもかかわらず、部族メンバーに雇用を提供しながら森林を健全に育てていくという、持続可能な森林経営システムを確立した。またカナダ林業省はブリティッシュコロンビア州において、持続可能な森林経営はコスト高にはなるが、土場での選木システムの改良により丸太価格を高めることで、追加コストの埋め合わせができることを見出した。

メノミニーの森——永遠に茂る樹々

　MTEの社長であるローレンス・ワウカウ氏は、針葉樹・広葉樹を合わせた23万5,000エーカーの特別保留地の森林こそが部族メンバーの福利であると言う。「森が歩んでいくようにメノミニーの民も歩んでいく」とワウカウ氏はその関係を形容してきた。1854年以来、森林とそこから生み出される資源をとりまく産業が、メノミニー部族の経済的支えとなってきた。森林は部族の最も重要な財産であるので、森林が永年にわたって雇用や収入を提供しつつ、健全性や多様性を維持していくことがMTEの最優先事項となっている。

　MTEはメノミニーの経済的・社会的目標にかなうように土地管理体制を発展させてきた。厳格な管理と収穫計画、奨励金と罰金という斬新な制度が、持続可能な森林経営の実践を保証している。持続可能な林業を導入して以来25年間、メノミニーの森では伐採が続けられてきたにもかかわらず、木々は成長を続け、立木蓄積も増加している。1997年現在、メノミニーはアメリカ先住民の中で唯一の持続的森林経営体として、また環境に配慮した施業をしているとして、スマートウッドとSCSの両認証機関から森林管理協議会（FSC）認証を取得している。

　同時にMTEの経験は、持続可能な森林経営が、工場の操業における短期的変動に対しても潜在的に対応可能であることを示した。MTEでは、毎年森林から収穫される材の樹種ごとの質も量も大きく変動する。供給される材の混交割合や価格変動の中で、工場の利益が上がるような操業を行うためには、MTEは単木ごとにより高い価値を得るような方法を絶えず模索しなければならない。このような企業努力に不可欠な要素としては、工場の継続的な近代化、新たな付加価値製品の開発、加工工程の効率化、市場の拡大等があげられる。

　MTEにおける森林管理の選択および意思決定の構造は、決してすべての森林経営に適するものではない。特に北米やヨーロッパの大規模企業有林などには適さないであろう。しかし持続的な森林管理に対するMTEのアプローチは、同じような目的を持って南北アメリカで展開している、他の先住民族が所有あるいは管理している林産業の取引や、小規模な個人有林経営にとっては大いに関心のあるものである。MTEの管理システムは、アメリカやカナダなどの公有林管理にも多くのことを示唆している。MTEと同様、連邦有林を管理している省庁は多目的利用のバランスを取っていかなければならず、地域社会の雇用を維持していくことや、環境保護や森林の健全性の改善に対する市民の要求に対応していくことが求められているのである。

生態的多様性を回復する管理

　1975年、メノミニーは、インディアン局から自分たちの土地を管理する権利を与え

られた数少ない部族のひとつになった。ウィスコンシン州の他の多くの森林地域より生態的多様性に富んでいるこの土地には、州全体で観察される植物群落15のうち11が自生しており、9,000以上の異なる林分からなる。土壌については、低質樹種（ヤブカシやジャックパイン）が生育する乾性の貧弱なものから、サトウカエデやシナノキのように高価値樹種の生育に適した湿性の栄養に富んだものまでが分布している。

　メノミニーは、保続収穫管理原則に基づく製材用材の量・質の最大化を追求しつつ、森林の多様性を維持する管理を行っている。部族の土地管理哲学の真髄を捉えているメノミニーの口述伝承によれば、「成熟した木、病気の木、そして倒れた木だけを収穫すれば、樹木は永久に存続する」とある。部族の長たちは、経済的必要性から木材を伐採することを認めている。しかし、彼らは森林の更新が妨げられない速さと強度でしか伐採は行わない。本質的にこのことは、MTEが売り払い可能な木の大きさ（多くの伝統的な伐採システムではしばしば主要な基準となるものであるが）よりも、森林の専門家が「活力」と言うところの成長量が最大あるいはその付近になった時に伐採すると決めている。

　MTEは、20年にわたって管理決定の基礎として、潜在植生分類法を使用してきた。この分類法は、現在土地を被覆している樹木群のタイプにかかわらず、特定の環境下で最良の成長を行う樹種および群落が何であるかを決定することにより、個々の土地を評価するものである。この考え方は、林分の現状を第一義的なものとする従来の森林管理決定法と明らかに異なっている。メノミニー・システムは、それが自然的なものであれ人為的なものであれ、立地の攪乱が固有種を破壊し、林地への先駆的な灌木種の侵入を促すことを理解している。そのうえで、製材用樹木の生育条件や生物学的・生態学的に見た林地への適応力、他の樹種に対する競争力をもとにその場所に最適の樹種を選択する。またこのシステムは、多くの樹種は少数の限られた生育地でその最大の成長を示すが、ホワイトパインのように多様な立地条件のもとで成長することのできる種も少なくないという生態学的な知見をも考慮している。

　この方法で、MTEは23万5,000エーカーの森林のほとんどを改良した。しかし、過去の不適切な森林施業の結果、潜在成長量以下で推移してきたおよそ6万6,000エーカーの森林については、なお改良作業が続けられている。現在、アスペン・シラカンバ・ベニカエデ・ヤブカシが繁茂している立地の中には、より価値の高いマツや広葉樹に適した立地もある。これらの有用樹種はかつてはそこに生育していたが、皆伐や無秩序な火入れのために失われてしまった。ワウカウ氏は、適切な補植や播種によって相応の環境に適した樹種群が戻るまでには10年を要し、全域が十分に回復するにはさらに150年ほどかかるとみている。そこでMTEは、6万6,000エーカーのうち毎年ほぼ6,000エーカーで、過密な蓄積や低質な劣勢木を選別して除伐する予定である。

　土地をできるかぎり最適な森林環境へと近づけるように修復することは、多くの経済的便益を生み出す。その立地で生育していた低価値材は、通常残されることなくパ

ルプ材として利用され、その後の資源保護の仕事は何も必要ない。しかしひとたび樹種が転換されると、森林は大径、高材積、高価値の樹木から構成されるようになる。これらの高価値のマツ類や広葉樹は、ウィスコンシン州にある部族のネオピット製材工場で加工される。そこで、これらのより価値のある材は、単位当たりで高い利益をもたらす二次加工木材製品市場や認証木材が好まれる市場へと向けられる。認証木材市場では認証を取得していることが求められるか、あるいは認証木材自体にプレミアムが付く可能性がある。

印象的景観、質および生産力

　MTEの管理によって、その森林は景観、質および生産力の面で、この30年間に明らかに改良されてきた。1994年、FSC認証審査におけるSCSとスマートウッドによる、メノミニー森林の評価は以下のようなものであった。「景観的には、メノミニー森林は五大湖州で管理されている森林の中で傑出しており、さらにそこから生み出された生産物の価値を基準として測定された全生産力も、2倍以上の経済林面積を有する隣接のニコレット国有林のそれを大きく上回るものである」

　継続的な伐採を行いつつも林分材積は増加しつづけている。1954年から22億5,000万ボードフィート以上が伐採されたにもかかわらず、1984年以降、その蓄積は12億ボードフィートから16億8,000万ボードフィートと40％増加した。1963年、1970年、1979年および1989年に行われた資源調査において、この期間を通して6億ボードフィート以上の材が収穫されたにもかかわらず、調査段階ごとに蓄積が増加してきていることが明らかになった。この間、年許容伐採量が1983年の2,900万ボードフィートから1995年の2,700万ボードフィートに減少したにもかかわらず、年間収穫量はほぼ一定のままで推移した（図表6.1）。また、1984年のウィスコンシン州天然資源部の報告によると、メノミニー森林は近隣の森林に比べて成長率が高いことがわかった。当該地域の国有林が1エーカー当たり235ボードフィートなのに対して、メノミニーでは244ボードフィートであった。

　MTEはまたこの30年間、用材林分の質や森林で生育する樹木の価値と蓄積に関して重要な改善を行ってきた。1963～1988年の間に、低質・低価値の樹種であるアスペンで占められていた約1万7,373エーカーのかなりの部分が在来の高価値樹種に転換され、そのうち1万エーカー以上が北方系広葉樹であった。この間、その森林で生育していたほとんどすべての樹種について、低価値パルプ材積に対する製材用材の材積比で評価した質が改善された。1963～1988年で、製材用丸太の総材積は2億ボードフィート以上増加した。

　1995/96年版のMTE年次資源調査データによれば、メノミニーの森は、連邦有林を含む近隣の森林に比べてエーカー当たりの大径木の材積と多様性において優れている。製材用丸太の質と等級は立木の径級に直接関係する。立木の胸高直径が大きければ大

図表6.1　森林からの平均年間収穫量（100万ボードフィート）

	製材用丸太	パルプ材	総計
1962-69	20.2	4.9	25.1
1970-79	16.1	7.2	23.3
1980-89	13.4	8.4	21.8
1990-95	15.7	6.7	22.4

出典：MTE

きいほど、欠点部位が少ないこととも関係して、そのような原木丸太から加工される挽き材の等級は高いものとなる。胸高直径を基準にすれば、1963～1988年の期間で、大径の北方系広葉樹製材用材を産出できる林地面積は30％以上増加した（図表6.2）。

　これらの大径木は加工用としてより高い等級の丸太を生み出す。例えば、等級1の製材用原木丸太は、家具のような付加価値の高い製品用の高品等の挽き材として用いられる。一方、等級3の低質製材用原木丸太は、安いパレット（運搬用台木）に加工されるのが普通である。1963～1988年の間で、MTEは、等級1の製材用原木の材積を全蓄積量の25％から30％以上にまで増やした。一方、等級3の製材用原木丸太の材積はこれに相応して減少した。大径木本数の増加を根拠として、1997年現在、MTEは少なくとも14インチ径で欠点部位13％以下の丸太に対しては、標準等級1を上回る新たな3つの分類を追加することを検討中であった。

　持続可能な林業は、年々の価値は変動するとしても、製材工場へ一定量の原木を供給することはできる。MTEのデータによれば、MTEが潜在植生分類法を導入した後の1970～1990年においては、工場への製材用原木丸太の供給はそれ以前に比べて安定している。メノミニー林業プログラムのもとで、工場は年間にどれぐらいの数量と品質の原木が入手できるかをあらかじめよく把握している。メノミニーの森では、等級の高い木だけを伐るという昔ながらの伐採方法ではなく、低い等級の木も高い等級の木もバランス良く伐採するという方法を取っているのである。

伐採奨励金と罰金

　伐採業者たちが伐採計画を遵守していくように、MTEは契約伐採業者への奨励金と罰金という一風変わった制度を取り入れた。例えば、請負契約書の明細通りに伐採面積の100％を伐倒した業者は、1,000ボードフィート当たり2.50ドルの奨励金が与えられる。これは非常に重要な誘引となっている。すなわち、持続的な林業では、低質材しか生み出さないものは、高質樹種にその生育空間を与えるために伐採されなけれ

図表6.2 大きさ・クラス別立木の占有面積（1000エーカー）

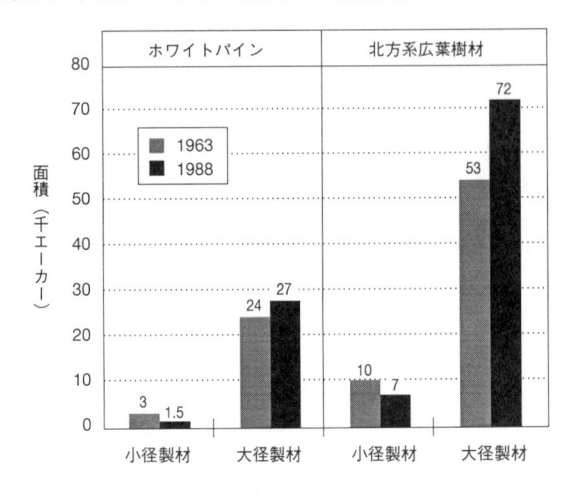

	ホワイトパイン	北方系広葉樹材
小径製材 (1963)	3	10
小径製材 (1988)	1.5	7
大径製材 (1963)	24	53
大径製材 (1988)	27	72

出典：MTE

ばならないからである。しかし、伐採業者は工場で高値がつく大径の高品等材だけの伐倒搬出か、原木への損傷の心配を気にすることなく素早く作業できる通直なパルプ材だけの伐採搬出をしたがる。従来の契約方法では、双方を行うことは伐採業者にとってはあまり儲けとはならない。一方で請負契約は、直径1〜5インチのおよそ30本の不良木を余分に除伐するという新しい間伐技術を導入した伐採業者に対して、1,000ボードフィート当たり5ドルの奨励金を出している。このような作業は稚樹に良好な成長を促す。

　請負契約の要求を満たさない伐採業者には、罰金が課されることになる。例えば、やむを得ない自然条件等に起因する場合を除いて、契約した全域の伐採を行わなかった業者は、契約上の不履行割合に応じて実施保証金の全額あるいは一定の割合が没収される。その他の罰金としては、地引集材や丸太のマーキング、丸太への過度の損傷等に関するものである（図表6.3）。

　伐採業者に対する罰則と報償というMTEの制度は、伐採中の森林への損傷を少なくすることに役立った。ウィスコンシン州天然資源部によって行われた1984年のメノミニー部族会議への報告書によれば、この地域の連邦有林の作業方式では1エーカー当たり13本の立木損傷があったのに対して、メノミニー森林の伐採ではわずか1.9本にすぎなかった。

図表6.3　MTEの伐出作業実行に関する罰則義務例

行　為	適用罰則
未集材あるいは未処理丸太：パルプ用材	2倍の伐出保証金徴収
マーキングされていない製材用立木の誤伐あるいは剝皮	単木当たり250ドルの罰金
製材用立木への過度の損傷	単木当たり125ドルの罰金

出典：MTE

伐採業者の「抽選」

　MTEは伐採業者の契約履行を改善するために、請負契約交付の手続きを工夫している。通常の伐採請負契約は、入札あるいは森林管理者による指名によって行われるが、MTEは業者「抽選」の入札方式を取っている。事務担当者が有資格の伐採業者に対して、収穫対象地域全体の情報を公示する。その後、公開入札の日を指定する。公開入札段階では、請負業者がどの場所を望んでいるかのみが明らかになる。もし複数の業者が同じ場所を希望した場合、MTEの担当者は伐採業者の名前が書かれたピンポン球を帽子に入れ、その中から当たり球を引いて抽選する。それから勝者との間で価格の交渉が始まり、通常両者の合意で終わる。もしそうならなかった場合、最初の手順に戻って再開する。落札した伐採業者は、その契約を辞退する一定の猶予期間を持っている。そのような事態が起こった場合は、MTEは改めて入札を行う。

　契約に際して、メノミニーインディアンの請負業者たちは優先権を持っている。1997年、MTEは請負契約に応札できる事前有資格者として29の伐採業者を擁しており、その内の19業者が部族メンバーで占められていた。メノミニー森林での伐採作業に付随してかなり厳しい実行基準があるにもかかわらず、MTEと一緒に仕事をしたいという部族内外の請負業者は増加している。

　ここでの入札手続きは多くの利点をもたらしている。請負業者は、実行要求にかないつつ罰則を回避する能力を基礎として、誰がどのような契約を取るべきかを事前に協議することができる。請負業者は自分でその場所を選択するので、「悪い場所」をあてがわれて作業をやり損なったと非難するのでなく、むしろ請負契約条件に従って作業をやり遂げる傾向がある。この制度はまた、十分な収穫が毎年維持されるのに役立っており、このことは持続可能な森林経営や製材工場の操業にとって重要なことである。

　この手続きは相当良く機能してきた。しかし最近になって、請負業者の中には、作

業がかなり難しい場所や、質の悪い原木しか収穫できないような場所に対して、高い値で交渉に臨み土壇場で契約を辞退する者も現れてきた。1995/96年、契約辞退により100万ボードフィート以上の木材を生産する林分が伐採されないままで残った。これにより製材工場への深刻な原木供給不足が起こり、MTEの林業プログラムも再考が必要になった。そこで1997年、MTEは契約返上のタイムリミットを変更して事態を改善した。

信頼性のための認証

　MTEが持続可能な森林経営を早くから採用したことは、会社が第三者機関からの木材認証を受ける機会が訪れた時に有利に働いた。高級事務用家具製造メーカーであるクノールグループは、MTEの「持続的に管理されたカエデ林の木材」で作る家具の商業ラインを構築するために、製材工場が個別に認証を取得することを提案した。クノールグループはMTEの森林管理を審査するための費用をSCSに支払った。SCSは森林経営と製材工場の流通管理双方を認証した。その後、1994年にSCSはその認証を再確認し、これとは別のFSC認証機関であるスマートウッドも認証ロゴマークを与えた。

　当時MTEの社長であったワウカウ氏は、「MTEは持続的に生産された材の流通市場と歩調を合わせながら進んでいく」という理由から、認証にこだわった。ワウカウ氏によれば、認証はMTEの森林管理に対する貴重な外部からの承認であり、認証材の新しい市場において顧客への信頼の拠り所をMTEに与えるであろう。「我々は大企業ではないが、高い品質の製品を提供し長期的に持続可能なやり方をしていることを、認証は顧客に証明してくれる」認証材の売上によって同社の認証取得への努力は報われた。そして、「疑いもなく」MTEは認証によって市場のシェアを獲得した、とワウカウ氏は言う。

製品化への挑戦

　部族の製材工場複合体はこの地域では最大規模であるが、原料丸太はすべてメノミニーの森林に依存している。1997年、ウィスコンシン州ネオピットでは部族メンバーばかり160名を雇用し、ウィスコンシン州ケシェナにある林業センターでは森林管理の専門家チームを雇用していた。広葉樹および針葉樹一般用材の生産は、工場生産の75％に達していた。品等づけされた製材用の原木丸太の販売は全体の16％を占め、一方、良質単板用の高品等製材原木丸太はおよそ7％であった。しかし、製材工場は立木代金を支払っていない。この立木代金は所有林を持たない製材工場にとっては当然の費用である。工場は生産品の販売を通してすべての森林経営費用を賄っている。製材工場は政府の補助金をもらっていないので、操業の成否は製品の販売いかんにかかっている。

図表6.4　MTEの樹種別生産材の混交割合

	1995-1996	1996-1997 （予定数量）
総生産量	10,798,482（ボ）	9,266,940（ボ）
ホワイトパイン	26.6%	7.4%
ツガ	4.0%	14.6%
カエデ	14.1%	36.9%
シナノキ	6.7%	16.3%
アスペン	6.3%	4.2%

（ボ）＝ボードフィート
出典：メイターエンジニアリング社（MTEデータに基づく）

図表6.5　MTEの樹種別収穫材積の変動

	前年度差（%）				
	1991-92	1992-93	1993-94	1994-95	1995-96
カエデ	基準年	−41%	＋5%	＋51%	−17%
アスペン	基準年	＋49%	＋7%	＋<1%	＋47%

出典：メイターエンジニアリング社（MTEデータに基づく）

　持続的な林業はより価値ある樹木を生み出すかもしれないが、一方で、製材工場に対しては短期的な大混乱を与えかねない。森林を高品等材を生み出す在来樹種へと転換し、最も価値ある樹種だけを択伐する高品等材伐採を展開していくことは、持続可能な森林経営にとってはいずれも不可欠なことであるが、毎年工場へやってくる樹種別の総材積や混交割合に大きな変動をもたらすことになる。予測は可能であるが、その変動は毎年、収入と利益に明らかに影響を及ぼす。例えば、1995年および1996年の営業年度で、高価値材であるカエデの伐採量は17％低下し、逆に低価値材であるアスペンの伐採量は47％増加した。カエデの市場価格は1,000ボードフィートにつき1,100ドルもアスペンより高い。値打ちの違いが売上や売れ行きに影響するのであるが、こういうことはよくある（図表6.4および図表6.5）。
　図表6.4および図表6.5で示されているように、樹種の混合割合の違いも大きな意味を持つ。通常、ホワイトパイン製材の価格はツガ製材のそれより高い。同様に、カエデやシナノキは加工製品生産に向いている広葉樹材であり、そのためこれらの樹種は、

アスペンなどの広葉樹に比べて高い値で売れる。そして、一般に広葉樹は針葉樹に比べて単価が高い。それゆえ、1996/97年のように、ホワイトパインの供給が落ち込んだ時には、その営業年度の針葉樹材の販売額は落ち込むと見込まれるが、広葉樹製材品の販売（品等にもよるが）がそれ以上に増加するかもしれない。このような年度ごとの変動は、どのような年でも利益を確保するためには、市場への努力と収穫できる材の付加価値を最大化することが工場操業にとって不可欠であるということを喚起させる。

需要と供給の溝

　第三者機関による認証をいち早く取得した優位性と収益性をワウカウ氏が確信したにもかかわらず、MTEは認証材の販売に苦戦している。MTE製品が100％認証材でできているにもかかわらず、1996年にはカエデ単板用製材丸太の4％が認証材として売れたにすぎなかった。しかし、これらの認証単板丸太は請求書によれば、まるまる10％のプレミアムがついて売れた。そして1996/97年には、認証材はMTEの年間販売製材品全体のおよそ5％であったが、広葉樹のみがプレミアムがついて売れ、1,000ボードフィート当たり50ドル、認証広葉樹材価格のおよそ4～5％に当たっていた。

　認証材の注文に関して問題はない。例えば、単板および製材のセールス担当者は、1996/97年には世界中から認証材への問い合わせが増加していると報告している。しかし、MTEはいくつかの理由からこれらの注文に応じきれなかった。単板丸太に関しては、注文がMTEの供給量を上回った。認証単板丸太は材積当たりの価格が製材品の2倍と財政的にきわめて重要であるので、通常、認証された単板製材丸太買い付け人を優先して、1年前から取引交渉が行われる。しかしMTEでは、森林の健全性のために高価値木も低価値木もあわせて伐採するという方針を取っているため、10％のプレミアムが付く材ばかりを生産するわけにはいかない。1996/97年、MTEは年間400万ボードフィートの認証単板丸太を購入したいという商談を、ある単板加工業者から持ち込まれた。この注文ひとつだけで、MTEの1996/97年期の単板丸太全生産量の81万4,550ボードフィートをほぼ400％も超える量であった。

　認証製材に対する注文は異なった問題を提起した。引き合いの多くは、MTEの損益分岐点を大きく下回る1,000ボードフィート以下のものであった。アメリカの加工業界は、従量価格貨物のような創造的で経済的な製品輸送手段を評価しようとせず、標準トラック積載で運送したがるので、競争価格を保つためには広葉樹材については1万1,000ボードフィート、針葉樹材に関しては2万ボードフィートが目安となる。連年ベースで一定量の品等単位ごとの認証材を供給する能力がMTEにないことが、製品の市場戦略として認証を利用しようとしている顧客を思いとどまらせている。MTEはアメリカ北東部で認証材を供給できるほとんど唯一の業者なので、認証材を

図表6.6　MTEの財政

	1991-92	1992-93	1993-94	1994-95	1995-96
総売上（ドル）	9,388,258	10,840,269	11,528,901	12,610,480	11,214,024
総売上増減の対前年度比(%)		+15	+6	+9	−12
純損益（ドル）	718,942	776,849	1,679,780	1,274,083	−402,507
総売上に対する純損益率(%)	8	7	14.5	10	0
生産材積（ボードフィート）	10,909,368	12,081,244	10,065,446	10,460,992	10,798,482
単位ボードフィート当たりの製品販売価格（ドル／ボードフィート）	0.86	0.90	1.15	1.21	1.04

出典：MTE

安定的に供給できる他の業者がこの地域にいないことは、同社自身の市場戦略にも障害となっている。しかしながら、持続可能な森林経営に基づく供給可能な材積と品等が事前に知らされることは、MTEには長期的には有利に働くであろう。

認証された持続可能な森林経営の限界

　持続可能な林業という制約が製材工場に課されているにもかかわらず、MTEは1996年を除いて1991年からずっと利益を上げている（図表6.6）。1996年は、天候、伐採作業の不実行、カエデ材の値崩れが原因となって、売上が1,120万ドルまで落ち、40万ドルの損失となった。1997年、ワウカウ氏は450万ドルの売上に対して250万ドルの純利益を得る計画を立てた。MTEの利益率は、製材所の売上に対し純益が20〜25％となるという業界の標準を大きく下回っており、1991/92年および1995/96年の間で売上高利益率は8〜14.5％にとどまった。

　利益が平均より低いことにはいくつかの理由がある。MTEの持続可能な林業へのアプローチは、市場動向への素早い対応を旨としないため、短期的な利益を追求せずに継続性が優先されている。ワウカウ氏によれば1995〜1997年にかけてはサトウカエデとカバが売れ筋であったが、MTEはその時期のこれらの種の追加伐採は持続可能な森林経営計画に反するとして増産しなかったということである。

　部族メンバーに恒常的な常勤職と他の職種と遜色のない賃金労働を提供するというメノミニーの目的は、一方でコストがかかるものとなる。例えば、1996年には、工場への予定出荷量を100万ボードフィートも下回ったが、MTEは100％の雇用を維持した。年間1,000万〜1,200万ボードフィートの挽き材を生産する製材工場では、約160

人を雇用している。この規模の広葉樹製材操工場であれば、常勤雇用は80～90人が普通である。通常、賃金は製材工場の運営コストの40％程度を占めるものであるから、このことだけで製材工場の経済的な生産性に大きな差がつくわけである。

MTEの林業と契約条件も低い利益率に影響している。伐採業者への奨励金は伐採費用の増加をもたらす。MTEが毎年収穫しなければならない原木丸太の品等変動も利益に影響を与える。持続可能な森林経営によって高品等原木丸太量は増加傾向にあるものの、1994/95～1995/96年の営業年度の間では、工場へ回された全原木丸太材積に占める等級1（優良）のカエデ製材丸太の割合は、15％減少した。この時期、3等級（並）丸太は15％増加した。高価値製品に使用される等級1原木丸太の生産減少は総収入に明らかに影響した。製材工場の効率や材木の等級分けの明確さなども製材工場の全体利益に関係しているが、長期的に持続可能な森林管理にとって不可欠である収穫可能な品等材の短期変動は、工場の操業にとってより大きな圧迫となっていると思われる。

新しいビジネスのあり方

長期的にMTE管理を「森林第一主義」でやっていけるかどうかは、材のボードフィート当たりの価値を加工工程でどれだけ高められるかにかかっている。ワウカウ氏曰く、「より付加価値の高い製品を作れば作るほど、持続可能性を犠牲にせずにすむ」。MTEにとってこのことは、工場の効率性を高めること、生産品の付加価値を高めること、注文等級材を開発すること、そして認証材から作られた製品の良好な市場流通というような利益追求型のビジネスを模索することを意味する。

1995年、業績改善策の一環として、工場は顧客の20％に対し調査を行った。工場の管理者たちは、認証材の市場参入機会の拡大と製品の単位当たりの価値の向上のために、工場の加工工程における付加価値の付け方を見出したかった。彼等はまた、標準の品等規格に従えばどちらかというと欠点材として区分される原木丸太の挽き材に注文等級を付けることの意味があるかどうかを探りたかった。というのも、MTEは原生林のカエデを収穫することを計画していたからである。この材は辺材部にリボンのように走向する独特の褐色の模様を持っている。この「褐色斑点」の原木丸太は、その見かけだけで昔から欠点材として品等区分されてきた。

調査結果によると、顧客は、認証材の市場流通、付加価値製品の購入、そして褐色斑点カエデ材を扱うこと、の3つの方法すべてに関心を寄せているということがわかった。55％もの人が付加価値製品、特にフィンガージョイントやエッジグルーイングに強い興味を示した。彼等はもっと多くの人工乾燥材製品やフローリング、ドア部材、パネル製品用の褐色斑点カエデ材の購入を望んでいた。また55％の人は、ほとんどがMTEの認証材を買っていたということに気がついていないにもかかわらず、認証木材製品への視野を広げるためにMTEと一緒にやっていきたいとも述べた。顧

客は、化粧単板・フローリング・家具といった高価値製品やまな板・道具柄といった特殊製品が、認証材にとって展望の持てる商品であるとした。

この調査結果や自分たちの経験が、認証材の市場参入機会に対する経営的に楽観的な見方の裏づけとなった。1997年、会社は仕事の70%を認証に携わって行うマーケティング担当社員を雇おうと計画した。MTEの顧客も認証製品に対して高い評価をしていた。1997年、スマートウッドの生産・加工・流通過程の管理（CoC）認証を取得し、MTEの高品等カエデ材の納入先で、ミシガン州アマサを拠点としてスポーツ施設のフローリング加工を行っているコンノール社は、フロリダにあるディズニーの施設のカエデ材によるフローリングの仕事を請け負った。会社の役員によれば、製品が認証を受けていることが契約獲得の鍵を握る条件であった。この契約では、スマートウッドに認証されたMETカエデ材を16万5,000ボードフィート以上使用することになる。

認証材の市場参入機会を拡大することは、生産品の一定割合を国内外の新しい顧客へ提供できるようにMTEが販路をシフトしていかなければならないことを意味するが、それはリスクを伴うものである。ほとんどのMTEの顧客は地域内の企業である。ここ数年、やっと北米の他地区・アジア・ヨーロッパの顧客とも取引を始めたばかりである。認証木材の最大の市場はヨーロッパなので、MTEもその方面のマーケティングを強化しなければならない。

工場における効率の向上

1995年、顧客調査からのフィードバックにも部分的に基づいて、MTEはネオピット工場での加工工程の生産性評価および付加価値加工の実行に焦点をおいた工場近代化プログラムを開始した。その最初の段階で、現在の製材工場における効率性を改善するために、1995～1999年の営業年度期間中におよそ400万ドルの投資を計画した。1996/97年、同社は生産効率性の向上と顧客への安定した製品供給に必要な情報の提供のために、挽き材在庫調査制御システムを作り替えた。MTEはエネルギー監査も行い、関連してエネルギー管理計画の改定と全体的な生産コスト削減を行い、認証木材製品によるさらなる収益の獲得を目指した。

1999～2001年にかけて行われている第二段階で、MTEは原木丸太選別作業、パルプ工場への全木チップ処理作業、10インチ以下の小径丸太処理製材工場を増築し、収穫原木の処理を最大化するために約450万ドルの投入を計画している。近代化計画の最終段階は、1999～2001年の間に500万ドルをかけて付加価値加工センターを建設しようというものである。その一部としてMTEは、フィンガージョイントとエッジグルーイングの技術を追加導入することになっている。近代化プログラム全体では、5年間におよそ58人分の新しい仕事を作り出し、廃材を利益に変える中でより多くの製品をより少ない木材で作り出す能力を高めることが期待されている。

価格設定の評価

1997年までに、MTEはさらに売上を伸ばし、生産を拡大した。かつて同社は一般公表価格以下で製品を売ったり、高い価格の乾燥材ではなく低価値の未乾燥材を売ったりしていた。そして、顧客からの要望に応じる注文等級制の開発も、付加価値製品の生産も行っていなかった。

価格設定を検討することでMTEは利益を増すことができた。多くの要因が製品の価格に影響を与えていることがわかった。顧客との長期的な関係、工場と顧客との距離、市場価値の変動は、価格決定に影響する要因のほんの一例である。しかしながら、製品によっては絶えず公表価格より安く売っていたようである。高品等挽き材に対する1994/95年および1995/96年営業年度のMTE価格データと、ハードウッドレビューに公表されたものとを比較すると、高品等カエデ材に対するMTEの価格は後者の公表価格に比べて6.4～11％低かった。カエデはMTEの年間広葉樹挽き材の主要な部分、例えば1996/97年では全売上の約40％を占めており、この差は意味深いものであった。

人工乾燥材の可能性

ほとんどの工場で言えることであるが、MTEにとっても原材料に付加価値を付けることは重要なことである。工場は製材品のほとんどを生すなわち未乾燥材として販売している。MTEは顧客へのサービスとして製材品の乾燥を行っている。その際手数料として1,000ボードフィート当たり平均50～100ドルを取っており、この代金は生材の価格に上乗せされる。1996年、工場は2台の乾燥炉を新たに導入し、乾燥能力と質を向上させた。さらに、2001年までにコンピュータ制御された乾燥炉6台を導入することが計画されている。1996/97年、MTEは製品品の33％を乾燥材として販売した。新しい乾燥炉で、会社は1997/98年には乾燥材を倍増させた。

乾燥させた製材品を多く販売することは、MTE製材工場にとってまたとない総収益増加のチャンスを意味する。カエデ・アカガシ・シナノキの乾燥製材品に対する広葉樹の生材の公表価格を考慮すると、1996/97年にMTEがすべてを乾燥材として販売していたら、1,000ボードフィート当たり約300ドルの追加的な収入を得ていたことになる（図表6.7）。これは広葉樹製材販売に対して1,000ボードフィート当たり総平均収益の40％増を意味する。1996/97年に乾燥手数料として得ていた平均50～100ドルという数字は、それらが本来乾燥製品として出荷されていた時に生み出されたであろう収入のごく一部でしかない。

注文等級制による価値の向上

1997年時点では、工場は従来の低品等・欠点材を高価値・特殊材に転換できるような注文等級制の開発をまだ行っていなかった。このような挽き材注文等級制は、年々の材の等級変動に頼らなければならない持続的に管理された森林生産操業にとっては

図表6.7　非乾燥(生)・乾燥挽き材比較(ドル／1000ボードフィート；単板)

	生挽き材 (船側渡し；等級1)	乾燥挽き材 (せり売り；等級1)	差(%)
カエデ			
せり売り／船側渡し	1,126	1,454	+29%
等級1キャラクターウッド	744	1,079	+45%
シナノキ			
せり売り／船側渡し	756	10,571	+40%
等級1キャラクターウッド	380	607	+60%
アカガシ			
せり売り／船側渡し	1,340	1,693	+26%
等級1キャラクターウッド	869	1,161	+34%

出典：メイターエンジニアリング社

重要な収入機会を与える。MTEの顧客が1995年の調査の時に関心を示したカエデのキャラクターウッドは、しばしばパレット生産に使われ、1,000ボードフィート当たりで125〜200ドルで販売されている。その材を、例えばフローリング市場用の注文等級ものに転換することで、1,000ボードフィート当たり500ドル以上の価格にまで高められる可能性がある。

MTEと認証材の知名度の向上

　過去何年間かにわたり、MTEは積極的に部族の継続的な森林管理について宣伝してきた。1995年、MTEは、持続的林業発展に対する大統領賞の初年度受賞企業のひとつに選ばれた。この賞がMTEを「持続的林業を展開している企業リストのトップ」に位置づけると考えたので、ワウカウ氏は受賞を強く望んでいた。同年、MTEは顧客によって製造された商品、国際市場の動向、認証材製品の流通システム等に関する情報を提供する目的で、第1回流通販売研修会を開催した。他にも、MTEの森林管理に関するビデオ、持続的森林管理の実施地域の開放やMTEの認証材製品の市民向け展示場の設置、インターネット上のMTEホームページの開設を行った。

　しかし、MTEの職員はさらに他の理由から知名度の向上を狙ったのであった。メノミニーの持続的林業プログラムが広く知れわたることは彼らの誇りとなり、部族にとって新たな収入を生み出す機会をも作った。1993年、MTEとメノミニー民族大学校が共同して、メノミニーの森とその管理の促進、資源についての市民教育、特にメ

ノミニーの子どもたちへの教育を目的として、持続開発研究所を設立した。1996年には、市民および民間の森林管理者を対象として第1回持続的林業実践研修会を開催し、120名以上の参加者を集めた。メノミニー民族大学校は、部族出身の学生、ウィスコンシン州天然資源局林業担当官、アメリカ森林局職員等を対象として、持続的林業における費用便益問題を議論する、メノミニー森林管理事例に基づいた受講コースを設けている。

森林の持続性維持と職場の提供

森林の持続性維持と安定した職場の創設というメノミニーの最終目標に対して、MTEの持続可能な森林経営プログラムは成功の感がある。何十年もの活発な伐採によって、メノミニーは何百もの常勤の雇用を部族の人々のために作り出した一方で、森林の蓄積と品質を向上させてもきた。またMTEの経験からは、持続的な林業が従来の製材工場に大きな影響を及ぼすことが示された。持続可能な森林経営のもとで収穫される木材の量・質・樹種は毎年変動するため、短期的には経営は影響を受ける。長期的な持続性の目標のために、短期的市場参入機会を犠牲にするようなビジネスが要求されることは、計画段階で予想された。これらの制約は、MTEの将来の成功が、効率性の改善、高付加価値化、利益の最大化といった健全な商取引の実行と持続可能な森林経営との連携にかかっていることを示している。具体的にMTEにとっては以下のようなものである。

- ●生産品の価格づけ方針の再評価
- ●新製品の提供（乾燥挽き材のようなもの）による生産品多様性の拡大
- ●キャラクターウッドに対して高値が付くような注文等級の開発
- ●廃材から利益を生み出す付加価値製品の提供
- ●丸太購入業者の多様な要求に配慮した丸太選別土場の設置

持続的な林業遂行に伴う収穫上の制約や、工場への原材料の供給変動性にもかかわらず、持続可能な森林経営はMTEにとって経済性のあるものである。先住民部族であるという彼等の立場のおかげで、メノミニーは税金を免除され年間130万ドルの政府補助金をもらっている。これは、MTEの森林製品生産操業の経営的成功に明らかに寄与しており、一般の林産企業が享受できない優位性である。しかしながら、メノミニーは同規模の木材加工工場の2倍の雇用水準を維持するなど、特殊な選択も行っている。MTE規模の典型的な工場における労賃は、費用全体の約30％を占めるが、一方税金は約8％を占めるにすぎない。つまり、雇用水準の増大は税金面での優遇よりもはるかにMTEの経営を圧迫するものなのである。

MTEでの認証材販売のこれまでの歴史を考えると、認証材あるいは認証木材製品にプレミアムが存在するのか、あるいは将来生じるのか、そして企業や流通業者が認証材製品の扱いを拡大あるいは継続していくのかは不透明と言わねばならない。しか

し、1997年までに特定の製品に関しては、認証材に対する需要が供給を超えていたのも事実である。利用可能な認証材の量を増加させることこそが、認証木材製品が力強い市場へ発展していくための前提条件となろう。

バーノン計画――儲けるための丸太選木

1980年代から1990年代にかけてブリティッシュコロンビア州では、州有林の管理をめぐり経済と環境が厳しく対立していた。市民は、大規模伐採に伴う裸地斜面崩壊や土砂崩壊、水質悪化などの重大な負の側面にうんざりしていた。多くの自治体が皆伐を「自分たちの裏庭でない」ところでやってほしいという姿勢を取り、代替案の模索を州政府に働きかけた。環境保護主義者たちは州有地で皆伐を行っている企業と繰り返し衝突した。自分たちの土地で伐採された大量の原木丸太が地域外に運ばれて加工されていたので、雇用に対する期待を裏切られた山村自治体は、地域型の木材加工工場を発展させたいと考えていた。しかし、州有林から生産される原木丸太のほぼ85％が巨大な企業連合に売却され、わずか3％程度が小規模業者に回されるにすぎないのが実状であった。

このような背景に対して、1993年、木材生産という州の伝統的な価値と環境保護、レクリエーションおよび地域社会を支える新しい市民の価値との間の緊張を和らげることを目的として、林業省の小規模林業ビジネスプログラムが予算化された。このプロジェクトは、針葉樹が優占するブリティッシュコロンビア州南央部のカムループス森林管理区域のバーノン地域3万8,000haにおいて、3つの課題の解決を目指して実践に移された。3つの課題とは、代替的な伐採方法が技術的にも経営的にも実現可能なものであるか、原木丸太選別土場という新しい試みが小規模加工業者に材購入のより良い機会を与えることができるか、そして代替的な伐採方法で収穫された原木の販売に関して原木丸太選別土場が収入を十分に押し上げることができるか、である。

5年も経たないうちに、担当者は実験の成功を宣言した。丸太選別土場を担当している林業省のトーマス・ミルネ氏は、「代替的な収穫システムは従来の方法に比べて高くつくものとなったが、その費用は公開原木市場での選別販売によって妥当なものとなり得ることが証明された」とし、原木丸太選別土場は問題のすべてを解決しているわけではないが、「環境問題と零細操業者への原木丸太の供給の双方について、その解決のためのきわめて大きな要素となる」と述べた。

林業省の森林官は、バーノンで5つの代替的な伐採作業、すなわち、保存皆伐、群状・帯状および単木択伐作業法、母樹保残作業法、小面積皆伐、漸伐および画伐作業法を評価した。これらのいずれも大面積の皆伐は含んでおらず、視覚的なダメージを最小にするように選ばれた。森林官は、3万8,000haのそれぞれの場所で望ましいと思われる収穫方法を選択したが、その基準は彼等が達成したかった病虫被害木の搬出、

土壌・水・野生生物環境の保護および商業樹種の更新を含む環境や木材生産の多様な目的に基づいていた。

　1993〜1997年の間に、林業省は年平均で5万4,000m³、全期間を通じ21万6,247m³を伐採した。カナダの森林の皆伐に最も強く反対しているグリーンピース・カナダは、プロジェクトに導入された代替的な伐採方法の環境影響評価を行った。これは、代替的林業作業の環境への影響についての、独立した第三者機関によるカナダで最初の認証審査となった。しかし、シルバ森林財団から派遣されたそのグループは、1995/96年に実行された群状および単木択伐作業による2カ所だけに肯定的評価を与えた。グリーンピースが、「環境に配慮した森林」として認めたこれらの森林からは認証材として4,000m³が収穫されたが、これは評価期間中に収穫された全木材の2.5%以下であった。

立木と丸太の販売における新たな方法

　バーノン計画の成否は、立木販売と丸太販売という2つの流通段階での新たなプロセス開発にかかっていた。というのも、従来の方法は大規模な木材製品製造者に有利となっていたからである。通常、林業省は立木販売を行っている。林業省は、立木評価額あるいは買い手が競り落として林業省と契約した額を受け取る。さらに落札業者は、伐採費用と製材工場までの輸送費のすべてを負担せねばならない。大面積の伐採契約の場合、小規模加工業者は多額の前金を支払う能力がないので、入札参入には不利な立場となる。それゆえ、伐採請負業者は仕事の安全面を考えて大手の木材生産事業者と一緒に仕事をせざるを得ない。

　従来の丸太販売制度も大量の商品を扱う買い手に有利となっている。一般の建築用材に加工される低品等の原木丸太と単板用丸太を分別することは標準的である。しかし、欠点のある材や「キャラクターウッド」とされるような低品等原木丸太の価値を引き出すことは標準的な方法ではできない。だがこのような材も、小規模加工業者が生産する家具やログハウスのような市場にとっては高価値な最終製品となることもある。このようなタイプの材を使う木材製品加工業者や丸太仲買人の近くにある原木丸太選別土場は、これらのキャラクターウッドを選別販売することで利益を増やすことができる。このような特殊な等級区分により、関心ある加工業者に低品等原木を高い単価で販売できるだけでなく、地方の小規模工場にそうした木材の入手機会を与えることができる。

　バーノン計画では、林業省はブリティッシュコロンビア州のバーノン近くに設けられた原木選別土場で材が売れるまでは、その所有権を持っている。代替的な方法で収穫された原木丸太は林業省の土場に運ばれ、そこで、検尺、選別され、樹種・製品・等級に基づいて椪積して売られる。1993/94年から1994/95年期で、土場を通して扱われた材積は年平均およそ5万4,000m³であった。1995年/96年にはその量は57,500m³

に達し、当該地域の収穫材のおよそ5%を占めた。市場の需要と買い手の要求が土場での原木丸太選別の量とタイプを決定している。そうした要求は、多目的な製品応用、樹種、材長、末口・元口径、そして質について出されてくる。

地域加工業者のための店頭

　原木丸太選別土場が成功するためには、近隣の買い手が不可欠である。すべての原木丸太は最も高い値を付けた入札者に売られるので、顧客の要望に基づいた選別が市場流通の基本となる。バーノン土場にとって幸いなことは、さまざまな第一次、第二次加工業者が地域内で操業していることである。ログハウス、家具、フローリング、その他の特殊製品加工業者を含む小規模業者からの要求は、原木丸太販売に競争関係を作り出しており、その結果、土場での選別数を急速に拡大させた。土場が開設されて2カ月で、選別数は計画されていた11から23までに増え、さらに1年で2倍の42になった。ある近隣の加工業者は過度の特殊選別、例えば皮剥用バルサム材・薪炭材・ホワイトパイン・ログハウス用キャラクターウッド・マツ屋根板材、さらには楽器製造用の「音響」丸太までも要求した。こうした要求に土場管理者のミルネ氏は快く応じた。

　1997年時点でも、バーノン土場を経た原木丸太の73%は依然として大きな工場が購入していたが、小規模加工業者のために特別な選別を行うことによって、バーノン土場は彼等のニーズに合わせた等級での処理作業が可能になり、1本の原木丸太からでさえ買うことができる「店頭」になった。特殊選別を行うことによって、小規模な付加価値加工業者の参加は4年の操業を経て着実に増加してきた。例えば、1997年には小規模の会社が138選別種のうち91を購入した。最遠250マイルも離れたところから買い手がやって来た。

　多くの零細な加工業者にとって、バーノン土場は唯一の手近な木材供給源となっている。2つのギター製造業者は、楽器を作るのに必要なわずかばかりの特殊「音響用」エンゲルマントウヒがバーノンでしか得られないと言った。地域内の30〜40のログハウス業者たちの多くも、丸太業者に長くて通直な木材を選んでもらうのに苦労していたので、土場の常連となった。これらの零細な業者の多くが材に対して莫大な価値を付けている。例えば、乗馬用の鞍を作っているあるメーカーは、年に2本の乾燥したダグラスファーを買って、毎年5万〜6万ドルの売価となる鞍を製造している。

　バーノン土場は、オヤマ林産会社の木材調達問題も解決した。オヤマの副社長であるタラセビィッチ氏によれば、この地域では零細な操業者が大きな林産企業から木材を購入することは「現実的に不可能」であるという。しかも、立木代金および権利金は、伐採請負業者と競争するにはあまりにも高く、伐採費用も零細な操業では高くなる。タラセビィッチ氏は、原木丸太1,000ボードフィート当たりの伐採費用を、オヤマでは650ドル、大きな事業体では500ドルと見積もっていた。製品において146の品

等と品目を擁し、さまざまな樹種の材を必要とする特殊メーカーであるオヤマは、この30年間、そのような材の供給のために、小規模販売や地域で発生した被害木をあさってきた。原木丸太選別土場は、「特殊な製品を作るのに必要な種類の材を選別し、いつでもそれが手に入る」機会を会社に与えてくれたと、タラセビィッチ氏は語った。1998年にオヤマは土場から5,000ボードフィートを買い取る計画を立てている。

目に見える効果、しかし高い費用

　代替的な伐採方法の導入は確実に社会的・環境的便益をもたらした。1993/94年の収穫の最初の年には5万3,030m^{3}が生産されたが、この年林業省は代替的な林業作業法の環境的・経済的影響を評価した。その評価によれば、代替的な方法は林業省の直面している環境目標——周辺地域の景観保全、シカ生息地の拡大、病虫被害木の搬出、生物生息用枯死木の創出、土壌の保護、望ましい樹種の更新促進、保存価値の高い樹種の保全——を満たすものであった。

　計画はまた反対者との対立を和らげ、林業行政担当者・環境保護主義者・地域社会メンバー・伐採業者の間に新たな関係を作り出した。例えば、帯状画伐林分がチェリービルの近くに選定された時、バーノンの林業省は地域住民に伐採地域の設定に手を貸してくれるように頼んだ。彼等の森林景観は守られたため、住民はその結果に好感を持った。環境保全主義者や他の部外者によれば、環境や周辺社会への林業省の森林担当者の気づかいが高まる中で、バーノン地方の政府に対する新しいレベルでの信頼関係が生まれたということである。グリーンピースもこの計画を支持したが、そのことは地域社会と一体となった計画の信頼性を高めた。計画の参加者によれば、代替的な伐採方法が導入されず、林業省の担当者が近隣地域の関心に対して配慮を示すことがなければ、住人の反対によって伐採が中止されていたであろう場所も複数あったということである。

　ところが、持続的な林業の恩恵に浴するには、その対価も支払わなければならなかった（図表6.8）。林業省が皆伐を行った場合との等価費用を計算した11の伐採区域では、従来の皆伐方法に比べて代替的な収穫方法では平均で20％以上の費用が余分にかかった。グリーンピースの認定基準に沿った非皆伐代替法によれば、皆伐の場合に比べて平均費用はおよそ30％高いものとなった。

　しかし皮肉にも、代替的な伐採法を採用することによって、林業省はこれらの増加費用の一部を取り戻すことができた。代替的な方法の導入は、林業省が皆伐によって実行できる以上の広い土地で作業ができたからである。ブリティッシュコロンビア州の森林施業法によれば、急傾斜地や環境的に脆弱な地域での皆伐は禁止されている。ミルネ氏によれば、代替的な伐採作業法を使うことによって、市民の反対を受けることなく計画参加者やオブザーバの監視下で、林業省は10〜20％余計に収穫地を確保した。

図表6.8　伐出費：皆伐対代替方式

追跡樹種	伐出費（ドル/m³）		差（％）
	代替方式	皆伐	
ベイスギ・モミ	群状択伐 24.15	20.38	+18
ベイスギ・カラマツ	群状択伐 29.95	24.36	+23
トウヒ・ロッジポールパイン・バルサム	新植 32.64	24.44	+34
ロッジポールパイン・ベイスギ・カラマツ	帯状画伐 39.95	28.06	+42
ベイスギ・ロッジポールパイン	単木択伐 34.55	26.6	+30

出典：ベルノン森林担当区

　代替的な伐採法は雇用の機会も作り出した。林業省は、前金で立木購入を要求されるために入札から実質締め出されていた小規模の伐採業者に対し、計画地での伐採請負契約を開放した。担保の代わりに落札価格の10％の保証金が求められたが、これは小規模の請負業者にとって都合のよいものであった。計画における伐採や立地保護の制限が生産性を低下させたので、代替的な伐採作業法はより多くの雇用を創出した。

有益な事業

　費用を余計に要したにもかかわらず、代替的な方法は皆伐よりも多くの利益をもたらした。1994年9月の林業省の内部報告ならびに、1995年5月に監査法人のプライスウォータハウス（現プライスウォータハウスクーパーズ）が行った別の評価によれば、この計画は少なくとも従来の伐採法と同程度の利益があったと結論づけている。林業省とプライスウォータハウスによって分析された費用と収益を基にすれば、両者とも全立木代金を支払った残りの純利益が200万ドルであった。しかし、2つの報告書は従来の収穫方法によって実現される見積もり純利益レベルの評価に差異があった。プライスウォータハウスは利益を210万ドルとした一方、林業省は110万ドルと評価した。両報告書間のこの違いは、入札者の言うところの「割り増し入札価」（立木価格の最小入札価に上乗せする額で、伝統的な入札方法では常にそうしてきた）の予測の

差からきている。

　原木丸太選別土場は、バーノンでの利益と損失の差を明確にした。ほとんどすべての場合、顧客の製品に対する関心に応じた特殊選別は、原木丸太が製材丸太あるいはチップ丸太といった従来の選別のままで残されるよりもずっと高い値段で売れる。図表6.9が示しているように、いくつかのケースでは値段の変化は目覚ましいもので、11〜42％も値上がりした。

　乾燥材の多くや立ったままで枯死した原木を含む低品等丸太の販売が一番よく伸びた。原木丸太選別土場の管理者で乾燥選別の価値や市場に精通しているミルネ氏は、これらの丸太の多くが屋根板やログハウス用として使えることを知っていた。乾燥したトウヒ原木丸太は箸、窓やドア部材として使えた。代表的な乾燥選別材は $1\ m^3$ が110ドルで売れた。伐採、選別土場、立木代価を含めた $1\ m^3$ 当たり平均55ドルの経費を差し引くと、これらの特殊選別材は、従来の低品等に分類されていた時に比べて、$1\ m^3$ 当たり54.75ドルの利益が余計に出たのである。

影響力のあるプロジェクト

　5年目に入った1997年、バーノン計画は他の関係する事業に影響を与えるようになった。原木丸太選別土場開設に関心を持ったカナダ、アメリカ、その他の地域からの政府、企業、林業グループ関係の何百人という訪問者がバーノン事業を見学に訪れた。このプロジェクトは、環境保護団体と林務行政官、そして地域住民の間の関係を改善しただけでなく、代替伐採作業によって生ずる持続可能な森林経営のコスト高を価値の低い木材の見直しと原木丸太選別土場によって帳消しにできたので、この分野の将来におけるベンチマークとなったのである。

　1995/96年、林業省はプリンスジョージで原木丸太選別土場を操業させた。1996年、ウェアハウザー社は原木丸太の販売促進を支援するために、ランビイ施設の隣に原木土場を開設した。林業省の担当者は、同じような原木土場が、東部および西部クーテナイ地方やカリブー地域を含むブリティッシュコロンビア州の他の場所でも成功するであろうことを認めていた。さらに林業省は、零細な加工業者が原木を得やすくなるような他のプログラムを考えていた。1つの計画は、加工過程で材に対してどの程度の価値を付けられるかによって零細加工業者に部分的に入札を割り当てようとするものである。最終的に、バーノン土場での公開入札で提供された原木丸太価格は、フォレスト・インダストリー・レーダー誌に毎週掲載され、丸太価格や市況に関する唯一の有効な最新情報を与える、ブリティッシュコロンビア州内陸地域の原木丸太市況の指標になっている。

　バーノンの評判にもかかわらず、1997年の時点で林業省は、バーノンを見習った丸太市場をブリティッシュコロンビア州内に開設する計画を持っていなかった。環境保護主義者や零細操業者の中には、大規模企業は持続可能な森林経営における伐採技術

図表6.9　新たな土場選別により生じた価格差

新選別	旧選別価格（ドル）	新選別価格（ドル）	差（％）
バルサムモミ剥皮機材	74.03	105.15	(+42)
トウヒ旧選別（乾燥）	73.92	93.09	(+26)
トウヒ剥皮機材（乾燥）	89.13	111.19	(+25)
マツ剥皮機材（乾燥）	79.17	88.14	(+11)
トウヒ建築丸太（乾燥）	79.17	111.75	(+41)

出典：ベルノン森林担当区
註１：旧選別は丸太土場が最初に開設された時の選別による
　２：旧選別価格は最初の丸太が新選別方式で販売された時点での旧選別価格

の採用に難色を示しており、丸太市場の拡大が原木丸太の値段を高くすることを懸念しているために小規模商業プログラムに反対していると主張する者もいた。政治的な問題はどうあれ、カナダの木材産業は伝統的に大規模重視であり、これに対し、バーノン計画は中小規模の企業に重点がおかれている。小規模商業プログラムの大きな進展は、林産業・林業省双方に産業構造の再編を強いるであろう。進展計画はないものの、林業省は選別土場で認証材を分別することを続けた。ミルネ氏によれば、1997/98年の土場実績は前年度同様で、５万5,000m^{3}以上の伐採量のうち70％が代替伐採方法によって生産されるだろうとのことであった。

地域社会の安定のための道具に

　公有地での伐採に関して問題が噴出していたブリティッシュコロンビア州やその他の地域に対して、バーノン計画は、持続可能な森林経営と一体となった原木丸太選別土場が、山村社会の経済的安定性と環境保護を調和させようとする土地管理行政担当者を支援する、有効な方策となる可能性があることを示唆している。この計画での代替的な伐採方法の導入は伐採費用の増加をもたらした一方で、まさにその同じ方法が、従来の皆伐では禁止されていた環境的に脆弱な地域での伐採を可能にしたのである。このことは、計画の経済的成功に関して重要な要因になることが証明された。一方、バーノン計画の結果は、持続可能な森林経営を実行するに当たって出るコストを帳消しにすることの重要性を強調した。バーノンのケースでは、原木丸太選別土場が重要な鍵となることが証明された。

　バーノンでは認証はさほど重要な役割をしなかった。このことは、森林の第三者機関による認証が、必ずしも持続可能な森林経営の成功に不可欠なものではないという

ことを意味する。同時に伐採された丸太であっても、別々に仕分けられてばらばらに売られた。わずかに1％だけが、フローリング用として認証材を求めるルーク兄弟製材工場に買い取られたが、プレミアムは支払われなかった。認証材販売の失敗は、認証製品の継続的な供給が市場の需要を満たすために不可欠であるということを示している。そしてそれはこの計画の場合には実現しなかったのである。

　外部の政府関係者や企業の中には、バーノンの成功は変則的なもので他所では活用できないのではという心配が少なくなかったが、バーノンで得られたことはほとんどが応用可能であることが証明されている。ブリティッシュコロンビア州におけるバーノン計画を通じた諸活動、すなわち環境保護主義者たちと企業との新たな協定、新しい原木丸太選別と販売土場、州有林での立木処分価格や収穫作業の再評価に対する政府の論評などはこのことを裏づけている。

第7章
持続可能な林業への私有林所有者の参入機会

　アメリカの商業用林の58％を管理する私有林所有者は、国内の木材供給に不可欠である。グレートプレーンズ以西では大部分の森林が公的に所有される一方、ミシシッピ川以東では私有林が地域森林の3分の2以上に達する。アメリカ森林局によると、国内で生産される木材の49％を私有林所有者が供給している。大規模木材加工業者の中にも、木材供給を小規模森林所有者に大きく依存しているところがいくつかある。例えばウェアハウザー社の場合、アメリカ国内の木材供給の58％を非産業私有林（NIPF）から調達している。2億6,100万エーカーの私有林はまた、貴重な生態系や自然資源の宝庫であるとともに、流域を保護し、野生生物に生息地を与え、地域社会に美しい風景とレクリエーションの場を提供している。

　個人・パートナーシップ・財産区・信託・クラブ・部族・会社・団体組合を含む多様な集団である、1,000万のNIPFの所有者は、持続可能な森林経営の実行を阻むさまざまな問題に直面している。彼らの多くは、森林経営における意思決定の際に、森林資源の経済的な価値やフォレスターに相談することの重要性について十分な知識を持ち合わせていない。毎年の固定資産税やキャピタルゲイン税は、健全で長期間の森林管理を妨げるものになり得る。適切な相続計画がなければ、所有者は、森林を次世代へと譲ることを妨げられ、森林を他の用途へ転換せざるを得ないような意思決定を迫

られるかもしれない。結局のところ、経済的に可能な範囲での目的がしっかりしているかどうかが、NIPFの所有林が持続的に経営されるかどうかを左右する。

本章では7例のNIPFについて評価した。それらは森林生育条件の大きく異なる地域（北東部・太平洋岸北西部・南東部）に位置し、NIPF所有者の背景・目的・経済環境もさまざまである。これらの事例により、多様な私有林所有者たちが、どのようにして森林の持続性についての課題に取り組んでいるかが明らかになるだろう。しかし、彼らの大部分にとっても、持続可能な森林経営の認証取得は、未だあまりにも費用がかかり、厄介なものである。NIPFの所有形態を認証に適応させるための3つの新しいアプローチをこの章の最後で考察した。それは、森林資源管理者の認証、生産・加工・流通過程の管理（CoC）の認証、そして単独の森林所有者の認証への模索である。NIPFによる持続可能な林業へのいかなるアプローチも、本章で取り上げた所有者たちの多様な森林管理の実状と目的を取り込めるものでなければならない。

さまざまな会計帳簿

その森林はきわめて多様性に富むものであるから、金銭的な収入や社会心理学的な利益という点からだけで、NIPFの持続可能な森林経営の可能性を評価することは意味がない。NIPFの会計簿も、経済的な収益に対する費用の均衡を保つことはもちろん必要である。しかし、たとえ全く経済的な利益が得られないとわかっていても、多くの所有者は自分たちの森林に対し、資本と労力を投資するであろうことを認識しておく必要がある。人々が自分たちの家や庭に気を配ったり、地域社会の計画に出資したり、教会活動に参加するのと同じ理由で、NIPFの所有者はしばしば森林を所有し経営する。逆の場合もまた同様で、多くのNIPF所有者は、やむにやまれぬ必要性や機会に迫られた時に、これらの非経済的な便益と経済的な利益を交換する。また、NIPFの費用や便益のどんな帳簿でも、全体として、これらの森林が社会へもたらす利益を認識しなければならない。NIPF所有者は、レクリエーションの機会、教育の場、土壌の安定、そして周囲の地域社会に美しい風景をもたらす森林を創り出している。

アメリカにおけるNIPFの概要

NIPFの規模・種類・質はきわめて多様である。同様に所有者も多様である。NIPFという区分には、政府や大規模な木材企業によって所有されていない森林が含まれる。図表7.1に示すように、90％のNIPF所有者は100エーカー以下の森林を所有している。これらの小規模所有林は、全NIPF面積の30％に達する。1,000エーカー以上を保有するわずか3％の私有林所有者が、私有林面積の29％を所有している。ここには木材産業と少数の大規模なNIPFが含まれている。

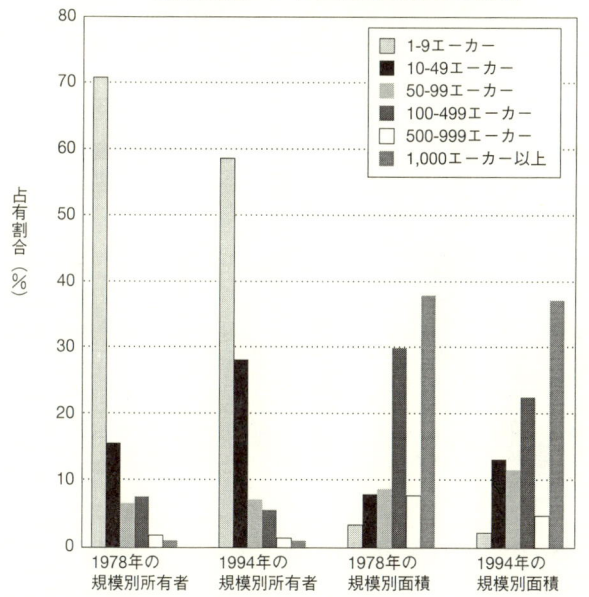

図表7.1　1978年および1994年の米国における
所有規模・クラス別の私有林の分布

凡例：
- 1-9エーカー
- 10-49エーカー
- 50-99エーカー
- 100-499エーカー
- 500-999エーカー
- 1,000エーカー以上

縦軸：占有割合（％）
横軸：1978年の規模別所有者／1994年の規模別所有者／1978年の規模別面積／1994年の規模別面積

出典：Birch Thomas, W.（1996）"Private forest landowners of the United States, 1994"

　ペンシルバニア州ファレンのアメリカ森林局北東部森林研究所のトーマス・バーチ氏の研究によると、1978～1994年の間にNIPF所有者の数は27％増加した。NIPF所有者の40％以上は1978年以降に森林を手に入れている。しかしこの間、1,000エーカーを超える森林所有は減少している。これは、私有林地がより断片化していることを示している。このことは、NIPFでの持続可能な森林経営に対する課題を提起している。小さな林地からは少しの木材しか生産されず、所有者たちは、当面の経済的な必要性を満たすために、短期間により多くの木材を伐採することを迫られるからだ。
　アーバーン大学のアラバマ普及協力システムの部長であるステファン・ジョーンズ氏の研究により、1978年以降に森林を取得したNIPF所有者は、1978年当時の所有者たちの平均よりも全般に若く、教育水準も高く、収入も多いことがわかっている。バーチ氏はまた、退職者層の所有割合が増加していることも見出している。所有者の約20％は退職者で、彼はこのことについて、経営哲学の持続性と土地計画の視点から疑問を投げかける。小さな林地は大きな林地のように効率的に管理することはできない。複数の相続人への森林の分散や、相続税支払いのための森林の完全売却が、森林の断片化や森林区画の小型化の主な要因となっている。

図表7.2　NIPFの所有目的（1990年）

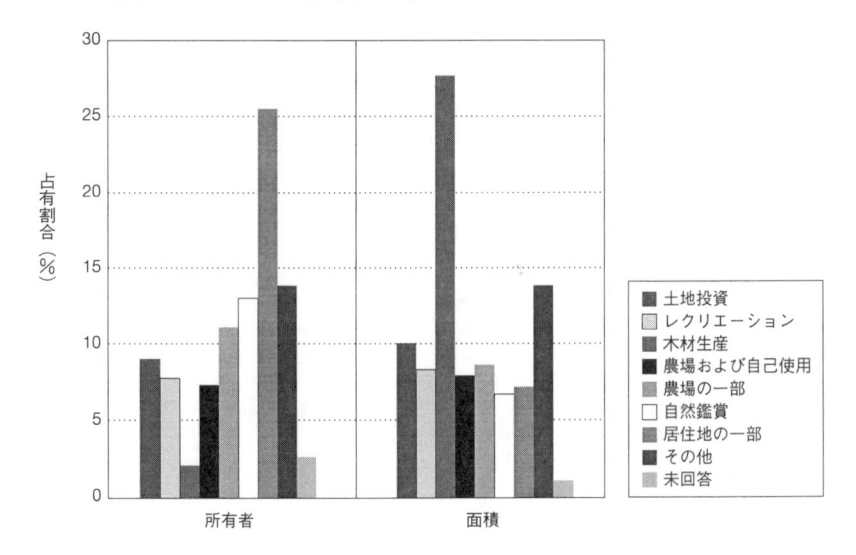

凡例：
- 土地投資
- レクリエーション
- 木材生産
- 農場および自己使用
- 農場の一部
- 自然鑑賞
- 居住地の一部
- その他
- 未回答

縦軸：占有割合（％）
横軸：所有者、面積

出典：Birch Thomas, W. (1996) "Private forest landowners of the United States, 1994"

　NIPF所有者は、さまざまな理由で森林を所有している。バーチ氏やジョーンズ氏らの研究によると、約40％の所有者が、森林を所有する主要な理由として、レクリエーションや狩猟をあげている。例えば、森林が農園の一部であるとすれば、森林所有は他の用途に付随したものかもしれない。郊外では、森林はしばしば住宅の一部として売買される。しかし多くの場合は、森林所有者の意図によって行われる。NIPF所有者の9％（NIPF面積の10％）は、投資として森林を購入している（図表7.2）。森林所有の理由は、森林管理の意思決定の際に重要な役割を果たしている。しかし、所有者は、必ずしも一貫した態度をとるわけではない。1994年のアメリカ森林局の推定によると、たとえ彼らが他の目的をより重要であると例証しても、全面積の75％を占める約50％の所有者は、彼らの森林保有期間中のある時点で木材を伐採しているのである。

　森林に関する知識が豊富な所有者や自然資源の専門家に依頼した所有者たちは、持続可能な森林管理の原則に基づき調和した意思決定をする傾向がある。ウエストバージニア大学で林学の助手を務めるアンソニー・エーガン氏とジョーンズ氏の1993年の研究により、森林所有者の意思決定は、彼らの森林や森林管理に対する知識を直接反映して大きく相違することが明らかになった。つまり、知識のある森林所有者たちは、結果として持続可能な森林管理を実行する意思決定を行うのである。

図表7.3　NIPFの主要な特徴

地所／全面積（エーカー）	所有タイプ	所有者の目標・目的
ブレント オレゴン州　171	家族、兄弟、姉妹	景観的価値、野生生物生息地、木材
フリーマン ペンシルバニア州　639	家族、夫妻と3人の息子	森林認証、地域社会教育、木材
トラピスト修道院 オレゴン州　1,350	共同体、37人の修道僧	自給自足、木材、耽美主義的質
カリー フロリダ州　2,634	個人	土地と木材販売による所有権の維持
ブァンナッタ オレゴン州　1,728	家族、四世代	家族農場経営の持続
リオンズ ペンシルバニア州　2,000	家族、2兄弟	木材、投資、レクリエーション
フレデリック アラバマ州　12,768	法人管財	資産拡大、投資、不動産計画備え

持続可能なNIPF所有者

　こうした研究によって「典型的な」NIPF所有者を特徴づけることはできたが、個々の森林所有者は、自らの林地を管理するうえで十人十色の意欲・理解・目的を持っている。ここで議論する7例は、それぞれが特徴ある状況下におかれている。しかし全体として彼らは、幅広い所有形態の特徴を表現し、各々の森林の持続可能な経営についての経済的・生態学的な実行可能性に関する一般的結論が妥当であることを示している。所有形態も幅広い範囲に及んでいる（図表7.3）。退職した兄妹の所有するブレント家の森林は、森林のつながりを維持する範囲内で、景観的な価値、野生生物の生息地および木材生産に重点をおいた171エーカーでの非集約的な森林管理の例である。これとは対照的に、ブァンナッタ家は4世代を養うために1,728エーカーのツリーファームを経営している。また、アラバマ州のフレデリック地所は1万2,768エーカーを資産の拡大・投資・所有者の家族への長期間にわたる収入の提供を目的に、信託によって管理している。

専門家の助言の重要な役割

　最近の研究によれば、実際には20％以下の所有者たちしか専門家の助言を利用していないのであるが、小規模な森林の持続可能な森林管理には、専門家の助言が不可欠であることをこれらの事例は物語っている。この章で議論する7つの成功例のうちほとんどの所有者たちは、森林管理計画を策定し実行するため、正式に専門家のアドバイスを利用している。アドバイスは、林業コンサルタント、州政府の専門官、管理委員会などさまざまな者から受けられる。ブァンナッタ家のように、所有者が正式なアドバイスを求めない場合もあるが、それは技術的な専門知識を自ら持っているからである。専門的な知識のない人にとっては、専門家のアドバイスは、経済的な利益の計画と管理において、とりわけ重要である。つまり、短期的にも長期的にも、バラバラに成長した森林において、どの木を残すかということよりも、どの木を伐採するかについて重点がおかれて伐採される場合と比較し、適切に管理された森林はより利益をもたらすものとなる。知識のある所有者たちは、短期的な利益を追求すると将来の可能性が犠牲になることがあるのを知っているために、より優れた意思決定を行うことが可能となる。

　これら7つのNIPFの事例はまた、小規模林地での持続性は大規模林地での持続性とは異なるように見えること、時間が経過するとどんな森林でも状況が変化するということを明らかにする。もし森林面積が「広い」と全体の「平均」は、時間が経過してもあまり変わらないが、小規模林地では「平均」はより変化しやすいものとなる。平均数十から数百エーカー規模のNIPFでは、多くの出来事が林地に変化をもたらす可能性があり、森林は持続的ではないように見える。嵐・火事・病害は思いもよらぬ時に伐採せねばならなくしてしまうかもしれない。しかし、もし森林が同じ所有者によって維持され、長期間にわたって所有者の意欲が変化しないのであれば、長期的な持続性は守られるだろう。持続性の定義は、小規模林地の動態を考慮したものでなければならない。

非市場性便益の重要性

　小規模林家にとって、レクリエーションや美しい景観、森林で働くことの満足感、森林を家族で維持することに対する願望など、森林所有の便益は、経済的な収益と同じくらい重要なものだろう。クウェーカーオイル社の取締役を退職したジョージ・フリーマン氏とその妻のジョアンは、ほとんど毎日林内で働いている。彼ら2人とも、森林管理から得られる最も重要な恩恵は「健全さ」であると言う。そして、ジョージ・フリーマン氏は、「林内でともに働くことによって最高の親交が得られる」とし

ている。リオンズ一家は、所得を得るために2,000エーカーの森林を経営している。しかしまた、その森林で狩猟も楽しんでいる。

　たいていのNIPF所有者は、森林からの所得が少ない期間をしばらく経験しており、所有林における機会費用やもっと儲かる利用法があることを十分承知している。どのような時でも、彼らは自分の土地と木を現金に換え、別の投資へと変更することができる。しかし、所有者は森林を多額の収益を産み出すであろう他の用途に転換することを拒んできた。リオンズ一家は、1933年に237エーカーの森林を500ドルで購入したが、1996年にはその林地を50万ドルで買いたいという申し出を断っている。フリーマン家は、自分たちの森林へのラジオ中継塔の設置と石炭の露天掘りのための伐採を拒んでいる。

　森林を維持することで、NIPF所有者は周辺の地域社会へ便益をもたらすと同時に、生態的な便益ももたらしている。NIPF所有者は野生生物の生息地の価値を高め、流域と森林の美しさを守ってきた。もしその森林がNIPFでなければ、そうした価値の多くは失われていただろう。将来、多くの森林が開発されると、そうした便益を産出する残された森林はより重要となるだろう。例えば、オレゴン州にある1,350エーカーのトラピスト修道院林は、森林を魅力的で生産力を備えた状態に保つことで、ヤムヒル郡の美的価値を守っている。この地域では農園以外の開発がほとんどなされなかったため、この森林の美しさは周辺の土地に対して金銭的な価値を付け加えているわけではない。しかしウィラメットバレーでは人口が増加傾向にあり、将来的にはますます森林地域を断片化させ、森林の他用途への転換を招くことが予想される。開発が広がるにつれて、修道院の生産的な森林、種の多様性、林分の成熟化は、ますますこの地域に生態的な便益をもたらすだろう。また、この地域で森林管理が集約的になればなるほど、輪伐期は短縮され、多様性は減少することになるだろう。このことは、やがて修道院の森林がより特別で生態的にも価値があるものであることを際立たせる。

　ここで分析した7つの森林所有者は、おかれている状況はきわめて異なるにもかかわらず、長期にわたって私有林所有者が、自分たちの森林を所得や評価額の上昇のため、そしてインフレーションに対する防衛策として管理することが可能であるのを示す良い見本となっている。ここで取り上げた7例のどの森林も抵当に入れられてはいない。どの森林も最低25年は所有されており、当時の購入価格は、毎年の費用対収益の経済式に組み入れられることはない。一般に、これらの所有者は、毎年ローンの支払いをしている人に比べ、自分たちの森林からの所得の流れをあまり気にしなくてもよい。

　次の4例（ヴァンナッタ家のツリーファーム、フリーマン家ツリーファーム、リオンズ家地所、トラピスト修道院林）は、全く異なる森林において、それぞれに適切な管理戦略を発達させてきており、所有者によって異なる経済的な目的をうまく処理しつつ、土地の健全性も同時に向上させている。

ブァンナッタ家のツリーファーム——3世代の生活の糧

　1,728エーカーのブァンナッタ家のツリーファームは、オレゴン州ポートランドの北西40マイルのコロンビア郡にあり、コースト山脈北部の針葉樹温帯降雨林としばしば呼ばれる森林地帯の中心に位置している。ここはアメリカ国内でも有数の木材生産地域である。ブァンナッタ家は森林の保護に重点をおいた森林経営戦略を50年間用いてきた。一家は、必ずしも「持続可能な森林経営」を採用しているわけでないが、斬新な経営手法を唱道している。集約的に経営されているダグラスファー（ベイマツ）の人工林が優占する景観が広がる中で、ブァンナッタ森林はダグラスファーの複層林経営の数少ない例のひとつである。持続可能な森林経営が、従来の皆伐に代わる森林管理体系をもたらし得るということを一家の成功は証明している。

　一家は明確な経営目標を持っている。家族は一家の生活を支え、ツリーファームと一家の事業を永続させるに十分な所得を林業から得ることを目標としている。この過程で、一家は持続可能な家族ツリーファーム経営の良いお手本を示すことを望んでいる。1998年現在、主に林業収入によってブァンナッタ家の4世代3家族がここで暮らしている。

斬新な森林管理と伝統的な経営方法の組み合わせ

　ファームの1,728エーカーのうち、約1,650エーカーは商業用材の生産に適している。この地域の穏やかで湿潤な海洋性の気候が、この地域の優占樹種であるダグラスファー、ウェスタンヘムロック（ベイツガ）、ウェスタンレッドシダー（ベイスギ）のみごとに成長する環境を作っており、ブァンナッタの森林では年間1エーカー当たり1,000ボードフィート成長するだけの潜在能力を有している。弁護士を退職したジョージ・ブァンナッタ氏は、1940年にこの地に移住し牛の放牧を始めた。それより前の1920年代にこの地域の森林は伐採され、その後の大火を経てこの地は粗放な羊の放牧地として利用されてきた。1940年に遠く離れた尾根に残存する林分からダグラスファーの種まきを始めた。次第に、再び森林が優先する景観へと回復し、1965年ブァンナッタ一家は、牛の放牧から林業へと事業転換した。まず一家は、樹林がまばらな林分に対しては補植を行い、過密林分に対しては利用間伐を行った。最初の間伐は、販売に適した、主に上層木の伐採を行った。こうした間伐は下層木を競争から開放し、その結果、早く上質の木材へと成長する。勇気づけられてブァンナッタ氏は、上層の大径木を伐採する「上層間伐」を実行しつづけた。

　ブァンナッタは森林管理に斬新な経営技術と伝統的な経営技術を組み合わせている。健全な若齢林分からの収穫の大部分は、6〜12年周期の上層間伐によって行っている。収穫後にはダグラスファーやヘムロックが自然に更新するように、競合するツタカエ

デは機械的に伐採もしくは根おこしがなされている。何度も強度に間伐された林分では、疎開した上層木の下に天然更新を図り、異齢林へと誘導した。肥沃な海岸地域に特有の病気である薄層根腐れ病に立ち向かうため、病気に感染したかあるいは危険性がある林分では皆伐を行う。それから、その場所にはシダー・ホワイトパイン・ハンノキなど抵抗性のある種が再造林される。

　一家は正式な経営計画や厳密な伐採予定に基づいて事業を行っているわけではない。林分の活力と成長量の向上という不変の目標のもと、収穫水準は年成長量の50〜75％に維持されている。年間の伐採水準は、家計の経済的な必要性、森林の長期的な経営、市場価格、外部雇用に応じて変動する。毎年、収穫の優先順位は、例えば国内材が有利か輸出用材が有利か、あるいはパルプ用材が良いか、ツガの値が良いかハンノキが良いかなどについて、市場価格にプレミアムが付くかどうかによって影響を受ける。1980年代後半から1990年代を通じ、林産物市場が堅調で丸太価格が上昇したことは、持続的経営を後押しした。丸太輸出施設を備えた多様な林産物の市場は、25マイル北のワシントン州ロングビューにある。

　ヴァンナッタ家は、伐採や森林管理、法的な問題について、外部の専門家の専門知識を求めることはほとんどない。なぜなら彼らは、一家の中で必要な専門知識を持ちあわせていると信じているからである。家族のうち2人は弁護士、また別の2人はオレゴン州立大学通信課程で専門森林管理者のコースを修了している。家族木材管理会社のヴァンナッタ兄弟社の経営者である3兄弟の長男は生物学の学位を持っており、ファームで暮らし、この地で林業を営んでいる。オレゴン伐採業者連合の専門伐採業者プログラムによって、この会社は認証されている。家族はしばしば、他の森林所有者に伐採や森林管理、法的な問題について助言している。

　森林計画は正式なものではないが、一貫している。家族の5人がヴァンナッタツリーファームの所有権を分割して持っている。彼らは、土地の所有形態と家族の長期的・短期的な経済ニーズに見合うような伐採事業計画を作成してきた。例えば、1990年代の後半、経済的な必要性が高まり、また相続税対策のために資産価値を低くする必要性に迫られたため、父親であるジョージの森林で伐採が集中的に行われた。

伐採量の増加と材価の上昇

　ヴァンナッタ一家は、1966年から毎年木材を販売してきたが、ほぼ毎年伐採量と価格は高まってきている。1984年の森林簿によると、総蓄積は2,750万ボードフィート、年成長量は130万ボードフィートであった。1984年から毎年平均64万9,000ボードフィート（年成長量の50％）が伐採され、合計780万ボードフィート収穫された。1996年9月現在、総蓄積は約3,620万ボードフィートであった。1940年頃、木材価値はほとんどなかった。1996年の木材価値は、ボードフィート当たり500ドルとして、立木資産は18億1,000万ドルで毎年65万〜80万ドルずつ増加している。1966年から、合計1,256

図表7.4　ブァンナッタ兄弟社の原価内訳（ドル）、1994年

支払い給与	70,110	賃金、税金
伐採作業費用	97,777	必需品、修理、燃料等
減価償却	23,250	
土地所有者への立木代	71,220	全額ブァンナッタ家へ
共同経営者への支払い （ブァンナッタ兄弟社）	72,000	ほとんどが装備への再投資
通常所得 （税引き前利益）	36,650	共同経営者への分配

万ボードフィートの木材を販売してきた。この期間に、ダグラスファーの販売価格は1,000ボードフィート当たり1966年の50ドルから1995年の650ドルに跳ね上がった。1990～1995年の間は、毎年平均して73万ボードフィートの木材を販売した。これまでの実績では、収穫量の25％は輸出用の質の高い高価な材である。ブァンナッタの木材の径級と質が向上したことや、輸出用材の基準が下げられたこともあり、1990年代の中頃にこの割合は上昇した。エーカー当たり裸地価格は1940年の1ドルから1996年には300ドル以上の評価を得た。

異齢林経営にかかる高い費用

　一家は、最終的に税金を最小限に抑えるために、木材と事業に関連した優遇税制を最大限利用し、また、事業の形態にも工夫を凝らしている。土地・建物のすべてを所有しているので、固定資産税が主要な固定費用である。未開発の森林の税金は、エーカー当たり平均4.35ドルで、年間では約7,200ドル支払う。森林に対する財産税の大部分は、伐採時に立木価格の3.8％が資源分離税として支払われる。木材の伐採時に一括して支払う資源分離税は、現金収入が得られる木材の伐採時に一括して税金の支払いができるので、所有者にとっては都合が良い。自然災害の損失を減少させるという点でもこの方法は有益である。材積と材価の成長率が他の投資先よりも優れているため、一家はこの事業を清算し別の分野に再投資をする気にはならない。材積の年成長率は3.5～4％あり、材質向上に伴う評価額上昇は1％だが、実際の立木の評価額は1～2％上昇している。

　1994年には74万2,000ボードフィートの輸出用と国内向けの製材用丸太、（1万2,000ボードフィートに相当する）136トンのパルプによる木材販売で48万1,213ドルの収益を上げた。その年の給料の支払い・伐採作業費用・減価償却などの費用は19万1,137

ドルで、1,000ボードフィート当たり235ドルだった。しかしながら収穫面積の記録が残されていないので、正確なエーカー当たりの費用は得られない。オレゴン州税務当局は、この地域の伐倒・集材・搬出費用の標準として1,000ボードフィート当たり190ドルを用いている。このことから、ブァンナッタ家の異齢林経営では、少なくとも10％余分にコストがかかっていることがわかる。

皆伐に代わる方法

　ブァンナッタファームは、通常の一家の収入から維持されている持続的な森林管理事業の典型的な事例である。控え目な伐採戦略が材積の著しい増加を可能にし、材価の上昇が一家の森林資産の価値をいっそう高めた。間違いなくブァンナッタの土地所有の歴史と環境条件が、一家の森林管理の成功に寄与しているだろう。現存する異齢林の性質と天然更新を導入したブァンナッタ家の能力は、ある程度この地に山火事が発生したことや羊の放牧地に利用されていた歴史に基づいている。火事の後のような有機物の乏しい鉱質土壌で、例えば放牧などによって下草が抑制された時、ダグラスファーは良好に更新する。

　立木蓄積と植生間競争の慎重な調整がなければ、ブァンナッタの林業はこれほどの成功を収めることはなかっただろう。さらに、ブァンナッタの土地の大部分は傾斜が緩やかで、このことが伐出をより容易にしている。しかし、北西部の森林のほとんどはこれほど条件に恵まれてはいないので、ブァンナッタの経営手法を見境なく適用してもこの地域のどこでも成功するというものではない。そうではあるが、ブァンナッタファームで用いられている経営技術は、ダグラスファー地域で伝統的な管理手法である皆伐施業に代わるものを提案している。間伐強度と植生間の競争を調整できるならば、天然更新と択伐は地位の高い地域に適しているということを彼らの経験は示した。

フリーマン一家のファーム――スチュワードシップの実践

　フリーマンファームは、広葉樹林におけるスチュワードシップ林業の好例である。ジョージ・フリーマン氏とその妻のジョアンは、1971年からペンシルバニア州クラリオンズ郡にある639エーカーの森林を所有している。彼らは明確な使命感を持っている。その土地を森林として維持し、念入りな財産計画によって森林を彼らの3人の息子たちに譲ろうと考えているのである。森林を管理し、高品質の立木蓄積を実現させることに大いなる喜びを感じているからこそ、フリーマン夫妻は森林を所有する。野生生物の多様性は彼らの最大の喜びとなっており、持続可能な経営を実践するためのさらなる動機を与えている。レクリエーションに利用し、木材から臨時的な収入を得るというフリーマン夫妻の目標は、NIPF所有者の最も一般的な目標と言えよう。

しかし、持続可能な森林管理を他人に教育することもまた、彼らの使命に不可欠な要素である。毎年、夫妻は何百もの人を招待し、木材にかかる税金からスチュワードシップ林業までを網羅する幅広いテーマで講習会を主催している。ジョージ・フリーマン氏によると、目標は「次世代のための森林保全を学ぶ」手助けをすることである。彼らのファームの中には、ペンシルバニア州立大学とペンシルバニア州森林局の協力によって管理される12エーカーのスチュワードシップ林業展示林がある。そこでは6通りの異なる森林管理技術が、2エーカーごとの小区画において行われている。ファームはまた、NIPFでの持続可能な森林経営を推進するアメリカ農務省の援助によるペンシルバニアの森林スチュワードシップ計画、および1940年代に開始された将来の木材供給のための私的組織である全米ツリーファームにも参画している。夫妻は森林保全の努力に対して多くの賞を受賞してきた。また、ジョージ・フリーマン氏は数多くの森林関連機関や環境団体に所属している。

広葉樹林における持続的林業

フリーマン夫妻は、自分たちの森林だけで経営をやっていける可能性を早くから認識していた。木材生産が主要な目的であるが、野生生物の生息域や景観の美しさを高め、流域を保護し、生物多様性を維持しながらも、彼らは森林を効率的に経営してきた。経営戦略はファームを不変かつ森林のまま維持することを目指している。木材の伐採は散発的である。商業的な品質の木材が伐期に達した時、商業材種の成長を促すために改良が必要となった時、市況が好ましい時など、木材の収穫はいくつかの要因に合わせて計画されている。

森林は、アカマツと日本カラマツを多く含む生産力の高い広葉樹林である。497エーカーの森林は、1970年からフリーマン夫妻が積極的に管理している経済林である。森林の全域において地位は高い。彼らは、商業的に価値の高い樹種の成長を促し、伐採後にこれらの種を更新するという森林管理を行っている。1973年に「成熟木と欠陥木」を抜き伐りする形で最初の間伐を行い、1981～1996年までに計5回木材販売を行った。過去には皆伐がなされていたが、景観の美しさを維持しながら、カシ類とアメリカスモモを対象として、優良木を残し天然更新を促進するような択伐技術が導入された。天然林に加え、ファームにはアカマツと日本カラマツの人工林もある。これらの林分は、より価値のある無節木の成長を促すため、定期的に枝打ちがされている。植生間の競争、特にツル類の成長に対しては、人手によるツル切りや除草剤の直接散布が注意深く行われている。

伐採期間中、フリーマン夫妻は、水源林や野生生物の生息域を提供する森林を保護する。林道や搬出路は、土壌侵食や河川での堆積を最小限にするように計画されている。既存の流路を保護するため、暗渠が効果的に配置されている。伐採はチェーンソーとスキッダで行っている。伐採後には侵食を防ぎ野生生物の生息環境を良くするた

めに、搬出路と土場に再び種をまいている。

スチュワードシップ林業の費用と報酬

　1980～1995年の間にファームの経費は大きく変動している。変動費用には、機械の維持費、燃料費、フォレスター経費、車両や設備の維持費、そして保険料などが含まれている。最も大きな固定費用は、備品購入のための借入金の返済である。1993～1995年の年間の支払いは平均で3,203.61ドルだった。森林に課せられる財産税が2番目に大きい固定費用である。1990～1995年の支払い平均は、2703.07ドルだった。この5年間に、財産税は132.05ドル増加した。以上から、1995年を基準として年間1エーカー当たりの費用を計算すると9.24ドルということになる。夫妻は、森林を小さな事業として経営しているので、建物や設備は減価償却の対象となっている。

　1980～1995年にかけての5回の木材販売の実施は、総額11万1,857.84ドル、年間でエーカー当たり11.67ドルの木材収入となった。毎年1エーカー当たり約1.31ドルを販売の指揮を取る顧問フォレスターに支払っており、これを差し引くとフリーマン夫妻には毎年1エーカー当たり10.36ドルが残る。これは、15年間の総額を平均し算出したものであり、顧問料以外の費用は含まない。木材販売は所有期間を通じ、変動費用を上回るが、固定費用は上回らない。このことは、木材生産の単独事業では十分やっていけるものの、ファームと教育的な活動は持続的事業として現在の形態では生き残れないことを示している。

スチュワードシップ林業の決定要因

　必ずしもNIPF所有者のすべてが、フリーマン夫妻のような経済的な柔軟性を持っているわけではない。フリーマン夫妻は、唯一の収入源として林業に依存しているわけでなく、収入と支出の不均衡を受け入れる余地がある。ファームの経営費用のすべてを木材販売収入で賄うことはできないが、自分たちにとって価値のある、退職後の人生や持続可能な森林管理の実践、環境教育の提供を楽しむことができる。

　フリーマン夫妻は森林を維持することに献身的である。彼らはまた、自分たちの時間の多くを森林管理に費やしてきたが、これはほとんどのNIPF所有者には真似のできないことである。フリーマン夫妻は慎重な財産計画によって、森林管理を継続できることに自信を持っている。自分たちの所有する土地を単なる財産ではなく、森林であると考えることによって、彼らは適切な森林管理への一貫した意思決定を持ち、資産を森林管理に有効に投資するという選択を行ってきた。ファームは、都市部のスプロール化や地価上昇にさらされてはいない。しかしもしそうだとしても、フリーマン夫妻は持続可能な森林経営を続けるかどうか、自分たちの意思で決定するであろう。

リオンズ一家の土地――健全な林業による収入

　自分たちの森林内に居住し働くフリーマンやヴァンナッター家と異なり、ペンシルバニア州の北西部とニューヨーク州の南西部に2,000エーカーの森林を所有するリオンズ一家は不在地主で、自分たちの森林から主に収入を得ること、森林が値上がりすることを期待している。実業家であるポール・リオンズ氏は「良質の木材よりも良い投資は見つけられない」と言う。リオンズ氏は、投資目的で1940年代から1950年代にかけてその森林の大部分を取得した。スムーズな継承と相続税の負担軽減のため、フロリダでそれぞれ別の職に就いている4人の息子に所有権を移行してきた。息子たちは、森林経営についての知識は全くないが、健全な森林管理をしようという父親の努力を尊重している。息子たちは最適森林管理を導入し、好況時に販売し、将来の木材収穫を見据えた伐採を行うことによって、木材生産から最大限の収入を得るよう積極的な森林経営を行っている。4人の息子は自分たちの相続人に森林を譲り渡したいと考えており、ポール・リオンズ氏の6人の孫たちが森林を所有するための信託を含む、正式な財産計画の準備を進めている。リオンズ一家は健全な森林経営から収入を得ることに成功したため、1996年6月17日にはフォーブズ誌の蓄財案内記事に取り上げられた。

定期的な収入のための経営

　2,000エーカーの森林は、ペンシルバニア州ワーレン郡西部とエリー郡東部およびニューヨーク州シャトークァ郡南西部にあり、11区画に分かれている。主にサトウカエデ・ベニカエデ・チューリップポプラ・アメリカスモモ・アメリカブナ・トネリコからなる北方系の広葉樹林である。ペンシルバニア州釣り・船遊委員会による「優れた水質」に指定されている、ブルーアイ区画の渓流沿いには、すばらしいアカガシの森が成立している。すべての森林を通じて地位は非常に高い。製材用材の大半は単板向きの高品質であり、全森林の大半で商業用に適した木材が生産される。

　育林上どうしても必要であり、かつ市況が好ましくないかぎり、一家は（除伐を除いて）森林を伐採しない。林分調査と分析をコンピュータ処理し、さまざまな水準の伐採が、林分にどのような影響を与えるかを示すSILVAHを利用している。種の組成や野生生物の生息域の質、次の森林へ再更新するための林分の能力について、このプログラムは教えてくれる。SILVAHの林分分析は、優先伐倒木の選定やその後の施業方法の選択に利用されている。積極的でありながら、一家はむしろ用心深く伐採を控え、市場の回復を待つ。

　伐採においては土壌の攪乱を最小限にし、適切な更新を促すように計画されている。地域的に貴重な樹木も場所を決めて残している。湿地帯や湧水地も保護している。伐

採は、主にゴム製タイヤのスキッダとチェーンソーが利用されている。湿地帯では、影響を最小限にするため、馬による搬出を行うこともある。一時的な板橋羅は、土壌を保護するため、粗く伐採した木材を使って建設されている。巣穴のある木やその可能性のある木、枯死木を見つけては、野生生物のために残している。施業の後、林分が健全で活力ある状態であるかどうかに注意を払っている。ある林分が伐期に近づいた時には、除草剤を含めた適切な再更新技術の利用、望ましくない植生との競争の管理、シダや雑草の侵入からの保護などに取りかかる。

大きな経済的見返り

　1983～1996年の間に、森林に10回の育林作業がなされ、うち9回は収入目的であった。収入金額は、1984年の1万2,000ドル（3万5,000ボードフィート）から、22万15ドル（34万ボードフィート）までさまざまであった。所有に関する唯一の固定費用は、財産税である。1990～1995年の間、財産税は、年間エーカー当たり、平均して5ドルであった（年間総額1万ドル）。変動費用には、現場踏査・顧問料・経営業務の雑費などが含まれる。4兄弟のうち3人は年間2回、年間約1,200ドルをかけて森林を訪問する。その際、境界確認、ペンキ塗り、蔓切りなどを行う。これらの経費は、年間500ドルに達すると見積もられている。同時期の顧問料は、総額7万9,812ドルで、1エーカー当たり7.98ドルであった。

　森林の価値は、劇的に上昇した。237エーカーの区画は、1933年に500ドルで購入した。1996年、一家は50万ドルという思いもよらない額での売却の申し入れを断った。ブルーアイ区画は、エーカー当たり5ドルで競売で購入した。東側に隣接した土地を所有するペンシルバニア狩猟委員会は、伐採跡地に対してエーカー当たり400ドルでも支払うだろう。個人やクラブがペンシルバニア州のこの地方で狩猟のためだけに森林を所有することは珍しいことではない。

　リオンズ一家の成功は、小規模林家が健全な森林経営を実践することで、木材から多くの経済的な収益を得られることを証明してみせた。しかし、多くの所有者はその森林資源の将来や、森林に依存する将来世代を顧みることなく、50万ドルでの森林売却の申し入れを受け入れることだろう。高い収益こそが、リオンズ一家がこの森林を所有する最大の動機であるが、彼らはうらやましいほどの世代間の連携を築いており、レクリエーションの楽しみとともに、経済的な収益について明るい結果が見えることに満足感を持っている。

トラピスト修道院林――対立の効果的な解決

　オレゴン州ポートランドの約30マイル南西に1,350エーカーの森林を所有するグアダルペの聖女トラピスト会修道院は、森林を所得獲得のために経営しながらも、他の

所有者たちとは明確に異なる目的を持っている。修道院に、物理的・精神的な環境を提供し、地域社会との緩衝帯として機能し、修道院にこもっての静修を可能にするため、森林は修道院に不可欠なものである。森林経営はまた、修道僧たちが経営する4つの家内工業のひとつで、それにより修道院の自立を可能にしている。現在まで、他の家内工業（製本所・フルーツケーキの販売所・ワイン保管所）のそれぞれは、森林経営よりも多くの利益を産み出している。しかし将来、修道院は、修道僧が年をとり他の家内工業からの収入が減少するにつれて、森林経営計画への依存を高めるだろう。1996年、平均年齢67歳の37人の修道僧が修道院に住み込んで働いている。

修道院の30年間の努力が、持続可能な森林経営を築き上げた。修道院の経験は、小さなNIPFにおいて、持続可能な森林経営を成功させることの難しさを物語る。1990年代の半ばまで、知識の欠如と全体の経営計画の欠如から起こる経営計画の衝突は、全所有地の統合された持続可能な森林経営計画を成し遂げようとする修道院の努力の妨げとなった。

修道院所有地での林業

トラピスト僧院長会社（ATA）は、内国歳入法第501条(c)(3)項に基づく非営利の免税団体である。修道院の事業は、同第501条(d)項に基づく免税団体であるグアダルペのトラピスト修道僧（TMG）のもとで組織化されている。パートナーシップと同じように、TMGの構成員である修道僧は、所得の分配を受け、連邦税と州税を支払っている。TMGは、木材収入を獲得し、財産税を含む経費を払っている。良心からのスチュワードシップによる実践は、修道院の教義となっている。森林経営においては、森林の精神的・美的価値の維持が最も優先される。しかし、計画ではまた、修道院での森林経営の理解を深め、次の世代へ森林を残し伝えることも考慮されている。年間伐採量は収入を産み出しつつ、他の森林利用との衝突を最小限にするように計画されている。

修道院の760エーカーの経済林は、成熟したモミの林分、オークとモミの混交林と、330エーカーの10〜26年生の人工林、50エーカーの10年生以下の人工林から構成されている。この地域での年間降雨量は40インチである。50年生の地位指数は100〜125であり、地位は概して普通あるいは少し良い程度である。1996年の蓄積は780万ボードフィートを超えており、年成長量は50万ボードフィートである。1996年の立木価格は1,000ボードフィート当たり550ドル、材価は年間27万5,000ドルずつ増加し、およそ430万ドルに達している。

森林の大部分は、1953年に修道院が購入する直前に伐採されている。1960年代半ばに修道院は積極的な森林経営を開始し、林業作業員とその責任者を任命した。まず、修道僧たちは、伐採跡地と余剰農地の再造林に専念した。1969年から1981年までに、全部で320エーカーの経済林適地に造林した。最初の商業伐採は、1960年代後半に開

始された。1960年代に、条件の悪い場での造林方法についての知識がなかったため、乾燥地での造林に失敗した。また、この地域の私有林には、見本になるようなスチュワードシップ林業を実践する森林は皆無であった。修道院森林経営の責任者は、経験的に経営手法を磨きつつ、試行錯誤によって学んでいった。後の造林では、ダグラスファー以外にも条件の悪い地により適したポンデローザパインおよびラジアタパイン、レランドサイプレス、ポプラなどの種が植えられた。

森林利用についての対立

　初期には、乾燥地を除いて比較的実行が容易な、わかりやすい管理方法が必要であった。そして、1980年代の後半から1990年代初頭になって初めて、森林全域での経営に至った。1980年代の中頃から収穫が活発になるにつれて、小面積の皆伐（5～6エーカー）がより日常的になると、伐採の景観への影響に関して修道僧間に対立が起こった。1989年に、有名なピクニック場のすぐ近くの森林が皆伐された時、修道僧たちは森林計画をめぐって2つに分かれた。伐採を中止すべきであると主張する人もいれば、計画の見直しを求める人もいた。1989～1994年まで、小面積の皆伐は継続されたが、それらは住宅地から見えないところで実施された。1994年、新しい僧院長ピーター神父が着任した。彼は、森林経営委員会を作り、修道院林の長期計画を策定し将来の伐採を監督するため、外部から森林の管理人を雇った。

　1995年修道院は森林経営方針を作成し、詳細な長期経営計画を立て、将来の木材販売を手助けするためコンサルタント・フォレスターのスコット・ファーガソン（ITS社）と契約した。ヤムヒル郡の普及フォレスターもまた、修道院林の諮問委員会の一員となった。翌年、修道院は経済的な必要性とアメニティーの両方を森林に求めることで発生する衝突を最小限にするため、持続可能な森林経営を目指した森林政策を採用し、これを長期経営計画に統合した。この森林政策は、樹種や樹齢の多様性を維持し、老木や渓畔林を保護し、間伐などの最適な収穫方法を実行し、皆伐の適用や規模を限定し、土壌の生産性を維持することなどを目指している。1996年における伐採では、単木択伐、上層間伐、更新の促進のための群状択伐などが組み合わされた。森林の天然更新を促すため、無機土壌を機械的に露出させる地がきが行われた。諮問委員会は、森林経営方針を遵守し衝突を解決するため、林業活動全般を監視している。

林業のバランスシート

　1987年から、毎年の木材販売が始まった。1987～1997年までの間、収穫量は最低8万7,000ボードフィートから最高14万4,000ボードフィートの範囲であった。総所得は平均して4万9,711ドルであった。近年は、エーカー当たりの収穫量は工場配送価格にして、1994年が2,306ドル、広葉樹が多かった1995年は1,419ドルだった。1987～1997年までの作業経費は、年間平均3万204ドルだった。

1995年の収穫における収入と作業経費は典型的である。その年、修道院は10万2,000ボードフィートを伐採した。30エーカーの伐採（26エーカーの間伐、4エーカーの皆伐）に要した作業経費は総額2万9,721ドルで、エーカー当たり1,142ドルであった。ただし経費には、森林全体での林分改良や保守の費用が含まれる。年間伐採量が低い水準ではエーカー当たりの伐採費用は高く、1995年では1,000ボードフィート当たり292ドルであった。農地貸し出しによる収入は、平均して年間6,000ドルであった。
　885エーカーの森林に対する財産税は、1995年に1,800ドルであり、エーカー当たり2.03ドルであった。修道院のすべての林地は、オレゴン西部小区域選択税の対象とされている。これはNIPF向けの優遇税制プログラムである。税金はTMGによって支払われ、TMGはまた森林の使用および施業料として、ATAに対して年間750ドル（エーカー当たり0.85ドル）を支払っている。
　修道院の地価は、目覚ましく上昇した。裸地の価格が1953年にはエーカー当たり125ドルであったのに対し、1997年には少なくとも500ドルになった（森林として区分されると、実際の市場価値はもっと高いだろう）。立木価格は1953年にはゼロであったが、1997年にはエーカー当たり5,500ドルを超えている。

修道院林の持続的未来

　修道院のスチュワードシップを重視する教義とその構造は、持続可能な森林経営の展開にあい通じるものがあった。トラピスト修道院の一員は、決められた敷地内に住み、多くの基本的な信念と哲学を共有し、長期間ともに暮らし働いている。これらすべての要素が、初期段階における林業の専門知識の欠如を補い、その後の森林の利用における衝突を招き、そして持続可能な森林経営の導入へとつながるのであった。しかし、37人すべてが、毎年の伐採計画に同意しなければならない。修道僧たちは、毎年の会合で伐採量を増やす計画、減らす計画のどちらかに投票する。林業経営委員会の見通しと教育活動は、近年、この過程をより効率的なものにしている。専門的に立案された持続可能な森林経営計画の存在は、資源計画がバランスを保ち正当であるという裏づけともなっており、修道僧たちが将来の森林計画についてより適切な決断を下すことを可能にしている。森林に対して異なる利害を持つ個人や団体などが存在する場合、衝突は避けられない。しかしここでは、林業経営委員会を通じて衝突を解決することができた。持続可能な森林経営に基づく経営方針は、問題解決のプロセスと結果に大きな役割を果たした。
　長期的に見て、修道院の森林計画の見通しは明るい。将来、材価と持続的生産水準は目覚ましく上昇するだろう。目標と森林計画の達成を証明する方法として、修道院の持続可能な森林経営の実践に対する第三者認証が話題を呼んでいる。1998年、修道院の林業技術者は、スマートウッドにより「認証された資源管理者」として認められた顧問技術者とともに、彼らの森林の認証に取り組んだ。最終的には、修道院の森林

計画の成功は、修道僧たちが年をとるにつれて、彼らの経済的な必要性に応えることができるかどうかにかかっている。これらの必要性を満たすことが、結局、森林の経営計画の変化を推し進めるであろう。

変化に富んだNIPF経営の強さ

　ブァンナッタ家のツリーファーム、フリーマン家ツリーファーム、トラピスト修道院林、リオンズ家地所は、森林タイプ・場所・所有者の環境や目的によって、NIPF所有者の間で持続可能な森林経営がいかに多様であり得るかを物語っている。ここで例示されたとおり、フリーマン家のツリーファームのような在村地主によって日常的に手入れされる森林から、年に数回所有者が森林にやってきて管理を行う森林までが存在する。管理の集約度はさまざまな特色に関係している。リオンズ一家のように比較的大きな森林を所有する不在村所有者にとっては、経済的な利益が主要な動機であり、土地管理は森林の更新、標準的な育林作業の実践、収穫を確実にすることに重点がおかれる。一方、比較的小さな森林所有者にとって、森林の手入れは事業というよりも趣味に近いといえよう。オレゴン州のウィラメットバレーに171エーカーの森林を所有するマシュー・ブレント氏とバージニア・ピッチ氏にとって、彼らが得る満足感は、主に森林との個人的な結びつきによるものである。

ブレント氏の森——ダグラスファーの永続的森林

　ブレントとピッチの兄妹は、ウィラメットバレーの農家で育ち、両親から171エーカーの森林を相続した。コバリスに住む76歳のピッチ氏が森林を管理している。78歳のブレント氏は農場に住んでいる。ドイツに住むピッチ氏の娘は、将来ファームに住むことを望んでいる。彼らは、主に森林の風景の美しさと生態的・レクリエーション機能に価値を見出している。彼らは、森林を永続的に健全に維持し、家族で森林を保有することを優先している。彼らは2人とも、森林の良い世話人でいることに責任を感じている。彼らは、たとえ自分が最終的な結果を見ることができないかもしれないとわかっていても、長期的な経営計画に基づいた施業を続けている。

価値成長のための定期的な間伐

　ブレント氏の森は、コースト山脈西側に位置する典型的なダグラスファー優占地帯にあり、他にはグランドファー・ビッグリーフメープル・オレゴンホワイトオークなどが生育している。土地の生育条件は良く、経済林111エーカーの大部分には40～80年生の高品質なダグラスファーが育っている。この森林の（50年基準）標準地位指数は125である。この数字は、年間でエーカー当たり約1,000ボードフィートの材積成長の生産力があることを示している。

森林被覆を維持するため、所有者は択伐を導入し天然更新を実践している。皆伐や隣接する森林で用いられているような近代的な技術は用いていない。定期的な間伐によって比較的林冠が開かれた状態に保たれており、この結果、きわめて高品質な林木の成長を促している。間伐はまた、ダグラスファーや広葉樹の天然更新を促し、垂直方向の林分構造を豊かにしている。

　1960年代以前、ブレント氏の森林経営は、ファームで利用されるものや大径木伐採時の収入などの単発的で少額な販売に限られていた。1964～1965年に利用間伐が始められ、1980年、1985年、1987年にも実施された。それぞれの伐採は、コンサルタント・フォレスターの指導に基づいて行われた。これらの間伐では、天然更新を促すために、上層木を選択的に伐採する上層間伐が実行された。販売に適した上層木を伐採することで隣接する準優勢木に成長空間を与える上層間伐は、より堅実な所得と持続的生産をもたらしてくれる。森林は1965年から持続的に経営されてきたが、ここ最近になってやっと、所有者は効率的な異齢林経営技術を理解してきた。以前は木材価格が低く、現状に代替し得る森林管理についての知識と経験もなかったので、ブレント兄妹は売れる木を伐る利用間伐のみを行っていた。しかし、木材価格の上昇により、彼らは上層間伐という新しい方法に取り組み始めた。

　ピッチ氏とブレント氏は、木材販売からの定期的な収入を望んでいるが、それが主要な収入源というわけではない。彼らは、正式に文書化した経営計画や森林簿は持っていない。林分が健全で魅力的であり、蓄積と木材価値が上昇し、収入が必要となった時に伐採を行うことができれば彼らは満足なのである。フォレスターとの定期的な会合によって、彼らは必要な行動と目標に向かっての進展具合を知ることができる。

　持続可能な森林経営によってブレント氏の森は健全に保たれている。渓畔林の保護域を広く取ることによって、野生生物の生息地を提供し、景観内に多様性を加え、水質も保護している。林分管理のための施業によって、林分や景観の多様性が高められている。ダグラスファーが明らかに優占するが、広葉樹や希少な針葉樹も重視されている。兄妹は、下草や低木の成長にも寛大である。樹木は大きく（胸高直径24インチ以上）、高齢（80年生以上）へと成長する。択伐を続けたことによって、天然林に特徴的な異齢林の状態によく似た森林が作り出された。ブレント氏所有のある林分は、ダグラスファーの択伐と異齢林経営の研究のため、1995年に選択された4地域のうちのひとつである。予備試験の結果によると、30年間の択伐と天然更新によって異齢林林分構造が創出されるということが明らかとなった。

慎重な森林管理の利点

　1985年以来ブレント氏の森は、4万7,000ドル以上の立木所得を産出した。1996年の総森林価値は150万ドル（立木108万5,000ドル、林地17万1,000ドル、賃貸価値25万ドル）以上であると見積もられている。9万5,000ボードフィートの年成長量は、

1996年の立木価格（700ドル/1,000ボードフィート）では6万6,500ドルと評価されている。立木価格の上昇に伴い、強度の伐採と非生産的な林分の樹種転換という慣習的な管理方法はますます取られなくなるだろう。

1990年代を通じ、600〜700ドルの間で推移した森林部分に対する年間財産税が主要な固定費用である。森林は、オレゴンの「商業木材林地」分類に登録されており、収穫時に立木収入の3.8%の資源分離税が課されるため、年間の財産税は低く設定されている。木材販売の管理は、経営における唯一の変動費用である。フォレスターのコンサルタント料は、初めは総立木収入の10%であったが、木材価格が上昇したため、1996年には7%になった。

1980年代の安い丸太木材価格は、ブレント氏に伐採を思いとどまらせた。結果として慎重な経営は有益であった。皆伐の候補地になっていたかもしれない間伐林分は、定期的な収穫（そして収入）と林分蓄積の目覚ましい増加をもたらした。森林の成長と立木価格の上昇は、森林の価値を急激に上昇させた。同時に、森林は生活し楽しむのに魅力的な場所でありつづけ、広い渓畔保護林は野生生物の多様性を促進した。森林と財産の注意深い管理は、将来ピッチ氏の娘がこの地で暮らすことを可能にするだろう。しかし、彼らはまだ財産計画を立てていない。兄妹は彼らの森林資源の金銭価値を十分理解していないばかりか、資源を維持永続させるための相続計画の重要性をも十分には理解していない。

税制――持続可能な森林経営の大きな障害

これまでに示した5例における森林所有者は、財産税・キャピタルゲイン税・相続税などの税制が、おそらくNIPFでの長期間の健全な森林経営の最も大きな障害になっていることを全員が認めている。「現在の税制は不完全な樹木を伐り、優良木を残しておくことに対する経済的インセンティブが何もない」とK・C・ブァンナッタ氏は言う。「木材のためでなく、税金のために森林を管理しているようなものだ」と彼が言うように、税制はNIPF所有者にとって重荷になっている。

税制は、森林所有者に対して積極的に木材を伐採するように仕向ける。多くのNIPF所有者はローンの返済は行っていないが、彼らは全員、たとえ時々しか木材収入を得ていなくても毎年財産税を払わなければならない。多くのNIPF所有者にとって、財産税は最も多額の固定費用で、短期の持続可能な森林経営に対する根本的な障害となっている。現金収入が限られている場合、立木が最も流動的な資産であることから、長期的に見れば最善でない時期にも伐採が行われる。持続的に経営された森林からの収入予測に合わせた税金計画はいくつかの州や地域には存在するものの、そうした森林優遇税制は、例外でしかない。キャピタルゲイン税も同様に、健全で長期的な森林経営の妨げとなっている。時間の経過による木材の値上がりは森林所有者にと

っての主要な資本利得であるが、キャピタルゲイン税は、株式への投資などにおけるそれよりも森林所有者に打撃を与えるものとなる。通常、株式への投資は数年間で回収されるが、木材からの利益は数十年かかってもたらされる。このような長期間の間に、キャピタルゲインの大部分は物価上昇によって相殺されるため、実際の利益はもっと小さいものでしかないのである。

適切な相続計画の重要性

　適切な相続計画は、持続的森林経営にとって不可欠である。相続税は、NIPFの長期間の持続性を台なしにする重大な脅威となり得る。一般に、持続性は所有権と管理戦略の継続性に依存する。持続性の失敗は相続計画の失敗に起因することも少なくない。例えば、近い将来に相続税を支払うことを予想している所有者は立木を残す動機を持たない。実際、税金を軽減するためには立木蓄積を少なくしようとするだろう。一般に所有者が亡くなると、森林への長期的な影響などを考えることなしに森林は伐採されたり、相続税を支払うために売却されたり、小区画に分割されたりする。慎重な相続計画がこのような問題を解決し得るが、正しい土地管理活動はそれを実行するために何十年も要するかもしれない。そして、ほとんどの森林所有者は円滑な世代間の譲渡が可能となるよう法律家の手助けを必要としている。

カリー家の森——相続税の衝撃

　カリー家における相続問題は、不十分な相続計画が森林経営と収益性に大きな影響を及ぼすという好例である。陸軍将校の妻であるH・T・カリー夫人は、1947年に自分の両親からフロリダ州のペンサコーラ郊外に位置する2,364エーカーのマツ林を相続した。カリー夫人が森林を相続した時、森林の蓄積は乏しかった。50年間に及ぶカリー夫人の努力により、13に分けられた区画から定期的な収入を生み出す生産的な森林が作られた。

　伐採計画は、森林の状況、育林の必要性、現金の必要性に応じて立てられた。木材伐採が毎年続いたこともあれば、ほとんど伐らない年が続きその後に大量伐採するということもあった。

　カリー夫人は森林の取り扱いをよく知っていた。50年間に立木価格も森林地価も大きく上昇したので、インフレ率の補正をしなければ年間の価格上昇率は5～8％という計算になった。加えて、成長した林分を伐ることによって木材収入が得られた。鉱物収入を除き、狩猟や牧畜などの非木材収入は土地からの収入の約5％に達した。この期間を通じ、全費用は1エーカー当たり1ドル以下から5ドル以上に増加した。

　カリー夫人が1992年に亡くなった時、原木の平均材積はピークを迎えていた。すなわち、収入のための継続した伐採を可能とする水準であった。しかし、彼女の相続

人である娘のアン・ベルディは、さまざまな選択肢を考えた末、相続税支払いのために原木を伐採することに決めた。相続税を調達するために大部分の製材用原木が伐採された後、この森林の立木の材積はほとんど1947年の水準にまで落ち込んだ。ベルディ氏は、森林の造成を一からやり直さなくてはならなかった。一方で彼女は、所有地の中央に新たに家を建て、現金収入を得るために離れた区画を売却する計画を立てている。

ベルディ氏は、天然生のロングリーフパインの管理とその天然更新に重点をおき、定期的な収入を生み、立木の材積を増やし、材質を向上するように林地を管理している。相続税支払いのために強度の伐採を行ったため、2006年まではほとんど木材販売からの収入を期待することはできない。ゆくゆくは、若い林分では間伐を必要とし、別の林分では残った母樹や上層の保護樹を伐採しなくてはならなくなるだろう。主要な生産品は、ロングリーフパインの製材用材と電柱で、市況が良ければ副次産品としてパルプ原木も生産できる。幸いなことに、この再成長期間中、彼女は費用を最小に抑えつつ自身でいろいろな施業を実行できるだろう。

税金を支払うために木材を販売できた点で、ベルディ氏は幸運だった。彼女の母が亡くなった時、材積が大きくなかったならば、彼女は森林の大部分もしくはすべてを売却しなければならなかっただろう。そうなればこの森林は、間違いなく他用途に転換されていた。しかしカリー家の森が示すように、長期間の森林への投資は十分な価値上昇を見込め、適切な林分蓄積があれば所有者は土地を手放さなくてもすむはずである。

フレデリック家の地所──投資法人の設立

1万2,768エーカーのフレデリック家地所の事例は、環境的な価値を保全しながら定期的収入と資産価値の上昇を見込める私有林経営を維持していくのに、慎重な相続計画が役立つことを示している。所有者は1967年に製材工場売却益をもとに自分と子孫の長期的な財政安定が得られるように、アラバマ州南部に1万4,597エーカーのこの地所を購入した。彼は1920年代から1960年代まで、大規模な家族経営の木材会社で森林と林業作業の管理に従事した。彼は、土地を所有し木材を生産することは優れた投資であり、同時に収入にもつながるものであることを確信するに至った。

彼が森林を購入した時、立木の材積はほぼ最適状態であった。新しい所有者となった彼は、主要な不動産として家族に譲り渡すため、この状態のままにしておくことを望んだ。そして、市場向けに木材を伐採する計画を立て始めた。これによって、より好ましい地価で自分の財産を譲ることができるだろうと考えたのである。しかし、彼が1973年に69歳で亡くなった時、森林はほんのわずかな部分しか伐採されていなかった。その後この森林は、管財人の銀行が管理する信託の一部となった。主な受益者

である彼の未亡人と2人の娘、残りの受益者である4人の孫と他の相続人に所得を分け与えるため、銀行は森林の管理を託された。信託は彼の妻と娘たちが亡くなるまで、60年かそれ以上続くだろう。絶対的な制限はないが、この信託は管財人が健全な森林経営を実行するように方向づける。それゆえ材積は増加し、土地と森林は長期的な投資として保持されるであろう。

　この銀行は、連邦相続税の支払いに関する特例を国税当局に申請し受理された。最初の10年間に、主に相続税を支払うための伐採が計画された。森林は1万2,768エーカーに減少した。多様性を維持するため、林地をまとまって所有するため、また最近になって未亡人の死去に際して必要となった現金を用立てするために、林地が部分的に売却された。未亡人は贈与という形で娘たちに森林を分け与えた。所有者の遺言によって行われる木材販売のすべては家族に分け与えられた。森林が売却された時、売却額の80％は収入として配分され、信託の原則である収益の平衡は保たれた。

　管財人の目的は、将来の受益者の権利と彼らへの義務を常に考えながら、受益者の現時点での経済的要求を満たすことである。40エーカーから約7,000エーカーの範囲で20に区分された森林の大部分は、ロブロリーパインとショートリーフパインの森林であり、地位指数は75～90である。銀行は、マツ製材の蓄積がエーカー当たり約4,000ボードフィートの目標水準になるまで管理を続けている。その結果、森林はより価値の高いマツの電柱用材、マツや広葉樹の製材用材を産出することになる。蓄積が回復するまで、管財人は年成長量以下でしか伐採しない。同齢林や異齢林は下層火入れや択伐によって管理される。樹木は通常60年生までに、最適な大きさに達した時に伐採される。新しい林分を作るために天然更新、人工造林ともに用いられるが、中心は天然更新である。良好な天然更新が見込めない場合には、地拵えや植栽が行われる。

　森林は満足できる収入と値上がりを相続人にもたらしている。生産量はまちまちであるが、木材販売は1967年以来毎年行われている。販売は、収入の必要性を満たし、できるかぎり良質の林分蓄積を維持するように計画されている。設定した材積に達した時点で年間成長量だけ伐採するという長期的目標への達成度を見るため、伐採の現状・森林状況・予想蓄積・成長量等が継続的に調査されている。

　2,000エーカー（当初の14％）以上の林地を手放したにもかかわらず、1967年から30年間で総資産価値は700％も増した。これには、材積が22％増加したことも寄与しているが、ほとんどは土地と木材の価格上昇によるものである。30年間で、製材用のマツ材の価格は1,000ボードフィート当たり50ドルから400ドル以上に、パルプ用マツ材はコード（1束）当たり6.5ドルから34ドルに、パルプ用広葉樹はコード当たり2.5ドルから20ドルに上昇した。この森林の平均地価もまた、1エーカー当たり50ドルから400ドルに変化した。

　土地売却の収入を除くと、総収入の平均は現在資産価値の3％以下となっている。

毎年の木材販売は、収入の98％以上を生み出している。1967年以来、販売は主にある特定の企業に行ってきた。土地の入手時以来、土地や木材の販売に際してはこの林産物生産会社に「最初の申し出」の権利があったからである。しかし、この条件は1997年に失効となった。その後の木材販売では、競争入札を通してより多くの収入がもたらされた。通例、木材管理費用（販売の準備と調査・監視・追跡）は、木材販売額の4～8％である。また、投資顧問契約と同様に、銀行は受託者として、資産価値・木材販売収入に基づいて計算される手数料を受け取る。

フレデリックの基金は相続税の負の影響を和らげることができたが、すべての所有者がこのように幸運なわけではない。NIPFの所有者たちは、税制が持続可能な森林経営の妨げになっていると考えるかもしれないが、逆に、効率的な租税計画は小規模林地での持続的経営実行の大きな励みとなる可能性があると見ることもできる。家族経営事業への財産税の軽減は、家族ツリーファームが、K・C・ブァンナッタ氏のように、税金支払の必要性からではなく、健全な森林を維持する目的に則った経営方針を立てることを可能にする。NIPFの所有者は、キャピタルゲイン税のさらなる軽減、再造林や森林の維持管理費の損金算入を支持している。そうすることで、持続的経営の実行にさらなる投資をすることができると主張している。ジョージ・フリーマン氏は、持続可能な森林経営の交換条件として、財産税が軽減されるような励みとなる計画が実行されることを望んでいる。森林にやさしい資本税計画の進展もまた、非産業的な林地での持続可能な森林経営を助けることになるだろう。

NIPFのための認証の新しいモデル

小規模林家をとりまく環境や目標が多様であるのと同様に、税制は持続可能な森林経営の実行を時に困難にする。林産物への認証制度によって健全な森林経営のメリットが広がりつつあるが、NIPF所有者にとって持続可能な森林経営の認証までにはまだまだ多くの障壁が存在している。大規模林家に有利に働くような認証費用が最初の問題である。面積が大きくなるにつれて、認証の費用効率はより高くなる。10万エーカーを超える林地では費用はエーカー当たり数セントになる。しかし、FSCによると、きわめて小さな林地の所有者でも1回の審査で5,000ドルも支払わねばならない。

認証にかかる費用は規模にかかわらず一定であり、例えば50エーカー以下の小規模森林所有者にとっても同様である。森林認証に関して国際的に認知された機構であるFSCは、1996年以来認証審査に際して次のような文書を要求している。(1)環境影響評価、(2)侵食の抑制、林分損傷の減少、水源の保全に対する指針、(3)包括的な経営計画、(4)伐採・成長率・更新・環境や社会への影響作業の費用および生産性に関する調査。このような要求は、特に所有林地の全体が経営計画を持たない小規模林家には重荷となる。たとえ、小規模林家に費用負担の余裕があり、認証についての要求

を満たすことができても、なお他の障壁が認証された林産物の効率的な取引を妨げる。樹種や量が不規則でむらのある供給や、CoC認証を受けた加工業者・製造業者・販売者との連携の欠如は、小規模林家が認証による大きな経済的利益を実現するための妨げとなる。

1990年代の半ば、認証機関は小規模林家の実状に合った認証の制度化に取り組み始めた。従来の認証は単独の森林経営体に対応するものであった。小規模林家への新しい形の認証は、さまざまな森林経営体や森林所有者を対象として包括的な構造を作り出すことを意味している。このやり方では複数の小規模林地を管理する1人の森林資源管理者を認証する。この仕組みに関する1996年のFSC指針によると、森林資源管理者は、森林所有者組合、土地信託、CoC認証を受けた購入者や加工業者等と関係することになるだろう。包括的機構のもと、それぞれの森林所有者は、個別の経営計画を立ててもよいし、全包括的構造が単独の共有経営計画を立ててもよい。どちらの場合でも認証審査は、すべての区画で行われるのではなくランダムサンプリングによって行われる。従来、認証機関は直接森林所有者と契約していた。新しい方法では、認定機関は多くの森林所有者をまとめ上げている森林資源管理者と契約を結ぶことになる。しかし、どちらの場合も、認証は一度の伐採だけではなく長期的な管理に対する森林所有者と管理者の努力に対してなされるものである。

こうした包括的な認証は、小規模林家にメリットをもたらす。経営計画や環境への影響評価など、認証機関やFSCの明文化された要求事項の多くが計画の当事者全体で共有される。認証審査の費用、計画報酬、監査も同様に共有され、森林所有者当たりの費用は大きく軽減されるだろう。さらに、協同体制は認証された林産物の安定供給を確実にし、CoC認証を利用した販売に対するより良い機会をもたらすだろう。このことは、小規模林家が市場でのプレミアムを享受できる可能性を高める。

NIPFの認証における新制度

小規模林家にとって、認証をより効率的で受け入れやすい形にするために作られた包括的構造の3種類の異なる方法とは、以下の通りである。(1)森林が持続的に経営されていることを保証する森林資源管理者に対する認証、(2)持続的に経営されている森林からの木材を利用していることを保証する加工業者に対するCoC認証、(3)協同管理される複数の森林区画のグループ認証。

資源管理者を通しての認証

ニューハンプシャー州のフォレスターであるチップ・チャップマン氏にとって、500エーカー以下の森林を所有する小規模林家の集団を寄せ集めて認証を取ることは、大きなビジネスチャンスの感があった。1人の森林資源管理者が、小規模私有林所有者に認証を提供する制度を開発するため、1994年に彼は北東部生態管理木材会社

(NEST）を設立した。そして、共同の持続可能な経営計画を作るため、20数人と署名を交わした。

1997年の1月、NESTは、ニューイングランド州で最初の持続可能な森林資源管理会社として、レインフォレスト・アライアンスの認定を受けた。NESTの管理のもとで、この区域から収穫された木材は、レインフォレスト・アライアンス傘下の森林認証機関であるスマートウッドのシールを表示することができる。チャップマン氏が管理する3,500エーカーの森林は、60〜650エーカーの30の林区からなる。認証費用は、最も大きな区画でエーカー当たり4〜5ドル、最も小さな区画ではエーカー当たり10〜15ドルまで下がった。レインフォレスト・アライアンスは、カリフォルニア州・フロリダ州・メイン州・ミシガン州・ニューヨーク州・ウィスコンシン州でも森林資源管理者を認証した。ミシガン州での1万エーカーの事例では、認証費用は1エーカー当たり1ドル以下になると予想された。

ニューイングランド州ではマツと広葉樹が混交する森林から、所有者はまず最も価値がある木を伐採するというような、「逆の自然淘汰」が300年間もの間続いている。チャップマン氏は、今こそその悪習を依頼者が克服するのを助けることが自分の仕事だと考えている。「本当に良いものは根こそぎ抜かれた」と彼は言う。「今の仕事は、森林が回復することができるように、森林を間伐し、良い材に成長する機会を与えることである」ゆくゆくは、森林所有者に10〜20％のプレミアムを支払うことができるようになることをチャップマン氏は望んでいる。彼はまた、NESTの認証が、小規模林家とCoC認証を受けた販売店や加工業者との連携をより深めやすくなると考えている。

認証費用を折半しようとする加工業者

ミネソタ州セントポールの木材製品メーカー、コロニアルクラフト社の社長であるエリック・ブルームクィスト氏によると、認証された加工業者にとって最も大きな課題は、「認証された木材の十分な、信頼できる供給源を見つけること」である。ブルームクィスト氏は小規模林家に認証材供給の見返りとして、認証の直接費用を分担するという申し出を行ってきた。

加工業者は、認証製品の生産に際して二重の難問に直面している。それは、(1)認証に参加することに興味を持つ森林所有者を探すこと、(2)認証された商品の購入に興味を持つ業者を探すこと、である。1996年に、バーベキューの焼き網製造業者が、焼き網の木製取っ手を購入する申し出をコロニアルクラフト社に持ちかけた。イギリスの主要な小売りチェーン店であるその取引先は、バイヤーズグループ1995＋のメンバーであり、FSCに認証された商品の貿易に関わっている。契約には、10万ドル規模の販売高とさらなる商品展開の可能性があった。購入者は、認証された木材にはプレミアムを支払うつもりであった。彼の申し出によって多くの森林所有者が認証を取得

し、認証された森林所有者の数と森林の規模が増すことによって、コロニアルクラフト社の認証商品の販売が拡大するのに役立つだろうとブルームクィスト氏は考えた。しかし、1997年時点でブルームクィスト氏のこの申し出に応じるものはほとんどなかった。

協同認証

　認証木材の加工に興味を持つ製材工場は、加工業者と同様の供給問題に直面している。ジムとマーガレットのドレッシャー夫妻は、カナダのノバスコシア州に140エーカーのウインドホースファームという、150年間生態的林業の原則のもとで管理されてきた森林を所有している。板材製材所・乾燥炉・鉋がけ工場・注文加工品販売店をはじめとするファームの操業で、ドレッシャー夫妻は現地で販売する年間約15万ボードフィートの挽き板を生産販売している。夫妻は、生態的林業の原則のもと、7人の地権者が所有する約2,000エーカーの森林も経営している。

　1997年、ドレッシャー夫妻は森林経営を改善し、ファームの生態的林業の正当性を証明するため認証取得の検討を始めた。その年、ベルギーの買い手がドレッシャー夫妻に、商品がFSCの認証ラベルを付けていることを前提に、ウインドホースファームの年間総生産量よりもわずかに多くの商品を購入するという申し出を持ちかけた。そこでドレッシャー夫妻は、スマートウッドの森林資源管理者認証を取ろうと決意した。それによって、彼と近隣の森林所有者は、費用を削減し、認証された商品の供給を増加するための協同認証への申請ができるようにと考えたからである。自分たちの姿勢が、認証された市場で有利に働くことを彼は確信している。その間、ドレッシャー夫妻は、適切に管理された森林からの丸太には10％のプレミアムを支払い、生態的林業木材から10％のプレミアムを得た。認証材を追加して、今後3年のうちに木材生産を2倍にすることをドレッシャー夫妻は望んでいる。

小規模林家の認証体系の将来

　小規模林家のための代替的な認証計画はまだ試されておらず、多くの問題が生じている。小規模林家の認証にとってどのようなモデルが最も合理的なものになるか、認証がNIPFの所有地で経済的に実行可能か、そして、所有形態、管理、CoC認証、毎年の監視における変化をどのように取り扱うべきか。現在ある小規模林家のためのプログラムのいくつかは、適切な包括的認証集団として役立つだろう。ツリーファームプログラム、森林所有者に経営計画の立案と収穫制限や共同経営計画の遵守を要求する全米プログラム、森林所有者が割り当てられた経営目的のために経営資源・資本を共有するコネチカット・バーモント計画等が、NIPF認証に応用できよう。森林保護地役権を持っている州や地方の土地信託も、包括的組織としての候補となり得よう。

認証のための包括的構造を構築することは、認証機関にも課題を投げかける。認証に要求されるものを満たし、管理の雑用すべてを実行する技能を持った資源管理者を見つけることは困難であろう。所有者が集まることによって規模の経済が発揮され、支払い可能な金額になってきているとはいえ、認証審査費用そのものは高いままである。認証機関は、厳格で信頼される業務を行いながらも、審査と監視の費用を軽減する方法を見つけなくてはならない。

小規模林地での認証が発展するかしないかを予測するのは早計である。おそらくは、その中間のどこかに落ち着くだろう。十分な組織基盤があるならば、認証材についてのプレミアムの受領、市場へのより良い経路、競争力の高まり、時間が経過するにつれての製品品質の向上、全体の効率性の改善など、認証の便益はどのような規模の森林所有形態でも同様であろう。同様に、規模の経済が小規模林家に十分見合うものになれば、認証の直接費用は規模にかかわらずほぼ同等になるだろう。

溝を埋める

ここで分析した7例の所有形態は、NIPF所有者の持続可能な森林経営をとりまく動機の複雑さや、小規模林地において、健全で長期的な森林経営を促進あるいは阻害する条件を示している。おそらく、これらの分析から導かれる最も重要な結論は、NIPF所有者の興味は、事業の明解な経済性や、「土地に対する愛着」といった暗黙の了解では捉えきれないということである。客観的に見てNIPF管理の役割は、短期・長期にわたる鋭い経済的論理という「リンゴ」と、美・伝説・健全性といった「オレンジ」の価値を調和させることにある。アルドー・レオポルドがその著書『野生のうたが聞こえる（A sand county almanac）』で有名にした、土地に対する姿勢の分裂こそがその本質にあるものである。

> それぞれの分野において、ある集団Aは、土地を土壌とし、その機能を商品生産とみなす。また、ある集団Bは、土地を生物相として、その機能をもっと別の広いものとみなす。私自身の分野である林学において、集団Aは、樹木が基本的な森林の生産物であるセルロースを増やしながら、キャベツのように成長することで満足する。伐採という暴力に対する抑制は全く感じない。そのイデオロギーは農業的である。一方、集団Bは、林業は自然の種を相手にし、人工的な環境を創造するのではなく自然環境を管理していると考える。これは、農業とは全く異なる見方である。

ある状況のもとで、NIPF所有者はこの溝を埋めることができる。そしてそれが、持続可能な森林経営の本質である。

第8章
ニッチ市場を求めて

付加価値 国際化にさらされ、木材原料の供給が細り、売れ筋の変動が激しく、差別化の競争に勝ち残らなければならない木材業界にあって、加工業者の間では「付加価値」がまるで呪文になっている。素材産業にあって付加価値を求めることは、新しい市場を開拓し、市場シェアを獲得し、利益を確保するための有効な戦術であろう。加えて、木材加工産業での付加価値で、持続可能な林業の実行と同じように重要なことは、環境にやさしい森林管理である。同じ材料から少しでも多くの製品を作り、持続可能な方法で伐採された資源を最大限に利用し、端材から利益を得て、従来の製材業よりも多くの雇用を生み出すことは、付加価値のある木材加工の目指すところである。それはまた持続可能な林業と持続可能な地域社会の骨組みともなる。

木材加工業者はさまざまな方法で付加価値を生み出しており、ここに3社の活動を例にあげて見ていきたい。どの会社も今後の数年、ビジネスの実状が変動するのに適合するため、さまざまな挑戦を続けている。しかしながら、各社は持続可能な森林経営の信条をもとに、将来儲けが期待できるニッチを見出している。パーソンズパインプロダクツ社は、普通ではゴミと考えられる材料から、各種の中間製品と一般消費者向けの製品を作っている。コロニアルクラフト社は、製造工程に対して第三者からの認証を得た最初の会社のうちの1社であり、その環境認証によって広葉樹を使った成

型品や製材品の新規販路を広げることに成功した。また、コスタリカのポルティコ社は、持続可能な森林経営を実践することで自社のドア製品向けに高級材を産出し、この木材生産と加工の組み合わせにより、アメリカ市場で揺るぎない位置を確保している。

パーソンズパインプロダクツ社——ゴミを現金に

　1946年、パーソンズパインプロダクツ社の創設者であるジェームズ・パーソンズ氏は、太平洋側北西部の製材工場で製材工程から次々と出てくる端材やおがくずの山を前にして、何かこれで製品を作ろうと決心した。「より良いねずみ捕りを作れ」という格言に従って、当時不足していたねずみ捕り用の台木に、こうした製材工場からの端材を使おうと決めた。同社の新入社員が会社で働き始める時はいつも、パーソンズ氏は彼らに向かって、250セットのねずみ捕りの山を見せ、その中から100セットを手でつかみ、「我が社の製造工程からむだを省けなかったならば、この1万ドル分の売上を失うところだっただろう」と言ったものだった。工程の端材一つ一つが年間の利益に影響するという考え方で操業することで、オレゴン州のアッシュランド社は、ねずみ捕りの台の市場で大きなシェアを獲得した。

　その50年後、1996年にパーソンズパイン社は、「ゴミを現金に」「少ない原料で多くの製品を」「世界のニッチ市場向けに付加価値のある製品ラインをより多くの原料調達先を得て生産する」という、パーソンズ氏の精神を実践してきた。パーソンズパイン社では8万5,000平方フィートの工場で100人が働き、年間1,000万ボードフィートの木材を加工し——70％が針葉樹で、30％が広葉樹——700万ドルを売り上げる。この会社では、よろい戸を含む建材、家具用フィンガージョイントおよび接着済み部品、包丁立て、ワインラック、CDラックといった一般消費者向け収納用品を作っている。これらすべては、典型的な製材からの端材である、長さ24インチ以下の材木から作られている。

　「本物」の丸太を大量に取り扱う太平洋側北西部の製材業者からは、こうした付加価値のある製品を作る業者は、最近まで日陰者扱いにされてきた。しかし、1990年代の伐採規制とそれによる工場閉鎖や一時解雇は一般の製材業者を打ちのめしたが、パーソンズパイン社のような付加価値のある製品を作る会社はその中にあっても成長し、その安定した労働力需要はこの地域で見直されることになった。オレゴン州の労働局によると、同州で木材二次加工に従事する労働者の割合は、1980年代の27％から1995年には40％に増加している。オレゴン州で伐採作業、製材、単板および合板加工に従事する労働者は、1990〜1995年の間で約1万3,000人（30.5％）減少したが、その間に家具、製材などの付加価値を求める木材二次加工の分野では、11％の雇用増加となっている。

同様に、単位ボードフィート当たりの木材加工の面から見ても、付加価値のある加工業者は、素材製材業者よりも多くの雇用を生み出している。オレゴンウッドコンペティティブ社の調べによると、通常の製材では100万ボードフィート当たり平均3人の雇用（通年フルタイム労働、扶養家族ありの給与で計算。これは企業が競争力と利益を見込んだ給料である）しか生み出さないのに対し、家具やテーブルなどの部材に加工した場合は、さらに20人の雇用を追加的に生み出す。また同じ量の木材が部材としてあり、それが一般消費者向け高級家具に加工されると、さらに80人もの雇用が生み出される。

生産者にとって、廃材が付加価値の高い用途に利用される見返りは劇的である。針葉樹の廃材をチップにして板にすると単位ボードフィード当たり125ドルを手にすることができる。もしこれをフィンガージョイントの板材に加工するのであれば、480ドルないし1,000ドルほどの価値が出る。広葉樹ではこの差はさらに拡大する。広葉樹のチップはボードフィード当たり約50ドルであるが、フィンガージョイントの板材に加工するのであればその価値は10倍にもなる。

廃材利用への挑戦

廃材の買い付け、加工、その製品の販売が難しいという業界内の常識や固定観念をうち破ったことで、パーソンズパイン社は初めて廃材を使うことが可能となった。1946～1996年の間に同社が販売した生産物の80％以上は、欠陥木材、木っ端、廃棄物と見なされた木材から生産された。キャラクターウッド（これは欠陥木材と見なされている）や短片を用いたこれらの製品の生産は困難を伴った。すべての製品がキャラクターウッドから作れるわけではない。なぜなら、キャラクターウッドの「特殊さ」は、時に低品質、あるいは木材の構造上の欠陥を意味するからである。また、生産に使われた設備は、特に長い木材を加工するためのものであった。短片を使用すると生産により多くの人手による工程が必要となるので、廃材利用は生産費の上昇を招いた。短片を扱える自動化の技術はあるにはあるが、最近までこれらの技術のほとんどは高い価格に見合うような、大きな製材を大量に生産するためのものであった。小規模の会社にとってこれらの技術を用いることは困難である。

付加価値を高める生産が構築されたとしても、すべての廃棄木材が費用対効果で効率良く使えるわけではない。端材をさまざまな生産に使う均一な板材の大きさに整えるのに、現状の機械による加工では制限がある。また木材の長さを6インチ以下にしてしまうと著しく利用価値が低下する。木片の長さを基準とした仕分け工程を廃棄木材の工程に加えることは、機械設備の追加を必要とし、多くの場合、人間の労働力も必要となる。そのことが垂直的製造工程に新たな障害を作る可能性があり、原材料部門の加工工程の日産量に影響を与えかねない。この問題についてパーソンズパイン社の取った解決策は、製材工場自身が関わる工程を追加することなく、廃材を回収し再

利用する作業を工場内で請け負ってくれる業者と契約することであった。

　低い等級の木材、廃材、両端の調整から出る端材、そして短い木片の十分な供給量を確保することにも新たな困難が伴った。製材工場が端材を売却しようとしても、都合の悪い、費用のかかる収集作業を工程に加える必要が出てくる。通常の製材工場では、廃材や木材の両端の切れ端を燃料貯蔵箱やホッグ（hog：むさぼり食うの意）と呼ばれるチップ機械に投入するために、コンベヤーシステムを導入している。端材を廃棄物から分別回収するために、コンベヤーシステムは使いにくく、作業工程の変更を強いる。コンベヤーシステムは多くの場合、生産機械の下に設置されており、そこは危険であまり近づけないような位置にある。また、ホッグは狭いところに設置されているので、短い木片を抜き出すための処理機械を新たに追加して設置することにはさらに困難と危険を伴う。このように、端材の回収のために新たな機械を設置するための改造は相当なコストがかかる。針葉樹や広葉樹の丸太が切られた瞬間にそれらの価値を決める等級づけ基準というものが、パーソンズパイン社のような短い木片に利益を見出し、欠陥・特殊木材に価値を見出す会社に対して不利に働いている。

　アメリカの工場では、廃材を分離することに乗り気になれない別な事情もある。ある工場では、廃材を使って蒸気を発生させ、操業するための電気を自家発電している。電気代は処理機械の全操業費用の25％にもなっているため、廃材で発電することでコスト削減ができる。また、製材工場はこの余剰電力を地元電力会社に販売することができる。このような業界内の固定観念を打開するため、1990年代初めにパーソンズパイン社は、当時同社の社長であったバーナード・ジェリー・サイヴァン氏が言うところの、80：20製材購入方針を始めた。この方針では、20％の高い品質の原料の売買交渉をする前に、まず必要量の80％を占める低い品質の原料を同社に販売することを考えるよう製材工場に要求している。サイヴァン氏によると、多くの場合、同社が低い品質の原料を買うことにいかに真剣になっているかを製材工場にわからせるのには、この方法しかなかったという。

　歴史的に、パーソンズパイン社への木材供給のおよそ70％は、オレゴン州西部の国有林地帯にある製材工場からの端材であった。1990年代はこれらの供給が細り、サイヴァン氏はカナダのリサイクル木材へとその供給源の範囲を広げた。そこでは、窓の部材とならないような24インチ以下のものはすべて捨てられていたことがわかった。カナダ人からトラック1台分の廃材を約9,000ドルでどうか、とサイヴァン氏は持ちかけられた。代わりに、サイヴァン氏は彼らに対して、もし毎月30台分の供給を保証してくれるならトラック1台につき2万2,000ドル支払う、と提案した。この価格でも木材のコストは、通常の製材品価格に比べてずいぶんと安いものであった。ストローブマツの場合、端材および両端を整えた時に出る端材は単位ボードフィート当たり175〜275ドルであり、通常の製品価格はこれの7倍程度である。広葉樹の場合は約10倍近い開きがあった。

売れるものを作る

　廃材からの製品を販売することには、さらなる試練が待ち受けている。例えば、消費者は欠点の目立たない木材製品を好む。例えば、運動用フロアーでは常にきれいであり、美しく、まっすぐな板であることが必要で、通常はカエデが使われる。廃材を使うために、パーソンズパイン社は消費者が廃材である短い木片から作った製品を受け入れるようなニッチ市場を見つける必要があり、消費者のトレンド、嗜好を正確に追い求めなければならなくなった。このことは、従来の市場アプローチと逆である。通常、生産者は製品を作るのに伝統的にどのような木材を使ってきたかを知っている。普通の生産者は製品を作り、そしてそれをどのように売るかを考える。しかし、同社はまず消費者が何を望んでいるかを考え出し、そして消費者の需要に合った製品を作るのである。

　1997年のパーソンズパイン社の製品ラインナップには、製品開発の研究がよく反映されていた。1995年の初めに、収納のための製品群を新たに追加した。それらの中に、台所のコーナーで使う折りたたみ式の蓋のついた棚、ワインラック、下駄箱の整理棚、居間に置くレコード・CD整理棚があった。これらは、ニッチ市場を強く意識したものである。1993年、アトランタのピーチツリー・グループの調査によれば、消費者はクローゼット、台所、居間の順に収納用品を必要と感じている。同グループによれば、ニッチ市場であると分類されたにもかかわらず、1993年にはアメリカの一般消費者は家庭用のさまざまな収納用品の購入に15億ドルも使っているという。特にホームオフィス用の製品の伸びが顕著であった。よろい板で作ったパーソンズパイン社の製品も消費者の心をつかんだ。アメリカ通商局のデータによれば、よろい板のドアのアメリカでの出荷高は4,650万ドルに達し、2000年までに5,000万ドルに達するだろうと予想されている。

全力でむだを省く取り組み

　パーソンズパイン社は、生産工程から出る廃棄物で自らの戦い、すなわち、いかにしてさらに利用効率を上げるかに継続して取り組んでいる。例えば、通常の木材製品製造業者は、まず原料となる製材の欠陥部分を切り落とし、その後製品に加工することで、廃棄部分を加工するコストを削減している。しかし、同社は、低い品質の材料と小さな木片から製品を作るために、この製造における標準的な作業工程を逆にしてきた。1980年代の後半には、サイヴァン氏は労働者を訓練し、欠陥部分を加工する時の切断の方法を少し変えた。工程の終わりで廃材を引き抜くようにしたことで、彼は少ない廃材からより多くの製品を作ることに成功した。この生産の一工程を改めたことで生産量はおよそ40％も上がり、廃棄量は約12％減少した。パーソンズパイン社は、さらに廃棄されるものから利益を得た。同社が購入する木材の中には、自社では使えない品質のものもある。このような副産物を同社は、捨てずにそれらを使うこと

図表8.1　木材の用途別に見た単位材積当たり付加価値

品　名	樹　種	購入金額 （ドル）	販売金額 （ドル）
包丁台	オーク	2,200	25,000
ワインラック	マツ、トウヒ	900	8,000
台所カウンター収納	マツ	900	10,500
ドアのよろい戸	マツ、トウヒ	900	1,700
玩具	マツ	600	3,500
収納用品	マツ	600	3,500
コンピュータ用収納	マツ	600	1,500
靴箱・抽斗・CDラック	ハンノキ、カエデ、マツ	900〜2,200	5,500

出典：メイターエンジニアリング社
註：原材料費がかなり上昇したにもかかわらず、パーソンズパイン社は製造工程で木材に大きな付加価値を付けている

のできる会社に売っている。これによって、1980年代の後半から1997年まで平均して売上で年間10万ドルを生み出している。

木材から最高の価値を搾り出す

　基本的にパーソンズパイン社の成功は、買い付けた廃材の一つ一つを何倍も価値のある製品に変えていく能力によるものである。1995年はパーソンズパイン社は非常な成功を収めた年であった（図表8.1）。廃材は当初カナダから購入していた。例えば、付加価値の高いナイフ立てに加工された場合、原材料で単位ボードフィート当たり2,200ドルであったものが2万5,000ドルになる。しかし、パーソンズパイン社は通常の製材品の価格よりずいぶんと安い値段で廃材を購入できなければ、価格におけるこのような劇的な価値増加を実現できなかった。

パーソンズパイン社にとっての脅威

　最近、同社をとりまくビジネスの環境はおおいに変化した。パーソンズパイン社が今までの顧客を維持し、またこのような劇的な価値の増大を実現しつづけることができるか、その手腕が問われている。1996年、同社はカナダからの木材供給を失った。アメリカの製材業者は長い間、カナダがアメリカに対し不当に安い価格で製品を販売していると主張してきた。アメリカ通商代表のミッキー・カンター氏によると、1991

図表8.2　パーソンズパイン社における卸価格に占める原材料費の割合

製品名	(a) 木材の必要量 (mbf)	(b) mbf当たり単価	(c) 原材料費 b÷1000×a	(d) 製品販売価格	(e) 製造元卸価格 d÷2	(f) 製造元卸価格に占める原材料費 c÷e
蓋付きコンピュータ収納						
現在	6	$900	$5.40	$60.00	$30.00	18%
以前	6	$900	$1.35	$60.00	$30.00	5%
ワインラック						
現在	7	$900	$6.30	$56.00	$28.00	23%
以前	7	$900	$1.57	$56.00	$28.00	6%
包丁台						
現在	2	$2,200	$4.40	$50.00	$25.00	18%
以前	2	$400	$0.80	$50.00	$25.00	3%

出典：メイターエンジニアリング社
註：製造元卸価格は製品販売価格の50％で計算。合衆国の法規制および1996年のアメリカ・カナダ貿易協定の影響で、パーソンズパイン社の製品卸価格に占める原材料費の割合は上昇した

～1995年の間に、アメリカ国内での針葉樹製材市場におけるカナダ産のシェアは36％伸びて、1995年には56億ドルに達したという。これは3万人の雇用を創出できる額である。アメリカへの輸入に際し、カナダ産針葉樹製材の政府補助を減額するため、アメリカ・カナダ貿易協定が1996年4月に発効した。この協定により主に影響を受けたのはケベック州とブリティッシュコロンビア州であったが、パーソンズパイン社はこの2つの州と廃材契約を結んでいた。協定には、147億ボードフィートを超えると、最初の6億5,000万までは単位ボードフィート当たり50ドル、さらにこれを超す分には同100ドルの関税を課すことが規定されていた。147億ボードフィートという数字は、1995年にカナダからアメリカが輸入した量である162億ボードフィートより約10％少ない数字となっている。

　こうした関税と協定に基づく会社への割り当てによって、パーソンズパイン社はカナダからの廃材供給を少なくせざるを得なくなり、また標準的な製材品をある程度、自由競争価格で購入しなけばならなくなった。1995年に同社はリサイクル材、廃材で70％の原料を充当していたが、1997年にはそれが50％まで減った。その頃には、パ

ーソンズパイン社はメキシコ、あるいは海を挟んだ国であるニュージーランド・チリ・ブラジル・南アフリカから再利用材や規格に合った製材品を買うようになっていた。これらの国では、現在北米太平洋側北西部で許可されているものに比べ、より環境負荷の大きい伐採や森林経営の方法が取られている。
　その一方でチリ・ブラジル・ニュージーランドからの低価格を売り物にする競争相手は、アメリカの製材業者、住宅部材メーカーに原価を割っての販売をしていた。サイヴァン氏によると、1996年と1997年の間、この業界全体の利益は全くない状態であり、多くの会社が、悲惨な低価格競争のせいで倒産した。1994年、木製のよろい戸はパーソンズパイン社の売上の80％を占めていたが、1997年には50％を割り込むまでになっていた。
　ビジネスの環境変化は業績回復を妨げた。パーソンズパイン社の製品価格に占める原材料費の割合は、5倍以上にも膨らんだ（図表8.2）。1990～1995年の間では、年間およそ700万ドルを売り上げ、平均で100万ドルの利益を上げていたが、この利益が吹き飛んでしまった。1996年にパーソンズパイン社はわずかな黒字を上げるにとどまった。

海外との競争に対する新戦略

　1995年後半より、パーソンズパイン社は海外からの販売攻勢に対抗するため、製品デザインの変更、新規顧客層の獲得、新規販路の開拓を始めた。小さな製造工場は、大した技術を使わない製品を作りつづけることは許されなかったが、かといって先端技術を駆使しても経費に見合う利益が必ずしも上がるとは限らない、と多くの人が考えていた。肝要な点は、生産に柔軟性を持たせながら、提供する製品に競争力を持たせることである。1996年、パーソンズパイン社は新しく中程度の技術水準の木工機械（溝かんな）を購入し、これを使ってよろい板の一部を、CD用の木製仕切りに変えることができるようになった。この新製品により、1996年の年間売上は約6％増加し、2カ月でこの投資を回収することができた。
　パーソンズパイン社がこの数年にわたり技術の進歩や市場に対応しながら開発してきた可変生産戦略により、新しい製品の開発が可能となった。その中には、断面形成加工ライン、両端調節糊づけ高周波硬化ライン、合板切断ライン、フィンガージョイントライン、小型木片サイズ調整機、製品組み立てライン、伸縮包装ラインといった工程の製造能力が含まれている。このような柔軟性のある対応が可能なため、パーソンズパイン社はカシを用いた家具の生産を始めることができた。ベイツガ・ハンノキといった低級の材を用いてカシの家具に使う部品の製造を始めたほか、収納用品の市場へも参入した。
　製造業者は販売のために仲介業者および卸売を使うのが普通であるが、パーソンズパイン社は、急成長している通信販売を通じて、新しい消費者志向の収納用製品のい

くつかを販売し始めた。この変更は理にかなったものであった。1983年からアメリカの通信販売の売上高は年率10％で伸びていたし、1997年にはその額は2,200億ドルを突破した。また、店売りと比較して、こちらの方が売上の伸びおよび売上に対する純利益でより優れていた。また、ピーチツリー・グループによると、通信販売のカタログによる売上では、約51％が一般消費者向け、25％が事務所向けの製品であったが、この内訳は同社の製品に適していた。さらに、1991年以来通信販売で最も良く売れている製品といえば、実用的な家庭用機器、家庭用および学校用文具であり、同社の製造分野と良く一致している。加えて、世界的に通信販売が急速に発達している市場はドイツと日本であり、この2カ国には同社が別の販売経路で製品を販売している。

1995年および1996年に作り上げた新しい製品の開発、および新しい通信販売経路により、パーソンズパイン社は新しい購買層を急速に確保した。1996年の同社の顧客の70％以上はわずか1年以内に獲得したものであった。通常は、木材製品の製造ではおよそ80％の顧客層を長期の顧客が占めているという。しかしながらこのような変更によって、同社は利益とリスクの両方の可能性にさらされることになった。およそ7年ごとに劇的な変動を受ける木材製品市場において、長期的な関係は生産者にとって変動を安定させる好要因となり得る。市場が不況の際には、長期的な顧客は木製品製造企業をしばしば支える。しかし一方、長期的な顧客は進んで新しい方向性を求めないために、生産者は市場での機会を失うこともあろう。1997年、通信販売の取り組みはその途上にあり、十分な成果を得るまでには至っていなかった。

1997年9月、パーソンズ一家とサイヴァン氏は、価格は公表されなかったが、会社を3社の投資家に売却した。この投資家3社は、マイケル・J・ラスマッセン氏に率いられており、パーソンズパイン社の70％の株式を取得した。当初、投資家は、1946年にジェームズ・パーソンズ氏によって作られた基本的な廃材利用戦略を変える計画はなかった。しかしラスマッセン氏は、南アフリカの競争相手から古い顧客を取り戻すことで、パーソンズパイン社の中核となるよろい板の事業を回復させたいと考えた。

ラスマッセン氏は、パーソンズパイン社がより良いサービス——すなわちまず最新の配送システム、そして廉価な材料からよろい板を作り上げることによるコスト削減——を提供することで、競争相手を凌駕できると期待していた。事業を再び軌道に乗せるキャンペーンの最中、ラスマッセン氏はパーソンズパイン社の効率の良さを、「パーソンズパイン社では、1つの木片から、競争相手より2つ余計によろい板を作ることができる」と語るとともに、「今まで誰も利用しなかった原材料を供給するためにニッチな部分を探すことで、経営者側もパーソンズパイン社の廃材利用を促進している」と説明した。パーソンズパイン社は、カリフォルニア州にあるマツの小径木製材工場を買収しようとしている。その工場はよろい板を生産するための安い木材の供給源となり得る。1998年にはパーソンズパイン社は1,000万ドルの売上に達し、黒

字に転ずるとラスマッセン氏は予想している。

付加価値の重要性

　この数十年間、パーソンズパイン社は廃材からより価値の高い消費者向け製品を生み出して利益を上げ、この種の付加価値生産が持続可能な木材製品製造において採算の取れることを示した。しかしながら、廃材を極限まで利用しつくすことは、この産業において見落とされがちな選択肢でありつづける。アメリカ・カナダ両国の製材業者は、これまで廃材の価値を認めようとしなかった。パーソンズパイン社の例が示しているように、低級な材および廃材を購入することなしに高級な材は購入しないというような買い付けの方針は、固定観念を変えさせるには有効である。廃材を使う場合、製品のデザインおよびマーケティング能力が不可欠である。またパーソンズパイン社の経験が示しているように、持続可能な木材製品生産者として成功するためには、日常的な事業の習慣を変え、生産工程を再点検し、適切な生産設備を購入し、新しい顧客層を開拓し、そして新しい販売先と契約しなければならない。

　天然資源の管理と製材の流入を統括するためのアメリカ・カナダの貿易協定は、アメリカの木材一次加工業者の事業機会を確保することを意図していたが、それによって、小規模の付加価値製品を作る企業にとっては逆の効果を及ぼした。その結果、地球規模での持続可能な森林経営の達成にも逆効果となった。今後の政策が効果を上げるためには、いかなる規制も、通常の製材品だけでなく、付加価値木材製品など異なるタイプの木材の流通にも、異なる影響を及ぼすことを考慮しなければならない。

コロニアルクラフト社——初期の認証ベンチャー

　コロニアルクラフト社の社長であるエリック・ブルームクィスト氏が、1992年に初めて環境認証のことを聞いた時、誰に説得されるまでもなく彼はこのアイデアがうまくいくと考えた。認証はブルームクィスト氏が長年抱いていた懸案のひとつ、コロニアルクラフト社が良く管理された森林以外からは木材を購入していないことをどうすれば証明できるか、ということに答えるものであった。「それまで我々は、しっかりやっていると取引相手が言うのを信じるしかなかったが、それでは不十分だったのです」とブルームクィスト氏は当時を振り返る。「木材の出所を判断する際に、木材購入者として我々が唯一使い得る有効な手段を、認証によって手に入れることができた」その後、ブルームクィスト氏は、認証と森林管理協議会（FSC）の創設を支持する数少ない経営者のひとりとなった。FSCは創立と同時に、4つの独立した認証プログラムを認定した。彼の指揮のもと、コロニアルクラフト社は製造業者として最初に認証を受けている。

　コロニアルクラフト社は1965年に設立された、広葉樹材の成型品や製材品のトッ

プメーカーである。窓やドア、およびそれらの枠のメーカーとしてはアメリカ最大である。従業員数は1984年に20人であったのが、1996年には200人を超えるまでになった。収益は1991年の1,264万ドルから1996年には2,400万ドルへとほぼ倍増した。1997年の時点では、アメリカ・カナダにおいて、FSCに認定されたスマートウッド・プログラムから、成型品製造と製材の工程で生産・加工・流通過程の管理（CoC）認証を受けていたのはコロニアルクラフト社だけであった。コロニアルクラフト社は、窓、ドア、額縁の枠、バーベキュー用の焼き網の木製部分をはじめ、数多くの認証製品を生産していた。

　認証が広がるためには、林業経営者が自分の所有する森林の認証取得を望むのと同じくらいに、コロニアルクラフト社のような製造業者が認証材を積極的に使用していくことが重要である。製造業者は、森林から消費者までの認証材の流れをたどるうえで重要な位置にある。しかし多くの製造業者は、認証が日々の経営活動において現実的であるのかどうか、未だに疑問を感じている。具体的には、認証製品に対して企業活動を変えるに見合うだけの十分な需要が存在するのか、認証は競争に有利に働くのか、といったことである。

　コロニアルクラフト社はこれらの疑問に対し、いくつかの回答を見出した。1992年以降、セントポール社というミネソタ州の企業の協力により、持続可能な森林経営と認証のあるべき姿を追求してきた。その過程で、コロニアルクラフト社が経験してきたことは、認証が他の健全なビジネス活動と結びついて実践されることで、新たなビジネスチャンスと知名度アップ、そして経営活動の改善、といった明確な利益をもたらし得ることを示したのである。

まずは健全な企業経営から

　製品が認証されたとしても、それは品質、顧客サービス、製品のデザイン、市場の読みといった点で良い経営を行っているという証明にはならない。このことを最初に主張したのがブルームクィスト氏であった。ここにあげた項目において、コロニアルクラフト社は産業界で高く評価されている。主要な業界誌である『木材と木材製品』誌は、1990年から5年間の財務と生産活動の状況をもとに、北米における付加価値木材製品のメーカートップ100社のランキングを作成し、その頂点にコロニアルクラフト社をあげたのである。この1995年のランキングにあげられた100社のうち、そのおよそ10％の企業は成型品と製材品の生産を行っていた。コロニアルクラフト社はランキングにある成型品と製材品のメーカーの中で、年間売上と従業員総数が2番目に大きい企業であった。その業界誌は、良いビジネス戦略とされてきた業界基準をコロニアルクラフト社が満たしており、十分な競争力を備えていると評価した。コロニアルクラフト社が成功を収めることができたのは、新しい設備を購入したこと、品質向上に成功したこと、そして経営や操業に関する従業員の提案に耳を傾け実践したこと

が、功を奏したと同社経営陣は考えている。

コロニアルクラフト社の急成長は鍵を握る重要戦略、すなわちアンダーセンウィンドウズ社との提携、可変生産の導入、生産の集中化、環境面におけるリーダーシップの成功の結果である。1982年にアンダーセンウィンドウズ社とアンダーセンドアズを生産するアンダーセン社と提携して以来、コロニアルクラフト社はアメリカにおける窓・ドアのグリルのトップ・サプライヤーとなった。提携する以前は、コロニアルクラフト社のドアグリルの売上は年間で40万ドルに満たないものであった。しかし、1990年に売上は500万ドルを超え、1997年には2,600万ドルに達した。

アンダーセン社との提携はいくつかの点で、コロニアルクラフト社にとって有益なものとなっている。アメリカ・カナダにおける木製の窓・ドア市場でアンダーセン社が主要な地位にあるということは、アンダーセン社への主要な供給者のひとつであるコロニアルクラフト社に大きな売上を確実にもたらすことを意味する。『プロフェッショナルビルダー』誌が1996年に行ったブランド製品の使用調査によると、アメリカにおける多くの建築業者が使っている製品のうち、アンダーセン社の製品をトップブランドとして位置づけた。実に50％以上の建築業者が、建築の際にアンダーセン社の窓を用いていたのである。そして、多くの建設業者が何らかの部材についてアンダーセン社製品だけを使用していることもわかった。建築業者のおよそ12％がフランス材で飾られた観音開きのテラスドアを、18.8％が木製窓を、そして35.1％がクラッド窓をアンダーセン社製品に限定して使用していた。

コロニアルクラフト社とアンダーセン社は、両社とも環境に悪影響をもたらさない木材製品を生産することに留意している点からも、お互いに好ましい提携相手である。アンダーセン社はその製造工程から鋸くずとビニルの廃棄物を大量に出していたが、1970年代に木質繊維とポリ塩化ビニル（PVC）を結合して、構造的性質が木材に近い原料物質を作る方法を発見した。1972年、アンダーセン社は廃材と廃棄PVCでできた窓の試作品を作り、ミネソタ州の試験ハウスに使用した。しかしながら、そのプロジェクトは途中で棚上げされてしまった。当時、木材は安価で大量にあったからである。

木材製品業界が木材供給とその質にからむ問題に直面した1991年、アンダーセン社は再度その試作品の窓を見に現地を訪れ、それがどれほど耐久性を備えているかを調査した。経営陣はこの時のみごとな結果におおいに感心し、1991年にアンダーセン社はフィブレックスと名づけられた新しい合成材料を導入した。これは重量比で40％の木材と60％のPVCを合成したものであった。そして、新たに別の試験を行い、フィブレックスがビニルより優れた強度・耐熱性・熱伝導率を持っていることがわかった。また、マツやビニルと同等の防音性を持っており、劣化にも強かった。

1992年にアンダーセン社はリニューアルと名づけられたフィブレックス製の新しい窓を製造した。この同じ年、コロニアルクラフト社はスマートウッドの認証プロセス

を開始した。1994年には、コロニアルクラフト社はアンダーセン社のリニューアルの製造過程に、認証された木材製のグリルを供給していた。しかし、これはアンダーセン社が要望したというわけではなかった。要望の有無にかかわらず、リニューアルの製造工程に供給するコロニアルクラフト社製の木製格子は、すべて認証材で作ることにブルームクィスト氏が決めたのであった。1995年、グリーンシールがそのエネルギー効率性を「我々が手に入れられるものの中で、最もエネルギー効率性が高い」と評価して、アンダーセン社の窓とドアを認証した。アンダーセン社は、リニューアル窓に認証材でできたグリルを使うことを積極的に促進しているわけではないが、展示品のグリルが認証材であるということを承知している。

可変生産もコロニアルクラフト社の躍進に一役かっている。コロニアルクラフト社は生産において柔軟性を持ち、製品開発の際のさまざまなデザイン変更に早急に対応することができる。このおかげで、顧客を勝ち取り、維持することに成功している。そしてこれはアンダーセン社との提携において特に重要な意味を持つ。アンダーセン社は時々、製品のデザイン変更を要求してくる。それは1週間以内に最終的な製造結果を出すことが要求されるが、さらに費用対効果があり、効率的であることが求められる。

コロニアルクラフト社がアンダーセン社とのビジネスに焦点をしぼっていることもまた、製品開発においてプラスとなっている。コロニアルクラフト社は、その生産とサービスを数種の製品と数タイプの顧客に集中させることができ、アンダーセン社の市場シェアから見込まれる大きな収益を上げてきたのである。しかしながら、それだけわずかな製品と顧客に依存することは会社にリスクを負わせる。市況が急激に変化したり、顧客が問題を抱え込んだりする場合がある。ここ数年、コロニアルクラフト社は持続可能性の問題に取り組む一方で、生産機会を見出して、生産工程における障害を取り除き、アンダーセン社に製品の対象をしぼることのリスクを削減してきた。例えば、1993年に生産を開始した額縁の枠は、枠材の製造機の幅に合うように原板を小さく裁断する製材工程の後に残される薄く長い廃材を、どうにかして利用しようという努力から生まれた。

認証がもたらした恩恵

製造業者として認証を取得するとブルームクィスト氏が決定したことは、コロニアルクラフト社にとってアンダーセン社との提携以来の重要な動きであったと言えよう。コロニアルクラフト社は20年以上にわたり、持続的な資源利用と持続可能な経済発展に関わるさまざまなプログラムを行ってきた。認証のおかげで、木材業界に木材が持続的に供給され、持続可能な森林経営とはどうあるべきかについての議論が活発になり、一般の人々が購買の際に十分な情報を得たうえで商品の選択を行うことができるようになる、とブルームクィスト氏は述べている。彼はまた、早い時期に認証を取

得したことで、コロニアルクラフト社が市場で有利な立場を得ると見込んだ。製造業者として認証を取得してから４年目の1997年には、コロニアルクラフト社は経営諸活動を改善し、業界における評判が高まり、そして新たな事業を展開するという恩恵を認証から得たのであった。

　認証では、製材業者は供給者から製造工程全般にわたって、認証材を追跡することが求められる。認証材を扱う者は、認証機関の求める基準に従っていることを文書で証明しなければならない。このため、コロニアルクラフト社は自社への木材供給者に、丸太の出所・伐採者・伐採方法と、丸太が伐出された森林が持続的に経営されているかどうかを示すことを求めた。コロニアルクラフト社の取引先の調査結果とともに、コロニアルクラフト社がその製造工程において認証材と非認証材を区別できるということから、1994年にスマートウッドはコロニアルクラフト社を認証した。コロニアルクラフト社は認証材と非認証材とを分離する在庫スペースを確保している。認証材を求める顧客に対し非認証材が混ざっていないことを明らかにするために、２つの製造工程を分けている。コロニアルクラフト社によると、認証材を分離しておくことにかかる費用は取るに足らないほどであるという。

　CoC認証を伴う流通は、製造業者に非常に大きな負担を強いると批判されてきた。しかし、この見解はコロニアルクラフト社がしてきた経験とは正反対のものである。「認証を取得するために必要とされた事柄を実行したために、より良い経営が実現された」とブルームクィスト氏は言う。CoC認証のためには売主、木材の積み下ろしをはじめ、林地から製造工程を経て顧客に渡るまで木材を追跡できる在庫管理システムを作ることが求められる。こうして得られるデータにより、コロニアルクラフト社は木材加工から得られる収益をより正確に把握し、また品質を向上させることが可能となった。認証を取得する以前では、例えば製造中に材が注文したものと異なることに気づいても、ほとんどの場合それがどの供給者からのものであるか突き止めることができなかった。しかし財庫管理システムが整っている今、コロニアルクラフト社はその供給者を特定し、低質な木材の出所を突き止めることができる。

　コロニアルクラフト社が製造業者として初期に認証されたということは、企業の知名度を上げ、新たなビジネスを展開するうえで非常に役に立った。認証のおかげで、ここ数年で最大の新規生産機会を得ることができた、とブルームクィスト氏は言う。1997年、アメリカのあるバーベキュー用品製造業者が、認証製品における高い評判からコロニアルクラフト社を知った。その製造業者は、認証されていない木材で作られたバーベキュー用品をヨーロッパ市場に売り出すことを試みたが、失敗に終わった。成功するためには、認証材で部品を作ってくれる供給者をアメリカで見つける必要があった。コロニアルクラフト社は認証材で作る柄の受注を勝ち取ったのである。しかし、ブルームクィスト氏にとってそれよりも大きかったことは、コロニアルクラフト社の製品の品質が高く、期日通りに配送されることが高く評価されて、1997年にその

バーベキュー用品生産業者が、非認証材製の柄においてさらに大きな契約をコロニアルクラフト社と結んでくれたことであった。その追加契約により、年間100万ドル以上の売上増と200万ボードフィート以上の生産量増加が見込まれた。

はっきりとはしていないが、1996年にホームデポ社がコロニアルクラフト社の建築用枠材を仕入れることを決定したのも、おそらくコロニアルクラフト社の認証への取り組みを聞きつけてのことであったと思われる。ホームデポ社は北米のDIY市場に認証木材製品を広めようと先頭に立って活動してきた。

しかし、これらの認証材製品の受注では、認証の長所としてよくあげられるプレミアムは付いていない。プレミアムが付いた認証木材というのは、1995年におけるコロニアルクラフト社の総売上約2,400万ドルの1%にも満たなかった。けれども、認証材製品にプレミアムが付かないということは、ブルームクィスト氏が言及しているように、さほど大きな問題ではない。「我々はプレミアムのために認証を取っているのではありません。市場でのシェア確保のために取っているのです」ブルームクィスト氏は非認証材製品と同程度の利ざやを認証材製品にも求め、それを実現させてきた。認証材は非認証材よりも高いために、認証材製品を作る費用は余計にかかってしまい、これを埋め合わせる必要があるのである。例えば、バーベキュー用の焼き網生産者は、認証材で取っ手を作るのに15%余計にコロニアルクラフト社に支払ったのである。

1997年以降の認証材製品の生産において、コロニアルクラフト社が直面した最大の問題は認証材の不足であった。今後3年間は、コロニアルクラフト社は注文を受けても、必要な樹種の認証材を揃えることができないだろうとブルームクィスト氏は考えている。1996年、コロニアルクラフト社は100%認証材で作られた額縁の枠（ウォームウッドと名づけられている）を作るラインを完成させ、窓・ドアのグリルのうち材積で17%以上を認証材で製造した。しかし、1年間の製品加工で使われた総材積1,000万ボードフィートの木材のうち、認証材はわずかに8%しかなかった。1997年末までにその割合を13%にまで上げることができるとコロニアルクラフト社は予測した。買い取る認証材のほとんどに対し、コロニアルクラフト社はわずかであるがプレミアムを付けて支払った。

このような現状であるが、コロニアルクラフト社は1999年までにすべての製品を認証材で作って売り出すことを目標にしている。認証材の供給を増やし、認証を産業界が関心を持つ以上のものとするために、ブルームクィスト氏は公有林での認証を始めようと試みてきた。1997年にコロニアルクラフト社はミネソタ州の林務官と森林経営者とが共同事業を始めるのを手助けし、アイトキン郡は州と郡の林地61.4万エーカーのFSC認証審査を含む最初の国のパイロットプロジェクトに参画した。そして、その年のうちにFSCに認定されているスマートウッドから認証された。

将来へ向けた戦略

コロニアルクラフト社は、生産効率の向上、新製品の開発、新たな製品流通経路の開拓、認証材製品への取り組みを通してビジネス環境の改善に努め、事業拡大の新たな機会を模索しつづけていた。

生産効率の向上

コロニアルクラフト社はその生産工程で扱う原木のうち、年間総材積の約50％が最終的に廃材、鋸くず、端材となると試算した。そこで、廃材を価値の高い木質原料としてもっと利用するために、さまざまな行動を取っていた。これは会社の収益を増やすだけでなく、資源をより有効に使うことで環境的にも良い結果となるであろう。

1996年半ば、材料を等級と外観に応じてより効率良く、有効に仕分けするために、コロニアルクラフト社はカラー最適化システムを導入した。1996年の夏に最適化システムを導入し、8月に初めて歩留まりについての数値が得られた。図表8.3にあるように、長さにして約5万5,000フィートの木材が廃材置き場行きであった。これらはチップ業者が引き取ったり、また地域住民がただ同然で利用できるように取っておいたりする。メイターエンジニアリング社が廃材置き場でサンプル調査したところ、廃材の約80％が6インチかそれ以上あったのだが、唯一難点としてその色が多種多様だったのである。

1997年、コロニアルクラフト社は、廃材を良質のフィンガージョイントブロックやキャビネットの一部に加工するために設備投資をした場合の費用便益について調査を行った。フィンガージョイントブロックは1,000ボードフィート当たり約500ドルで売れるので、コロニアルクラフト社は同体積のチップを売った場合の、年間で最高10倍の売上を得られるであろう。

新製品の開発

新製品開発もコロニアルクラフト社の戦略にあった。このために、特別仕様材を使うようになり、新製品と生産ラインが増えるのである。特に昔からある製品以外で成功するチャンスがあり、浮き沈みのある建設産業に左右されないようなものを目指した。コロニアルクラフト社によると、加工する硬質メープル材の約30〜40％が、取引のある顧客が求めるような澄んだ色とは異なるさまざまな色をしていた。コロニアルクラフト社は取引相手と協力して、さまざまな色をしている材を認証された特別仕様材として市場に出していこうとしている。これらは場合によっては通常のメープル材より高い値が付くこともある。

新たな流通経路

認証材の供給に限りがある以上、製造業者は認証材の流れに影響を与えるいくつか

図表8.3　コロニアルクラフト社ラック工場における生産量（1996年8月）

樹種	原木 （材長；フィート）	平均歩留まり （％）	廃材 （材長；フィート）
認証シナノキ材	78,984	93	5,528
ハードメイプル	390,670	90	39,067
レッドオーク	337,837	97	10,135
総計	807,491	93	54,730

出典：Steven W. Stone（1996）"Economic Trends in the Timber Industry of the Brazilian Amazon" p. 22

の状況に直面する。木材ブローカーや卸売業者は認証材の供給を独占しようとするかもしれない。彼らは森林所有者が丸太を製材所に売ろうとする際と製材所が付加価値製品生産者に売ろうとする際の仲買人である。供給者は認証材にプレミアムが付いて、取引価格が高くなるようでなければ、彼らの認証材を1人の買い手に大量に売ることを嫌うであろう。このような状況では認証材は価格競争がなくなり、材の流れも滞ってしまうであろう。新規建築に製品を供給している取引相手は、新築の許可がどれだけ下りるかで製品の受注量が左右され、彼らへ木材を供給する者も同じように左右されることになる。コロニアルクラフト社は新規建築用製品製造から他の製品流通へと事業を多角化した。これは製品の需要と供給をいつでも釣り合わせることができる聡明な手段である。

ビジネスを有利に進めるための認証

　コロニアルクラフト社がこれまでに経験してきたことは、環境認証ビジネスを進めている木材製品製造業者にいくつかの重要な指針を示している。認証はまだしっかりとは確立していないが、広がりつつある。コロニアルクラフト社を見ればわかるように、認証製品を扱うことで、経営の基盤強化となり得る。しかしながら、認証はあくまで製品の差別化の手段であり、ビジネスとして他に求められるものを埋め合わせるようなことはできない。製品の品質、顧客へのサービス、期日厳守の配送、競争相手に負けない価格設定が必要とされる。良いビジネスとして求められるこれらの特質を備えているならば、木材製品生産者にとって認証は、製品を差別化するものとして役立つことができる。

　認証製品の中には長期にわたり市場でプレミアムが付いているものもあるようだが、生産者にとって重要なことは、プレミアムを実現することではなく、拡大する認証材

のシェアに応じて、費用と通常通りの利潤を着実に回収することであろう。さらに、認証のために投資を行う企業は、コロニアルクラフト社が経験したように、認証製品の販売から取引相手を拡大させ、非認証材の分野でも新たな取引を得ることができるかもしれない。以前から考えられていたこととは反して、認証材を取り扱う費用は木材製品製造業者にとって、思っていたほどには制約となっていないようである。求められている木材製品の需要が、その供給を上回っているという現状を製造業者はもっと重視すべきである。

　コロニアルクラフト社の経験からわかるように、1つの企業が持続可能な林業と認証の発展に影響を与え得る。民間セクターでコロニアルクラフト社が先頭に立って認証を進めてきたことにより、公有林の利用のために持続可能な経営を実施することへの関心が高まり、検討するようになってきている。またこれにより、独立した第三者による森林と木材製品の認証を大きく推進させることであろう。

ポルティコ社——垂直的統合の力

　熱帯諸国において、林産物企業はきわめて困難な環境のもとで経営を行っている。貧困による森林資源への過大な需要のため、途上国政府は木材需要と持続可能性を調和させるような取り組みを行うことができず、森林破壊がさらに進むとともに、林産物市場の発達が遅れることとなる。そのため、製品生産者が高品質な熱帯広葉樹の供給を確保することは困難になるのである。これまで、熱帯諸国の政府は、森林保護を求める内外の圧力を受けて、各種の規制措置を講じてきたが、規制によって森林破壊の速度が低下することはなく、むしろ産業発展に悪影響を及ぼしてさえいる。

　このような条件のもと、コスタリカのポルティコ社は、この15年の間に、小さな作業場から、アメリカ高級マホガニードア市場において高いシェアを占める林産物企業へと発展してきた。同社は、林地の購入、森林経営と製品生産との統合、持続可能な森林経営の採用、森林経営の環境認証の取得などに取り組むことによって、伐採に係る紛争を回避するとともに、森林経営の国内基準を確立し、さらにはアメリカ市場においてシェアを獲得することができた。ポルティコ社の経験は、企業が、森林経営に対する政府の規制のもとで、持続可能な森林経営とビジネスの成功の両者を達成できること、さらには、製品の品質を高め、市場シェアを獲得することによって高い利益を上げられることを証明するものである。

垂直的統合への道

　ポルティコ社は、1982年にレオポルド・トーレス氏とそのビジネス・パートナーが、プエルタスエベンタナス社を買収することによって始められた。もともと、同社はコスタリカ市場向けにドアと窓枠を1月当たり70〜80個生産していたが、トーレス氏

や他の投資者たちは、野心的な目標を抱いていた。彼らは新たに購入した同社を、アメリカ市場向けの高級マホガニードアの生産・輸出企業にしようと考えていたのである。マホガニーが選ばれたのは、コスタリカに生育する樹種であること、アメリカ消費者に人気が高いこと、強度的に強く外観も美しいことによる。

　要求度の高いアメリカ市場に参入するために、ポルティコ社は生産過程と工場のレイアウト、製品デザインを見直す必要があった。1982年時点で国内市場向けに作られていたドアは、すべて注文生産品であった。というのは、コスタリカではドア枠には特に規格が定められていなかったためである。それに対して、アメリカ市場では、ドアには規格化された寸法と一定した高品質が求められ、また大手顧客や小売チェーンは1回に450個という大量のドアを注文する。したがって、アメリカ市場で利益を上げるためには、大量の注文を満たし、かつ輸送中や取り付け後に割れないようなドアが生産できるよう、高品質材の安定した供給を確保することがまず不可欠であった。

　コスタリカにはマホガニーが多く生育しているものの、同社が通年にわたって一定量のマホガニーを安定した価格で購入することは現実には不可能であった。森林の過剰伐採は、もちろん問題のひとつであるが、それに加えて、コスタリカの半年にわたる雨季には、林地が泥沼と化し、伐採器機の移動ができなくなるため、伐採を行えないことも大きな問題であった。また、伐採技術は低く、丸太は製材所に運ばれるまでに過剰な、あるいは過少な、水分条件にさらされることも多かった。さらに、コスタリカには木材市場と言えるものがなく、木材の品質基準も定められていないため、価格がそれぞれの取引に当たって個別に決定されることも問題であった。加えて、製材所は一般に乾燥施設や回転鋸、バンドソーなどの高性能機械を備えていないため、高品質の木材を安定して供給することは不可能だったのである。

　1982年に経営陣は、原料供給の確保に当たっての価格・供給・品質の問題に対処するために、経営の垂直的統合を行うことを決断した。つまり、森林を所有することによって自社の製品生産施設に原料供給を行い、コスタリカの森林からアメリカの小売業者にわたる流通全体に対して「総合品質管理」を行おうと考えたのである。そこでポルティコ社は、林地やトラック、製材工場、乾燥施設など木材生産に必要な資材の購入を始めた。

　林地の取得に当たって、ポルティコ社は天然林を購入せざるを得なかった。というのは、マホガニーは人工林を造成すると、生物多様性の低さからアリや他の害虫の被害を受けやすく、うまく生育しないためである。また同社は、当初から持続可能な森林経営に取り組むことを決めていた。というのは当時、アメリカとヨーロッパの消費者が、環境の観点から熱帯広葉樹製品に対して抵抗感を覚え始めたこと、アメリカの流通業者が生産者に対して、熱帯広葉樹製品が森林破壊を引き起こすことなく生産されたものであることを証明するよう求め始めたことに、トーレス氏や投資家たちが気づいたためである。

1987年にポルティコ社は、ニカラグアに近いコスタリカ北西岸の天然林約5,000ha（１万2,355エーカー）を購入した。この取引は、コスタリカ政府と、ミネソタ州ミネアポリスに本拠地を置くアメリカの金融会社ノーウェスト社との債務・環境スワップ合意によるものである。つまりコスタリカ政府への債権を保有するノーウェスト社が、同政府がポルティコ社に便宜を与えることを条件として、同政府に対して資金を融資することとしたのである。後に、ポルティコ社はコスタリカの熱帯雨林を買い足し、1997年現在２万エーカー以上の森林経営を行っている。

環境にやさしい林業

　ポルティコ社は、保有する天然林と二次林を経営するための子会社として、テクノフォレスト社を設立した。テクノフォレスト社は営利を目的として天然林を長期的に経営していくための２つの理念を掲げている。ひとつは、ポルティコ社がドア生産に用いる「ロイヤル・マホガニー」と呼ばれる樹種について、一定量の高品質材を長期的に生産できるよう、安定した供給を確保すること、もうひとつは、伐倒や搬出に当たって、旧来の方法よりも森林に対する影響の少ない方法を取ることである。

　コスタリカにおける旧来の商業伐採の方法は択伐であるが、これは温帯における択伐よりも周囲の環境に対して大きな影響を与えるものである。コスタリカでは、通常、択伐は１回限りのものであるため、伐採業者は１回の伐採で高品質の木材を最大限に収穫しようとする。彼らは将来その場所に戻ってくることは全く考えておらず、森林を持続可能な方法で取り扱おうという考えは念頭にない。伐採に当たっては、伐採予定地に生育する胸高直径60cm（24インチ）以上の立木に対して、伐採するか否かについて印が付けられることになっている。しかし伐倒の際には、つる類によって周辺の樹木もなぎ倒され、倒れた樹木は他の樹木や植生に悪影響を与える。さらに丸太の搬出によって植生はダメージを受け、土壌は攪乱される。丸太を林内から引き出す際に付けられた踏み跡は、更新に必要な稚樹をなぎ倒したり、土壌侵食を引き起こしたり、土壌を乾燥させたり、地下水を減らしたりする。伐採業者は、このような悪影響を最小限にとどめるような経済的インセンティブを与えられていなかった。

　森林に対するダメージを最小限に抑えるため、テクノフォレスト社はコスタリカで通常行われているのとは異なる、伐採計画・収穫・輸送・管理方法を採用することとした。まず、伐採前に収穫調査が行われる。森林官は胸高直径70cm（28インチ）以上のすべての立木に印を付け、地図上にプロットする。この地図は経営計画として、森林関係の法律を執行する林野庁（DGF）に提出される。選木に当たっては、ロイヤル・マホガニーの最良の個体は母樹として、それほどでないものは稚樹を過剰な日射から守る庇陰樹として残され、それ以外のもの（１ha当たり３、４本）が伐採の対象となる。法的には胸高直径60cm以上であれば伐採可能であるが、過熟木と見なされる胸高直径70cm以上のものだけを伐採対象としている。

テクノフォレスト社の平均的な作業グループは、一般的な作業員数の2倍であり、認定を受けたフォレスターが必ず含まれている。すべての伐採担当者は森林に対する悪影響を最小限にするための伐採技術について訓練を受けている。また、林況調査と経営方法の研究のために5人の研究者がフルタイムで雇用されており、彼らはアメリカの大学から研究の支援も受けている。伐採対象に選ばれた立木は、他の立木に対する被害を最小限とし、搬出に当って同じ作業道を使えるようにするため、あらかじめ決められた特定の方向に伐倒される。作業道はうまく合流するように配置され、丸太が引きずられる区域は最小限とされるため、林床に対する悪影響は抑えられる。これらの取り組みによって、被害を受ける稚樹は減り、下層植生や野生動物に対する影響も低下した。このような方法で伐採された場所では、15年後には再度の伐採が行えるようになっているはずである。

　この新たな取り組みは、当初の目標を達成することができた。1990年に、テクノフォレスト社の取り組みは、旧来の伐採方法よりも森林に対する影響が少ないことが研究によって明らかになった。この研究は、旧来の手法による伐採跡地と同社の伐採跡地を比べることによって、旧来の伐採跡地には伐採前の61％の樹木しか残されていなかったのに対して、同社の伐採跡地には95％の樹木が残されていることを明らかにした。森林の構成、すなわち樹種別の個体数割合については、同社の伐採跡地では伐採前と比べて比較的変化が小さかったのに対して、旧来の伐採跡地では大きく変化していた。また、伐採後における林冠の開きは旧来の伐採跡地では46％であったのに対して、同社の伐採跡地では29％であった。林冠に空けられた大きな穴から入り込む過剰な日射は、稚樹に悪影響を与えるとともに、生物多様性の維持に重要な、野生生物の通り道を阻害しかねないため、林冠の疎開は重要な指標なのである。さらに、旧来の伐採跡地では林道・作業道が林地面積の9％を占めていたのに対して、同社では3％にすぎなかった。これらの結果を受けて、研究は「ポルティコ社の伐採方法は、長期的な持続可能性の点で、旧来の伐採方法よりもずっと望ましいものである」と結論づけている。

認証への決断

　1990年代初め、リオデジャネイロ環境サミットが近づくにつれて、熱帯林伐採をめぐる紛争が各地で高まっていた。その中で、ポルティコ社の経営陣は森林経営に対して認証を受けることを決断した。経営陣は、認証によってアメリカの主要流通業者との取引を維持できるであろうと考えたのである。同社の持続可能な森林経営は既に認証の基準を満たしていたので、この決断は難しいものではなく、認証にかかるコストも高々ドア1枚当たり約1ドルであった。

　1992年に、テクノフォレスト社は7,000ha（約1万7,300エーカー）の森林について、認証機関SCSから「最高の技術で経営された森林」として認証を取得した。SCSの認

証には約 6 カ月の期間と 4 万ドル以上の費用がかかった。SCS は持続的収穫、生態系の保全、周辺コミュニティーに対する社会経済的便益の 3 つの観点から経営体の評価を行い、各部門において 60 点以上の評価を得た経営体に対して、認証が与えられる。テクノフォレスト社は、それぞれについて、82 点、79 点、73 点の評価を受け、コスタリカで最初の、世界で 3 番目の SCS による認証を受けた森林経営体となった。

認証の取得によって、1990 年代半ばには、ポルティコ社の必要とするほとんどの原木（約 85％）は認証森林から供給されることとなり、残りの 15％だけが市場から購入されていた。ただ、持続的な森林経営を行う費用は安いものではない。同社は数値を明らかにしていないが、コスタリカの研究者によると、同社は森林経営の研究に 100 万ドル以上の投資を行っており、持続可能な森林経営は旧来のコスタリカ林業よりも 20％高いコストがかかっていると言われている。

輸出向けの高品質製品生産

ポルティコ社の輸出製品はアメリカ市場向けの屋外用広葉樹ドアであり、アメリカの経済情勢や、新築着工戸数、リフォーム、一般建築活動によって変動するものの、毎年 50 万から 150 万個を輸出している。ほとんどの屋外用ドアは一般家庭や特定の商業用施設で使われるものである。屋外用ドア市場は、低品質の合板ドア（50 ドル）、針葉樹・広葉樹から作られる中級ドア（150〜500 ドル）、そしてマホガニーやオークなどの広葉樹から作られる最高級ドア（500 ドル以上）からなっている。オークドアは、マホガニードアよりも 50〜150 ドル高い価格を付けている。アメリカでは、高級ドアは、ルーウィーズ社やホームデポ社のようなホームセンターと、高所得者向け商品を扱う小規模の家庭用品店において取り扱われている。最高級の木製ドアは 1.75 インチの厚さの部材をほぞ組みして縦横に組み合わされたもので、節や乾燥による焦げつき、辺材部の変色などの問題がない、高品質の広葉樹材が使われる。

ポルティコ社は、一枚板からなる最高級マホガニードアを 500〜2,500 ドルで販売することから始めた。1994 年には、同社は年間 6 万枚のドアを売るようになり、アメリカ南東部で 60％のシェアを占めるようになった。同社は後に取扱品目を拡大し、マホガニードアと同様の形と価格を持つアメリカンオークドアと、他の熱帯広葉樹から作られたやや質の劣るドア（マホガニードアの 60％の価格）も取り扱うようになった。1997 年時点で、ロイヤル・マホガニードアの売上は同社の総売上の約半分、アメリカンオークドアは 30％、低級ドアは 20％であった。

ポルティコ社は、アメリカ市場への参入を進めるにつれて、取引先を拡大していった。1992 年の時点では、取引先のほとんどは、ルーウィーズ社やアディソン社などの全国チェーンで、同社はこれら企業の中央配送センターに直接発送していた。1993 年になると、同社は高級アメリカンオークドアも取り扱うようになった。これは、地域的な顧客の好みの違いに応えるために、取扱業者がオークとマホガニーの両者を置く

ことを望んだためである。アメリカでは、中西部・北東部の顧客はオークを好み、南東部の顧客はマホガニーを好むのである。オークドアはマホガニードアよりも生産コストが15％ほど高いが、卸売段階ではマホガニードアよりも1個当たり20～50ドル高い価格で取引され、小売段階では50～150ドル高い価格で販売される。

1993年に、ポルティコ社は、加工ドアの生産を始めた。加工ドアは見た目は一枚板のドアのように見えるが、それぞれの部材の表面は最高級材から作られた厚さ2ミリの単板で覆われている。単板の下には、組み合わされて接着されたマホガニー材が使われている。ポルティコ社は供給の限られたマホガニー材を効率的に使うためにこの加工ドアの生産を始めたが、加工ドアには小さい部材を使うため、大きい部材では起こりがちな曲がりや割れを減らすことができるという利点もあった。

トーレス氏はSCSによる認証によって、主な取引先に対するポルティコ社のイメージが上がり、そのことによって1992～1996年に大きな市場シェアを獲得できたと認めている。トーレス氏によると、認証は、取得当時、環境認証製品を取り扱おうとしていたホームデポ社との取引に重要な役割を果たしたという。ホームデポ社の買い付け担当者に尋ねたところ、トーレス氏の言うとおりであることを認めたうえで、「我々は、認証を受けたものしか輸入しない方針なので、適切に経営された熱帯林から生産された製品しか買い入れることができないのです。問題のある木材はたくさんありますが、ポルティコ社は優れた森林経営を行うとともに、最高級のドアを生産しているので、我々にとって最適な取引相手なのです」と説明した。

変化の激しい規制

これまで、ポルティコ社は激しく変化する規制のもとで経営を行ってきた。1977年までは、コスタリカ政府は伐採権と森林所有権を特段の規制なしに売り渡していた。1977年に再造林法が制定されると、伐採個所の立木のうち25％までしか伐採できないことになったが、同法には伐採税は伐採開始前に納入しなければならないという条項があったため、逆に違法伐採を促す結果となった。このため、1981年には、コスタリカの年間森林破壊率は熱帯諸国で最も高い4％に達した。1987年および1992年には、政府は森林経営計画を義務づける法律を制定し、胸高直径24インチ以上の販売可能な立木のうち60％までしか伐採を行えないこととした。しかしながら、林野庁によると、1990年に行われた伐採のうち約60％は違法なものであったとのことである。1992年には、ついに、コスタリカに残された森林の5％だけが伐採の対象とされ、残りは保護地域に指定された。

環境保護団体は、コスタリカ政府が伐採抑制と森林保護のために強い規制を行ってきたことは認めるが、1990年代全般にわたって、林野庁の監督が効果的ではなかったことを指摘している。また、林野庁の発行する伐採許可証は、同国の林産物企業との間でしばしば問題となった。許可証は毎年発行されるものであったが、役所の手続き

に時間がかかり、発行が長期間遅れることも多かったのである。1994年には、ポルティコ社に対する伐採許可証の発行が非常に遅れたため、同社は通常の15％を上回る量のマホガニーを外部から購入せざるを得なかった。

このように、コスタリカは伐採を行うには非常に厳しい状況にあったため、トーレス氏は1994年に、ポルティコ社の所有森林をこれ以上拡大しない方針を決めた。経営陣も、もしコスタリカの社有林にだけ原木の供給を頼ったのであれば、今後、ドアの生産を拡大できないであろうと感じていた。伐採許可証の発行の遅れだけではなく、環境保護団体によるマホガニー伐採反対運動も問題であった。環境保護団体は、同社が優れた森林経営を行っており、コスタリカにはロイヤル・マホガニーの生育する低地沿岸林が多く存在するにもかかわらず、伐採反対運動を行っていたのである。同社は、このように不安定な状況のもとで、森林経営を大規模なものにすることは避けたかったのである。

このように政府の規制は転々と変わりつづけてきたが、政府の規制を確立されたものとするために、600以上の企業が参加してコスタリカ林産物協会が結成された。同協会の目的は、林業を他の土地利用と同様に利益の上がるものとするよう、各種法規の整備を政府に働きかけることであった。ポルティコ社は、主要な輸出業者および認証森林経営体として、新たな法案作りの先頭に立った。新たな法案は、1994年5月に森林法第7575号として発効した。同法は、コスタリカにおける木材生産はすべて認証森林から行われなければならないと定めた。この規制は、木材供給の削減と価格の上昇を意図してのものである。また、政府は認証取得の費用と認証森林の管理にかかる追加的費用を負担することに合意した。この補助金によって、森林の利用価値が他用途と十分対抗し得るものとなり、また、認証の取得によって、今後、コスタリカ企業の木材輸出市場への参入が可能となることが期待されている。同法はまた、林産物協会からの圧力を受けて、同法の不十分な執行状況を改善するために、伐採許可証の発行と伐採税の徴収から林野庁の関与を取り除くこととした。さらに、伐採許可証の有効期間も延長された。1996年には、政府は新たな法律を制定して、天然林からの土地利用形態の変更を禁止するとともに、人工造林に対する規制を緩和し、さらに、農地と非森林区域における伐採許可証の発行権限を、地方公共団体と独立の林業技術者に譲り渡した。

1997年に、トーレス氏は、法律改正と政府の新たな政策を受けて、コスタリカでの所有森林を拡大しないという方針を覆し、林地をさらに購入することを決めた。この方針変更について、トーレス氏は「政府は、持続可能な経営から生産された木材しか合法的なものでないという新たな法律と規制を導入することによって、多くの問題を取り除いたのです」とコメントしている。

ポルティコ社の岐路

　1997年に、ポルティコ社は岐路に立つことになった。この年、ドアの売上は1994年と同レベルの6万個にまで落ち込んだ。1994年当時はアメリカ南東部市場の60％のシェアを維持していたが、1997年には同社の市場シェアは低下しつつあった。これは、東南アジアやボリビア・ペルー・ブラジル・グアテマラ・チリなど南米の低コストの競争相手が住宅向け高級ドア市場に参入するにつれて、ドア価格が20％ほど低下していたためである。そのため、同社はこれまで10～15％であったアメリカ以外への輸出を増やすことを考えた。トーレス氏は、ドイツなどの北欧諸国の市場に参入するには認証が役立つであろうと期待していたのである。

　しかしながら、ポルティコ社は経営全体あるいはマホガニー以外の木材に対して環境認証を拡大することは考えなかった。トーレス氏は認証を、ホームデポ社のような熱帯林破壊についての紛争や批判を避けることを望む企業との取引には役立つものと見なしていたが、ポルティコ社がこれまで顧客を維持できたのは、認証によってではなく、価格や品質、配送、一貫性、サービスなど、同社の提供するサービス全体によるものであると考えるようになった。さらにトーレス氏は、消費者は認証木材から作られているがためにドアに高い対価を支払おうとするものではない、ということにも気づきつつあった。

　結局、ポルティコ社は新たな戦略的決断を行うこととした。同社の経営陣は1997年に森林経営部門を製品生産部門・流通部門から切り離すことを決定した。同社がこの決定を行ったのは、年金基金などポートフォーリオの多様化を求める投資家による、森林経営への投資に対する関心の高まりをうまく活用しようとしてのことである。また同社は、バージニア州に本部を置く環境企業支援基金（EEAF）を通じて、林地の取得に対する資金を調達することも計画していた。EEAFは開発途上国において環境保全の取り組みを行う企業に対して、長期資金の融通と経営の支援を行う、非営利のベンチャーキャピタルである。トーレス氏によれば、ポルティコ社は、持続可能な森林経営を行っていたため、林地の取得に対する融資を獲得することができたとのことである。「投資家は、我々が長期的な利益を上げることのできる森林経営体として認証されているため、我々に関心を示しているのです」

森林経営と製品生産の連携

　ポルティコ社は、供給量が減少する中での原料供給の確保、熱帯林伐採に関する紛争、企業に対する敵対的な政府の政策など、多くの問題に直面してきた。このような状況のもとで、同社を成功に導いたのは、経営の垂直的統合と森林経営に対する環境認証の取得であった。市場における企業の評価は、製品の質と配送の確実さにかかっているが、同社は垂直的統合によって、質・量ともに問題のない高級木材の供給を長期的かつ効率的に確保することができたのである。同社の林地に対する投資は、木材

供給、ひいては輸出向けドアの生産能力を維持するために不可欠である。また逆に、高付加価値製品の生産を行うことによって、持続可能な森林経営にかかる追加的コストを吸収することができたとも言えるであろう。いずれにしても、同社は、森林経営と高品質製品生産をうまく連携させることにより、収益を確保することが可能となったのである。

　しかしながら、ポルティコ社の成功にもかかわらず、認証によって高い「価格プレミアム」が実現したのか、あるいは認証は単にアメリカにおいて流通業者へのアクセスを確保しただけなのかは明らかではない。また、認証製品の将来も必ずしも安泰ではない。もしアメリカにおいて、何らかの要因によって小売業者への環境保全圧力が弱まれば、認証に対する関心も低下することであろう。また、高マージンの認証製品は、旧来の伐採方法による木材から作られた安価な製品との激しい価格競争にさらされ、市場を失うことになるかもしれないのである。

第9章
難しい熱帯地域での持続的森林管理

　森林問題の中で、世界の熱帯林破壊ほど物議をかもし生態的な問題を抱えているものはない。1981〜1990年にかけて約15万4,000km^2、つまりジョージア州より少し大きいぐらいの熱帯雨林が毎年破壊された。中南米では27％の森が1980年までに破壊された。そして、1990年までにはさらに13％が消えた。熱帯林はすべての動植物の50％を擁し、生態的・医薬的・審美的、そして経済的に重要なだけでなく、地球の気候を変える恐れのある大気中の二酸化炭素が増加するのを防止する機能も有している。

　1990年代、世論と環境運動によって破壊をくい止めようと国際条約が結ばれ、国をあげての改革が始まった。それでも破壊は続き、場所によっては加速した。ブラジルでは毎年の火災の時期に起こる森林消滅が、1991年から1994年にかけて34％も増加した。生活のため、農業のための伐採がブラジルの主な森林消滅の原因だが、木材産業の成長も重大な要因となりつつある。市場はさらに材木を求めるのみならず、その伐採過程において脆弱な土壌を締め固め林冠を開く。これらは動植物の生育と生息に深いダメージを与え、森林火災の危険を増大させる要因となっている。1本伐採されるごとに27本がひどく傷つけられ、40mの道が開かれ、600m^{2}の林冠が開かれる。元の森林の状態に回復するのに70年もかかる。

複雑な熱帯材の需給関係

　熱帯広葉樹の市場は生産者にとって参入しやすく、付加価値を加えなければ製品の違いもほとんどなく、比較的元手の少なくてすむ業界である。種類と品質だけが熱帯製材品の必須の分類である。生産者は国内や国際市場での製品価格を変える手段をほとんど持っていない。品質は木材の欠点の存在（節や穴、乾燥によるねじれや歪み）によって計られ、その欠点によって等級区分される。ヨーロッパ・日本・アメリカといった輸入国は、最も欠陥の少ない最上級のものしか買わないが、ブラジル国内の市場や、他の開発途上国はそれほど要求が高くない。1950年から1992年にかけて、熱帯材の国際価格は、実質的にわずか1.2％上がったにすぎない。1990年代には価格は安定していた。その主な原因は、多くの熱帯材がそれらの代替品になる品質の良い温帯産の広葉樹材と競合していたためであった。

　熱帯木材の需要は樹種によって異なる。特徴や性質はそれぞれかなり異なり、どんなに強くて外観や耐久性が良くても、建設材には向かないものもある。そのため、購入前にその目的に沿った木材の適性を知っておく必要がある。

　生産された熱帯材のうち、国際市場に出荷されるものはわずか6％にすぎない。熱帯アジア、主にマレーシアとインドネシアが輸出量の80％を担っている。1990年代には、熱帯丸太の生産が落ち込んだ。そして、いくつかの熱帯国では材木の需要が急増した。しかしそれらの国の保護林が低質化しているため、インドネシア・マレーシアを含む熱帯の生産国からの輸出が減る一方、輸入は増加した。木材輸出禁止が、国内の木材生産業者に影響を与え、アジアの木材輸出を減少させた。合板や単板といった付加価値製品は同時期に伸びたが、木材輸出の落ち込みの減益を補うものではなかった。中南米における熱帯木材の主要生産国であるブラジルは、1995年には国際的な輸出の8％を担った。木材を求めるアジアの企業が1990年代初頭にアマゾンに殺到し始めたが、それはブラジルの森林がいかに重要であったかを示している。

移り気なアマゾンの木材産業界

　アマゾンでの伐採は1970年代の半ばに始まった。ブラジル政府は牛の大規模な放牧を奨励し、1960年代にベレムから新しい首都ブラジリアに通じる高速道路建設のために何百マイルものアマゾンの森林が開かれた。政府は牧場を始める者に最高75％もの補助金を提供し、土地を開拓したことを証明した者には占有権を与えた。しかし1980年代には、栄養の乏しいアマゾンの土壌が牧草地として十分な牧草を育てられず、牛の放牧は採算が立ちいかなくなって、魅力を失ってしまった。生活の破綻に直面した牧場主たちは、森林の伐採権を売るようになった。最初はマホガニーのような高価

図表9.1 パラゴミナスでの木材加工工場数の推移（1970-1990）

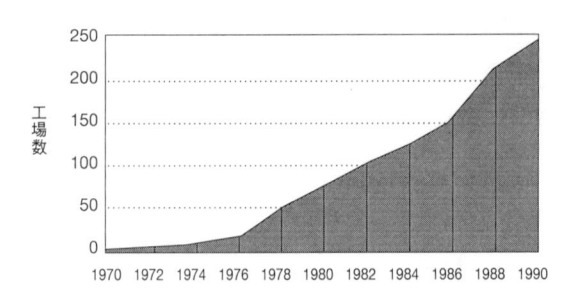

　な樹種のみを選んで伐採していたが、南ブラジルの広葉樹の蓄積がなくなるとともに、多くの樹種へと着実に広がっていった。価格は国内外の市場で上昇した。1976～1988年の間、アマゾン広葉樹材の生産は年700万m³から2,500万m³へと急上昇した。このため木材業は、北西アマゾンにおいて大きな経済的勢力を持つに至った。1990年には、伐採業者が100を超える樹種を搬出するようになった。

　アマゾンの木材産業は、北西ブラジルの2万2,000km²を占めるパラ州で最初に発展した。1990年代半ばには、アマゾンの丸太の90％はパラ州で生産された。多くの伐採業者や製材所は1970年代後半から1990年代後半にかけて成長した（図表9.1）。1990年には、業界は主に森林から原木を引き出してくる伐採・搬出業者、製材業者、そして付加価値加工業者という3つのタイプの企業で構成された。パラゴミナスにある約240の製材工場のうち、約80％が小規模で、年間4,000～5,000m³を生産する。残りの20％が大規模で、年間1万～1万4,000m³を生産した。ほとんどの製材工場が中古の、性能の低い機械で操業しており、60％の製材工場は森林の伐採と加工を兼業していた。国内需要が大きかったこともあり、1980年代後半まで製材工場は製材品のほとんどを国内で販売していた。しかし、ほとんどの事業所が小規模で、輸出にふさわしい品質の製品を作ることができなかったことも事実である。

　1990年代には業界の経済状況が破綻した。土地の所有権は固定化し森林に入りにくくなった。結果として、伐採費用は実質30％も跳ね上がった。同じ時期、ブラジルの実際の金利が高いため民間建築着工件数は減少して木材需要は減退し、特に国内製材品価格は平均20％も下落した（図表9.2）。

　輸出できる品質の熱帯材価格は安定していたが、値上がりした伐採費用、インフレ、通貨の急騰で地元の生産者のマージンは消えていった。1990～1996年の間に、ディーゼル燃料と電気代も70％跳ね上がった。実質的に労働コストは下がったが、会社は給料の50％相当額を、社会保障や税金等として追加的に支払わなくてはならなかった。材木を加工するだけの事業所が、丸太の値上がり、エネルギーコストの上昇、

図表9.2　パラゴミナスでの木材価格（1990年、1995年、ドル／m³）

品質	製品	平均価格（ドル） 1990年	平均価格（ドル） 1995年	変動率％
高位	丸太	60	82	37
	製材	336	291	−13
中位	丸太	38	43	13
	製材	216	174	−19
低位	丸太	24	30	25
	製材	168	98	−42
最低位	丸太	18	27	50
	製材	96	89	−7
平均	丸太	35	46	31
	製材	204	163	−20

出典：Steven W. Stone (1996) "Economic Trends in the Timber Industry of the Brazilian Amazon" p. 22

製品市場での値下がりで一番打撃を受けた。マージンを増やそうと、多くの事業所が垂直的系列で合併しようとした。特に小さい事業所はどんどん合併していった。なかには単板や合板といった加工業者と合併したところもあった。1992年から1997年にかけて、6ないし7社の大規模な加工業者が共同して、さまざまな供給者からの木材を輸出用にパッケージする「輸出材専用取り扱い業」を始めた。そこでは、各業者が、年間4万〜5万m³を扱った。

さらに厳しい政府の政策

　経済状況が木材産業を蝕む中、政府がさらに追い打ちをかけた。基本的なブラジルの森林に関する法律は1965年の森林法であり、永久的な保護地域の確保、生物保護区の設定、そして公的林業機関IBAMAの設立を定めて木材生産を監視することになっていた。その他にも、さまざまな規則がアマゾンの森林に関して設けられた。伐採前にIBAMAに経営計画の承認を受けなければならないとか、直径45cm以下の木の伐採禁止、76cm以上の厚さの挽き材の輸出禁止、ブラジルナッツやゴムの木のような特定種の伐採搬出の禁止、といったものだった。

　しかしこれらの多くは実施されなかった。経営の混乱と経済的サポートが不十分だ

ったため、IBAMAは十分に機能を発揮できなかった。1990年代半ば、ブラジル政府は国際的な批判や国内の活動家たちの圧力を受けて法律を強化した。新しくIBAMAに、より強い権限、追加の職員、そして経済的援助を与えた。1996年には、IBAMAは申請の70％を計画の不備を理由に却下した。政府の規制の強化は、規則を遵守する伐採業者のコストを上げることとなった。森林管理計画には1万〜2万ドルかかり、手続きに半年もかかった。しかし逆に、優良な持続的森林管理計画を持っている企業にとっては、有利な状況が生み出されたと言える。

破壊に代わる道

　持続可能な森林経営は、天然林を損傷せずに収穫する一連の作業法であり、これが長期的には熱帯林の経済的価値や生態的条件を高めると期待される。しかし、経済的に成功している持続可能な森林経営の実行例はほとんどない。1990年初め、世界の熱帯林のうち資源の保続を図っているのは1％にも満たず、しかもその環境面での取り組みは持続可能な森林経営よりはるかに甘い。1990年代半ばまでに専門家はその数字を下方修正した。

　プレシャスウッド社は、熱帯で持続可能な森林経営を実行しようとした数少ない企業のひとつで、スイス人企業家ローマン・ヤン氏によって始められた。1988年にスイスの投資家アントン・スクラフル氏の財務顧問として、コスタリカのチーク林再生計画を評価した彼は、熱帯林再生への関心を強めた。十分な採算性と、生態的に森林を再生する可能性を目の当たりにし、この元企業弁護士は独立の会社設立を提案したのである。スクラフル氏の協力もあってヤン氏はプレシャスウッド社を1990年に設立、熱帯林再生とコスタリカでの広葉樹植林の経営に投資している。後に彼は事業をブラジルにおける持続可能な森林施業にまで展開させた。

　1997年の終わりまでに事業所は、ヨーロッパの投資家から純資産額3,268万ドルを得て、優秀な林業技師と工芸の専門家を雇い、経営計画を立て、熱帯広葉樹を生産し、製品を高く買い取るヨーロッパ市場への展開に向けて事業を開始した。スタートした時点では、プレシャスウッド社はもたつき、経済的にも危機に直面し、1996年に立てた収支見込みを達成できなかった。経営陣はその年の後半、事態打開のために経営を見直し、コスト削減に努めた。プレシャスウッド社のアプローチは、困難な出発にもかかわらず条件が整えば、投資家の期待通り利益も出せるし、経済的にも従来の方法に太刀打ちできる選択肢となり得ることを示した。

　この事業所の方針は多様な種の樹木を収穫し、それらの樹種の特質を生かして国内外の市場で受け入れられる製材品と半製品づくりをすることに焦点を合わせている。プレシャスウッド社の経済的な成功と、持続可能な森林経営プログラムの成功は、役員のダニエル・ハウアー氏によれば、「輸出用の品質の良い名前の知られた樹種ばか

りでなく、森林から収穫されたすべての資源を用いて、できるかぎり多様な製品を取り揃えているからだ」と言う。

導入された持続可能な森林経営システム

　1990年にコスタリカでの施業を始めて間もなく、プレシャスウッド社は熱帯林における活動を拡張するため、ブラジルの天然林管理に進出し、中期的キャッシュフローを強化しようと考えた。1991年後半には、同社は中南米における経営管理の経験を持つスイス人エコノミストのハンス・ペーター・アバーハード氏に事業拡張のための採算性の調査を依頼した。ここで、森林管理計画と資本投資計画が練られた。プレシャスウッド社の経営陣は、ブラジル計画を1994年1月に承認し、資金調達に動き始めた。それから同社は、適当なアマゾン森林の獲得に奔走した。森林管理計画は完成し、承認を得るためにIBAMAに提示された。1994年、アマゾン川沿いのマナウスの約230キロ西に、90%未開発の森林8万haを430万ドルで購入した。契約には道路などの基盤や、建物、施設も盛り込まれていた。

　プレシャスウッド社は、最初から持続可能な森林経営をブラジルの原生熱帯林で実行しようとした。その森林管理計画は、1965～1983年の間にオランダのワーゲニンゲン農科大学のライツェ・ド・グラーフ博士がスリナムで開発した、多サイクル林業システムのCelosモデルを基本にしていた。Celosシステムは重要な点で伝統的伐採方法と異なっている。Celosシステムは、労働者の組織化、環境負荷の低い伐採技術、よく練られた収穫規整、計画のツールとしての森林調査の活用等を通じて、森林生態系の保護と持続を強調しつつ木材採取の効率を上げようとするものである。Celosモデルにおける森林施業では、伐採サイクルの中で特に商業的に優れた樹種の更新を高めることを目指した積極的な経営・管理に力点がおかれている。

　マナウスに拠点を置く科学研究所INPAの科学者と科学的アドバイザーとしてとどまったド・グラーフ博士は、アマゾンの現状にCelosの持続可能な森林経営システムを適用した。その過程で会社は所有森林の地形と自然特性の基本調査を行った。それらの結果をもとに、生態的に繊細な保護区を含む20～30%の土地を経営から除外することになった。残り70～80%の森林は、約2,100haほどのほぼ同じサイズの25区画に分割された。これは25年を一巡として毎年収穫しようという会社の決定に沿ったものである。

　Celosシステムの記述に示されているように、プレシャスウッド社の経営管理計画は、総合的な森林調査、または森林の特徴を把握するための事前調査を全域について行った後、これらの調査結果に基づいて実践することを求めている。理想的には収穫される6カ月から1年前に、直径50cm以上の全木の樹種の判別とその位置、渓谷や急傾斜面などの地形的条件、その他伐採の障害となる自然状況を調べる。その調査デ

図表9.3 プレシャスウッドの調査情報位置図

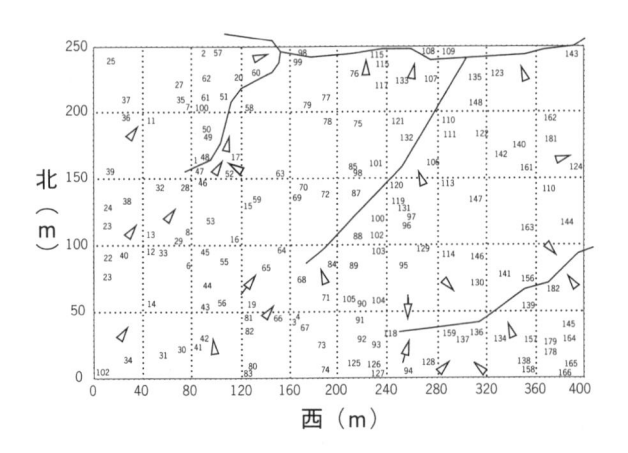

註：地形調査データ図

ータはコンピュータに入力され、それぞれの区画の情報位置図として取りまとめられる（図表9.3）。施業担当者は、これらの調査結果に沿って、商業的に望ましい木の特定、伐採木の選定、搬出路の選択・設定などを行うことによって、距離が短く木を傷めない搬出方法を計画することができる。さらに伐採業者はこの計画に従い、伐倒方向を決め、つるを切り、ウィンチ付きスキッダを用いて近隣の木や林冠・土壌へのダメージを最小限に抑え、狙った木を伐って森林から運び出すことができる。

造林方法は、あくまでも商業的に望ましい樹種の増加と天然更新の促進を目指している。そのためには、望ましい樹種に日光が当たるように林冠のつるなどを刈ったり、木の根の周辺を刈って望ましくない種を除去したり、除草剤を使ったりする。スリナムではこうした収穫後のステップを踏むことによって、商業樹種の材積成長が少なくとも4倍、すなわち年ha当たり0.5〜2 m^3に増大した。

品質を重視した市場戦略

熱帯において多大な競争にさらされている小さな木材生産業者は、通常不確定な原材料入手ルートしか確保しておらず、質の悪い機械を用い、低いプロ意識によって経営されていることが多い。この環境において、常に品質の高いものを追求し、顧客の要求に敏感に応え販売するプロ意識の高い会社は、有利な競争ができるのである。プ

レシャスウッド社は、製材品と半製品という2つの形で、品質が高く持続的に収穫された熱帯材の製品を、高い値段で売れるヨーロッパ・アメリカ・アジアといった市場に送り込もうとしていた。

　1997年には30種ほどの樹種を用い、約2万4,000m³の製材品と約2,500m³の半製品を販売する予定であった。1996年には熱帯材とヨーロッパ市場に強く、長い国際経験を持った営業担当者を雇用した。プレシャスウッド社はまた、ヨーロッパをはじめとする国際市場での基準を満たすような品質の高い製品を作るために製材機械を購入した。この機械はさまざまな速度に対応でき、ステライトの切り刃と水圧ログローターが付いている。こうした機械によってプレシャスウッド社は、先進的な熱帯材生産業者として中南米における第一歩を踏み出した。

知名度の低い樹種の重要性

　伐採業者は、豊かな熱帯林のほんの一握りの商業価値の高い樹種のみにターゲットをしぼってしまいがちである。しかし、持続可能な森林経営を成功させるには、なるべく多くの熱帯林樹種を、国際市場での知名度にかかわらず、選別し伐採しなければならない。この方法によって生産者は、過剰伐採やマホガニーなど数少ない商業価値の高い樹木の絶滅を避けることができる。

　経済的な利益のためにも、さまざまな樹種を採取することは重要である。また十分な量の収穫と販売を確保することも、ビジネスとして必要である。しかし、持続可能な森林経営はある樹種が持続的に供給できるよう、一定期間に伐採できる材積の量を制限している。プレシャスウッド社の所有地には、60種もの商業的可能性のある樹木が生育している。しかし、イペ、アマパ、ジャトバといったよく知られた樹種の蓄積は、持続可能な森林経営のもとで会社が経済的に存続できる取扱量のほんの一部でしかない。1997年プレシャスウッド社は、38樹種から7万m³の木材生産を計画した。そのうちジャトバは1%、アマパが2.6%、イペが0.03%であった。

半製品の利点

　成型品やドア部品などの半製品生産戦略は、製材品の生産とあわせて、プレシャスウッド社が多様な樹種の市場を作っていくうえで優位な立場と効率をもたらす。会社は、収穫用に植林された30種ほどの樹種それぞれに見合った用途を見つけなければならない。この課題に対し、「加工された製品を製材品とともに提供した方がよい」とハウアー氏は言う。付加価値を付けることによって、会社のマージンも増加する。規格サイズの製材品を作った残材や木端から製作可能な半製品は、最終消費者向けに知られていない熱帯材を組み合わせて提供する機会を与える。そうすることによって、

プレシャスウッド社はどの種がどんな用途に向いているか納得させ、市場での受け入れを早めることができる。そして付加価値生産は、社有林周辺に継続的な雇用を生み出すことによって持続性に貢献する。「持続性とはエコロジーだけの問題ではなく、社会的な問題でもある」とハウアー氏は言う。1997年には、会社は、乾燥材・成型品・ドア部品・フローリング用組材や各種家具部品といった半製品を提供しようと計画した。

ヨーロッパ市場の重要性

プレシャスウッド社の競争戦略の成功は、品質の良い熱帯材に高値を付ける、高級なヨーロッパ市場にかかっている。1995年にはこれらの市場は、熱帯材製品が総輸入の21％を占めた。1997年6月、プレシャスウッド社は森林管理協議会（FSC）認定のスマートウッドによって認証された。経営陣は、FSCの認証が会社のヨーロッパ向けの商品に「グリーン・プレミアム」をもたらすとは期待していなかった。しかし上層部は、それが市場参入の手がかりとなり、熱帯林の破壊状況に敏感なヨーロッパのバイヤーとの関係を良くするのではと期待した。世界銀行の研究によると、プレシャスウッド社のような認証された持続的経営者のヨーロッパ熱帯材輸入市場での占有率は、1995年の1〜3％の規模から将来20％にはなるだろうと述べている。

プレシャスウッド社のヨーロッパにおける主な販売戦略は、多様な熱帯樹種を大量に供給することである。ヨーロッパの一般的なバイヤーの基準によれば、プレシャスウッド社の総生産水準は低い。計画されている年間販売量は2万5,000〜3万m^3で、それはヨーロッパの小さい市場のひとつであるオランダ市場での需要の約3％にすぎない。多くの熱帯材のバイヤーにとっては、最低でもその樹種が切れ目なく供給されることが、品質に劣らないほど大切である。安定した継続的な供給は、知られていない種にとって、市場の承認を獲得するためには重要なことなのである。

不運な始まり

プレシャスウッド社のブラジルにおける持続可能な森林経営の施業計画では、始業コストを、土地、伐採と運搬に必要な機器、製材機械等の購入費、労働資金、計画推進費など合わせて1,500万ドルと見積もった。1996年までには、プレシャスウッド社は最初の4,000haの森林調査を終了し、最初に収穫が予定されたA地区約1,500haを伐採し、次にB地区の伐採を始めた。会社は、かなり豊富な材積を有する35種の熱帯樹種の販売を開始するための調査をし、月間約5,500m^3の収穫を計画していた。その年半ばには最初の製造ラインが動き出した。2番目は1996年10月初めに始動した。1996年11月、会社は年間処理量が5,000m^3にもなる6基の乾燥炉を導入して使用し始

めた。同社には約35万ドル分の半製品の注文が入り、1997年2月には配送することになっていた。また、近隣のブラジルのフローリング組材取り扱い会社との間で、毎月500m³のヨーロッパ市場用の高品質フローリング材を、持続的に収穫される木材で作るという話ももちあがった。

しかし会社は1995年と1996年に相次いで障害に直面し、それらはコストを増大させ製造開始を遅れさせた。主な問題は、(1)資本投資計画上の失敗が生産を遅らせ、在庫調整で損失を出したこと、(2)995万ドルという始業準備資金が予想よりも高くついたこと、(3)アマゾンで新しいビジネスを展開させるためのさまざまな問題にかかった法外な施業コスト、(4)資金コントロールのまずさと高い経営コスト、(5)弱い販売力による生産過剰(危険在庫の増加)、恒常的な現金不足、インフレと為替相場の上昇によるコスト上昇、であった。

1996年の夏には、取締役会は支出超過と売上の伸び悩みに直面した会社に、より厳しい財務管理と過剰支出の削減を求めた。そして、この取締役会の憂慮が施業や経営を変えるきっかけとなり、コスト削減と生産効率の向上に向かっていった。この取り組みにもかかわらず、1996年11月、プレシャスウッド社には年を越す資金がなかった。同年12月、取締役会は再び経営に介入し、大きな改革を求めた。社長と総務部長がともに役職を解かれ、執行役員会が最高責任者（CEO）と社長の役割を果たした。そして、取締役会はアマゾンでの森林施業の経験のあるスイス・ブラジルの二重国籍の人物を採用して、ブラジル組織の主任にした。また、チャンピオンインターナショナルブラジル社の前経理部長が、財務システムとブラジル施業の見直し、財務状況の改善とコスト削減、そして効率アップのために雇われた。会社は、経営陣の報酬を会社の財政状況と連動させるようにもした。

こうした変化により、1997年には会社はいくつかの成果と成功を収めた。スイスの投資家がこれを評価して、1997年1月にはさらに300万ドル投資してきた。これは1997年前半、業績が改善するまで、会社が持ちこたえる支えとなった。新経営チームは3つ目の製材ラインを始業させ、これが全体の製材所での生産を1日ほぼ100m³にまで高め、それによって採算が取れるようになった。1997年初めの平均価格は300ドル弱/m³だったが、同年5月の売買契約は350～400ドル/m³となり、1997年中は同社が維持したい価格水準を取り付けた。年の終わりには、会社は25種類の異なるタイプの木材の輸出注文を受け、さらに多くの樹種の問い合わせがあった。このことは、プレシャスウッド社が、これまで利用されていない樹種材の市場に足場を確保しつつあることを示している。アカリクアラという重くて密度の高い木材を、バルト海の海岸を守るための補強杭として供給するという試みの契約は、1998年の春から夏にかけての新たな契約に結びついた。国内市場向けには、同社はマナウスに製品の展示場として、また、知られていない樹種の試験的な実地販売の場として、アウトレット売り場を開いた。また、同社として初めてのDIYで販売される自作用の木造住宅を完成さ

せ、ブラジルの合弁先と共同で売りに出すこととなった。1年で、プレシャスウッド社は4万6,000m^{3}の丸太を加工し、1万6,758m^{3}の製材品を製造、1万2,107m^{3}を荷渡し用にパッケージし、212m^{3}の加工・半加工製品を作った。そして、会社は経営体系を分散化することによって、管理的経費を1995年の200万ドルから1998年の75万ドルにまで削減した。

プレシャスウッド社は、538万ドルの営業損失と600万ドルもの臨時償却で1997年を終えたが、そのほとんどはブラジルにおける始業経費に関連した出費による。初年度のブラジルでの操業は、四半期当たり150万ドルのコストと予想を上回る営業損失を生んだ。社有林から収穫された木材の品質は全体として期待はずれで（多くの木材には穴があり、直径も小さい）、同社は品質基準に達しない木材を処分せざるを得なかった。製材工場で扱われたさまざまな木材（特徴や寸法の違う30種もの木材）は、一時保管の間に管理上の複合的問題が生じた。一部のものは傷ついて除外しなければならなかった。そして、3,300m^{3}の木材を注文したフィリピン人顧客が代金を払えず、商品を取りにも来なかったので、それが原因となって販売に比べて生産が過剰となった。

これらの問題に対応するために、経営陣は年末に、製材工場における作業を見直し、木材の保管方法を変え、伐採できる材の直径を最小60cmに上げた。ハウアー氏は、プレシャスウッド社は1998年には約1万5,000m^{3}の生産によって売上は450万～580万ドルに増大し、製材工場の歩留まりは45～50％となり、収支は均衡するであろうと予想している。

将来の利益？

プレシャスウッド社の最初の一連のトラブルと惨憺たる販売結果は、将来の収益性に関する評価を難しくしている。環境アドバンテージ社のチャールズ・ウェブスター氏とディアナ・プロパー・ド・カレイオン氏は、1999年の終わりには同社の財務状況は改善するだろうと結論した。彼らの分析が示すように、従来の仮定に基づくと、同社は以下の条件によって純益を2年以内に28％も上げる可能性を持っている。(1)売上が2万3,800m^{3}に増加する、(2)半製品の売上が1996年の成長ゼロから5,500m^{3}にまで増加する、(3)同社の木材から製品への歩留まりが1996年の35％から47％に上がる、そして(4)同社の運営コストが30％削減される。

これらが実現した場合は、1996年に比べて木材製品が目覚ましく値上がりしなくても、プレシャスウッド社の純益は28％高まる。ブラジルでの事業に割り当てられた1997年初頭の総資本額は約2,300万ドルだった。1998年に資金繰りを改善するために500万～600万ドルの増資を必要とすると、同社の28％という純利益率は1999年に11～12％の株主資本利益率（ROE）を生み出すことを意味する。これらの数字の重要

な点は、同社の予想収益率が長期保有株主の出資時の期待収益率（11〜16％）と見合っている点である。

プレシャスウッド社におけるリスク

　プレシャスウッド社は、1997年における成功の前に、いくつかの危機に直面していた。販売の不振がそのリスクの主な要因であった。最も重要な2点は、販売可能な木材の量と、その製品を販売する価格である。1996年末におけるヨーロッパ規格製材品の歩留まりは平均35％というかなり低い数値であった。しかし、半製品を追加生産すれば50〜55％にまで改善されると踏んでいた。

　こういった指標の重要性は、感度分析において明確になった。例えばもしプレシャスウッド社が7万m^3の木材を歩留まり50％で利用し、350ドル/m^3で販売するとすれば、純利益は490万ドル、そして純利益率40％になったかもしれない。もし同社の歩留まりが1996年と同じ35％であれば190万ドル、つまり純利益率22％である。しかしもし歩留まりが35％程度にとどまり木材が250ドル/m^3で取引されるとしたら、22万ドル損をすることになり、純利益率はマイナス4％になる。実際同社は、半製品製造を1997年まで実行に移さなかった。この計画の成功は、半製品製造管理の適切さだけでなく、市場が製品をどう受けとめるかにもかかっている。

　他の要因も同社にリスクを投げかけた。ブラジルにおける経営不振も未だ問題を抱えていた。同社の創業時の財務的・組織的問題の多くは、総務分野の共通経費をコスタリカ、スイス、そしてブラジルの事業に課し、しかもブラジルの林業に経験のある人材をブラジルでの経営に配置しなかった会社の構造に起因していた。1996年末に取締役会の取った事態改善の対策は、1997年の末まで効果を発揮しなかった。

　コスト削減計画も将来的な利益獲得には重要である。しかしブラジルの経済的環境を考慮すると、プレシャスウッド社がコストを十分に削減して利益を得るのは難しい状況でもある。プレシャスウッド社は難しい経済状況のもとで、同じ地域の他社より高いコストを要する構造になっており、競争相手と比べても柔軟性を欠いている。チャンピオンインターナショナル社の前マネージャーたちを会社の経営チームに雇用するには相当な金額がかかった。会社の伐採コストは、持続可能な森林経営の一環として行っているために高い。持続可能な森林経営が商業的に成功するにはやむを得ないことでもあるが、未利用樹種の販売や市場開拓のためのコストもかかる。輸出市場への売り込みも、これらの市場が高い品質を求めるためにコストがかかる。これらのコストの中には、時とともに減少していくものもあるが、会社が利益を獲得するためには実質的な経費削減が必要である。ブラジル通貨の急騰とインフレ圧力はともに、会社が目標に掲げた1997年に20％、1998年にはさらに10％の経費削減という数字の実現をいっそう困難にしている。

利益を上げる可能性

　プレシャスウッド社の持つ品質の高い熱帯材の持続的な生産企業としての明確な立場は、利益を上げる可能性を持っている。会社の、業界をリードしている持続可能な森林経営プログラムは、製品を差別化する可能性を生み出している。高性能機械の導入によって、プレシャスウッド社は高値で買うヨーロッパや国際市場の眼鏡にかなう製品の製造を可能にするであろう。そして林地を所有し垂直的に統合した生産者として、同社は原木のコスト上昇からは守られている。

　利益を高める可能性はほかにもある。多くの樹種の木材の特質にさらに精通すれば、プレシャスウッド社は伐採と生産において効率をより高めることができるであろう。例えばある樹種が重大な欠陥を持ち、製材品として向いていないと会社が判断すれば、これに代わるより欠陥の少ない樹種を収穫する。そして、ある樹種がフローリング材などの最終製品に向いていることがわかれば、その樹種の利用を増やすことができる。半製品製造への展開は、廃材を減らして歩留まりを上げ、利益を高めるであろう。木質チップを発電に使えば、ディーゼル燃料のコストを下げられる。そして会社の投資計画がほぼ完了すると、不必要な出費を抑え、在庫管理において木材を傷めないように指針を作り、役員を減らし、流通過程を整えることなどの経営に関わる多くの分野でその効率の向上を図ることができる。

　1997年プレシャスウッド社は、27万haの近隣原生林を購入できる可能性も含め、加工分野において大きな利益を上げる新しい経済的チャンスを手に入れた。会社は当時、拡大を検討できる状況にはなかった。しかし将来的には、大量の木材を加工することは会社の効率を上げ、未利用樹種の市場開拓にもつながるであろう。

持続的な林業としてではなく、商業的経営としての成功

　プレシャスウッド社の創業時の困難と低迷した売上実績は、会社の生産性についての分析を不明瞭なものにし、大きな意味での持続可能な森林経営の可能性について早すぎる結論を出してしまう。持続可能な森林経営で利益を生むためには不可欠なことであるが、1997年には会社は未利用樹種の木材を販売することに成功するところまでは至らなかった。財務管理システムも、持続可能な森林経営のコスト増をもっと正確に計算していなければならない。同社の高いコスト構造が、持続可能な森林経営プログラムのせいか、高品質を求めるヨーロッパ基準に見合う施業のせいなのか、まだ明確になってはいないからである。

　どちらにしろ、プレシャスウッド社の初期のつまずきにしても、この社の経験は熱帯地域における持続可能な森林経営の未来にとって明るいものである。もちろんいく

つかの点においてプレシャスウッド社の経験は特別である。最も重要な点は、同社の自己資本で3,200万ドルも生み出す、他には見られない収益力である。しかしプレシャスウッド社の短い歴史において最大の問題は、経営管理体制とそれを悪化させる地域の経済状況であり、森林管理ではないことは明確である。次の何年かは、安定した経験のある経営チームを維持すること、組織全体の効率性を高めること、優れた財務管理システムを導入すること、そしてしっかりしたマーケティングをすること、これらが会社を成功に導く要であることに変わりはない。プレシャスウッド社がこれらを成し遂げれば、十分な利益を上げることができるだろう。約28％という予想純利益率は、他のアマゾンの木材加工業に比べても高い。プレシャスウッド社に続く熱帯における持続的林業は、さらに大きな成功を収めるかもしれない。後発組は資金を節減できるし、設備費も減らせるかもしれない。また、よりむだのない資産構造を作り、より大きな株主利益を生み出すかもしれない。そして、それらの実現が熱帯林における持続可能な森林経営の経済的成功を示してくれる。

第10章
パルプ・プランテーションの社会経済学
ブラジルを例として

　南半球における早生樹種のプランテーションは、逼迫した木材供給に直面する林産企業にとってうってつけのようである。育種品種によるプランテーションは、温和な気候のもとで、同様の場所における天然林と比べて5～10倍もの木材繊維を生産することができる。また、そこから得られる木材繊維は天然林からのものよりもパルプ生産に適した均質かつ良質のものであって、さらなる規格化に向かいつつあるパルプ産業にとって、最適のものである。環境保護主義者も、プランテーションは天然林に対する伐採圧力を弱め、土地と野生動物を保護するのに役立つと次第に認めつつある。持続可能な森林経営に関する世界最大の認証組織である森林管理協議会（FSC）も、プランテーションを「天然林に代わって世界の林産物供給に貢献し得る持続可能な選択肢」として受け入れている。

　しかしながら、批判者は、また支持者でさえ、単一樹種の農業的システムが持続可能性に対して問題をもたらし得ることを繰り返し指摘している。プランテーション林業の効率性は、近隣コミュニティーにおける環境的・経済的・社会的な持続可能性に対する脅威となり得るのである。プランテーションは生態系が単純であるため、通常の森林が有する、水資源保全や土壌再生などのすべての環境機能を果たすことはできず、また、植物や微生物、動物などの生物多様性を支えることもできない。企業によ

る大規模なプランテーションはまた、近隣の経済環境を変え、コミュニティーの社会構造を損なう可能性を有している。後述するように、インドネシアでは、政府の主導によって早生樹種によるプランテーションが推進されているが、既にコミュニティーおよび生態系における持続可能性との対立が生じている。このように、プランテーションが効率性を高めるものか、あるいは持続可能性を損なうものかについては議論が揺れているところである。

　ブラジルは、紙パルプ企業による早生樹種プランテーションの中心地であるが、2つの企業、アラクルスセルロース社とリオセル社が、プランテーションの効率性と持続可能性の2つを調和させるという難問に対して、異なったアプローチを取っている。アラクルス社は世界最大量を最低コストで供給するパルプ生産者で、同社は環境問題を効率性の改善と新たな市場開拓のための機会としてうまく利用してきた。それに対して、リオセル社は環境問題を基本的には生産に対する追加的なコストと見なしている。両企業は、1990年代に外部からの圧力を受けて、環境面での取り組みを改善したが、現在でもさまざまな環境問題・社会問題については批判の対象となっている。両社のこれまでの経験は、早生樹種プランテーションによる持続可能な森林経営の利点と問題点を明らかにしてくれる。

アラクルスセルロース社

　1992年、世界中の関心がブラジルの「環境と開発に関する国連会議」(UNCED)に向けられている時、環境団体グリーンピースの船レインボー・ウォーリアー二世号はポルトセル港に入港し、アラクルス社の専用桟橋を封鎖していた。この国際環境団体と地元の活動家は、同社のプランテーションが大西洋岸の熱帯林約1万haを破壊しているとして抗議活動を行っていた。

　こうした行動は、アラクルス社の企業的成功と、同社に対して矛先が向けられるブラジル林産業をめぐる環境的・社会的議論との矛盾を示すひとつの例である。アラクルス社は、世界最大で最小コストの漂白ユーカリパルプの生産者であり、ブラジルにおいて最大の成功を収めた企業のひとつである。同社はブラジルの温和な気候とその優れた林木育種技術によって、他の企業が同社に対抗するには技術開発に20年はかかる競争上の優位を保っている。同社は継続的に高い利益を生み出しており、このことは価格が激しく上下する一次産品の市場においては驚くべきことである。持続的な林業と高品質の製品生産によって、同社は世界のリーダーとなりブラジルの産業化のモデルとなった。その支持者は、同社が侵食・放棄された農地を再生し、地域の自然的・社会的環境を改善したことに対して、高い評価を与えている。

　しかしながら、アラクルス社の一般的なイメージは、その企業的成功ほど良くはない。ここ数年、同社は、支持者が高い評価を与えるのとまさに同じ取り組みに対して

反対派から批判を受けてきた。反対派は、同社のプランテーション林業が地元コミュニティーの権利と要望に対して鈍感であること、土壌を収奪し乾燥させていること、野生動物に危害を与えていること、および大気汚染を引き起こしていることについて批判を行っている。

激動するパルプ市場

アラクルス社とリオセル社は成長しつつあるマーケットにおいて、激しい競争を繰り広げている。国連食糧農業機関（FAO）の統計によると、世界のパルプ生産量は1995年には1億6,800万トンに達した。また、同年における紙パルプ企業の総売上高は5,000億～6,000億ドルであったと推定されている。FAOは1991～2010年の間に、全世界におけるパルプの消費量は年率2.9％で増加すると予測している。それに対して、木材パルプの生産量は、年率1.1％しか増加しないと見込まれている。このような需要超過は、安定的繊維供給の確保に成功したパルプ製造者に、利益をもたらすことであろう。

しかしながらパルプ産業は、高い資本集積、不安定な原料供給、年ごとの価格変動によって、周期的な好・不況の影響にさらされている。近年の生産技術や輸送手段、通信手段の改良によって、製造業者はパルプを全世界に売ることができるようになったが、そのことによってパルプ市場の周期変動はさらに強まった。現在では、価格の変動はますます激しく頻繁になってきており、業界全体における平均収益率は低い。このような周期的影響を回避するために、多くのパルプ製造業者はパルプ製造と紙製造を一体化させている。

高い市場シェア

リオデジャネイロに本社を置くアラクルス社は、1967年にノルウェー人事業家であるアーリング・ロレンツェン氏によって設立された。ロレンツェン氏と彼のパートナーはブラジルのプランテーションが木材繊維の輸出に有利であることを見て、同地でパルプ生産を行うことを決断した。同社は、ブラジル政府からの支援も受けて、ブラジル南部にある3万haの土地を州政府から低価格で払い下げを受け、ユーカリ造林とパルプ工場の建設を開始した。

30年経った現在、アラクルス社はパルプ市場において高いシェアを占めている。1996年には、同社のエスピリト・サント工場は102万5,000トンの広葉樹漂白クラフト（BHK）パルプを製造する能力を有していた。業界関係者によると、同社のパルプは最高級品として定評を得ており、高級紙やティッシュペーパーなどの紙製品の生産に使われている。1996年には、同社は世界のBHKパルプの19％を供給し、業界におけるリーダー的役割を果たしている。1997年第1四半期には、同社はアメリカにおける漂白ユーカリクラフトパルプ市場の64％を占めていた。全体として、同社は世界に

おけるケミカルパルプの3％を供給している。1990年代、同社はヨーロッパとアジアにおける売上拡大を目標と定め、1997年第1四半期までにこれらの地域における漂白ユーカリパルプ市場のそれぞれ13％、25％を獲得した。

ユーカリの黄金三角地帯

アラクルス社のパルプ市場における優位は、同社の地理的条件と育種ユーカリ品種の使用によるところが大きい。ユーカリは、オーストラリアと、インドネシアの一部の地域が原産であり、きわめて効率的に繊維を生産する。そのため、ユーカリは、プランテーション林業のために世界中に植栽されている。しかし、その中でも特に、ブラジル南東部とウルグアイ、パラグアイで最も良く成長する。この「ユーカリの黄金

図表10.1 主要なユーカリ産地における輪伐期・平均生産性

地域	樹種	輪伐期（年）	生産性（m³／ha・年）
ブラジル（アラクルス社）	hybrid	7	44.4
南アフリカ	E. grandis	8-10	20.0
チリ	E. globulus	10-12	20.0
ポルトガル	E. globulus	12-15	12.0
スペイン	E. globulus	12-15	10.0

出典：アラクルスセルロース社　Facts&Figures, January　1996年

図表10.2　地域別のトン当たりパルプ生産コストの比較

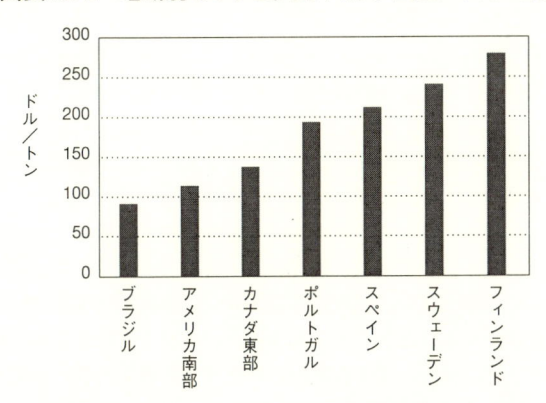

出典：オッペンハイマー社、中南米国際研究、1996年

三角地帯」においては、それに次いで生産性の高い南アフリカの2倍もの生産性を誇っている（図表10.1）。この優れた生産性によって、ブラジルは生産コストの面で優位な立場にある。例えば、1995年時点でトン当たりのパルプ生産コストが、ブラジルでは97ドルであったのに対してアメリカ南部では112ドル、世界で最も高コストのフィンランドでは276ドルであった（図表10.2）。

効率性の追求

　アラクルス社は高級パルプを販売し、それによって長期にわたり顧客を確保してきたが、同社のパルプ市場における成功は主にコストの徹底的な削減によっている。同社は1980年代後半にコスト削減戦略を採用し、漂白ユーカリパルプ市場における最小コストの生産者となることができた。同社の、森林と製材工場における「環境効率」の追求、つまり、廃棄物を削減し原料を効率的に使うことが、低コスト生産を可能にしているのである。

　アラクルス社は、同社の資料によると、20万3,000haの林地において可能なかぎり効率的にユーカリを生産するという農業的経営を行っている。これら林地のうち、13万2,000haは農業によって荒廃した土地に設けられた、保続収穫のためのプランテーションであり、約5万7,000haは法律によって保護されている天然林である。

　アラクルス社は、最高の収穫量と超高品質の繊維生産を可能とするユーカリを育成するための集約的な経営システムを開発してきた。苗木は主に挿木などの「無性繁殖」によって生産される。この方法によって、優れた性質を持つ個体が選抜され、同一のクローン個体が大量に生産される。同社の森林管理者はそれぞれの品種ごとの最適地に苗木を植栽する。このことによって、肥料や殺虫剤の散布、あるいは環境に悪影響を与える他の作業の必要性を減らすことができるのである。アラクルス社は3つのユーカリ種、すなわち *E. grandis*、 *E. urophylla*、およびこれら2種の交配種（hybrid）を使用している。このうち交配種が最も多く用いられている。ブラジルではユーカリはきわめて短期間で成熟し、7年間で樹高100フィートにも達する。この短い生育期間によって、同社はユーカリの品種改良を短期間で成し遂げることができた。同社のプランテーションにおける年間ha当たり収穫量は、1990年には30m^3であったが、1996年現在では45m^3となっている。なお、ブラジルに次いで生産性の高いチリでさえ、年間ha当たり収穫量は20m^3である。

　クローン個体は、初めアラクルス社の苗畑で育成され、その後、同社の土地、あるいは地元農家の保有する植栽予定地に運ばれる。初めの2、3年は、殺虫剤や除草剤、肥料が与えられるが、苗木が十分な高さになると下層植生の処理は行われなくなる。7年後、収穫に適した大きさとなると、樹木は伐採され下層植生も取り払われる。最近では、チェーンソーに替わって高性能のハーベスタが導入され、収穫量と生産性を高めている。その後、丸太は製材工場に送られる。樹冠と枝条は伐採現場に残され、

大きな枝は木炭工場に送られることもある。1回目の収穫後、伐採地では萌芽更新が行われ、新規の植栽は行われない。2回目の収穫後に、伐採地では次の植栽の準備が行われる。残された枝などは分解されて土壌に栄養分が戻され、肥料も加えられる。そして、新たなユーカリの苗木が植栽され、新たな生産サイクルが始まるのである。

工場における「環境効率」

　アラクルス社は、1990年代に技術革新と廃棄物削減によって、林業部門の生産性を上げたのと同様に、パルプ生産部門においても生産性の向上を絶え間なく追求してきた。これらの生産性の向上によって、同社のパフォーマンスが改善されただけではなく、環境に対する影響も軽減された。

　パルプ工場は通常、周辺の環境にかなりの悪影響を与える。工場に搬入された丸太は、洗浄・破砕された後、リグニンを除去するために化学処理が行われ、さらに、乾燥・漂白される。これらの過程で大量の水とエネルギーが使われ、多量の化学的・生物的な廃棄物が大気中や水、土壌に放出される。長年パルプ製造業者はコスト削減のために生産効率を高めており、廃棄物放出量は減少し、環境に対する悪影響も弱まってきた。

　アラクルス社よりも効率的な生産を行っているパルプ製造業者はほとんどない。1997年には、同社は工場において必要とされるエネルギーの87％を廃棄物から生産し、パルプ生産の温浸過程において使われる化学物質の94％を再利用した。例えば、丸太から得られる樹皮は、ボイラーと乾燥機の燃料として使われる。また、クラフト処理で取り除かれたリグニンも燃料として使われる。1990～1997年の間に、有機廃棄物の生物学的酸素要求量（BOD）は90％減少し、有毒溶解性有機ハロゲン化物質（AOX）のレベルはそれ以上に減少した。さらに、最後に残った廃液は沖合い1マイル以上に伸びたパイプによって、海中に放出されている。

　アラクルス社によって生産されるすべてのパルプは漂白されている。以前は、ほとんどのパルプ漂白過程で塩素が主な反応物質として使われていたが、副産物として有毒なダイオキシンも作り出されていた。この塩素過程における有毒性が指摘された後、製造業者は塩素の使用を取りやめるよう外部から強い圧力を受けることとなった。この動きを受けて、主にヨーロッパにおいて、環境への影響の少ない完全無塩素（TCF）パルプに対する需要が増加しつつあった。同社はこれらの動きに素早く対応した。1997年には同社の全生産量の56％は無塩素（ECF）パルプ、11％はTCFパルプであった。同社はすべての塩素の使用を取りやめつつあり、いずれはECFパルプ、TCFパルプだけを製造するようになるであろう。

驚くべき生産性の上昇

　アラクルス社は、効率的な森林経営と工場における廃棄物削減によって、生産性を

高めることができた。しかし、それ以外の環境問題とは無関係な効率性の改善も、1989年以来の生産性の向上に貢献している。同社の従業員数は組織の合理化とアウトソーシングの推進によって、1989年の8,301人から1996年には2,600人に減少し、生産性は1989年の従業員1人当たり67トンから1996年には407トンへと飛躍的に向上した。生産コストの低いブラジルにおいても、同社は他の2つの競合企業よりも高い生産性を示している（図表10.3）。

アラクルス社の「環境効率」に向けた取り組みは、同社のコスト削減戦略の一部であり、これによって同社の財務状態は改善された。同社によると、生産コストはトン当たり260〜310ドルの間である。それに対して、1990〜1996年の間、パルプ価格は周期的に激しく上下した。1990年にはトン当たり価格は641ドルであったが、1993年には366ドルに下落し、1995年には810ドルに戻り、さらに1996年には再び469ドルまで低落した。しかしながら、同社のパルプ平均販売価格（FOB価格）とトン当たり生産コストを比較した図表10.4は、同社のパルプが継続的に生産コストを上回る価格を実現したことを示している。

総売上は、1995年の7億9,600万ドルから、1996年にはパルプ市場の低落を受けて5億1,600万ドルに低下したが、アラクルス社のパルプ価格はトン当たり364ドルを下回ることがなかったため、継続してプラスの純キャッシュフローがもたらされた。1993年にその額は7,400万ドルと低調であったが、1995年には5億2,400万ドルに増加した。値崩れの起こった1996年においても、同社は1億9,300万ドルの純キャッシュフローを実現することができた。同社はまた、高い税引前利益を実現している。例え

図表10.3　ブラジル紙パルプ企業の従業員1人当たり生産量の比較

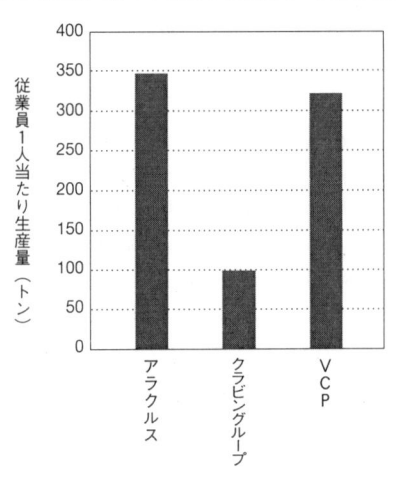

出典：オッペンハイマー社、中南米国際研究、1996年

図表10.4　アラクルス社における生産コストと販売価格の比較

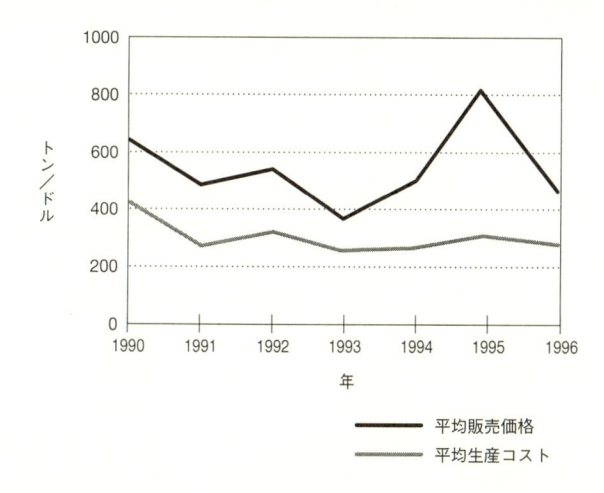

（グラフ：縦軸 トン／ドル、横軸 年（1990〜1996）、平均販売価格と平均生産コスト）

ば、1995年には同社は52.3％の利益率を実現したが、この値は北米の紙パルプ企業の利益率（8〜24％）やブラジルにおけるユーカリ生産の競争相手であるクラビングループの利益率（39.8％）をはるかに上回るものである。

　これまで10年にわたってアラクルス社は税制上の優遇措置を受けてきたが、1997年5月にこの措置は終了した。この優遇措置は、所定の要件を満たすかぎり、輸出収入のすべて、すなわち同社の場合は売上の90％に相当する部分の課税を免除するものであった。要件には、一定の環境基準を守ることや輸出部門の黒字を維持することが含まれていたが、同社はこの措置が終了するまでの間、すべての基準を満たしていた。同社はこの措置によって、世界市場への進出にきわめて有利な立場にあったのである。関係者によると、同社は今後10％程度の実効税率が課されることになっている。

評価の分かれる社会的貢献

　しかしながら、アラクルス社にとっては、ビジネスでの名声を確立することよりも、社会的責任について好評を得ることの方がずっと困難であった。先住民族の権利から地元コミュニティーへの投資に至るまで、同社の取り組みについての認識には、経営陣と反対派の間で大きなずれが存在している。

先住民族による土地訴訟

　アラクルス社は、1960年代後半に法的権利のある所有者から土地を購入した際、その土地所有権にまつわる紛争も同時に引き継ぐことになった。先住民族のツピニキム

族は、同社の土地1万3,000haに対して17世紀以来権利を有していると主張し、全国インディアン財団に対して異議申し立てを行った。反対派は、同社の事業開始に伴って、32もの先住民族コミュニティーが移住を余儀なくされたと批判した。それに対して経営陣は、同社が土地を購入した際には既にその土地には先住民族は居住しておらず、そのような移住を強いる必要性は全くなかったと反論した。しかしながら、同社は社会的責任を果たすために、先住民族の恒久的居留地の設置を支援するのに必要な、1,819haの土地と器材の寄付を行うこととした。また同社は、先住民族支援のための政府・NGO・民間セクターによる協力プログラム（先住民族健康機構）に対する援助も行っている。1998年に同社は、20年間の合意として、先住民族コミュニティーを支援するために1,000万ドルを支払うことに合意し、土地所有権紛争に終止符を打った。

労働環境

　経営陣と反対派との認識のずれのもうひとつとして、アラクルス社が労働者に対等な権利を保障していないという主張がある。労働組合は、劣悪な労働環境の改善とさらなる福利厚生を求めて何度か訴訟を起こしており、そのうち労働組合側が勝訴しているものもある。反対派は、同社が経験豊富な労働者を退職金の支払いなしに解雇し、若くて安価な労働者と置き換えていると非難するとともに、労働環境についても批判を行っている。ある活動家によると、身体に障害を負ってやめる労働者の率も異常に高いという。

　アラクルス社の経営陣はこのような批判に驚きを示している。同社によると、アラクルス社はブラジルの紙パルプ企業の中では最も高い賃金を支払っているとともに、業績と賃金をリンクさせた賃金体系を採用し、さらには、休暇ボーナスや医療補助などの福利厚生も提供している。さらに、「我が社は労働組合との話し合いにいつでも応じています」と同社の経営陣は述べている。

　また、アラクルス社は地元経済に強力な、時には大きすぎて問題となるほどの影響を与えている。同社は、1990～1995年の間、コスト削減の一環として4,440人もの労働者を解雇しながら同時に生産量を倍増させた。この解雇に対して、地元コミュニティーは強く反発し、非難の嵐が吹き荒れた。ただ、アラクルス社は同時に、解雇による経済的影響を弱めるため、地元企業に対して多くの事業を委託することとした。1997年には、同社は生産規模を20％増加させ、さらに多くの地元雇用を生み出した。また、アウトソーシングと事業拡大の一環として、地元農家が同社のパルプ工場に出荷するためにユーカリを栽培する「農家林業プログラム」を推奨している。さらには、同社は地元コミュニティーに対して30億ドル以上もの投資を行っており、そのうち1億2,500万ドル以上は社会プログラムに対する投資である。アラクルス社はまた、3,000人の従業員とその家族8,000人に対して住宅や学校、病院を提供しており、その

他施設の改良も行っている。

　このように、アラクルス社によって、エスピリト・サント地方の経済活動が活性化されたことは確かである。同社の投資によって、それなしには到底ありえなかったような、学校や病院といった従業員のための施設が実現したのである。しかしながら、それでも同社は地元コミュニティーとの強い信頼関係を結ぶまでには至っていないと未だに批判されつづけている。

議論の残る環境問題

　アラクルス社の森林経営とパルプ工場は、周辺地域に対して強い影響を与えている。プランテーション林業は環境保護主義者に受け入れられつつあり、同社のプランテーション経営は日々進歩しつつあるが、未だに同社は批判から完全に免れてはいない。

アラクルス社の環境的取り組みに対する批判

　アラクルス社の生産システムはすばらしい効率性を達成しているが、反対派は集約的な林業が、土壌の疲弊、水資源の枯渇、生物多様性の低下を引き起こし、生態学的持続可能性に悪影響を及ぼしていると批判している。1995年に国連環境計画（UNEP）が、収穫量を極大化するために生態系を単純化することの危険性について警告を与えている。生物多様性の低下は、生態系の環境変化に対する適応能力を低下させ、健全な土壌や、清浄な水、大気を供給する能力を損ない、さらには未利用生物種の将来における利用を否定することにつながる。UNEPのレポートによると、単純化された生態系は栄養供給や害虫抑制などについて低い機能しか有していないため、肥料や殺虫剤を使う必要が生ずるとされる。また、外来樹種の導入は、外来種に対して免疫を持たない地元生態系に悪影響を与えることにつながる危険性も指摘されている。

　実際のところ、アラクルス社のプランテーションでは単一樹種の栽培が行われている。同社はユーカリについてさまざまな樹種・品種を用いているものの、広大な領域でユーカリの集約的経営を行っており、天然林のようにさまざまな動植物に対して生息地を提供するものではない。一部の環境保護主義者は、ユーカリは外来品種でありブラジルの自然生態系に対して悪影響を与えるものと見なしている。

　アラクルス社によって達成された驚くべき収穫量は、逆に批判の対象ともなっている。植物は光合成によって太陽光と栄養源を大気中から取り入れるが、土壌からの栄養分も必要としている。同社のユーカリの場合、栄養分は必ずしも自給自足されているわけではない。同社は収穫後、伐採跡地に多くの有機物を残しはするが、肥料散布も行っている。このことは、反対派によれば、プランテーション全体として土壌栄養分が流出しているということである。反対派はまた、肥料や殺虫剤、他の化学物質が周辺の地下水を汚染すると批判しており、また、同社を監視している地元NGOは、早生樹種が大量の地下水を消費するとして批判している。

アラクルス社の工場における「環境効率」に向けた取り組みによって汚染は減少したものの、同社は未だに大気汚染について批判されつづけている。特に反対派は、同社が大気汚染物質除去装置を導入していないことを批判している。ただ、同社は1990年代半ばに200万ドルに上る投資を排気処理装置に行い、より効果的な排気管理システムを導入してはいる。例えば、1994～1997年の間、ボイラーから排出される粉塵の量は80％近く減少し、二酸化硫黄の排出量も50％以上減少している。それにもかかわらず工場近辺での大気の汚れに対する苦情は続いており、1990年代後半にパルプ企業労働組合は同社による「排水・排気の不適切な取り扱い」に対して告発を行っている。

批判に対するアラクルス社の対応

これらの批判はアラクルス社の環境に対する影響を正しく捉えているであろうか。同社の経営陣もその支持者もそうは考えていない。同社のプランテーションは購入時には農業により劣化していた土地に造成されたものであり、樹木の植栽によって土地の生物多様性は既に改善されている。今や、土地は樹木に覆われ、同社によれば、プランテーションには1,500種以上もの野生生物（うち18種は絶滅の危機に瀕する種）が生息しているという。また、同社は、ユーカリプランテーションと混ぜ合わせる形で5万7,000haの天然林を有しており、生物多様性を維持している。経営陣が指摘するように、同社が経営を始めた時には、かつてエスピリト・サント州の90％を占めていた大西洋岸熱帯雨林は、当初の10分の1にまで減っていたのである。同社の森林経営は集約的であるかもしれないが、環境に与える影響は比較的弱く、農業経営に近いものである。

アラクルス社はこれまで、プランテーションとその取り扱いが環境に与える影響を最小限にとどめようと努力してきた。具体的には、土壌に対する悪影響を最小限にとどめること、化学物質の散布に代わって可能なかぎり生物学的な害虫の防除を行うことなどである。「生物多様性の面では、ユーカリプランテーションはとうもろこしや豆、小麦、さとうきび、コーヒーなどの他の作物と同じようなものだと見なしてよいでしょう」とローレンツェン氏は言っている。「これらの作物と比較した場合、ユーカリプランテーションが必要とする肥料と化学物質の量はずっと少ないものです」この点について、1994年に始まり、州の環境当局に提出された同社の研究は、森林経営に用いられる化学物質は地下水の汚染に結びつくものではないと結論づけている。また、1997年に開催されたブラジルのユーカリ林業に関する会合においていくつかの研究が発表されたが、これらによると同地の年間1,400ミリに上る降雨量は、土壌と地下水に対する補給も含めて、ユーカリをはじめとするすべての作物の生育にとって十分な量であるとしている。

最後に、アラクルス社の経営陣は、早生樹種によるプランテーション林業を、増加

しつづける木材繊維需要を効率的に満たすことができるという点で擁護している。同社の出版物によると、プランテーションは「天然林に対する伐採圧力を弱め、結果的に天然林を保護することにより、世界の、そしてブラジルの、木材不足を補うもの」とされている。同社が供給する繊維は、たとえ同社が供給しなくともどこかから供給されなければならないものであり、しかも同社の環境に対する悪影響は他の供給源と比べればかなり弱いものである。

将来に向けて

アラクルス社は、外部からの批判を完全には抑えきれてはいないものの、今後の成功は保証されていると言ってよいだろう。同社は、地理的条件、技術開発、優遇税制、製品の組み合わせ、および繊維の供給といったさまざまな要因によって、競争上優位な立場にあり、この優位を堅持していくことに経営の主眼をおいている。同社は、「環境効率」プログラムとブラジル南部、ウルグアイ、パラグアイにおけるユーカリの高い生産性によって、コスト面でもかなりの優位性を築き上げた。後述するリオセル社や、セニブラ社、ハリ社、バヒア・デ・スル社などの同地域における競合企業の中でも、同社はより優れた品質の製品をより低コストでより大量に生産している。また、オーストラリアやチリ、ポルトガルなど他のユーカリ育成地域の中で、エスピリト・サント州における生産性に匹敵するものはない。低コストのユーカリ育成地域の中でも、同社は特に低コストの生産者なのである。同社は、成功によって財政的に余裕ができたことから、1997年には林地を隣接州やウルグアイ、パラグアイにまで拡張することを検討している。

アラクルス社は、世界におけるユーカリプランテーション林業のリーダーとして、またユーカリ品種改良の点で、他の競争企業よりも一世代先を行っている。また、同社は特定の品種に最適な土地条件を見つけ出し、生育期間を通じて最適な手入れを行うための技術と知識を開発してきた。同社は、品種改良と技術開発をさらに進めることによって、今後とも、他のどの競争相手よりも優位でありつづけることができるであろう。

環境問題への先駆的取り組み

アラクルス社の経営陣は、環境問題の出現を正確に予期してきた。同社はTCFパルプのような環境汚染の少ない技術をいち早く採用し、そのような製品に対する需要をうまく利用している。TCFパルプに対しては、西ヨーロッパに小さいながらも安定した需要があり、全世界の消費量は1993年の300万トンから2000年には500万〜600万トンに増加することが見込まれている。また、ECFパルプや無排水パルプなどの「環境にやさしい」紙パルプ製品に対する需要も増加することが見込まれている。同社は1997年には、FSC、ISO14000シリーズの一方または両方の森林認証の取得を検討して

いた。したがって、もし規制の強化や選好の変化によってパルプ産業のあり方が変化を強いられたとしても、同社は他の競争企業よりも容易に方針転換することができるであろう。

経営陣はまた、アラクルス社の優れた技術をユーカリによる製材品・パネル製品の生産に適用することを検討している。1997年同社は、製材品を生産するために、アメリカのグッチェスグループと共同でテクフロー産業を設立した。計画によると、1999年までにバヒア州南部に年間7万5,000m³の構造用・装飾用製材品を生産する製材工場を設置する予定である。生産量のうち、半分はブラジル国内向けであり、残りの半分は輸出向けである。この事業によって、同社はアマゾン天然林の木製品と直接競合することになり、おそらく危機にあるアマゾンの熱帯広葉樹に対する需要圧力を減らすことに貢献するであろう。同社はプランテーションから生産された丸太だけを製材工場に供給し、すべての廃棄物をパルプ生産用のチップとして、あるいは製材工場におけるエネルギー源として使う予定である。

すべてに十分ということはあり得ない

アラクルス社は、「環境効率」の取り組みによって成功を収めてきた。同社の持続的収穫、技術開発および「環境効率」による成功は、紙パルプ産業には、ビジネス・環境の両面でパフォーマンスを高める可能性があること、特に、パルプ生産のためのプランテーション林業は、ビジネス・環境の両面で有利なものであるということを示している。しかしながら、持続可能な林業を実現するためには、企業が事業および投資選択における短期的な収益性を追求するだけでは不十分である。同社の経営陣は、持続可能な林業の実現に責任を持って取り組んでいることを強調しており、また、持続可能な森林経営に対して認証を受けることも検討し始めている。

一体、森林経営体の中で、持続可能な林業の目標を完全に達成できるところがあるのであろうか。アラクルス社は、経済的・環境的問題を抱える地域に基盤をおく持続可能な林業の世界的リーダーであり、地域において環境的・社会的な責任を果たすことを経営の目標としている。同社は環境面での取り組みに自信を抱いており、将来の繊維生産林業の好例と見なされている。しかしながら、このような肯定的な見方にもかかわらず、あるいはそのために、同社はしばしば非難の対象となっている。同社の経験が示すことは、環境問題に対する取り組みには決して十分であるということがない、ということである。

リオセル社

アラクルス社と同様、リオセル社も主にユーカリプランテーションから木材繊維を調達供給しているブラジルのパルプ生産・輸出企業である。リオセル社も環境的・社

会的取り組みをめぐり、何年にもわたって、環境保護主義者、地元コミュニティー、さらには政府担当者と幾度となく衝突してきた。1996年にリオセル社は、28.3万トンのパルプを生産し、1億8,780万ドルの売上を記録した。この売上は、同社の属する林産物複合企業体クラビングループの総売上の15％に相当するものである。同社は本拠地を、ブラジル最南端に位置するリオグランデドスル州のポルトアレグレから約30キロ離れたところに置き、地域における最も重要な企業のひとつである。

リオセル社は年間30万トンの短繊維パルプを生産する能力を有しており、ブラジルではアラクルス社を頂点として第4位の漂白短繊維パルプ生産業者である。同社は世界の短繊維パルプ市場の約1％のシェアを占めており、ユーカリパルプだけで見れば、1996年の時点で世界の生産量の5.5％のシェアを占めていた。同社の主力製品は生産量・売上高の両面において紙生産用漂白パルプである（1996年には、総売上高の72％を占めていた）。そのほかに、パルプ添加剤、繊維生産に用いられる溶解性パルプ、高級書類用紙なども生産している。1996年に販売されたパルプのうち、69％は輸出された。そのうち29％は、最も環境面での要求が厳しいヨーロッパへ、残りはアジアや中南米、アメリカの市場へ輸出された。

混乱の歴史

1960年代から1970年代にかけて、経済の繁栄と政府の施策によりブラジル林業に対する投資が盛んになった。リオセル社は、1972年にノルウェーのボレガール社のパルプ工場、およびプランテーションとして設立され、同地域に2,500人の雇用を作り出すことを約束した。創業当初、リオセル社は深刻な大気汚染・水汚染によって悪名が高かった。そのため、1973年末には、人々の怒りと世論の圧力を受けてブラジル政府が工場の操業を停止させ、同社を差し押さえる事態にまで至った。同社は、その後、別の所有者の手に渡った後、再び政府の管理を経て、1982年にクラビングループによって買収された。

リオセル社の経営陣は、同社が社会の敵であった時のことを忘れなかった。パルプ工場を閉鎖にまで追いやった大気・水質汚染はずっと以前に改善されていたが、過去の行いは現在でも同社の将来の見通しに影響を与えつづけている。同社が環境保全と周辺コミュニティーとの良好な関係の維持に経営の重点をおいているのは、こうした過去の教訓の反省からである。同社は、周辺コミュニティーとの良好な関係を維持するために、森林経営の戦略を変更したのである。

発展する森林経営戦略

リオセル社は全体で7万1,717haの森林を所有しており、そのうち5万3,216haはユーカリ造林地、残る1万8,501ha（25.7％）は保全地域である。同社は3種類の土地所有権に基づいて事業を行っている。すなわち、83.5％の土地は完全に同社が所有する

土地、15.6％の土地はそこからの生産物が同社の所有になるリースされた土地、残りの0.9％は共同所有地で、リオセル社が他の所有者と協力して植林を行い、生産物が配分されるものである。

　リオセル社の森林経営は、4つの段階を経て発展してきた。当初、同社はユーカリの造林を始めてはいたものの、アカシアを主とするほとんどの繊維は第三者から購入していた。1980年代に自社のプランテーションが収穫期に達すると、自社の土地からほとんどの原料生産を行うようになった。さらに、1980年代末には、同社は生産システムを外部に委託し始めた。この時期にはたとえ自社有地であっても、材積調査・植栽・手入れ・伐採・運搬のすべての森林管理は第三者によって行われるようになった。

　1990年代半ばになると、リオセル社は再び森林経営方針を改めた。同社は、原料生産が第三者の土地において行われる「スカンジナビア・モデル」に従って、原料生産の大部分を外部に委託した。この方針によって1997年までには、林業部門における従業員はたったの70人にまで減らされた。下請け業者は、直接的な森林経営部門のほかに、丸太からチップを生産することまで行っている。この過程は通常は自社の施設によって行われるものである。同社は工場における生産量を維持するのに必要な量以上の資源を所有しているものの、1996年時点ではまだ20％の原料を第三者から購入していた。そのうち18％はアカシアの森林から、2％は共同所有の森林からのものであった。第三者所有あるいは共同所有のユーカリ造林地は、23の自治体にある162の農場にモザイクのように分散されており、それぞれの自治体において同社は平均して土地全体の3％を所有している。

　このような通常とかけ離れた土地所有構造は、環境的・社会的な考慮によるものである。つまり、リオセル社は、社会問題と環境破壊を引き起こさないために、木材生産を大規模プランテーションに集中させないようにしているのである。共同所有地と下請け契約を使うことによって同社は地域の林産物市場における競争を保ち、また農家に対し植林促進へのインセンティブを与えている。これは、他のユーカリ購入者との競争を避けながら原料価格を低く抑えることを目的としたリオセル社の戦略のひとつである。リオセル社は森林を分散的かつ大規模に所有することによって、社会的・環境的な持続可能性における優位を保っているのである。

資産の維持

　リオセル社は、土壌を保護の必要な生きた資産と見なしており、技術センターにおいて、土壌の肥沃度と植生の回復についての研究を進めている。ここでの研究成果に基づいて、同社は土壌保全のためのさまざまな進歩的な取り組みを行っている。1988年には、同社は地拵えの前に残材を焼却することをやめている。焼却処分によって植栽の準備は楽になるが、栄養分、特に窒素と健全な土壌に不可欠な微生物は破壊されてしまう。もし焼却処分を行わなければ栄養分は土壌に残り、残材の層が土壌を侵食

と雑草の繁茂から守るカバーとなり得るのである。この取り組みによって、新植後最初の6カ月間に、雑草の成長を抑えるための除草剤を散布する必要性が低下した。また、同社はコストの増加を抑えるために、最低限の管理だけを行うことにしている。この方法では、苗木は最低限の地拵えが行われた地表に列状に手植えされるとともに、除草剤は植栽された列にだけ散布され、それぞれの列の間は雑草の成長を抑えるために3mの間隔が開けられる。

また、リオセル社はブラジルの紙パルプ生産者では唯一、現場において表皮を機械で完全に取り除いている。この作業は1972年以来続いている。現場で表皮を取り除くのにはいくつもの利点がある。表皮と枝、葉は樹木が土壌から吸収した栄養分の70％を含んでいるため、現場で表皮を取り除くことによって土壌の生産力が維持されることになる。また、剥がされた表皮は作業用機械が動く際の緩衝材となり、土壌の侵食を抑えるのに役立つ。さらに、現場で表皮を剥ぐことによって、丸太の重量が減り、運送コストと燃料の消費を減らすことができる。

産業的生産

リオセル社の生産過程は、3つの過程から成り立っている。すなわち、(1)木材が処理される繊維ライン、(2)木材の処理に使われた化学反応物質を再利用のために取り除くライン、(3)水や圧縮空気、蒸気と電力、漂白過程に使われる化学物質を供給するとともに、産業廃棄物の処理を行うラインの3つである。

同社は年間30万トンのパルプを生産する能力を持っており、年間170万m^3、1日当たり5,500m^3の木材を消費している。1997年における繊維生産実績であるha当たり平均35m^3を用いると、リオセル社が年間170万m^3生産するためには3万4,000haの森林(同社の土地の約65％)を必要とすることになる。つまり、リオセル社は現在の生産量を維持するのに十分な林地を所有しているのである。余分に生産された木材はすべて丸太の形で、公共建築や、電柱あるいは燃料として使うために製材工場に売られる。しかし、同社が今後生産を拡大するのであれば、単により多くの木材を使うという方法ではなく、生産プロセスの効率性を高めることが求められよう。

リオセル社は常に、新たな製品と技術の開発を進め、変化する市場に対応してきた。同社は1990年代半ばには、汚染の度合いの低いTCFパルプを生産する技術を有していたが、経営陣によると、市場はまだ新たな技術を用いた製品に対して高価格を支払う状態ではなかったため市場に導入しなかったという。

同社は1973年の工場閉鎖以来、汚染を減らす努力を続けてきた。生産の過程で発生する固形廃棄物の99.86％は肥料や土壌改良材としてリサイクルされ、あるいは副産物、主にセメントへの添加剤として販売されている。1990年3月には、リオセル社は新たなリグニン除去施設を導入し、漂白過程での汚染物質の30％を回収することができるようになった。また、1993年に同社はクラフトパルプの製造過程で使われる

硫黄の使用量を半分に減らした。

品質の追求

リオセル社は総合的品質管理に取り組んでいる。その取り組みの一環として、同社は1993年にISO9001を、1996年にはISO14001の認証を取得した。同社はパルプ製造業者の中では最も早くこれらの認証を取得した企業のひとつである。同社は総合的品質管理の基準を満たすためにさまざまな取り組みを行っており、その中には、チームワークの推進や総合的品質管理の奨励のためのインセンティブの設定、透明性の確保や従業員の貢献の記録などが含まれている。

この品質プログラムのもと、リオセル社は顧客の要望に合った製品を開発し、アフターサービスの提供も行っている。また同社は特定のニーズにかなった性質を持つパルプをテスト生産するための試験的生産施設を有している。異なる特性の紙を生産する能力は、同社の持つ競争上の強みのひとつである。この優位性によって、同社はさまざまな製品市場において世界的に有名な生産者となり、ストラ・アージョ・ウィギンス・キュンメネ・コートールド・キンバリークラークなどの巨大国際紙生産グループのシェアを削り取ってきた。

環境保護の価格

リオセル社の1995年と1996年における生産コストは、同社によると、それぞれトン当り320ドル、354ドルであった。最も高コストの部門は製品生産部門であり、1995年には全コストの73％、1996年には74％を占めていた。輸送コストは比較的低く（1996年時点で2.6％）、このことはリオセル社による森林分散の方針（「モザイク

図表10.5　環境保全に対する投資

項目	累積投資額（1000ドル）
排気処理	28,397
廃液処理	85,340
固形廃棄物処理	4,987
環境管理	1,352
森林整備	14,700
環境保全に関する研究	390
合計	135,166

出典：リオセル社

図表10.6　リオセル社の全生産コストに占める環境保全コストの割合

項　目	全コストに占める割合
森林経営	1.2%
固形廃棄物処理	0.7%
廃液処理	4.7%
排気処理	2.7%
合　計	9.3%

出典：リオセル社

図表10.7　リオセル社の環境保全コストが総利益に与えた影響

項　目	1994年	1995年	1996年
収入総額	196,228	229,794	150,000
全コスト	(131,510)	(125,516)	(123,300)
総利益	64,718	104,278	26,700
環境保全コスト	12,230	11,673	11,100
（全コストに対する割合）	(9.3%)	(9.3%)	(9.0%)
環境保全コストがないとした場合の総利益	76,949	115,951	37,800
環境保全コストがないとした場合の総利益の増加率	18.9%	11.2%	41.6%

単位は100万ドル

出典：リオセル社

戦略」）が、必ずしも高い輸送コストにはつながっていないことを示している。同社の森林は分散しているものの、工場への平均距離はそれほど遠いものではなく約70kmほどである。

　しかしながら、同社の環境問題に対する取り組みはかなりの投資とコストを伴っている。創業以来、リオセル社は1億3,510万ドルを環境保護の取り組みに注ぎ込んでおり、また、排気処理と廃液処理の2部門に対する投資には同社の環境保全計画の中で最も大きなコストがかかっている（図表10.5）。

　現場において樹皮を取り除くコストは、工場で剥皮を行うのに比べて5.66％のコスト増となっている。リオセル社の場合、このことは年間150万ドル（生産コスト全体

の1.23％）のコスト増につながっている。図表10.6と図表10.7は、森林経営部門と製品生産部門における環境保全コスト（固定費用、可変費用、および減価償却費を含む）の内訳を示したものであるが、この図表から、環境保全コストが1995年においては全コストの9.3％、1996年においては9.0％を占めていることがわかる。

図表10.6はこれらの取り組みにかかる費用だけではなく、すべての数値化可能な便益も考慮に入れたものである。この環境効率による便益の例としては、現場で剥皮を行うことによって肥料の使用量が減ることをあげることができる。このような環境への取り組みには、便益を考慮してもなおかなりの費用がかかっている。汚染物質を処理するためのコストの中で最も費用のかかるのは廃液の処理であり、同社の環境的取り組みにかかる費用全体の約50％を占めている。

図表10.6と図表10.7が示すように、リオセル社は環境問題に対する取り組みによって、総利益を15％（1994年と1995年の平均）低下させている。この値は18.9％と11.2％の平均であるが、それぞれの値は1994年と1995年における、環境的取り組みに由来する利益の減少率に対応するものである。なお、1996年にはこの利益減少率が41.6％にも上っている。

持続可能性──コストかチャンスか

天然資源供給が逼迫しているこの時代において、いかなる企業も地元社会あるいは環境への影響を無視することはできない。しかしながら、社会問題・環境問題を単にコストとして取り扱えば、高い生産コストと汚染防止に対する高額の投資、低い労働生産性によって、企業は何の見返りもなく効率性のみを失うことになりかねない。これまで数十年間にわたって企業は環境問題に対応しようとしてきたが、それらの経験は、社会問題・環境問題をビジネス戦略にうまく取り入れることのできた企業が、効率性と製品の質を改善することを可能にし、さらには将来にわたる競争上の優位を築き上げることができるということを示している。しかしながら、これらの問題を完全に経営戦略に取り入れるためには、経営陣や利害関係者の考え方を大きく変える必要がある。林産物企業が社会問題・環境問題を経営方針に取り入れる際に起こる問題は、リオセル社とアラクルスセルロース社の環境問題に対する戦略を比較することによって明らかになるであろう。

アラクルスセルロース社とリオセル社の比較

世界のパルプ市場において、アラクルス社とリオセル社は同様の競争優位を保っている。製品の差別化が難しい一次産品市場においては、低コストの生産者の方が競争上有利な立場にある。ブラジルの紙パルプ産業は、低いエネルギーコスト、南東部における好適な土壌と気候による高い生産性、および成長の早いユーカリの利用によっ

て、世界中でも低い生産コストを可能としている。ブラジルと比べると、BHKパルプの単位当たり生産コストは、スウェーデンでは18.5％、アメリカ南部では15％高い。東南アジアにおける同様のプランテーションがブラジルの競争優位に挑み始めつつあるが、その程度はまだ限られたものである。

　リオセル社とアラクルス社は現在の市場において同様の利点から恩恵を受けている。すなわち、両社ともユーカリパルプに原料を依存し、海外に輸出を行っている。両社とも1960年代末から1970年代初頭にかけての、ブラジルにおける政府の優遇策と経済発展のもとで設立された。また、両社ともスカンジナビア系資本に起源を持つため、同地の林産物企業から専門的知識を導入することができた。さらに、両社とも環境的・社会的責任を果たすための取り組みを進めており、自社の取り組みが持続的発展に貢献するものであると自負している。

戦略的・財政的相違

　両社は、環境問題と近隣コミュニティーに対して、経営戦略上異なった見解を持っている。リオセル社は環境問題を生産過程に対する単なるコストであると考えている。同社の報告書は、環境規制を守るための取り組みにかかったコストについての記載はあるが、廃棄物を削減した場合のコスト削減の可能性についてはほとんど扱われていない。実際、同社は環境的取り組みを採用したことによって、1994年と1995年には利益の15％が失われたと言っている。つまり、リオセル社は、汚染の予防よりも単なる排出量の削減に重きをおいているのであり、そのため工場において非効率的な部分も見られる。

　これに対してアラクルス社は、環境問題を効率性の改善と新たな市場開拓のための好機であると見なしている。同社は、廃棄物の削減によってコストを低下させ「環境効率」を達成することに主眼をおいてきた。同社はプランテーションにもこの考え方を適用し、ユーカリが一定の収穫量と品質を保ちつづけることを目標としてきた。この目標は、優れた性質を持つ育種品種と進んだ造林技術を組み合わせた研究開発によって達成されてきた。その結果、アラクルス社は世界で最も低コストの漂白ユーカリパルプ生産者になることができたのである。また、同社はドイツなどの市場における環境配慮的製品への需要のシフトを、TCFパルプ生産技術に投資することによってうまく利用してきた。さらに、国際環境・開発機構による持続的紙サイクルについての研究等を支援することにより、自らが持続的な生産者であることを社会に示してきた。

　リオセル社は環境規制や排出規制の遵守を強調してきたが、このような取り組みではコストは増すものの、あまり見返りを期待することができない。アラクルス社は逆に、「製品スチュワードシップ」を強調し、製品ライフサイクルの分析によって品質の向上とコストの低減を図り、効率性を高めようとしている。このような環境問題に

対する取り組みの違いは、企業財務にも違いを生んでいる。アラクルス社は一次産品市場において継続的に黒字を計上している。モルガンスタンレー研究所の分析によると、同社は林木育種と土地所有によって、今後20年間は維持できる競争優位を確立したという。中南米の紙パルプ産業における1993～1995年の3年間の平均利益率11％と比べると、アラクルス社の平均利益率17％には驚くべきものがある。

それに対して、リオセル社は、好況の年であった1995年には2,000万ドルの利益を上げているが、利益率は10％に満たない。旧式施設と廃棄物による工場の非効率性は、明らかに同社の競争力を削いでいる。また、この産業において生産コストはきわめて重要な要素であるが、リオセル社のトン当り生産コストはアラクルス社よりも20ドル高いものと推定されている（320ドル対300ドル）。

今後の取り組み

リオセル社は、経営方針に「環境効率」あるいは「製品スチュワードシップ」を取り入れてはいないが、今後に期待できる取り組みを始めている。工場ではなく伐採現場で表皮を取り除くことによって、土壌の保全と栄養分の循環、肥料使用の削減を図る同社の取り組みはその一例である。同社はまた、多くの作業・サービスを外部に委託することによって、地元コミュニティーのニーズも考慮してきた。この方針は、地元企業と農家に多くの雇用機会を与えながら生産コストを減らすことができるため、社会的に見て効率的である。外部委託を社会的に責任ある取り組みと見なすかどうかについては議論が残るところではあるが、地元コミュニティーが、森林所有を小規模にし、かつ外部化する同社の「モザイク戦略」を歓迎していることは確かである。モザイク戦略と現場における剥皮は一見非効率に見えるかもしれないが、リオセル社の工場着トン当たり繊維コストはアラクルス社よりもかなり低い（リオセル社は86ドルであるのに対して、アラクルス社は100ドル）。もしリオセル社が、環境的・社会的持続可能性を同社の取り組みにうまく取り入れることができたならば、この低い投入コストを投資によってうまく維持・活用していくことができるかもしれない。

一方、アラクルス社は環境問題に対して積極的であるのに対して、社会問題に対しては自らの権利を守ることだけに傾いているように見うけられる。同社は地元コミュニティーに健康管理を取り入れ、労働者に住居と無料の教育を提供することによって、法的義務以上のことを行っているが、このような取り組みは同社が経営を続けるための最低限の必要条件であった。同社は地域の発展に貢献し地元インフラと社会システムを強化したものの、同社が地元関係者のニーズに対して鈍感であるという外部からの批判は未だに絶えない。これらの社会的投資はアラクルス社に相応の見返りを与えるものではないが、もし同社が社会的持続可能性を単なる組織防衛あるいは「社会的義務」ではなく、リオセル社のように競争優位を築くのに有益なものと見なしたならば、地域に繁栄をもたらし、紛争を防ぎ、近隣との友好関係を築くことによって、良

好な企業イメージを獲得することができるであろう。

森林の総合的品質管理

　リオセル社とアラクルス社の経験は、たとえプランテーションに基盤をおいていなくとも、すべての森林経営に関係のあるものである。単に環境基準に従うことによって組織防衛だけを考える企業にとって、環境問題はコストがかさむだけで何の見返りも期待できないしろものであるが、環境的・社会的持続可能性を経営方針にうまく取り入れることのできた企業にとっては、環境問題は逆に成功の機会となり得るものである。ただ、持続可能性に対する考慮が単に部分的なものでしかなかったならば、こうした成功の機会は失われるであろう。この意味で持続可能な森林経営は、総合的品質管理に例えることができる。総合的品質管理は企業経営全体に適用されるべきものであり、さもなければそこから利益が生み出されることはないのである。

インドネシアの破壊的プランテーション戦略

　アラクルス社やリオセル社などの個々の企業によるプランテーション戦略は、持続可能性と共存できないものではないようである。しかし、プランテーション開発が地域あるいは国全体に広められた場合、プランテーションと持続可能性は対立する。インドネシア政府は、2004年までに世界で10位以内の紙パルプ生産国になることを目標としており、新たな工場に原料を供給するため国土の10％をプランテーションに転換する計画を進めている。この計画によると1996〜2010年の間に、23のパルプ・プランテーションとパルプ工場に280億ドルの投資が行われる見込みである。理論的にはプランテーションは天然林に対する伐採圧力を弱めるものと考えられるが、プランテーションに基づいて紙パルプ産業を育成しようとするインドネシアの方針は、天然林に対してこれまでの伐採と同様に破壊的なものである。実際、1990年代には政府のプランテーション計画が天然林の破壊を推し進めたが、その際、プランテーションが生態学的・社会的に危険なものであること、および企業の活動と政府の政策が破壊的な役割を演じ得ることを示した。

　インドネシア政府には、プランテーションに基づいた森林経営を目標とすることにそれなりの理由があった。1960年代以降、インドネシアは経済発展を進めるために木材貿易を推奨してきた。1995年には林業がインドネシアの国内総生産（GDP）の10％、貿易の12％を占めるようになった。しかし、かつては膨大に存在していた天然林が消滅しつつあるため、主力製品である合板の将来性は不確かとなり、林産物全体の輸出も減少しつつある。政府の予測によると、1998年には輸出は少なくとも25％減少すると見込まれた。それに対して、プランテーションによる紙パルプ生産には安定した将来性がある。インドネシアの気候と土壌は、アカシアとユーカリのプ

ランテーションに適しており、エネルギーと労働力のコストも比較的低い。また、プランテーションが成熟するまで、残された天然林から新たな工場に原料を供給することも期待できる。さらに、プランテーションは、他の社会経済問題に対する解決策としても期待されている。つまり、他の島にプランテーションを設け、そこに雇用を創出することによって、2億人を超えるインドネシア人口の60%が集中するジャワ島における人口圧力を緩和することも意図されているのである。

プランテーションが伐採可能になるまで、企業は巨大な紙工場に原料を供給するため、天然林と二次林からなる自社のコンセッション（伐採権）を使うことができる。1997年6月現在、森林省は262万5,000haの森林を13の企業にパルプ材生産用として割り振っているが、そのうち伐採できる状態にあるのは80万5,354haだけである。この面積では、現在あるいは将来の工場に必要な量を賄うことはできない。実際のところ関係者の多くは、プランテーションからの原料供給は、計画で予定されているほど早くは実現されないと見ている。企業の担当者は、たとえ政府が当初計画している440万haのプランテーションが2004年までに作り上げられたとしても、パルプ工場はその後も5,540万haに上る天然林コンセッションからの原料供給に依存しつづけると見ている。紙パルプ企業は、高額の投資によって建設された工場を休止したり、あるいは生産能力以下で操業することはできないため、プランテーション計画の遅れは天然林に対するさらなる依存を確実に引き起こすことになるであろう。一方で、インドネシアにおける伐採率は、世界銀行の勧告する「持続的」伐採率のほほ2倍になると見込まれている。頻繁に引用される数値によると、インドネシアは年間100万haの森林を失っているのである。

木材産業を支援し紙パルプの生産能力を高める政府の政策は、天然林の土地利用転換と伐採を推し進め、森林破壊を助長させることになる。いくつかの研究によると、政府によって支援・推進されているプログラムは、森林破壊の原因の67%を占めていると結論づけられている。伐採ロイヤリティの金額が低く抑えられているために木材の価値が過小評価され、企業は効率性を追求しなくとも利益を得ることができる。また、契約期間が短く伐採ロイヤリティ額も低いことから、企業は契約が切れてロイヤリティが引き上げられる前にできるだけ早く、できるだけ多くの伐採を行おうとするのである。

プランテーションはこのような森林破壊のパターンに容易に取り込まれ、しかも利益を生み出している。社有林におけるパルプ用材の皆伐は一定区域に材積が1ha当たり20m^{3}以下しかない場合にのみ許可されているが、この規制を逃れるために企業はまず天然林の択伐を行って林分蓄積を減らし、その後パルプ用材の皆伐を行っている。こうして一度皆伐が行われると、プランテーションの設置が可能となるのである。単一樹種の植栽に当たっては、土地回復を目的とする基金から資金援助を受けることもできる。この基金は伐採企業からの拠出資金により運営されている。さらに、政府

はプランテーション企業に対して、紙パルプ生産用の機材を無税で輸入することを許可し、また森林省より無利子の資金を貸し与えることによって政策的な奨励を行っている。

このような政策的誘導は、経済的・環境的・社会的に深刻な影響を引き起こしている。火入れは最も安価な土地開発の手段として、政府のガイドラインに抵触しながらも頻繁に使われている。1997年夏・秋には、土地開発のための火入れがインドネシアの多くの地域において森林火災へとつながり、東南アジアの多くの地帯を雲と煙で覆いつくした。9月には、当時のスハルト大統領は企業にすべての火入れをやめさせるために15日間の猶予期間を与えたが、そのことがかえって期限までに完全に土地開発を終えようとする企業に、さらに多くの火入れを行わせる結果となった。これまでの衛星画像の分析によって、大企業による開発行為が今回の森林火災の80％を引き起こしたことがわかっている。オイルパームのプランテーションが最悪の違反者であるものの、27のパルプ生産者も違反者リストに載せられている。今回の森林火災は、インドネシアに約10億ドル、マレーシアに約3億ドルの被害をもたらした。その主なものは大気汚染による健康管理のための費用である。また、インドネシアへの観光客は26％減少し、マレーシアの旅行代理店においても夏の終わりの時期に顧客が30％減少した。環境に対するコストも相当なものであり、最終的には約200万haの森林が破壊された。専門家によると、プランテーション企業と伐採企業による土地開発によって、1998年にもさらに深刻な森林火災が起こったという。

インドネシアによる天然林のパルプ・プランテーションへの開発は、地元コミュニティーだけではなく生物多様性に対しても問題を引き起こしている。インドネシアは世界の土地面積の1.3％を占めているが、その森林には世界の花卉植物の10％、哺乳類の12％、爬虫類・両生類の17％、鳥類の17％が生息している。さらに、天然林は6,500万人もの人々の生活を部分的に支えている。この意味で、政府による私企業へのコンセッションの付与は、長い歴史を持つ地元コミュニティーによる森林資源の利用との間に対立を引き起こすものである。政府当局でさえ、「コンセッション所有者による森林の開発は、森林に隣接する地域に居住するコミュニティーの森林資源利用に損害を与えている」と不平等を認めている。しかしながら、政府は伝統的土地所有者の訴えを退けて、企業による土地獲得を奨励しつづけている。

遠い完全解決

アラクルス社とリオセル社の経験は、プランテーションが将来における生産的かつ確実な繊維供給源として効率性と利点を持っていることを示している。しかしながら、インドネシア政府によるプランテーション造成の取り組みは、森林火災の発生や天然林の転換、地元住民との土地所有権紛争など、持続可能性の点で悪影響をもたらしている。今後、どのように取り組みが進められていくのかは明らかではない。また、プ

ランテーション経営による環境への影響を評価した第三者による研究はほとんどない。世界の林産物需要を満たしていくためにはプランテーションの拡大が不可欠ではあるが、インドネシアの例が示すように、産業的木材プランテーションが問題のない繊維供給源であるとはとても言えない。プランテーションの造成と経営には常に深刻な環境リスクがついて回るのである。このリスクをどう最小化するかは、政府と各企業の環境的持続可能性に対する取り組みいかんにかかっている。

第11章
認証への道のり

　スウェーデンの紙パルプ業界大手であるストラ社経営陣は、1990年代から林業界を席捲し始めた環境問題への取り組みに余念がない。1980年代後半からのスウェーデン国内における世論と主な顧客の環境保全への関心の高まりに対応して、ストラ社は同社の管理下にある230万haのマツ林とスプルース林にさらなる生態的取り組みを行うことを決定した。スウェーデン国内にその基盤をおくファルン社は、新しい森林管理システムである「生態的景域計画（ELP）」をストラ社の森林管理に導入した。会社はその計画のもとで年間伐採量を約10％減少させて、同社社有林の健全な管理を図りながら、他方で作業員すべての再トレーニングを実施した。またストラ社は、環境運動への協力を強調した新しい戦略の一部として、同社に対し最も厳しい批評を行ってきた地元の環境問題の専門家たちに、新しい森林管理計画策定への参加を求めた。
　しかしストラ社の森林管理部長であるラグナー・フェイバーグ氏によると、経営陣はこうした会社の環境への取り組みに関する変化も、まだ世間には十分に認識されていないとしている。同社が行っている持続可能な森林経営が世間から信用を得るためには、経営陣はただ持続可能な森林経営を行うだけではなく、会社がこれらの取り組みを行っているというメッセージを発信し、さらには消費者や世間の信頼に足るメッセンジャーが必要であると考えていた。この２つの役割をになうものとして独立した

第三者認証機関が適当であると思われた。同社のおかれた市場における競争優位性と影響力、そして戦略的なビジネスチャンスを考慮すれば、森林管理協議会（FSC）森林認証の取得によって、同社は優位性をより高めることができるとともに、同社の環境に対する配慮を利害関係者に信用してもらうことができると考えた。経営陣はこのような過程を経て、FSC森林認証の取得という結論に達したのである。1996年にストラ社はSCSという認証機関を通してFSC森林認証を取得した。これによって同社は、世界規模の林業会社として最初にFSC認証を取得した企業のひとつになった。スウェーデンが認証に国内基準を採用した時も、同社の生産林はすべて認証された。

　認証取得は、ストラ社の持続可能な森林経営達成への一里塚であった。同社の売上は1997年時点で595億ドルに達し、世界第5位の製紙会社であった。同社は世界の製紙と板紙生産量の1.9％を占めていた。同社のような大規模でしかも重要な会社による認証取得は、1990年代後半までには、ヨーロッパの木材製品会社が将来を見据えるうえで、認証が考慮すべき戦略的な重要事項になることを裏づけた。ストラ社が従来の森林経営から持続可能な森林経営に移行し認証を取得した10年間の過程は、高まる環境問題へ取り組んだ同社の歴史であるとも言えよう。同社によるFSC認証取得を通じた持続可能な森林経営への歩みは、業界内の取引業者が同社の認証取得に関してどのように影響を及ぼしたのかを示す好例である。

銅の採掘から森林経営へ

　ストラ社は、中世から始まった銅の採掘業に起源をおく。世界最古の会社であると自負する同社の歴史は、ファルンという町にある銅山から始まった。ベステロスのペーター司教が所有した銅山を語る最古の書類に1288年6月の日付が残されている。初期の採掘方法では、鉱石の精錬だけでなく坑道内の構造支持と搬出過程で膨大な量の木材が必要であり、その確保のために同社は森林を経営するようになった。1800年代後半になると会社は製材工場や製紙工場などを建設して、森林製品の大規模な事業化に乗り出し、さらに採掘の経験を生かして鉄鉱石採掘業と製鉄業にも手を広げた。

　1970年に同社の採掘ならびに製鉄部門は著しい業績不振に陥った。その際、同社は国の救済を受けて同部門を売却し、大規模なリストラを行った。この時切り離された部門は国営のスウェーデン製鉄会社（SSAB）となった。ストラ社はこのリストラ後、森林製品の分野に特化し、さらに多くの資本を投下しながら発展してきた。1980年代後半から1990年代前半にかけて、ストラ社は主に林産物製造会社を多数買収し、社員数は一時期7万8,800人に達した。その後1990～1995年までの間に、同社は効率向上とコアビジネスへの専念を図るために、これら買収した会社を今度は売却した。1996年に建材事業を売却した後の総社員数は2万2,716人であった。

　ストラ社は同社の高人件費と森林の低生産性という体質のために、ヨーロッパ市場

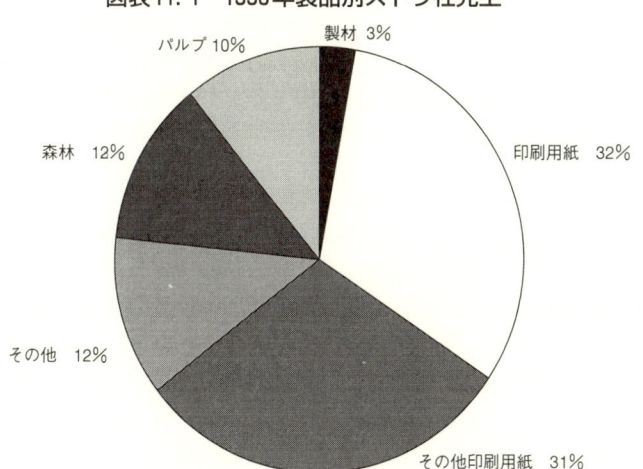

図表11.1　1996年製品別ストラ社売上

- 製材　3%
- パルプ　10%
- 森林　12%
- その他　12%
- その他印刷用紙　31%
- 印刷用紙　32%

を中心に苦戦を強いられてきたが、1990年代を通じて業績面では競合他社に引けを取らなかった。1996年にストラ社の売上の63%を占める紙の価格（図表11.1）が、1995年価格より12%下落した時には、売上が前年の76億ドルから60億ドルへ減少し、純利益は前年の7億1,800万ドルから2億900万ドルに急落した。ストラビルディングプロダクツ社売却もこの年の売上減の理由のひとつであった。1997年、売上は再び59億ドルへと減少したものの、純利益は2億1,200万ドルへと微増を示した。1996年と1997年、ストラ社の資本収益率は7%であったが、10年間の平均資本収益率は11%であり、この数字は同じ時期のアメリカやヨーロッパのライバル会社の12%、11%と比較してみても引けを取っているわけではなかった。

持続可能な森林経営への移行

ストラ社による従来の森林経営から認証を受けた持続可能な森林経営への移行は2つの段階を経て行われた。第1段階で同社は生態系ベースの森林経営へと移行し、第2段階でFSC認証の取得を行った。このような移行を決断した背景には競争の厳しい市場でストラ社が直面した現実がある。スウェーデン国内に広がる森林保護に対する強い倫理観と、ストラ社の参加するヨーロッパ市場が世界でも最も環境問題に対して敏感であるという事実を考慮すると、環境への関心は最優先事項であった。

スウェーデンの森林保護に対する倫理観

アメリカのカリフォルニア州よりも少し狭い国土に900万人弱が住むスウェーデン

では、長い間森林保護が人々の間で関心になってきた。スウェーデン人は余暇時間の非常に多くの部分をアウトドア活動に費やし、また、多くの人々が未だに農業や林業を基本とした生活様式を続けている。この人間と自然との近さが、法律に成文化されてスウェーデン人に「我々が森林を所有している」という意識を持たせている。そして、この意識が国民に対してすべての国土へのアクセスを保障している。この権利により、スウェーデン人は個人所有の土地でのハイキング、自転車による通行、スキーでの通り抜けが許されているのである。

市民の森林への関心と森林問題への関与は、企業は自社有林からのみ伐採を行うべきだという世論による規制を作り出している。1800年代後半から1900年代前半にかけて、スウェーデンの森林は商業的伐採活動によりかなりの部分が喪失した。1903年制定の森林法は伐採跡地に植林をし、将来の木材生産を目指すという考えを初めて明示した。1923年に政府は法律によってさらなる森林保護を義務づけ若齢林の皆伐を禁止した。1950年、当時の林野庁長官であったエリック・ホヤー氏は通達によって再造林の必要性を訴えた。

トウヒ・マツなどの針葉樹造林のための皆伐は、できるだけ多くの木材繊維を短期間に成長させる最も一般的な再造林方法である。樹木の成長速度が落ちた時点で伐採されたため、伐期は短くなった。数十年間にわたって、林業会社も小規模林家もこの方法を採用してきた。1970年代には集約的森林管理がスウェーデン林業の基本となった。こうした森林は数十年の間、成長量が伐採量を上回り、木材生産のうえでは成功を収めた。1990年代後半には樹木成長量は伐採量を20%も上回っていた。

1970年代から1980年代にかけて、2つの動きがストラ社の森林経営方針を変えた。事業のリストラと会社買収によって、同社は鉱業から林業製品ビジネスへとその事業分野を移し、特に製紙事業を同社の核にすることを経営陣は決定した。大製紙メーカーとなったストラ社は製紙用樹種の育成に力を注ぎ、適地では在来種の2倍の収量があり高品質紙に使われるトウヒが選択育成された。他の主要製紙メーカーと同様に、ストラ社もトウヒの造林と、この樹種が適さない土地ではマツの造林に力を入れる集約的森林経営戦略を取り、パルプ生産の最大化を図った。1970年代の森林経営では、皆伐、火入れ、雑草駆除のための除草剤使用、雑木の伐採などが行われていた。しかし、当時高まりつつあった火入れと除草剤使用反対の圧力によって、ストラ社や他のスウェーデンの林業会社はこれらを止め、火入れの代わりに伐採現場から残材を搬出除去し、除草剤使用の代わりに手作業による下刈りを始めた。

しかし、こうした変更だけでは業界の集約的林業の環境への影響に対する社会の批判を鎮めることはできなかった。ロシアやスウェーデン北部にあるオールドグロースの冷帯林を研究している科学者は、植林により失われてしまったか、あるいは非常に少なくなりつつあるオールドグロース林のシステムを解明し始めていて、動物から菌類に至るまでの1,500種もの生物が植林によって脅威にさらされていることを突き止

図表11.2　ストラ社における森林経営：第三者認証への道のり

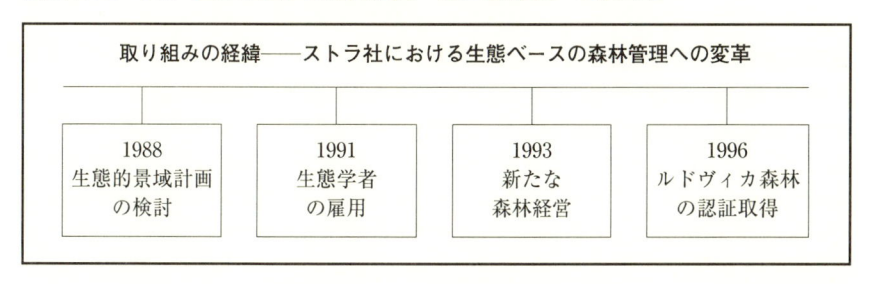

取り組みの経緯——ストラ社における生態ベースの森林管理への変革

1988 生態的景域計画の検討	1991 生態学者の雇用	1993 新たな森林経営	1996 ルドヴィカ森林の認証取得

めた。さらに植林による有害な影響として、湿地や低地への被害、垂直的な林分構造や樹木の腐食といったそのハビタットが持つ特徴の消失、そして生物多様性の消失を明らかにした。1980年代後半にはグリーンピース・スウェーデン、スウェーデン自然保護協会、世界自然保護基金（WWF）がキャンペーンによって、こうした問題点に世間の関心を向けさせることに成功した。

生態系に立脚した新しい森林経営システム

　1980年代終わり、一般の環境問題への関心と環境問題専門家グループからの非難への回答として、ストラ森林木材グループは同社の所有するルドヴィカ地区の森林に対して、生態系に立脚した森林経営システムの開発を決定した（図表11.2）。1991年、ストラ社はスウェーデンの環境保護団体に信用の厚い森林学者ビョル・ペーターセン氏をエコロジースタッフとして招聘し、会社の経済的健全性を保ちつつも、生態的側面の改善を図るための森林経営戦略の開発に着手した。

　ストラ社は、森林に関する複数の目的達成のための土地管理システムであるELPを開発した。このシステムの使用によって、フォレスターは例えば絶滅危機種が存在する生態的に重要な地域を他と区別し、そのような種が繁殖のためにランドスケープ間を行き来できるような回廊を作ることが可能になる。ELPは、そのほかオールドグロース林、落葉広葉樹林、その他の重要な森林成長過程を保存する役割や、また集約的森林管理とそのランドスケープ内での生物多様性の保存目的のバランスを取る役割もこなす。

　ストラ社はELPの試験地としてダラルナの南部にあるグランガルデの8,500haを選んだ。フォレスターは地図・航空写真・GIS技術・個体調査技術を用いて、鍵となる生態的特色と絶滅危惧種の個体数を特定した。沢や湿地沿いの耐火地域は天然更新のために保存し、また火事によって更新する樹種の存在する地域は、管理下での火入れ、林分中の落葉広葉樹の割合増加、伐採地区内の樹木残存、腐朽木の残存などにより生態系の総合的健全性を保つための管理方法が取られることになった。さらに1993年、ストラ社は2003年までに条件を満たすすべての森林をELP管理下に置くという目標

を掲げた。

近隣住民や環境保護運動家からの意見聴取

　環境に配慮した森林管理の一環として、ストラ社経営陣は世間から寄せられる環境問題に比較的革新的な手法で対応している。1960年代から1970年代にかけて、スウェーデンのフォレスター・林産企業と環境団体との関係は、1980年代のアメリカと同様の対立関係であった。ELPの一環として、ストラ社は環境団体への強硬姿勢を改め、彼らとの協力的な取り組みを始めた。役員によると、この変化への決断は、自己利益追求の進化型であるという。ストラ社は業界の環境問題に対する姿勢の変化を世間に理解させたかったし、その達成には環境団体の承認が必要条件であると考えた。「環境問題専門のNGOは信用できるし、彼らだけが本当の意味で最終消費者に影響を及ぼすことができる」とグランガルデにおけるELPの監督施業者のアケ・グランクヴィスト氏は説明する。

　環境団体から支持を得るため、ストラ社は彼らをELPの一部に取り入れ、計画の段階から彼らの視点を反映させていくことにした。同社は地元の人々の視点や森林利用の実態を学ぶために地元にご意見番を設け、森林を利用する猟師・漁師・バードウォッチャー・果実採取者・スキーヤー・ハイカー・教育者などとの議論を通して、社有林資源に関する知識の向上に加えて、これらの人々からグランガルデにおける森林管理への信頼を獲得した。林政当局は、地域住民はストラ社を非人間的な会社と見なさなくなり、代わりに地域自治体と深く結びついた関係を築き上げた、とのレポートをまとめた。1997年末には、地域住民のELPへの参加によってストラ社と地域メディアとの関係は好転し、地域の環境団体から否定的圧力を受けない状態にまで改善した。

1993年——新たな全社的森林経営戦略

　1993年、皆伐を最小限にとどめ、生物多様性やオールドグロース林を保護することが重要であるという世論のコンセンサスは、スウェーデン政府に新しい森林管理法を採択させた。この新しい森林管理法では、森林経営の優先目的が従来の木材生産から木材生産と生態系保護の2つの同時達成に変更された。国民の森林保護の動きと新しい森林管理法を受けて、ストラ社は生態系ベースの森林経営を全社有林に適用した。グランガルデ地区でのELP実験の継続中に、ストラ社の林業担当役員は既に社有林のすべてに適用すべき新しい森林経営方針を作成していた。その方針とは、生物多様性を保存しつつ、十分な生産量と利益の上げられる持続可能な森林生産の維持により、ストラ社の財務目標の達成に貢献する、というものであった。

　この新しい方針のもとに森林経営に多くの変更がなされた。トウヒとマツ人工林の

年間伐採率0.5％を次の50年での1.0％へ引き上げた。これにより伐採対象木に高い割合で若齢木が含まれることになった。そしてストラ社は生産能力と生物多様性維持という2つの目標を同時に達成するために、同社の公式な森林経営プログラムの中で自然保護を大きく強調する項目を取り入れた。それらはELPを含み、また個々の林区での森林経営に対応した技術、日々の自然保護、そして例えば施肥などの特別な森林施業にも言及していた。

生態系の維持

　新しい森林経営戦略の不可欠な要素である森林生態系の保存と修復のためには、ストラ社のフォレスターは林内にあるユニークな生態系の存在する地区、存続が脅かされているか絶滅が危惧されている種の存在する地区、そして森林蓄積の回復が図られなければならない地区を区分する必要があった。また同社は、国の調査の一環として他のスウェーデンの大規模林業会社が行っているように、10年ごとの資源調査を行っている。GIS技術を含めたさまざまな手法が、調査内容の文書化や生態系を形作っているさまざまな部分の追跡調査に利用されている。

　ストラ社は修復のために3種類の地域をしぼり、他と区別している。第一のカテゴリーは、セジロキツツキなどのきわめて重要な種が生息し湿地を含むような区域であり、第二のカテゴリーは、扱いにくくリスクを伴うランドスケープ、岩の露出地、湿地、急斜面、またそのほかの低生産力地が含まれる。第三のカテゴリーは、近接の森林から遺伝的多様性を生み出す動物の行き来を確保するための緑の回廊となる地域である。これらの地域を伐採せず保存することで、ストラ社経営陣は原生林環境の保存をうたった森林法を遵守しようとしている。新しい経営戦略を実行するために、ストラ社は林業技術者全員を生態系ベースの森林経営の原理と技術の習得のために再教育し、責任を持って日々の自然保全基準を満たすよう指導した。1997年までに新しい施業法は社有林において実行されるようになり、皆伐地で以前より多くの保存木や落葉樹が残されるようになり、皆伐地の天然更新には管理下での火入れが利用されるようになった。

　けれどもこれらの過程で、ストラ社は同社有林の持っていた木材生産力を森林の健全性と多様性の向上のために犠牲にしなければならなかった。保存のために森林の一部を残すことは年間伐採量を10％下げる結果となった。ストラ社現場監督はスウェーデンの森林法を満たすためには年間伐採率を5％下げ、そのうえELPによりにさらに5％削減をしなければならないと見積もっている。これらに加えて1996年までに50名の社員がELP業務に任命され、このプログラムにかかったコストを合わせると1,050万ドルにもなる。

ストラ社に対する挑戦

　スウェーデンに本拠地を置きヨーロッパ市場に依存しているストラ社は、プラスチックやアルミニウムなど代替材料と競争しつつ、同社の木製品のマーケットシェアの拡大を図ることなど、いくつかの戦略的課題に直面していたが、FSC認証取得という選択はこれに対して非常に有効であった。

　世界の他の地域よりスウェーデンにおける木材繊維の収量が低いのは、スウェーデンの寒冷な気候に起因している。スウェーデンの森林はha当たり年間最大で14m^3、また平均で4～5 m^{3}の木材を生産している。これらの収量は太平洋岸北西部地域の20～30m^3、ニュージーランド、チリ、ブラジルにおけるプランテーションでの30～40m^{3}の収量と比較すると相当に低い。しかしながら成長の遅いことでスウェーデンの木材は他に類を見ないほど高品質なものとなり、生産された製品が雑誌用高品質紙、窓枠などに使われているのである。ストラ社のこのような用途市場での競争相手国には、カナダ、北欧諸国など北方森林帯に属する国々があげられる。

　スウェーデン産業の労働コストを世界で最も高いものにしている原因は、手厚い社会福祉システムと労働に関する諸規制である。低いha当たり生産量と高い労働コスト、さらにそれ以外の要因が重なり、スウェーデンのパルプ・製紙の生産コストは他の国々と比較して高いものとなっている。オッペンハイマー社によると1990年代中頃における木材繊維1トン当たりの生産コストは、ブラジルで96ドル、アメリカ南部で112ドル、カナダで140ドルであったのに対しスウェーデンでは246ドルであった。

　この高コストのために、ストラ社をはじめとするスウェーデンの会社は、世界市場で、アジアや南米などの生産コストの低い国々との価格競争で不利な立場におかれている。過去にはスウェーデンは通貨のクローネを切り下げ、輸出先顧客に対して製品コストを下げるということができたが、EUへ参加すると、この戦術は使えなくなった。東南アジアと南米の生産能力の向上、これらの地域からのヨーロッパ市場への進出、材木に代わる鉄骨、紙に代わるプラスチックなどの代替品による木材市場の侵食は、ストラ社の将来に脅威となる可能性がある。

ヨーロッパ市場のグリーン化

　他のヨーロッパの大規模な木材・製紙会社の例に漏れず、ストラ社は売上の約90％をヨーロッパ市場に頼っており（図表11.3）、その市場動向は同社に大きな影響を与えている。ストラ社の社長であるビョルン・ハグルンド氏によると、1990年代半ばまでにヨーロッパの木材および製紙消費企業の多くは、製造業者に対して認証された森林商品を求めるようになり、同社にも認証取得を迫った。1993年にはストラ社の

図表11.3　1997年マーケット別ストラ社の売上

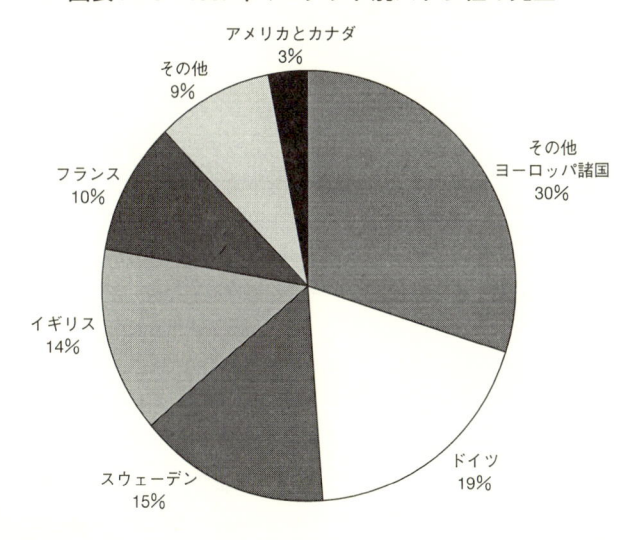

- アメリカとカナダ 3%
- その他 9%
- フランス 10%
- イギリス 14%
- スウェーデン 15%
- ドイツ 19%
- その他ヨーロッパ諸国 30%

Box 11.1　環境保護圧力への妥協

　1993年までドイツの出版業界は、自らの製紙購買習慣の環境への影響にほとんど注意を払うことはなかったし、出版社は使っているパルプや製紙にからむ環境問題を、それらの製造者である多くのスカンジナビア諸国やカナダのパルプ・製紙会社の責任であると考えていた。しかしグリーンピースの活動家らはこれらドイツ出版社を標的にし始め、資源のむだ遣いや森林破壊を非難し、使用している製紙原料の出所を問いただした。

　ドイツ市民は歴史的に環境保護運動に同調的であったし、これらの出版社はすぐにこうした環境団体からの圧力を無視することはできないことに気づいた。グリーンピースは、出版社を標的にしているのと同時期に、北海沖にあるシェル・イギリス開発生産社所有の採掘基地を沈めることへの反対をドイツ人に訴え、反対行動はシェル・ガソリンの不買運動にまで発展した。これを知ったドイツ出版業界は、環境保護論者の意見を無視すると、同じような不買運動によって市民の非難を浴び、ついにはマーケットシェアの損失につながりかねないという危惧を持った。

　買い手であり売り手でもあるという出版社の立場は、このような圧力に対してとりわけ無防備である。ドイツ雑誌出版協会（VDZ）のフルストナー博士は、「出版は世論の一部である。売ることが仕事であり、それから生活を

得ている。したがって出版社は環境的視点から悪いビジネスはできないはずだし、雑誌を売ることで環境保護の立場を築かなければならない」と話している。

　ドイツ出版業界は紙の使用は資源のむだ遣いではなく、また、紙の生産は森林を害するものではないと市民を説得することで、消費者の紙使用に対する信頼を回復させることが必要であるとの決定を下した。出版社はVDZとドイツ製紙協会（VDP）と協力し、持続可能性、生物多様性、オールドグロース林保護などを含むさまざまな環境に関するテーマについて報告書を作成し、世界中で認知され始めた認証システムの早期導入が必要であると結論づけた。この団体は「我々は必要に応じて木材とパルプ供給者に、この認証システムの役割の一部を担ってもらう」としている。これにより出版社は、木材・パルプ供給者の経営に疑問を持ち始め、出版社の中には持続可能な森林経営に関する問題の重要性を理解してもらうようにと製紙会社を訪問する者も出てきた。ストラ社もスウェーデンの森林製品産業もこうした重要な顧客の行動を無視することはできなかった。

Box 11.2　認証製品のたゆまぬ追求

　セインズベリー社の名はストラ社経営陣の間では、認証と同意語である。ヨーロッパ最大規模の小売業者であるセインズベリーグループの1997年の売上は96億9,000万ドル（1イギリスポンド＝1.60アメリカドルで換算）であった。セインズベリー社のスーパーマーケットチェーンはイギリス食料品市場の12％のシェアを持っており、同社傘下のホームベース日曜大工センターはイギリスDIY市場の10％を持っていると言われている。これらの日曜大工センターとスーパーマーケットの商品の60％以上は、同社のプライベートブランドである。この独自のプライベートブランドの広範囲な使用は、消費者の同社製品への信頼を高めるだけでなく、製品供給業者に対する影響力を高め、環境配慮の責任と義務をしっかり果たすことにつながっている。

　イギリスを拠点とするWWFによって始められた1995＋グループの一会員として、セインズベリー社経営陣は1995年に、同社の日曜大工センターとスーパーマーケットチェーンの取扱量100％をFSC認証の木材・製紙製品にすると公約した。FSC認証製品を売ることで森林と森林経営を評価する責任を果たせると考えた。技術部長であるウィリアム・マーティン氏は「FSC認証が適正に管理された森林を意味するならば、喜んでこれを採用したい。また何か疑問があれば、FSCや認証機関に問い合わせることもできる」と話して

いる。

　同社の環境プログラムを統括する技術部と環境管理部は製品の評価を行い、同社の250の一元化された購入業者のために供給業者を認可する。技術部は相当の資金をティンバートラッカーと呼ばれるコンピュータデータベースに投資し、イギリス国内でセインズベリー社によって売られるすべての材木と紙パルプ製品の原料の出所を管理している。この出所追跡システムはすべての木材供給者をアルファベットで格づけを行う。A格は木材供給者が完全なFSC認証を取得している場合、G格は木材供給者がリストから外されている状態を意味する。ティンバートラッカーは木材供給経路を調査票方式でさかのぼり、セインズベリー社には重要な供給者であるが供給者リストから外される2～3段階手前にある場合には、その会社に警告を出したりとデータ収集以上の機能がある。これらに加えてセインズベリー社の会社規模と評判は、木材供給者にFSC認証木材使用への同社のこだわりの姿勢を示す時に大きな力になるのである。

　セインズベリー社経営陣は木材供給者にFSC認証取得の説明をする時、説得と交渉による方法を取ることにしており、マーティン氏と同社幹部は世界中の木材供給者を訪れ、同社のFSC認証への姿勢を表したメッセージを伝えている。また、このようなプログラムの一環として、木材製品供給業者は認証された森林からの原料購入計画の作成を求められている。しかし、同社社員への認証推進の背景にある動機の事前説明・討論・説得には、経営陣が当初予測していたよりも多くの時間が必要であった。

　セインズベリー社はこの認証推進のための努力を惜しむことはない。というのは、技術部門のひとりが指摘しているように「何か問題を持ち込む可能性のある新しい木材供給業者よりは、あらかじめ認知している業者と取引した方が楽である」からだ。マーティン氏によると、同社は対立的な木材供給業者を取引リストから除外したり、認証取得供給者との取引関係強化の可能性があることを強調している。1997年にはホームベース日曜大工センターは、FSCラベルの貼られた木材を消費者に提供できるようにと、従来のフィンランドの木材会社からスウェーデンの認証企業アッシドマン社へと取引相手を変更した。

　ストラ社を含む木材・紙製品供給会社は、セインズベリーグループのFSC認証獲得への取り組みを受け、1998年後半、10種類の紙製品、板材・製材品を含む491種のFSC認証木材製品を準備した。「製品供給者はセインズベリー社が支援することを知り、最初のFSC認証製品を準備するに良い機会であると見ている」と、セインズベリー社からの購入業者のひとりは話している。

高品質紙の重要な取引先であるドイツの出版社が、世間受けを良くするために環境的に安全な製品の製造を求めて圧力をかけ始めた（Box11.1）。

いわゆるバイヤーズグループの起こす行動、特にイギリスにおける1995+グループという団体の起こした行動は、ストラ社経営陣の目を引いた。イギリスでは、影響力の強い小売業者を含むこうした大口需要企業は、従来の製材・紙製品ではなくFSC認証製品の購入を希望した。また、この1995+グループはストラ社を含む製品の供給企業の経営陣への訪問、FSC認証製品支持の姿勢の強調、また製造会社への製品原料の文書化を求めるアンケート調査といったさまざまの方法で認証取得を迫った。イギリスの小売業界きっての巨大企業であるセインズベリー社は「ティンバートラッカー」という木材供給追跡システムを効果的に使い、スウェーデンの木材・パルプ生産会社にFSC認証を取得するよう圧力をかけた（Box11.2）。

FSC認証への動き

1996年、ストラ社はカリフォルニア州オークランドにあるSCSとの間で、スウェーデン中南部のルドヴィカ森林地を使って認証に向けた試みを始めた。また同時に、ストラ社はスウェーデンFSCワーキンググループというスウェーデン国内森林認証制度を準備している団体の会員になった。これら同社の行動の目的は認証プロセスの経験を積むということに加えて、スウェーデンの森林経営が国際基準と比べ、どの程度に達しているのかを知ることにあった。

1996年6月、3人の専門家からなるSCS監査チームは認証基準をスウェーデンの森林業に適応するように手直しを行い、30万haにわたるルドヴィカ森林地を8日間にわたり評価した。FSCガイドラインのもとでは持続可能な木材生産、生態系の維持、そして社会経済的利益の3点について審査・採点が行われる。100点満点中80点が合格点で、ストラ社は持続可能な木材生産で92.7点、生態系の維持で80.4点、社会経済的利益で88.9点という結果であった。この結果以外で監査チームの目を引いたのは伐採・集材効率の良さ、経済林改善への投資、そして林業技術者の森林取り扱いの良さであった。さらにストラ社の森林蓄積管理の独自な統制方法と、年間成長量以下の伐採量が高い評価を受けた。

一方で、ストラ社の森林管理の不備な点も指摘された。監査チームは、ルドヴィカ森林地は針葉樹に偏りすぎており、広葉樹の量が不十分であるという指摘をした。また監査チームは、樹木以外の自然資源の調査、林業技術者に対する生態系管理技術のさらなるトレーニング、そして同社のルドヴィカ森林地の周辺地域社会の経済的発展へのいっそうの貢献を要請した。

次に監査チームは認証の継続に関して6点の条件を提示し、戦略プランに組み入れるように求めた。それらの条件とは、(1)伐採可能林齢以上の全立木蓄積データを整

備し、地域内で5％のオールドグロース林保護という目標を達成するため保存木を選択すること、(2)生物多様性の長期間にわたる査定、(3)ヘラジカやシカによる広葉樹へのダメージ軽減のための新しい方針と方法、(4)湿地におけるトウヒ自生地の復元、(5)酸性雨の森林への影響を最小限に抑え、中和させるためのプランの作成、(6)地元社会経済のさらなる発展・多様化への戦略計画作成の援助である。

1997年、SCSはさらに64万1,000haのストラ社社有林の審査を行った。1997年6月に小規模森林所有者の組合が議論の場から脱退した後、スウェーデンFSCワーキンググループは国内基準を採択した。1998年央現在、スウェーデンの主要な会社6社のうち、ストラ社をはじめアッシドマン社・コーナス社・モード社・グラニングス社の5社は、各社有林について認証取得に同意しており、ストラ社経営陣も1998年末までにすべての生産林のFSC認証取得を計画している。

認証取得の競争優位性

業界内の生産能力過剰、高コスト・低生産性体質、既存の市場に進出する新しい低コスト生産競争相手といったストラ社が直面している問題は深刻である。このような環境下で、経営陣が自社製品の差別化を図るための革新的な方法を取り、ある特定の顧客団体との優先的な関係を探ろうとする決断は道理にかなっているし、これらの顧客による認証木材製品購買の姿勢は、同社のヨーロッパ市場でのシェア維持につながる可能性を持っている。ストラ社にとっては幸運にも、ヨーロッパ市場の多く分野でFSC認証が公に選択されており、1995+グループの会員の中には早くFSC認証製品を取り扱いたいために、少なくとも当面、認証に対する価格プレミアムを支払ってもよいと考えている者もいる。

1990年代後半時点で、第三者認証機関から認証を受けた製品を販売していた供給業者はほとんどなかったが、ストラ社は早い段階でFSC認証を採用して同社製品の差別化を図るという戦略を取り、少なくとも近い将来、価格が変動しやすい市場で優位な立場を確保することに成功した。スウェーデンのヨーロッパ諸国との地理的そして政治的な関係は、EUのメンバーであるということも含めて、アメリカやアジア諸国ができないヨーロッパ消費者への優位的なアクセスを可能にしている。これにより多数の消費者が持っている認証製品への需要を素早く満たすことで、ストラ社は同社よりも低いコストで生産している会社の機先を制することができるであろうし、現在あるバイヤーズグループのメンバーも含む顧客との強い取引関係を維持することもできるであろう。さらには健全な環境のための認証取得の価値と重要性を宣伝していくことは、ストラ社の新しい顧客開拓にもつながる。環境問題に対する取り組みを基盤にして1995+グループの会員たちと関係を構築していくことで、ストラ社は他社が真似するのが難しいブランドイメージの創造さえ可能であろう。

第三者認証機関より得た認証は、ストラ社のヨーロッパ市場でのマーケットシェア喪失の防護壁になると見られている。東南アジアの多くの競争相手の業務内容を調査した同社経営陣は、これらの会社が第三者認証を取得するのは非常に難しいであろうという結論を出した。したがって経営陣は、FSC認証で武装し十分な製品の供給で、さまざまなバイヤーズグループと最終消費者を満足させることができれば、競争相手の市場参入を効果的に阻止できると考えている。

　認証はさらに木材市場での代替製品による市場の侵食の速度を緩めることにもつながると考えられている。第三者認証は、製品処分の仕方により製品の環境的負荷を評価するライフサイクルアセスメントにより、木材製品が環境的により安全であるということを証明する起爆剤になるであろう。しかも認証取得のために求められる文書化はライフサイクルアセスメントに必要な計算の詳細な情報準備の役割も果たし、結果的に森林製品は代替製品よりも環境的に優位な位置を取ることになるであろう。

　最後に、ストラ社社有林は第三者認証取得達成に特に適していると言うことができる。その理由として、スウェーデン文化が第三者認証にとてもよく適している事実がある。会社の社会福祉と社員への対応といったスウェーデン政府の社会・経済政策は、FSC認証の背景にある哲学に首尾一貫している。またスウェーデン林業において、年間伐採量が成長量を下回っているという事実は、認証取得に際して大きな優位となる。さらに、スウェーデンには世界の他の地域の環境団体が問題にしているオールドグロース林がほとんど残されていないし、新しく伐採跡地に原生林を再生しようという意識が原生林の残っている世界の他の多くの地域に比べて低い、ということもあげられる。

反対者を支持者に変える認証取得

　ELPとFSC認証を通じて環境団体との協力を探るというストラ社の戦略は、不信感や衝突といった雰囲気から始まったが、同社の環境問題への対応によって批判する者を支持者に変え、結果として効果的な方法であった。これらの取り組みは世間の同社に対するイメージを向上させ、環境保護団体との衝突を軽減し、さらには地元環境保護団体の支持を得るまでになった。これらの関係改善は、環境的・社会的・経済的に見て誰にとっても有益な森林経営の実施に結びついていった。ストラ社にとっては、以前は批判を行っていた者が支持に回ることほど、同社のイメージを高めるものはないわけである。同社はFSC認証取得が、環境保護論者をメッセンジャーとして、ストラ社を含む業界のイメージアップ、一般の人々や環境団体との関係改善に寄与したと受け取っている。

持続可能な森林経営の経済リスク

　ストラ社のELPと生態系ベースの森林経営の実践は、うまく立ち上がったように見えるが、本当の成功は同社の230万haすべての森林に、この持続可能な森林経営システムが完全に実施されて初めて確かめられるものである。スウェーデンにおける木材繊維生産は、他の地域で見られる高収率植林での生産量の50％以下しかなく、生態系保護地区の設置は長い目で見て、他の会社以上にストラ社にとって経済的リスクが高い。事実、あるスウェーデンの森林関係者は、グランガルデ近くのテストサイトでELPを実践する際のコストが、同社の他の林地よりも低かったのは例外的であったと指摘している。経営陣はELPの実施総コストがどの程度になるかを把握していると考えているが、完全な実施にかかるコストをつかむには至っていない。一方で会社は、自らの収益性を維持するために環境問題への譲歩には一定の制限を設けている。ストラ社の取締役会は可能伐採量の10％削減までが限界であるという決定をし、経営陣はこれを超えた削減は同社の世界の紙パルプ市場での競争力を危うくするものだと考えている。ストラ社が、許容コスト範囲内での社有林すべてに対してELPプログラムの実施が行えるかどうかは、1997年時点では不明である。

認証の競争上のリスク

　ストラ社は早い時期に認証を取得したが、同社は第三者認証が短期的な競争優位性しか生み出さないという現実に直面することになった。ストラ社の競争戦略としての認証取得は、他の会社がストラ社の取ったような戦略をすぐには追従できないであろうという仮定のもとにあった。さらに大きなリスク要因は、ヨーロッパの消費者のFSC認証商品に対する支持が長続きしないかもしれないということである。なぜなら、消費者は短期間ならFSC認証製品に対して少々のプレミアムを支払ってもよいと言っているが、無期限にこれを行うことには乗り気ではないであろう。また消費者は、第三者認証がコストをかけずに提供されるべきであり、いかなる供給者も信用を得るために従わなくてはならない実務上のルールとなるであろうという立場を取るとも考えられるからである。

　ストラ社経営陣は疑いなく、環境保護的立場を取ることは市場において競争的価値を生み出すものだと考えている。1995年にはストラフォルスAP社がヨーロッパのボール紙工場で初めて、ISO14001に似た環境管理システムである環境マネージメント監査スキーム登録を取得し、その業績をビデオや出版物により宣伝したが、1998年初めの段階ではストラ社経営陣は、どの製品をいつ認証製品として市場に出すかなどは公表していなかった。認証を受けたルドヴィカ森林地区とその製材所の監督たちは、

認証製品を市場に送り出すことができず欲求不満に陥っていたし、特定の市場セグメントに対して高まりつづける需要に気づき、出荷すれば競争に有利であるはずの認証製品を利用したいと考えていた。会社役員の中には、経営陣が認証への素早い投資を行わなかったことでストラ社が市場競争力を失うのでは、との心配の声をあげる者もあった。

会社所有以外の森林──持続可能な森林経営への鍵

　ストラ社への原料供給元であるスウェーデンの個人森林所有者が、同社と同じような経営方針を取らなければ、同社のFSC認証製品供給の努力も報われない可能性がある。1995+グループ会員への木材供給源の文書提示という厄介な要求により、ストラ社製品の原料は次の5つの出所から供給されていることが明らかになった。社有林（25％）、同社の林業技術者によって伐採されるが独立に所有されている森林（15％）、小規模森林所有者組合（25％）、輸入（15％）、そして製材所からのチップ（20％）である。ストラ社の原料入荷から製品出荷へという垂直的統合は、生産・加工・流通過程の管理（CoC）認証で必要とされている同社製品の追跡に好都合である。製材生産の加工・流通過程の管理はほとんど完璧であり、会社製材所で使用されている木材のほとんどすべては社有林からくるものであるとわかっている。

　一方、CoC認証取得の困難が予測されているのは、連続した同時進行のプロセスで製品が生産され、原材料の出所が複数である製紙部門である。供給される木材繊維の中でストラ社社有林からのものは50％以下であり、複数の出所からの木繊維が混合使用され製紙製造が行われるので、CoC認証を維持することは微妙な問題となってくる。1997年にFSCは、製造された製紙のうち70％の原料の産地が認証されている製品に関しては、FSCロゴの認可を決定しているが、前出のフレイバーグ氏によると70％という設定値は高めであり、ストラ社はひとまず含有率50％から始めて時間の経過とともに含有率を上げていくことが望ましいと考えている。

　ストラ社が持続的に製品製造を行っていくうえでの最大の問題は、同社が木材供給を受けている独立した小規模林家を納得させ、環境への配慮を徹底することである。もし、ある所有者が生態系ベースの森林経営の採用または継続を拒否した場合、ストラ社の持続可能な森林経営実施への姿勢は弱められることになる。事実、ストラ社社員が伐採を監督・実行し、現在生態系ベースの森林経営は実行されているが、土地所有者たちがこの経営方針を続けていかないかもしれないと思われる場所があることを同社員が認めている。1997年にスウェーデンFSCワーキンググループから脱退した、小規模森林所有者を代表する森林所有者組合は、ISO14001のEUバージョンに見合った団体独自の環境基準設定の開発を計画している。スウェーデン森林の約25％を代表する森林所有者組合が独自基準を優先したということは、認証された製紙生産への

同社の努力をだいなしにするものである。

不明確さの程度

　1998年初頭、ストラ社が残りのスウェーデン国内社有林の認証監査の準備を進めるにつれ、経営陣は認証運動の不明確な要素の存在を認識し始めた。そのうちのひとつはフレイバーグ氏も問題であると指摘している、ストラ社の顧客が持続可能な森林経営と認証取得に伴うコスト上昇に対して何らかの行動に出るかもしれない、というものである。ストラ社がどれほどの期間、FSC認証製品で市場競争力を稼げるかということも今のところよくわかっていない。フレイバーグ氏は「これらの疑問に対する答えは市場が出すであろう。今のところ市場からは肯定的な返答を得ているが、将来何が起こるか予測するのはほとんど不可能である」との見解を示している。

　ストラ社の認証取得努力の成果は未だ不明かもしれないが、先駆的な認証取得と完全なFSC認証への姿勢で得た成功は、1990年代後半における持続可能な森林経営の認証という動きにとっては大きな意味があった。紙パルプ企業が生産量を高めるため普通に取っている短伐期施業などの育林方法は、さまざまな角度から長期間にわたって利益の獲得を目的とする生態系ベースの森林経営のもとでの認証取得をさらに難しくするであろう。森林経営の変更に際して、同社の取った環境配慮に対する姿勢と必要な投資といった認証取得達成への能力は、他の大規模紙パルプ企業もFSCの基準を満たすことが可能であることを示すものである。

　ストラ社による認証取得という決定は、ヨーロッパの消費者、バイヤーズグループ、そして大口需要企業の要求によるところが大きい。スウェーデン林産業のFSC認証へ向けた動きを見ると、これらの消費者がヨーロッパでの認証の認知に決定的な役割を果たすこと、またヨーロッパの森林製品市場が少なくとも最初だけでもFSC認証製品に関心を持っているということに疑いの余地はほとんどない。このことは、産業界の関係者らの信念であった、環境認証は最終消費者の要求に基づいてのみ受け入れられるものではない、ということをストラ社の認証取得を通じて証明するものであった。

　FSC認証取得の努力によって、ストラ社は既に実践されている生態系ベースの森林経営から競争的優位性を引き出そうとしている。認証は、ストラ社がこれまで取ってきた企業姿勢への報酬である。それでも認証はストラ社が生態系ベースの森林経営を採用したことの決定的な要因ではなく、同社は森林経営の変更をしたことにより効果的に認証を取得し、認証木材製品を市場に出すことでその報酬を得ているのである。スウェーデン国内のFSC基準が与えた影響とそのもとでのストラ社を含めたスウェーデンの林産企業のマーケティングにおけるこの間の努力は、将来、世界の認証製品の重要な先例となるであろう。

第12章
木材の城壁

　ウェアハウザー社は20世紀初頭に生まれた。当時の林産業界では「伐り逃げ」が常識であったが、それに反して同社は、伐採後も林地を所有しつづけた。そのため1930年代末になると、ウェアハウザー社は伐採後に天然更新が成功しなかった土地をどうするかについて決断を迫られることになった。結局、同社は1940年代には播種によって、1950年代になると苗木の植栽によって、木材生産のために森林を更新していく方針を採択した。そして1960年代には自社の苗畑で苗木を生産し始め、新植を人工林管理の一環として行うようになった。この方法によって、ワシントン州フェデラルウェイに本拠地を置くウェアハウザー社は、世界最大の私有針葉樹林の所有者、北米最大の針葉樹製材生産者、そして世界最大の針葉樹パルプ供給者となったのである。

　ウェアハウザー社は、あくまで確実かつ継続的な木材供給のために保続的な森林経営を始めたのであって、直接的には環境への配慮から始めたものではない。しかしながら同社は、長期的戦略に基づいて投資を行うという方針が生態学的にも経済的にも良好な結果を生み出し、将来にわたってその効果は増していくであろうということを確信するに至った。この30年間、ウェアハウザー社は世界で最も生産性の高い人工林を基盤として、持続可能な森林経営のあり方を発展させてきたと言える。この高収

穫経営モデルは、環境への影響を最小限にすると同時に、きわめて狭い面積の人工林から高品質の木材と繊維を生産することによって、高い収益を上げることを可能としている。この意味で、ウェアハウザー社の森林経営モデルは、環境・経済両面での持続可能性を実現させている。

針葉樹材に基づく経営

ウェアハウザー社の1996年の売上高は111億ドルであり、林産物部門のみで100億ドルを上回っていた。同社は、林地・林産物、紙・パルプ・梱包、および不動産の3つの経営部門について製品・サービスの提供を行っている。図表12.1は最近6年間についての、それぞれの部門における利益の推移を示している。

ウェアハウザー社の経営方針は、木材生産において収益を最大化するためには、紙パルプ用の繊維よりも高品質の針葉樹材・林産物に重きをおくべきであるという考え方に基づいている。その結果、林地経営部門は、コストばかりがかかる単なる内部の原料供給源ではなく、利益獲得の中心となっている。ただこのような林地経営部門のあり方は、時々、川下の工場経営部門との間に軋轢を引き起こすことがある。なぜなら同社の林地は、林産物部門や紙・パルプ・梱包部門に必要な原料を供給するためだけに経営されているわけではないからである。

図表12.1　部門別収益（1991〜1996）

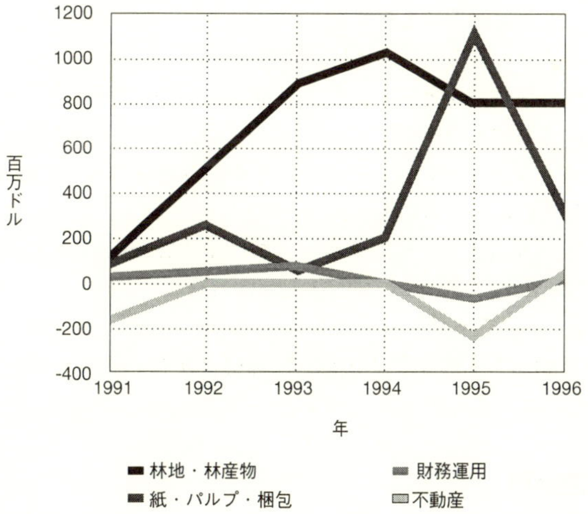

(グラフ：縦軸 百万ドル、横軸 年)
凡例：■ 林地・林産物　■ 財務運用　■ 紙・パルプ・梱包　□ 不動産

林地・林産物部門

　1996年には、林地・林産物部門の利益は8億500万ドル、総売上高は52億ドルであった。林地部門は、主にアメリカ北西部ではダグラスファー（ベイマツ）とウェスタンヘムロック（ベイツガ）、南東部ではロブロリーパインの高品質丸太・製材品を生産している。林地部門は自社有林の経営に加え、樹木園・苗畑において種子・苗木の生産、さらには林木育種プログラムも行っている。社有の苗畑は年間2億5,700万本の苗木を生産しており、そのうち5,000万本は530万エーカーの自社有林に植栽され、残りの2億700万本は第三者に販売される。そして、林地部門は同社の林産物工場および他の林産物購入者に素材を供給している。

　林産物部門は構造材、化粧材、合板やエンジニアードウッドを生産している。同社はまたアメリカ国内において建築材の卸売流通業も手がけている。林産物部門の取扱製品は、針葉樹製材、合板、単板、コンポジットパネル、配向性積層板（OSB）、その他加工材、丸太、そしてチップである。樹種としては、ダグラスファー、ロブロリーパインに加え、カナダの州有林から得られるホワイトスプルースやアスペン、またアメリカ国内から得られるその他の広葉樹も積極的に使われている。

　ウェアハウザー社が利用する樹種は、アスペンとその他の広葉樹を除いてほとんどが常緑樹、すなわち針葉樹である。英語では針葉樹をsoftwood、広葉樹をhardwoodと呼んでいるが、針葉樹材は広葉樹材よりも強く、耐久性があり加工しやすいことから、構造用には広葉樹よりも適している。ただしすべての針葉樹種が同じ性質を持っているわけではない。例えば、ダグラスファーは他の樹種に勝る強度と品質を備えている。ダグラスファーは特に日本の在来軸組工法建築において競争力を持っており、日本の顧客は品質が良く化粧性の高い木材に対してはかなりの金額を支払ってもよいと考えている。一方、温熱帯に生育するラジアタパイン、ロブロリーパインは育林コストは低いが、構造材としての強度と品質は劣る。

　西部の林地部門はオレゴンとワシントン両州において約210万エーカーの社有林を管理しており、南部の林地部門ではアーカンソー・オクラホマ・ルイジアナ・ミシシッピー・アラバマ・ジョージア・ノースカロライナの各州において約320万エーカーの社有林を管理している。さらにカナダウェアハウザー社は、ブリティッシュコロンビア・アルバータ・サスカチュワンの3州における約2,300万エーカーの伐採契約に基づく州有林の管理を行っている。1996年における同社のアメリカ、カナダを合わせた林木蓄積は、約266億立方フィートであり、そのうち75％が針葉樹であった。また、林地からの木材供給の量と質を高めるため、非経済樹種の除伐や収入・非収入間伐、施肥、枝打ちも行っている。

紙・パルプ・梱包部門

　1996年には、紙・パルプ・梱包（PPP: Pulp, Paper and Packaging）部門は67億ド

ルの資本高から46億ドルの売上を上げた。このPPP部門の資産高はウェアハウザー社全体のほぼ半分を占めている。1995年にはきわめて高い紙・パルプの価格によって、PPP部門の売上は急増したが、1990年代のそれ以外の年は低価格のため、林地・林産物部門と比べて、低いものにとどまった（図表12.1）。PPP部門の製品は、パルプ、新聞紙、高級紙、包装紙および板紙である。PPP部門はチップおよび林産物部門から出される残材等を使っているが、外部からも原料を仕入れている。また、原材料に占めるリサイクルパルプの割合も高まりつつある。

不動産部門

　最後は不動産部門であるが、これは1970年代から1980年代初頭にかけての事業の多様化に向けた努力の名残である。その時代には、中心的部門の周期的な好不況に対処するために、水耕栽培から使い捨ておむつに至るまでさまざまな新規事業に投資が行われた。これらの事業のほとんどは1980年代後半に始まる方針の見直しによって切り捨てられた。この不動産部門は、家族向け住宅や宅地、さらにはマスタープランに基づく市街地の開発を行っている。事業はカリフォルニア州南部・ネバダ州・ワシントン州・テキサス州・メリーランド州・バージニア州の大都市地域に限られている。1996年には不動産部門は3,500万ドルの収益と8億400万ドルの売上を記録した。なお、ここ数年、不動産部門の多くの事業所は他社に売り払われつつある。

ウェアハウザー林業の発展

　ウェアハウザー社は、20世紀初頭に中西部の五大湖地帯から西海岸に移ってきた最初の林産物企業のひとつである。当時、ミシガン州・ウィスコンシン州・ミネソタ州における中西部の森林が伐りつくされつつあったため、アメリカの西への開拓のためには、さらに木材が必要となることは明らかであった。その点、カリフォルニア州・オレゴン州・ワシントン州における北西部の森林には大いに期待ができそうであった。そこで、1900年にフレデリック・ウェアハウザー氏と何人かのパートナーがウェアハウザー木材会社を設立し、ノーザンパシフィック鉄道が所有していたワシントン州の森林90万エーカーを購入した。

　当初は、単に投資者に対し利益を還元するため、または所有地の測量の費用を支払うために伐採が行われた。1910年代後半から1920年代初頭になると、同社は、今後は、単に素材を市場に売りに出すのではなく、製材加工施設に投資を行う方針を決めた。1920年代から1930年代初頭には、林地と工場をさらに獲得するにつれて、木材生産量は増大していった。当時、伐採跡地は天然更新に任されたが、そのような更新、特にダグラスファーの更新は、よくても成功半分といったところであった。

人工林経営

　1930年代後半になると、ウェアハウザー社はひとつの決断を迫られることになった。それは、これまでに伐採した土地を売却すべきか、あるいは所有しつづけて利益を追求するべきか、ということである。当時の業界の常識に反して同社は、農産物と同様に木材も持続的に育成して収益を上げることが可能であるという信念を抱いていた。このため経営陣は土地を所有しつづけ、再造林を行うことを決定した。同社は1941年、集約経営によって伐採跡地から収益を上げることが可能であることを証明するため、私有林において初めてツリーファームを設置した。このクレモンス・ツリーファームでは、天然更新や種子の空中散布、山火事予防、下層植生管理についての実験が行われた。これらの研究によって、人工林経営を経済的に成り立たせるためには、天然林を伐採した後、二次林が天然更新してくるのにただ任せるだけでは不十分であるということが明らかになってきた。

　1940年代には、ウェアハウザー社の森林経営は、いかなる播種技術を用いればより確実に伐採跡地をダグラスファーの森林に更新することができるかという点に重点がおかれていた。それと同時に同社は、長期の森林所有を妨げるような課税政策を変えること、長期的な投資のリスクを減ずるため山火事防止についての政策を策定することに尽力した。これらの動きもあって、1940年代の終わりにはウェアハウザー社は「育成林業」を実践する企業に変貌し始めた。これらの行動は、当時の他の木材業者が公有林からの木材供給に依存し、下流域の工場操業のためにオールドグロース林を伐採していたのとはきわめて対照的であった。

高収穫林業

　1950年代初頭になると、苗木による更新は天然更新よりも優れているものの、人工林経営から収益を上げるためには、より体系的かつ科学的なアプローチが必要であることが明らかとなった。研究はまず、オールドグロース林伐採後に成立した密度の高いダグラスファーの二次林をいかに短期間で売り物になるようにするか、という点に集中された。しかし1950年代の後半には、伐採後に苗木を植えた方が、より確実で適切に森林を更新できることが次第に明らかとなってきた。

　そして1960年代の半ばまでにウェアハウザー社は、高収穫林業と呼ばれる新たな林業のモデルを構築し始めた。初め研究は、森林をできるだけ早く更新させるための植栽方法や密度管理などの経営手法について行われた。再造林に必要な苗木を生産するために苗畑が造成された。この時期、植栽・成長・収穫・再造林のサイクルが永続する施業方法を開発するために、生物学的要素と財政的要素の両面から検討が加えられた。

アイデアの改良

この目的のため、社有林全体について土壌調査が行われ、得られたデータは成長と収穫のシミュレーションに使われた。これらのシミュレーションは、以下のような高収穫林業の科学的・技術的側面を改良するのに役立った。
- 適地選択・植栽間隔・根系の発達を最適化するための植栽技術
- 競争を最小化するような害虫と下層植生の管理技術
- 収穫を最大化するような施肥・間伐技術
- 土壌の侵食と圧迫を最小化するような林道開設技術
- 野生動物の生息域を確保しつつ収穫を最大化するような収穫時期の決定
- 土壌の生産性の維持
- 迅速な更新の確保

ひとたびこれらの技術が確立すると、この技術を実際に適用して経営された森林はそうでない天然林と比較して、これまでにないような高い成長を示した。さらに同社は、50％もあった苗畑での苗木の枯死率を低下させることに取り組み始めた。強い根系を持つ健全な苗木を作り出すため、蓄積した科学技術を応用した結果、発芽や栽培、施肥についての技術が開発されただけでなく、効率的な種の生産・採集を可能とする採種技術までも開発することができた。その結果、今日では苗木の枯死率は５％以下にまで低下している。

優良樹種の育成

1970年代初頭になると、ウェアハウザー社はダグラスファーとロブロリーパインの天然林から、健全かつ生育の旺盛な個体を集め始めた。これらの「プラス・ツリー（精鋭樹）」は、この２樹種についての林木育種プログラムの基盤となった。選抜育種により成長・形態・適応性の低い個体は対象から取り除かれた。1980年代には育種プログラムは、量（速い成長）、強度（適度な比重）、材質（通直さ、枝張り）など、特定の用途にかなった性質を持つ品種の育成に焦点を当て始めた。

高収穫林業は、他の樹種の生育を抑えつつ主要な商用樹種の成長を最大化することを目的としているが、できあがった森林は必ずしも単一樹種の森林ではない。というのは、種子は風や水、動物などによって散布されるので、目的外の樹種を完全に取り除くのは不可能だからである。その結果、高収穫林業による森林は、天然林とは明らかに違うものの、景観的または生態学的に不毛なものとはならない。もちろん、高収穫林業は土地に合わない樹種を導入するわけではない。ウェアハウザー社は、ダグラスファーとロブロリーパインだけでなく、ヘムロックやノーブルファー、ロングリーフパイン、さらにはいくつかの広葉樹種についても更新を図っている。

高収穫林業のサイクルは、現存する森林の収穫計画が策定された段階で始まり、その立地に最も適した品種が何かを見きわめるために、植栽箇所についての地形や土壌

状態についての情報が分析される。フォレスターは最適な品種の種を苗畑に注文し、実際に植栽されるまで、1～3年間養苗される。植栽後は、最適な育林方法（密度・間伐・枝打ちなど）によって、望ましい樹種構成そして最終製品へと導いていく。

　大量の苗木は他の森林所有者にも販売されるが、最も改良の進んだ苗木はウェアハウザー社の林地のみに供給される。苗木は、収穫後1年以内に、望ましい品質を最大化するように決められた間隔・配置に従って、人の手で植栽されることになる。森林が成長する間、ほとんどの林分は間伐が行われ、望ましくない個体が取り除かれる。残された個体がより大きく、より通直になるよう空間が確保される。伐り捨て間伐の場合は、幹や枝の形で林床に有機物が残され、それが徐々に分解することによって土壌に有機分と栄養分を加え、樹木の成長を促進することになる。また収入間伐の場合は、最初にパルプ材として利用できる大きさのものから収穫が行われ、続いて木材として使えるものが収穫される。また、収穫されるまでに何度か枝打ちが行われることもある。低い枝を取り除くことによって、材の中の節を減らし化粧性の高い木材を生産することができるのである。さらに、成長を促進するために、肥料の空中散布が行われることもある。

忍耐の重要性

　高収穫林業の目的は、究極的には、消費者にとってより高い価値を有する材を生産することにある。ウェアハウザー社の各製材工場からの需要に応じて、南部のロブロリーパインは30年生、太平洋岸北西部のダグラスファーは45年生でそれぞれ伐採される。材の継続的な流れを確保するために、同社の森林のうち西部では2％、南部では3％が1年間に伐採される。その際、伐採された樹木のどの部分もむだにされることはない。枝条はその場に残され、分解されて栄養分として土壌に戻り、樹皮はエネルギーとして燃やされるか、園芸用の被覆材として販売される。丸太は、製材その他の林産物になるか、パルプ生産のためのチップとなる。残りのおがくずは、パーティクルボードや被覆材となるか、または燃やしてエネルギーとして利用される。

　1960年代以降、高収穫林業によってウェアハウザー社の森林の生産性は飛躍的に向上した。北西部では、1エーカー当たりの収穫量は天然林の2倍となり、南部では4倍となった。その結果、同社の森林は世界で最も生産性の高い森林となった。ただ、このように優れた高収穫林業は忍耐を必要とする。それは1960年代の投資が、林木育種による人工林が成熟し始める21世紀初頭になってようやく経済的に収益を上げるような、気の長い取り組みである。

　1930年代に人工林経営の推進という決断をして以来、ウェアハウザー社の経営戦略は、長期的展望のうえに築かれてきた。30～50年後にならないと収益を上げないような土地への投資には、しっかりとした計画と継続的な努力が必要である。同社は、短期的な市場の変化に過剰に反応しないような慎重な行動が、より安定した経営環境

を作り上げるものと信じている。経営陣のひとりは「取引はいつでもできる、しかし多くの企業が常に判断の誤りを犯してる」と言っている。こうした長期的展望があってこそ、ウェアハウザー社は高収穫林業の取り組みを行うに当たって、必要な時間をかけ、必要な投資を行うことができたのである。

ウェアハウザー林業

　ウェアハウザー社は、それまでの経営の中で、森林経営のパイオニアとしての伝統だけでなく、環境保全に対する感覚も養ってきた。しかしながら1970年代から1980年代にかけて、森林の取り扱いに対する人々の関心が高まり、産業としての林業に対する規制圧力が高まってきた。特に太平洋岸北西部においては、皆伐に対する反対運動と消えつつあるオールドグロース林への関心の高まりによって、国公有林と私有林の伐採に規制が強化されつづけてきた。
　ウェアハウザー社は自社の森林を所有しており、国公有林からの木材にはそれほど依存していなかったため、自社のことにのみ注意を注ぎ、これらの動きには関心を示してこなかった。当時、同社は、森林育成に対する努力を強調することとともに、自社の森林の取り扱い方法とその基本となる考え方を正当化するような科学的データを提供することによって、批判に対応しようとしたが、環境保護グループは森林の取り扱いについての科学的・技術的な議論には納得しなかった。1980年代の終わりには、ウェアハウザー社は林産業界の右代表と見なされ、その評判も低下し始めた。

公共信託財としての私有林
　ウェアハウザー社は、競争相手よりも財政状況が悪化したことから、1989年から新たな改革に取り組み始めた。新たな社長兼最高責任者（CEO）であるジョン・クレイトン氏は、中核ビジネスである林産物生産に再び重点をおき始めた。1990年代初頭になると、人々と同社との間の溝を広げる原因となった社会的な変化を理解することによって、再び社会的な信用を取り戻そうと考えた。経営陣は、人々がすべての森林を所有者によらず公共の信託資源と見なしていることを理解したのである。あるマネージャーは、「人々の目から見れば、我々はこれまで資源の守護者ではなかったのだ」と告白している。大量のデータによって自社の森林の取り扱いを正当化するような取り組みでは、森林と生態系の健全性と未来を憂慮する人々の根本的な危惧に応えることはできなかったのである。
　人々の森林に対するこのような気持ちを理解することにより、ウェアハウザー社は高収穫林業による保続収穫という理念を超えて、より広い持続可能性の理念に基づいた経営に移行することができた。高収穫林業は、経営陣が外部の利害関係者の関心をも意思決定に取り入れるようになるにつれて、「ウェアハウザー林業」へと発展して

いったのである。地域森林会議と各集落における集会所での会合が、直接に社の意思決定に影響を与えるようになり、また、経営陣は人々との対話に入り込むことによって、どのような点において人々の価値観と社の価値観が共通であるのか、あるいは異なるのかということをよりよく理解するようになった。こうした活動の結果として、同社のスチュワードシップ宣言とさらに包括的な持続的林業の指針となる資源戦略が生み出された。

今日、ウェアハウザー社の森林経営の方針には、環境の質と森林の経済的価値を改善するため責任を持って取り組みを続けていくことはもちろん、水質や魚類・野生生物の生息域、土壌生産性、生物多様性、さらには美的・文化的・歴史的な森林の価値を高めていくことがうたわれている。同社は持続的林業の取り組みによって、経営目的を達成することを宣言してきた。この場合、持続的林業とは、すべての森林に対して取り扱い基準を設定すること、科学技術に基づいて森林の手入れを行うこと、公的機関や他の利害関係者との協力によって森林の取り扱いと規制とのバランスと効率性を追求するということである。

経済的・環境的持続可能性

ウェアハウザー社は、「ウェアハウザー林業」を通して、絶滅の危機に瀕する動植物種の生息域保護により積極的な姿勢を取るようになり、また、自然環境をより良く管理するために必要となる新たな技術とデータを開発することができた。例えば、同社による「生息地保全計画」は、多様な樹種を育成する森林経営によって、絶滅の危機に瀕する種に対する悪影響を減らそうとするものである。また、「流域分析」は、これまでのように多くの規制に個別に対応するのではなく、森林をシステムとして管理することによって、柔軟な経営を行うことを可能とさせるものである。

ウェアハウザー林業は、1990年にマダラフクロウが太平洋岸北西部において絶滅の恐れのある種に指定された際、大きな問題に直面した。連邦魚類・野生生物局によって提案された管理計画は、マダラフクロウの巣の周囲半径1.2マイルの円内を伐採禁止とするものであった。しかしながら、同社は「生息地保存計画」の考え方に従って、マダラフクロウの保全計画を示すことにより、野生動物管理局の当初計画案では伐採禁止とされていた区域内での木材利用を認められ、より柔軟な森林の利用が可能となった。

さらに1990年代半ばに、海洋漁業局が5種類のマスを絶滅の危機に瀕する種あるいは絶滅の恐れのある種として指定したことによって、ウェアハウザー社は再び試練にさらされている。管轄当局によって提案された管理基準には、魚の生息する河川の両側300フィートを保護樹帯として残すこととされていた。これに対処するため、同社は、土地利用についての柔軟性を維持しつつ、環境的に適切でかつ社会的に受容さ

れ得る管理計画を定めなければならないであろう。しかし、環境保全の目的を達成するために収穫可能な樹木を適度に残すという程度であれば、ウェアハウザー林業の高い収穫量によって埋め合わせることができるであろう。

同社は、ウェアハウザー林業によって、環境と経済の両面について経営目的を達成することができるという信念を抱いている。経済面については、単位面積当たり収穫量が高まることによって他の森林に対する伐採の必要性を減らすことができるし、環境面については「生息地保全計画」や「流域分析」のような取り組みが有効であると考えるからである。また、ウェアハウザー社の高収穫人工林経営モデルは、清浄な空気を提供し、酸素の供給と二酸化炭素の吸収を通じて温室効果ガスの放出を減らしもするということも付け加えなければならないだろう。

もし、同社がウェアハウザー林業によって、経済・環境の両面での経営目的を達成することができるならば、環境保護団体や森林の環境価値を重んじる他の利害関係者からの支持と理解を得ることができるであろう。しかしながら、1998年現在、同社は、新たな森林経営計画と方針が長期的に森林の活力を維持し流域と野生動物を保護することにつながるということについて、太平洋岸北西部の環境保護団体を説得しきれていない。(Box12.1)

将来的には、ウェアハウザー社の高収穫林業モデルは、残された原生林や天然林に対する伐採圧力を増すことなく、21世紀において増加しつづける林産物に対する社会的な需要を満たすための一助となり得るであろう。というのは、より少ない面積からより多くの収穫を得ることによって、潜在的にはより多くの公共の森林を、非木質資源やウィルダネス、野生動物、レクリエーションなど非木材生産的な用途のために残すことができるからである。実際、ウェアハウザー林業モデルは、人口の増加や経済成長に伴う林産物需要の増加と、さまざまな理由による供給の困難化の中で、世界中の公有地や公園、保護地域などの保護を進める可能性を高めてくれるものである。

将来の林産物需給の見通しによると、2010年までには、紙と板紙の需要は現在の約2.5億トンから4.5億トンへと増加するものと見込まれている。また、製材品に対する世界の需要は、1989年の6.3億m^3から10億m^3へ約60％増加するものと見込まれている。それに対して、針葉樹材の生産は、25年間で9.39億m^3から10.85億m^3へと、15％の増加しか見込まれていない。このため、年間の需要増を1.3％と少なめに見積もったとしても、針葉樹材市場は近い将来に需要が供給を上回ることになる。第1章で論じたように、多くの地域における開発が、主として環境的な配慮によって、今後20年間は針葉樹材供給の拡大を妨げる方向で進むものと思われる。このような見通しは、近い将来、針葉樹材に対する需要が供給を追い抜き、針葉樹材の供給不足をもたらすことを示唆している。また、供給不足によって針葉樹材製品の価格が上がり、鉄やコンクリートあるいはIビーム・LVL・OSBなどのエンジニアードウッドといった代替品への需要が高まるであろう。

Box 12.1　環境保護団体からのさまざまな評価

　果たしてウェアハウザー社は、地域との関わりを深めながら流域と野生生物を保護するような、包括的な森林経営を行っていると言えるであろうか。1998年にインタビューを行った太平洋岸北西部のある環境保護団体は、最近新たに採択された森林経営方針のもとでの同社の環境保全の取り組みに対しては、両義的な見方をとっている。パシフィック・フォレスト・トラストの代表であるローリー・ウェイバーン氏も同社に対して賛否両論を唱えるが、結論としては、人工林経営者としての同社に対してしばしばなされてきた評価と同様のことを繰り返した。「ウェアハウザー社は最も優れた企業のひとつである」

　しかしながら、別の環境保護団体は、ウェアハウザー社の人工林経営に対して、同社とは折り合いがたい考えを抱いている。記録によると、同社は1900年以来、4万エーカーの森林に対して皆伐を行ってきた。オレゴン州にあるコーストレンジ協会のチャールズ・ウィラー氏は、企業有林におけるバイオマス量は天然林の6分の1から10分の1であり、たとえ最良の取り扱いを行ったとしても、「ランドスケープを貧困化する」ものであると指摘している。

　多くの環境保護団体は、ウェアハウザー社による森林の取り扱いは、長期的に森林の健全性を悪化させるものであると論じている。同社は皆伐作業を取りつづけており、そのもとで45年という輪伐期は、生態学者が同地域において最適とする120年ないし200年と比較して非常に短い。またフォレスターや生態学者によると、第一世代の人工林においては、粗大な有機堆積物は森林が十分な機能を発揮するために必要な量の15％以下しか存在せず、第二世代、第三世代の人工林においては、たったの3％しかないとのことである。これらのことから、今後とも同社の社有林が劣化しつづけることは明らかである。

　環境保護団体の中には、ウェアハウザー社による「生息地保全計画」を一定の進歩であると見なしているところもある。同社はトロット・グリフィン／トクル地域において流域保護計画を実施しているが、ワシントン州メアリースビルにあるチュラリップ族地区の流域生態学者ジョージ・ペス氏によると、この計画のもとでは、同社は計画の変更に合意し、実際に合意に従って取り組みを行ってきたとのことである。例えば、流域保護の深刻な問題である魚の通行を阻む暗渠について、同社は5年以内にすべての暗渠を改善することに合意した。ペス氏によれば、1998年現在、計画通り改善を進めているとのことである。

また、パシフィック・リバー協会の保全部門代表であるデヴィッド・ベイルズ氏は、オレゴン州カスケード山脈南部における、約40万エーカーの隣接した2つの区域に対する「生息地保全計画」について、「これまでの取り組みによって著しい改善を示しており、正しい方向に向かっている」と言っている。彼やその同僚は、同社が、水系を守るためには、河川からの一定の幅について伐採が禁じられている流域保全地域を保護するだけでは不十分であり、さらに斜面上方に対する保護が不可欠であることを良く理解している、と評価している。「ウェアハウザー社はこの点について、他社よりも進んでいる」とベイルズ氏は述べている。しかしながら、反対派は、その計画について、不安定な斜面や表面流、サケ以外の種に対する保護措置などについて問題点を指摘している。

　ウェアハウザー林業を通じ、一方で生息地や流域、絶滅の危機に瀕する種を保護しながら、他方で経済的な目的を達成することができるとウェアハウザー社の経営陣は信じているが、多くの環境保護団体は、さらに多くの証拠が提示されなければそのような主張に納得できないようである。いずれにしても、同社がその「生息地保全計画」と森林経営方法が長期的に生態系へ良い影響を与えているということを示したいのであれば、今後とも地域住民や環境保護団体、管轄当局からの信用を得るための努力をさらに進めていくことが必要であろう。

市場競争における立場

　ウェアハウザー社の経営方針は、世界で最も開発が進み、かつ環境保全に関心の高い地域において、最高の価値を持つ針葉樹材を生産することに重きをおいている。同社は、優れた品質の木製品を作り出すことができるような、構造・性能特性を持った針葉樹種のビジネスに主眼をおいている。ダグラスファーについては収穫量の大部分が直接製材工場で、ロブロリーパインについては半分以上が製材工場や合板工場で加工されている。このように製材用丸太の生産に主眼をおいているものの、最も質の高い部分だけが製材品として使われるので、材積の半分以上は残材となってしまう。しかしこの残材の大半は、パルプ原料の繊維として同社の紙パルプ工場で使用されている。

競争手段としての高収穫林業

　ウェアハウザー社は自社の林地についての詳細な情報を得るのに、ほぼ50年間を

費やした。ここで得られた情報は、土地の状態を正しく評価し、土地に合った品種を選び、生産性を高めることに役立っている。また、これまでに開発されてきた植栽方法や間伐、施肥などの密度管理技術によって、付加価値の高い無節材を最大限に含む通直かつ高成長の樹木を育成することが可能となっている。こうした特徴が顧客のニーズを満たす一方で、持続的な収穫は製品の継続的な供給を、進んだインフラは適時の製品納入を保証してくれている。

このような信頼度の高い経営取り組みによって、ウェアハウザー社は顧客との強い関係を築き、また、供給よりも需要の大きい製品では価格プレミアムを獲得することができた。ある経営者は「ウェアハウザーという名前によって人々を引き付けることができるのです」と言っている。このような取り組みは、特に、同社の最も重要な輸出先である日本の顧客にとって重要なことである。日本では、高い評判と顧客との関係が成功にとって不可欠であるため、同社は高いマーケットシェアを維持することができている（同社売上高の10％は対日貿易による）。このようにウェアハウザー林業は、現在の顧客を維持しながら新たな顧客を開拓し、さらにそのことが林業の継続的な取り組みを可能にするという好循環を生み出しているのである。

ウェアハウザー社の経営資本は北米に存在することから、温暖な南米やアジア太平洋地域における競争相手よりも、長い投資期間と成長期間の恩恵に浴している。さらに、同社は30年間にわたる針葉樹育種の経験を有するため、他の企業が生産性を上げることによって対抗しようとすることは困難である。30年間の林業技術の蓄積が、特に太平洋岸北西部において、先駆者として競争相手よりも有利な地位を築くことを可能としたのである。

「木材の城壁」

ウェアハウザー社は、初期の土地投資によって、世界でも最高の林地からなる資産を築き上げることができた。北西部における社有林のほとんどは、傾斜の緩い低標高の土地であり、現在となっては入手不可能なものである。これらの優れた林地は、100年にわたる計画的な土地の購入によって集積することができたものである。

同社は、生産性の高い林地と優れた森林経営によって、森林の生産性を飛躍的に高めることができた。現在では1エーカー当たりの成長量は（経営の行われていない）天然林と比べて、太平洋岸北西部では2倍、南東部では4倍にもなると推定されている。例えば、1990年代におけるアメリカ全体の平均成長量は1エーカー当たり54立方フィートであり、1950年代の2倍であった。それに対して、ウェアハウザー社の林地における成長量は同108立方フィートであり、集約的に管理された最高の土地では年間成長量が240立方フィートにも上っている。

さらに、2010～2020年頃には育種樹種による人工林が成熟期に達するため、太平

図表12.2 「木材の城壁」

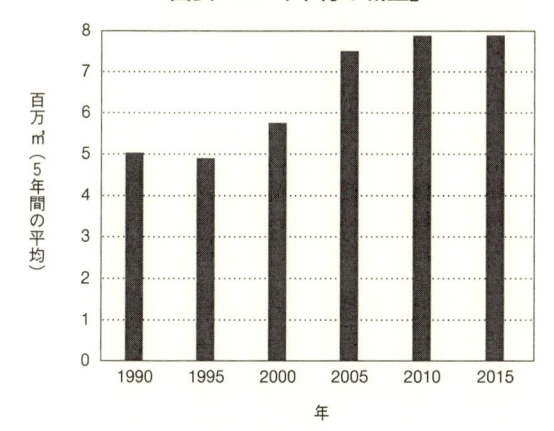

百万㎥（5年間の平均）

年	値
1990	5.0
1995	4.9
2000	5.7
2005	7.5
2010	7.9
2015	7.9

洋岸北西部と南東部における社有林の収穫量がさらに増加することが見込まれている。この収穫の増大によって、1エーカー当たりの収穫量は北西部では50％、南東部では100％増加する見込みである。その結果、高品質、かつ大量の針葉樹材が得られることになる（社内では「木材の城壁（Wall of Wood）」と呼ばれている）。収穫量は、供給量が逼迫する2005年頃には最大量に近い水準に達し、その後は高止まりする見込みである（図表12.2）。

競争優位としての環境

　地域や先住民、環境団体との対話を築き上げる取り組みを通じて、ウェアハウザー社は利害関係者との関係を深める術を養ってきた。公会堂での会議で利害関係者から意見を聞く経験から、外部の見方を受け入れる寛容さと、どのようにして対話に関わっていくべきかについての理解が社内に養われた。同社は、このような建設的な取り組みによって、「生息地保全計画」や「流域分析」などの事業を実行する中で、規制当局や市民との関係を良好なものとすることができたのである。

　ウェアハウザー社は、こうした利害関係者との関係を深めようとする姿勢から、木材企業の中では環境面で高い評価を受けている。実際、特に公有林における環境保全のための伐採制限の強化は、同社に競争上の優位を与えている。同社は自社の優れた森林に原料供給を依存していることから、世界中で環境面での規制が強まり供給が制限される中でも、大量の高品質針葉樹材を供給できるという経営上優位な立場にある。しかし、もし林産物市場における競争が持続的林業から離れて資源の収奪にシフトするのであれば、つまり、ロシア極東地域が外貨獲得のために急速に伐採を拡大するの

図表12.3　北米における主要林産物企業の配当率の変化

企業名	増加率 （1985〜1990年）	企業名	増加率 （1990〜1995年）
マクミランブローデル	153%	ウィラメット	210%
インターナショナルペーパー	146%	ルイジアナパシフィック	202%
S&P500（参考）	80%	ウェアハウザー	136%
テンプルアイランド	71%	ジョージアパシフィック	112%
ウィラメット	63%	S&P500（参考）	111%
ウェストバコ	62%	ボーウォーター	96%
ジョージアパシフィック	49%	チャンピオンインターナショナル	72%
ユニオンキャンプ	46%	ウェストバコ	70%
ルイジアナパシフィック	39%	ポトラッチ	67%
ウェアハウザー	28%	テンプルアイランド	59%
チャンピオンインターナショナル	22%	インターナショナルペーパー	59%
ポトラッチ	13%	ユニオンキャンプ	56%
ボイジカスケード	-9%	ボイジカスケード	45%
ボーウォーター	-18%	ストーンコンテナ	32%
ストーンコンテナ	-19%	マクミランブローデル	-1%

図表12.4　ウェアハウザー社：森林からのキャッシュフロー（課税前）

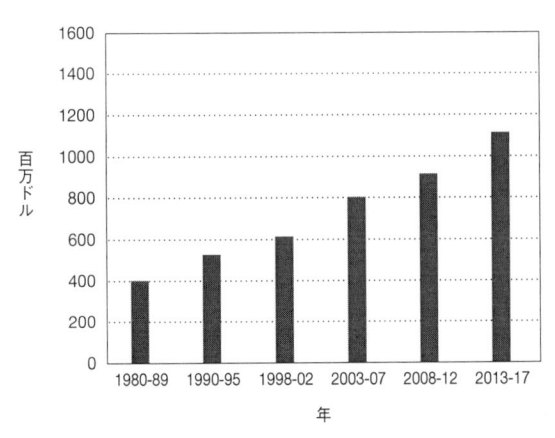

註：1993〜1995年の平均価格に基づく

であれば、ウェアハウザー林業モデルは、競争優位の基盤を失うことになるが、実際のところは、環境は同社にとって競争のための良き協力者となり得るであろう。今後、高品質材の供給が減少し、針葉樹材に対する需要が増加する中で、ウェアハウザー社が強い競争力を維持していくことは十分期待できる。

財務状況

個々の森林施業は財務上、重要な意味を持っている。林業の場合、投資の決定の際には、30～50年の割引期間を考慮することが必要であり、どの程度の割引率を採用するかは非常に重要な問題である。しかしながら、ウェアハウザー社の高収穫林業による経営では、1エーカー当たり300～600ドルの投資は、2倍、3倍、あるいは4倍の収穫として取り戻すことが可能である。

1980年代に同社は株式市場において低迷していたが、1993年に林産物企業の上位4分の1の地位を確保するという目標を掲げたことから、ここ数年は良好な実績をあげている（図表12.3）。現在の価格で、ウェアハウザー林業からの収穫が増加した場合、今後25年間に著しく収入が高まることが予想される（図表12.4）。

今後の課題

ウェアハウザー社は、環境への配慮を同社の方針・価値観とうまく結合することができたと言えよう。環境への配慮は、これまで製品の質や競争優位に重きをおいてきた経営モデルにうまく取り入れられ、そのことによって、経済・環境の両面について、長期の持続的な経営が可能となったのである。しかしながら、21世紀を見通すに当たって、同社はいくつかの問題に直面せざるを得ないこともまた事実である。

経営上の問題点

自社の森林または製品について認証を獲得すべきか

SCS、スマートウッドおよび森林管理協議会（FSC）による認証プログラムはすべて、実地の森林経営についての原則と基準を設定しており、第三者による評価を必須としている。これらの第三者認証は、いくつかのニッチ企業によって競争上の優位を保つために利用されてきたが、大企業は一様にこれらのNGOによる認証プログラムに対して嫌悪感を示してきた。その代わりに彼らは、結果についての目標を設定し、その目標を達成するための努力を促すような経営システムの方を好んできた。そのような経営システムは、ISO14001による環境マネージメント基準とともに、全米林産物製紙協会（AF&PA）による持続的林業イニシアティブ（SFI）によって代表される。

現在のところ、認証林産物に対する需要は西ヨーロッパとアメリカでの特殊な市場に限定されており、世界全体として見ると、買い手は環境に配慮した林産物に価格プレミアムを支払おうとしていない。しかしながら、もし、ある大企業が群れから飛び出して第三者認証に走ったならば、他の大企業も認証に追従しなければならないと感じるようになり、産業内の競争バランスは変化することであろう。そのような動きは、環境問題に敏感なヨーロッパの市場と、認証制度の導入が乱開発への一定の防波堤となることが期待される開発途上国に対しては、特別の影響力を持つ。

第三者認証は、持続可能な林業と環境保全への取り組みをひとつのビジネス戦略として結合させられるような大企業にとっては、競争上有意義なことかもしれない。言いかえれば、高品質の製品を安価に供給できるとともに、環境面での基準も満たすことができるような企業ということである。ウェアハウザー社は、そのような強みを持っているはずである。製品全般について困難だというのであれば、少なくとも社有林の一部について第三者認証を考慮してもよいのではなかろうか。

他社から購入する材についてのCoC問題にどのように対応するか

ウェアハウザー社は、自社有林からの収穫では原料供給が不十分であるため、林産物部門・紙パルプ部門の両方とも、外部からの原料供給に依存している。このため、将来、特に第三者認証が有用あるいは必要になった場合には、これら小規模私有林経営へ原料供給を依存していることによる悪影響に的確に対処していくことが重要となるであろう。実際、製品認証を選択肢として検討する場合、小規模私有林と協力して森林経営を持続可能なものに改めていくことは、同社の経営にとって不可欠となるであろう。またCoC認証は、プロクターアンドギャンブル（P&G）社のような消費者向け製品を生産する大企業が、環境に対する配慮から、原材料供給者に対して供給元の情報を明らかにすることを求めるようになった場合、重要になるであろう。ただ、原料供給元を、持続的林業を行っている経営体に移していくことは、一夜にして成し遂げられることではない。もしウェアハウザー社が他社に先駆けて認証された素材を大量に購入するようにしたならば、その地域における最高の、つまり持続的な、私有林経営からの安定的な原料供給を確保することができるのではないだろうか。

カナダにおける事業のあり方は、ウェアハウザー林業の目的にかなったものか

ウェアハウザー社は、資産の20％をアメリカ・カナダ国境の北側に置いており、カナダの林産物業界の中では、大きな位置を占めている。しかしながら、39％の土地が公有であるアメリカとは対照的に、カナダでは94％の産業林が州政府によって所有されている。州による所有のため、カナダにおいて土地所有権を獲得することは阻まれており、同社の伐採契約地にウェアハウザー林業の方法論を適用することを難しくしている。もし、最良の森林経営方法を実践することができれば、ウェアハウザ

ー社はカナダにおいて、より少ない土地からより多くの収穫を上げることができるであろうが、土地所有権を有していないため、伐採契約を有する州有林において高収穫人工林経営を確立することはリスクの高いものとなっている。というのは、同社がその場所を長期的に経営しつづけていけるかどうかは保証されていないためである。

その結果、ウェアハウザー社は、ブリティッシュコロンビア州、アルバータ州、およびサスカチュワン州における1,800万エーカーに上る伐採契約地において、天然林の伐採を行いつづけている。問題の多いブリティッシュコロンビア西部における原生林の伐採は行っていないものの、アメリカとカナダとの間における同社の森林経営理念の乖離は明らかである。環境保護団体は、カナダ政府と州政府に対して、長期的経営なしに雇用の確保のみを重んじて伐採を行うような現在の伐採契約体系を改めるよう圧力をかけているが、これが奏功すれば同社事業のあり方も改善されることであろう。したがって、持続可能な森林経営がウェアハウザー社の競争戦略であるのならば、カナダにおける森林経営政策をウェアハウザー林業の理念と一貫性のあるものに変えるよう政府に働きかけ、天然林の伐採をやめ長期的な人工林経営に移行していくことが、同社の利益にかなうものであるはずだ。

ロシア極東地域に対する姿勢はいかなるものか

ウェアハウザー社は、シベリアでの最初の事業において、長期伐採契約を得るために地元企業と協力関係を結び、120万本の苗木の植栽実験を実施したものの、インフラの未整備と汚職問題のため、ウェアハウザー林業を行うことは不可能であるとして、事業から撤退した。

環境保護グループの中では、ウェアハウザー社のロシアへの進出は、シベリアにおける広大な針葉樹天然林の利用を有利に進めるための第一歩にすぎないという見方が存在する。カナダにおけるのと同様、もし同社が持続可能な森林経営を中心的戦略として位置づけるのであれば、自社の利益を確保していくためには、環境保護団体やNGO、さらには政府と協力して、ロシア極東地域における天然林の保護に努めつつ、ウェアハウザー林業に適した生産性の高い土地を見つけ出して利用権を確保することが必須のはずである。

ウェアハウザー林業モデルは、同社が国際的に事業を拡大する際にも適用可能であるか

ウェアハウザー社は、現在のところ、アメリカとカナダだけで生産を行っているが、北米での強い規制と環境保護勢力の監視のもとで木材生産を行うことから、多くのことを学んできた。このことは、森林と生産の基盤を、将来的にマーケットの成長が見込まれる海外に拡大しようとする際に、大きな強みとなるであろう。ウェアハウザー林業の生産性と利害関係者を関わらせる技量の両者は、海外においても適用することができるであろうが、いずれとも、新たな場所においては一定の調整を行うことが必

要である。環境に対する規制の弱い開発途上国に事業を拡張する場合、利害関係者の関わり方を、持続可能な開発にからんだ、先住民問題や貧困問題、移住問題など、これまでよりもさらに困難な問題に対処できるようなものに拡張することが必要となるであろう。

　また、海外への事業拡大に当たっては、林木育種や人工林経営の中心的な技術をダグラスファーやロブロリーパイン以外の樹種に対しても適用しなければならないであろう。このことは、同社が針葉樹に焦点を当てているかぎり、可能であろう。人工林経営にとって特に魅力的な場所は、既に人工林に適した土地利用に転換された農地・牧草地で、ウェアハウザー林業を行うに足る豊かな土壌を持つような土地である。特に望ましいのは、アルゼンチン・チリ・ブラジル・オーストラリア・ニュージーランドなどの、針葉樹を短伐期で育成できる暖温帯地域である。しかしながら、もし同社が短伐期の広葉樹経営に乗り出すのであれば、既に強い競争力を持つアラクルス社やモンディ社などに対抗するためには、多くの新たな研究を行うこととともに、経営上のパートナーを探し出すことが不可欠であろう。

　ウェアハウザー社は、ウェアハウザー林業の強みを生かせない事業には投資を行ってこなかったようである。例えば、熱帯雨林には生態系の取り扱いに問題があるためだけではなく、同社が熱帯広葉樹林とその土壌の取り扱いには競争力を欠いていることから、これまで近づいてこなかった。同様に、長期的な土地所有が高いリスクを帯びるような、政治的に不安定な地域に進出することも避けてきた。ロシア極東地域における事業から撤退したのも、この地域の政治的不安定によるところである。

ウェアハウザー社の高収穫林業は、持続的林業のモデルとなり得るか

　おそらく、ウェアハウザー社が将来直面する最大の問題は、ウェアハウザー林業が持続可能な林業の一モデルであるということを説得力を持って示すということであろう。「持続可能な開発」や「持続可能な林業」について、実際の取り組みに生かせるような定義が未だ存在しないため、同社の高収穫かつ環境保全をも考慮した人工林経営モデルが、持続可能性実現への取り組みのひとつであるということを証明することは重要なことである。

　多くの人々は、人工林経営はその語の定義から考えて（天然林の構成と特徴を人工的に変えるため）持続可能でないと信じている。人工林経営について人々の理解を得るためには、広範な利害関係に関わっていくことが必要となるであろう。このためには、世界の原生林や生物多様性、さらには開発途上国や新興諸国における持続可能な開発の状況の全体像の中で、集約的な人工林経営がどのように位置づけられるのかについて、強力な議論を生み出すことが必要となるであろう。集約的森林経営に対して理解を得るためには、人工林経営と天然林経営、原生林の保護がどのように共存し得るかということを明らかにすることが不可欠である。

第13章
経営戦略としての持続可能な森林経営

　20世紀後半の数十年にわたり、石油・化学・運輸などさまざまな産業が環境保護の問題に直面している。そうした中、木材産業においては、持続可能な林業の取り組みが徐々に広がっている。このことは、生態的に持続可能な企業経営への転換に関する研究のために、すばらしい実験の機会を与えてくれている。持続可能な森林経営は、社会全体のレベルで見た場合、森林の持つ自然的、経済的、社会・文化的価値を保護すると同時に、増えつづける木材繊維製品の需要を満たすことを意図して行われる。一方、一企業のレベルで見た時、持続可能な森林経営の実践には大きな困難が伴う。企業は、環境負荷の小さい森林施業や、人工林林業、森林認証等をはじめとする革新的な取り組みに挑戦しなければならない。

　本章の著者であるマシュー・アーノルド、ロブ・デイ、スチュアート・ハートは、持続可能な林業に関するワーキンググループの作業の一環として、21の企業を対象に調査を行った。そして、環境戦略に関する文献調査から導出された概念的枠組みを用いて、事実のふるい分けを行った。その結果、ひとつの重要な結論が導かれた。それは、持続可能な森林経営は企業の基本経営戦略を成功させるための手段でなければならないという点である。持続可能な森林経営を余力の範囲で追加的に取り組むのではなく、主要な経営戦略に組み込んで実践する時、自然的・社会的利益とともに経営

上の競争優位性をも享受できる。持続可能な森林経営に関する戦略的思考の発展型として、一部の企業では経営目的を見直し始めた。すなわち、単に木を伐って木材を産出する事業体ではなく、自らを「木材繊維サービス」企業として再定義しようとしているのである。

これらの企業では、販売する製品、すなわちモノとしての製材品や紙と、供給しているサービス、すなわち構造・滑らかさ・きめ細かさ・美しさ、あるいは広告とを分離し始めている。森林の木材以外の価値が増大する中で、先駆的な企業は流域管理や炭素固定、エコツーリズムといった生態系サービスを提供するなど、森林に関連した新たな事業を展開しつつある。調査を行った企業の中に、「未来の木材繊維サービス企業」と呼べるところはまだない。しかしいくつかの事例には、木材産業の中にそうした企業ビジョンの達成に向けた最初の動きと、その可能性を見出すことができる。

パルプや紙製品、構造材など、多くの木材製品は伝統的に、性能の面で競合相手とほとんど差がないような商品であった。ニッチ市場を対象としたいくつかの製品を除けば、生産者は最低限の品質を維持しながら作業効率に基づいて競争を行うプライステイカーであった。しかし持続可能な森林経営への転換により、木材産業における「ゲームのルール」が変わる可能性がある。その結果、プレーヤーは持続可能な森林経営によって自らの競争的位置を高めることができるかもしれない。この意味において、持続可能な森林経営は近年企業の間に広がりつつある環境経営・戦略の分野に関係している。

環境戦略における持続可能な森林経営の役割

多くの著者が近年、環境管理に対する追随的アプローチと先行的アプローチの違いについて言及している（例えば、Hunt and Auster, 1990 ; Smart, 1992 ; Porter and van der Linde, 1995）。前者のスタンスでは、環境面で企業に要求される内容が規制や国民からの圧力の形で明らかになるまで、企業は行動を起こさない。企業戦略が規制によって左右されるため、追随的企業は伝統的に、汚染の抑制や環境管理の先行企業への追従など、受動的な戦術に終始してきた。残念ながら、こうしたアプローチは既存の生産過程や製品設計への追加的措置となるため、コストがかかるうえに付加価値はほとんど生じない。追随的アプローチはそれゆえ、環境管理の実行とビジネスの実行との間に溝を生じさせてしまう。

一方、先行的行動は、企業が率先して環境問題への解決策を明確化し、実行することである。先行的企業は、自身が危機的状況に陥る前に、規制や国民からの圧力を先取りしようとする。規制をリードし、他企業に模範を示すことから、先行行動戦略は環境上の責任を果たしているとの評判を獲得することにつながり、企業の市民権を守るとともに、事業を行う権利を確保するのを助けるだろう。もっと重要なことは、先

行的アプローチが戦略的計画や製品開発、工程設計といった、より「川上」側にも浸透することにより、企業の中心的戦略に実質的な利益をもたらすかもしれないことである。ハート（Hart, 1995 ; 1997）はこうした潜在的利益を把握するため、先行的な環境経営戦略を4つにタイプ分けした。
- ●汚染防止
- ●製品管理
- ●クリーン技術
- ●持続可能性のビジョン

　汚染防止戦略では、廃棄物の削減や効率的エネルギー利用、資材管理といった取り組みを通じて、生産段階での廃棄物を最小化もしくは除去しようとする。全社的品質管理とほぼ同様、汚染防止戦略では廃棄物やエネルギー利用の削減に対して継続的な改良努力を行う。環境管理システム（EMS）の適用は、このようなアプローチにおいて重要な要素となる。汚染の抑制とは異なり、防止戦略は説得力のある論理に裏打ちされている。すなわち汚染防止は十分引き合うのである。例えば、3Mは環境効率の向上を精力的に進めたことで、5億ドル以上を節約した。

　製品管理では、生産過程からの汚染だけでなく、製品ライフサイクルすべてに関わる環境負荷の最小化を目指している。企業がゼロ・エミッションにより近づくので、資材や廃棄物を削減するためには、環境デザインやライフサイクルアセスメント、サプライチェーンマネージメントのような方法を用いて、製品および工程デザインを抜本的に変更することが必要となる。例えば、ゼロックス社は、資産リサイクル管理プログラムを通じて、リースから戻ってきたゼロックス社のコピー機を高品質・低コスト部品の資源として新品機械に利用した。その結果、年間3億ドル以上を節減している。さらに重要なことは、ゼロックス社の環境デザイン機種が新規生産機種よりも高水準の信頼性を示していることである。このように、場合によっては製品管理を通じて、製品の品質や機能を改善することが可能である。

　汚染防止と製品管理は、「現時点での」製品や生産過程を扱っている。この意味において、両者は環境管理と経営過程の統合を目指した戦略である。一方、将来を見据えた企業であれば、明日の技術を予期し、投資を始めることもできる。クリーン技術は、危険な原料や工程を劇的に削減させるような技術能力を抜本的に改善することによって特徴づけられる。クリーン技術プログラムでは、環境的要因が企業の研究開発や技術開発過程の一部に組み入れられるべく資源配分の決定が行われる。この戦略では、企業が製品の設計・生産における新手法を開発する必要があり、多額の資本投資が新たに必要とされる新興市場では特に、競争上優位に立てる可能性がある。

　最後に、持続可能性のビジョンでは、先行的環境戦略に目的と方向性を与えることが求められる。持続可能性のビジョンは未来のロードマップのようなものであり、製品やサービスがどのように進化しなければならないかを見通し、またそれらを達成す

るためにどのような新しい能力が必要かを示すものである。企業のトップは、投資家との情報交換や経営公約、将来機会の明確化によって、持続可能な発展が企業の経営目的や長期展望における中心課題のひとつとなり得ることを認識するのである。クリーン技術と持続可能性のビジョンをあわせて採用することにより、企業は未来の製品や市場を見据える位置に立つことができ、将来の戦略的展開が大いに期待できるようになろう。

持続可能な林業の枠組み──4つの戦略

アーノルドとデイは、環境戦略の観点から、環境投資の経営動因を調査するための枠組みを設定した。彼らのモデルでは、先に述べた戦略が次の4つのカテゴリーからなるひとつのモデルに統合されている。市民権の保護、負荷の低減、製品品質の向上、経営の再定義。図表13.1は、環境戦略の観点から抽出された中心概念を、アーノルドとデイのモデルに統合して示したものである。以下、4つの戦略それぞれについて、木材産業での事例を参照しながらやや詳しく述べることとする。

市民権の保護

企業には果たすべき義務がある。税金を払い、廃棄物を浄化し、労働者を保護することによって、事業を行ううえでの基本的権利が維持できる。規制が緩やかな地域であっても、監視団体からの非難や地方自治体による規制以外の行動を避けるため、企業は基本的な倫理基準に従う必要がある。木材産業においては、汚染の抑制や林業労働者の保護、絶滅危惧種の保護、森林施業方法の変更、利害関係者との対話などが、

図表13.1　環境戦略を統合するために用いられる4つの類型

		4類型			
		市民権の保護	負荷の低減	製品品質の向上	経営の再定義
環境戦略		事業を行う権利 市民権の保護 評判	汚染防止 廃棄物削減 環境効率 EMS （環境管理システム）	製品管理 ライフサイクル管理 環境デザイン サプライチェーンマネージメント	クリーン技術 競争優位 工程変化 技術革新 持続可能性のビジョン

事業の権利を維持するため企業に要求されることが多い。

負荷の低減

　木材産業における最重要課題のひとつは、資源生産性（単位土地面積当たり、または樹木1本当たり）の最大化である。事業の権利を確保した企業は、生産性を向上させるため、汚染の防止、環境効率、単純なリスク回避といった形で負荷の低減を図るだろう。21の事例研究によれば、持続可能な森林経営は天然林での事業コストを増加させる一方、人工林での事業コストを減少させることが示唆されている。天然林では、施業の集約化と伐採率の低下によって原生的な生態系は守られるが、収穫量は減少する。人工林では、遺伝学操作と育林技術によって収穫量が増加する。しかし、効率志向の林業が必ずしも持続可能な森林経営ではない。収穫および育林コストを減らそうとする努力は多くの場合、先に述べた持続可能な林業の原則に反している。川下では、木材の利用効率をいっそう向上させること、すなわち樹木のより多くの部分を製品に利用し高品質製品あるいは利用時点での市場価値に見合った木材を生産することで、負荷を減らすことができる。

製品品質の向上

　次のステップとして、持続可能な森林経営を製品品質の向上につなげようとしている企業も見られる。認証を受けた「持続可能な」木材を提供することにより、消費者は心の満足を得たり、流行を追うこともできる。例えば、テレビ番組トゥナイトショーのジェイ・レノの机は、持続可能な経営から収穫されたとの認証を受けた木材で作られており、特注品である。ある種の市場では、認証により非認証材以上の価格プレミアムが付く。しかし、とりわけ最終利用段階で目に付きにくいような製品では、こうした可能性は稀である。持続可能な事業実行には、消費者が「グリーン」な製品を好む以上に、品質面での利益がある。持続可能に生育し収穫された樹木は、標準的な森林施業によって生育した樹木よりも手がかけられ、保護されている。その結果、高品質でばらつきがなくなる。認証の取得に必要なCoCは、生産過程全体における丸太の適切な取り扱いを保証することにもなり、木材の価値を守るのに役立つ。

経営の再定義

　先駆的な企業のいくつかは、木材企業の新たな定義に向かって動き始めている。これらの企業は、生産過程・製品・目標において自身が持続可能であると定義している。彼らが目を向けているのは、低負荷型林業・炭素固定・エコツーリズム・社会地域開発・非木材市場である。こうした経営の再定義は、未来の「木材繊維サービス」企業を志向したものである。企業は、提供するサービスと販売するモノとを分離するようになる。技術革新は、産業の将来的な成長を約束するものとして持続可能な森林経営

を取り入れた時、企業が得られる優位性の中核をなすものである。

成功と失敗の違い

　マッカーサー財団のプロジェクトが取り上げた21の事例は、図表13.1に示すように、いくつかの要因により容易に分類することができた。この概念分類は、普及著しい持続可能な森林経営を構成する内容の全体像をうまく捉えていると確認された。しかしこの分類では、持続可能な森林経営によって成功する戦略と、負債を抱えて失敗する戦略との区別がほとんどつかなかった。いくつかの事例では、持続可能な森林経営に関して表面的には似ていても、実際には事業面の重要な点で微妙な違いがあった。個別のデータと概念分類とを見比べることにより、持続可能な森林経営が成功する一方でなぜ失敗もするかを説明できる重要なポイントが見落とされていることに気づいた。それはすなわち、持続可能な森林経営の実践が中心的な戦略に取り込まれ、「内部化されている」程度である。

　持続可能な森林経営が成功するか否かは、その取り組みがより大きな競争戦略、あるいは経営目標の一部として保証されているかどうかによって大きく左右される。持続可能な森林経営が、経営全体の戦略と異なる時、すなわち取り込まれておらず追加的である時は、経営全体の健全性には貢献せず、競争上の優位性に結びつけることができない。反対に、コスト削減や品質の向上、新規市場の開拓を見据えながら持続可能な森林経営に取り組む企業は、持続可能性への挑戦においてすべてに有利な解決策を見出すことができる。

　図表13.2は、持続可能な林業に関するワーキンググループによる4種類の概念分類から事例を選び出し、持続可能な森林経営の取り組みが取り込まれているか（統合）、

図表13.2　SFMの戦略的位置づけに基づく企業事例の分類

	市民権の保護	負荷の低減	製品品質の向上	経営の再定義
統合タイプ	ウッドマスター	パーソンズパイン	ポルティコ	アラクルスセルロース
修正タイプ	リオセル	ブレント家	ホームデポ	コリンズパイン

付け足しであるか(修正)に分けて示したものである。表中の各セルに1事例ずつが選ばれている。

市民権の保護

ウッドマスター社

　キャッシュを潤沢に持つ多国籍木材企業が、それまで全く経営の経験がない熱帯林地域で投資の意思決定を行う時、最初の努力によって先例を作ることが重要だというのはわかっていた。このことは特に、環境的・社会的な逸脱行為が世界中で不評を買っている企業においては切実であった。それゆえ、ウッドマスター社(Woodmaster Co.)という偽名の会社の事例では、新しい地域における最初の事業に際して、市民権の保護を念頭に計画が立てられた。同社は、地域の人々に無償で健康管理を提供するとともに、史跡を修復し、労働者のために必要なすべての社会基盤を村全体に整備し、持続可能な林業の実行に取り組んだ。ウッドマスター社の事業は当初、経済的には経営陣が期待していたほどは成功しなかった。それでも、ウッドマスター社の経営陣は責任ある持続可能な林業に辛抱強く取り組んだ。親会社から派遣された新しい経営陣は、業績を著しく向上させることができ、1997年には事業利益を計上した。

　ウッドマスター社は規制の弱い地域で事業を行っているので、地元の林業会社がコストを下げるために約束を破ろうとしがちである。しかし、ウッドマスター社の親会社は、環境行動に対する信頼を打ち立て、将来この地域への投資に道を開くためにも、責任をはっきり表明する新興企業を用いている。この親会社は、同じ地域内のいくつかの国から投資の勧誘を受けており、同社の市民権を守ろうとする努力は成功していると言えよう。

リオセル社

　1970年代に、外資系企業ではあったがブラジルの紙パルプメーカーが、政府により操業停止の処分を受けた。これは同社の環境への配慮が不十分だったからであった。リオセル社の経営は、新たにクラビンに譲渡されたにもかかわらず、環境保護の重要性を確信させたこの出来事により、未だに当時の影響を引きずっている。結局同社は、森林(負荷を最小化する技術)と工場(主に汚染抑制技術への投資)の両者の環境保護に対して、法的に要求される以上の資金を費やしている。リオセル社の経営は、これらの費用によって、利益が年平均で15％減少する結果となっている。

　同社の末端における汚染緩和方針は、周囲のコミュニティーと非常に良い関係を作っているものの、これら市民権を守るための努力は、事業行動の改善と合わせて計画、実行されてはいない。そうした努力は、品質および顧客サービスに関する同社の全体戦略とは分離されているのである。同社は、これらの投資が大きなアドバンテージに

なるとは考えておらず、持続可能な森林経営を事業活動に利益をもたらすものとして利用してはいない。実のところ、リオセル社の収益性の悪さ（パルプブームとなった1995年で株主資本利益率〈ROE〉が4.7％、さらに1996年には370万ドルの純損失）によって、クラビンが同社を売却するという噂が出たほどであった。

負荷の低減

パーソンズパインプロダクツ社

　パーソンズパイン社はオレゴン州の企業で、年間売上高は700万ドルである。同社は、廃材を低価格で購入し、付加価値の高い製品に加工するという経営戦略を取っている。同社は当初、ネズミ捕りの半加工品で成功を収め、後には日本市場向けのスシ板と神道の祈禱用板へと移行した。これら製品はいずれも、同じ廃材をベースにできている。コストの面で優位に立てることから、同社はこれらの特定市場において大きなシェアを確保している。パーソンズパイン社はまた、まな板・ワインラック・ロールトップカウンター・CDラック・靴箱・積み木その他の加工品など、さまざまな構成部品や最終消費製品を広範に扱っている。パーソンズパイン社は、自社の廃材技術を用いることのできるニッチ市場を見つけるコツを知っている。同社の全製品の80％は、アメリカやカナダの生産メーカーから欠損品やスクラップとして購入した木材原料でできている。また、長さ24インチ以下の木材ブロックから多様な製品が作り出せる可変生産技術に特化している。

　パーソンズパイン社の事業と戦略は、木材製品価値連鎖の最終生産過程における負荷低減の可能性を示す良い例である。同社は、廃材の利用を通じて特定の製品需要を満たすことで、現存する森林への圧力を軽減しており、さらに市場におけるコスト面での優位性を重視している。しかし、競争相手が比較的容易に模倣できることが、このアプローチの限界である。廃材は誰でも買うことができる。そのため、生産する側が負荷低減の努力を行っても、競争上の優位性を長期的に維持できない場合が多い。このことは、パーソンズパイン社の事例によっても明らかである。伝えられるところによれば、競争相手が同社の方法を模倣し始めたため、同社は製品市場と廃材供給の両方で価格圧力に遭遇している。負荷低減の努力によって林地そのものの価値が保護されるような森林では、このアプローチは実際にもっと期待できるものとなるだろう。

ブレント家の森林

　非産業私有林であるブレント家の森林は営利企業ではない。にもかかわらず、ブレント家は農地と、オレゴン州ウィラメットバレーにある171エーカーの森林によって生計を立てている。同家は、択伐や天然更新のような負荷低減型の持続可能な森林経営技術を用いている。これは森林の景観価値と健全性を守るにはそうした取り組みが

必要であるとブレント家が感じているためである。事例研究によれば、所有資産は年間6万6,000ドルの収入をもたらすだけの潜在力がある。しかし持続可能な森林経営によって収益の最大化を追い求めようとしていないため、1985年以降、立木からの純収益は4万7,000ドルしか発生していない。この事例は、規模は小さいものの、経営戦略なしに負荷の低減に取り組めば、森林の経済的価値を大きく減少させてしまうことを物語っている。

製品品質の向上

ポルティコ社

　コスタリカでロイヤル・マホガニーのドアを生産する小規模業者であるポルティコ社は、1980年代初め頃に輸出向けに必要な高品質基準の達成に問題を抱えていた。コスタリカの市場規模は小さく、同社は大きな成長を見込めなかった。そこでポルティコ社は、アメリカの金融機関との債務環境スワップを利用することで森林の所有権を取得し、合意のひとつとして低負荷の持続可能な森林経営を始めた。経営者は間もなく、価値連鎖の全体をそれまで以上にコントロールすることで達成される高品質基準が、森林におけるコストの増大を補って余りあることを発見した。例えば、ポルティコ社はそれまで、個人経営の伐採業者からマホガニーの丸太を購入していた。丸太1本当たりのコストはずっと安かったが、今ではそれ以上に欠点や廃棄部分が減少している。

　さらにポルティコ社は、廃棄物の少ない生産技術に切り替え、そったり割れたりしがちな無垢のドアよりも木材ブロックでできたエンジニアードウッドのドアを生産することにより、製品の品質を向上させるとともにコストを削減した。同社はまた、ホームデポ社を通じて儲かるアメリカ市場へと参入するために、所有林の認証を利用した。認証自体には市場プレミアムがあるわけではなかったが、高品質と環境にやさしいという同社の評価は、アメリカ南東部の市場で製品を売り込むのに役立った。1997年にポルティコ社は、世界の他地域への市場拡大だけでなく、他の木材企業に対するサービスとして、林業の専門技術の有償提供をも計画した。製品の品質向上のために持続可能な森林経営に取り組んだポルティコ社のアプローチは、アメリカとヨーロッパでプレミアムの付く高品質製品を販売するという経営戦略を補強するものであり、同社が競争優位を確立するのに貢献している。

ホームデポ社

　全米展開するこのDIYチェーンは、経営者が事業と製品の両方で環境保護を強調しているように、強い企業責任の倫理を持っている。ホームデポ社は、環境教育プログラムや、ハビタット・フォー・ヒューマニティーのような社会運動、森林認証の取り

組みを正式に支持している。ホームデポ社はまた、ポルティコ社のドアや、ある時はコリンズパイン社の棚など、持続的に生産された木材製品を好んで販売している。

　同社は持続可能な森林経営の取り組みを、商品の多様化戦略として用いている。ホームデポ社は、たとえ現時点では顧客が持続可能性に対して価格プレミアムを支払うことを望んでいないとしても、これらの製品を供給することによって、顧客により大きな価値を提供していると信じている。1994年に出された社会的責任に関する報告書には、「環境をより良くすることは、我々ができる究極的な住居の改善である」と記されている。にもかかわらず、持続的に作られた製品の在庫数は10種類以下と、床面積1万2,000m²に及ぶ店舗に4万5,000種類の商品を置いてあるのが平均的なチェーン店にとっては、微々たるものである。同社は、そうした製品を少量に供給することがコスト高になり困難であることを承知している。なぜなら、持続可能な森林経営の方針は、大量販売を維持し規模の経済性を求めるという同社の経営戦略と真っ向からぶつかるためである。例えば同社は、1996年の後半に、品質が落ちてきたことを理由として、コリンズパイン社の棚の取り扱いを中止した。コリンズパイン社側では、認証ラベルを付けるために必要な分離システムで要求される二重の会計システムを、ホームデポ社がうまくやれなかったと見ている。いずれの理由にせよ、この出来事は、持続可能な森林経営にただ追加的に取り組むだけでは、市場での優位性を創出することが難しいということを、ホームデポ社がいかに思い知ったかを表している。

経営の再定義

アラクルスセルロース社

　アラクルスセルロース社は、漂白ユーカリパルプの世界的な生産メーカーである。上質紙、ティッシュ、その他の最終製品に使われるパルプを世界中に輸出している。創設者であるアーリング・ロレンツェン氏には、当初からパルプ事業を再定義する気持ちがあった。同社は初めに、決して豊かではないエスピリト・サント州において、荒廃した伐採跡地を購入し植林することによって税制上の優遇を受けた。同社は1992年までに20万haを取得し、このうち13万haにユーカリを植林し、残りを保全地域として復元した。アラクルス社は次に、貧困の問題に真正面から取り組んだ。初期には地域が窮乏した状態であったため、アラクルス社は地元の人々を安い人件費で雇うことができた。しかし同社は、安価で豊富な労働力をむさぼるのではなく、積極的な社会投資戦略を開始し、社会的な投資（学校・病院・住宅）に対して人件費以上に資金を投入した。その時以降、周囲のコミュニティーの生活水準は改善に向かっている。社会投資戦略の成果である熟練した労働力、および生産性が高くアクセスが容易な森林によって、同社は世界市場における競争優位の永続的な源泉、すなわち低コストで常に品質の高い木質資源を獲得したのである。

アラクルス社は、「木材繊維サービス」企業のビジョンに向かって動き始めた。同社は所有する天然林を維持する一方、林業よりも農業の形態・機能に近いユーカリの一斉林を木材繊維の基盤としている。天然林は法的に一定割合を保有するように命じられているが、それはユーカリの植林地を保護し、周囲からの影響を緩和するのに役立っている。天然林とユーカリ林の違いは著しく、アラクルス社および早生人工林産業全体における理念の転換を表している。すなわち、林業として見た時、同社は非常に集約的で非自然的であるが、農業として考えれば同社の木材繊維収穫はそれほど集約的ではないものの、生産性が非常に高い。そのうえ、穀物やジャガイモといった他の農作物にはない多くの公益的機能を提供する。アラクルス社の土地が、同社移転前よりも非常に豊かになったことは重要である。アラクルス社の持続可能な森林経営戦略は、天然林を破壊するというよりもむしろ天然林への圧力を緩和している。同社は現在、製材分野におけるユーカリ利用の事業を新たに考えており、高収穫林業を通じた別の形態での木材繊維サービスを作り出そうとしている。今日、アラクルス社は外見と実践において一木材企業の姿を残しているが、同社の経営のサクセスストーリーには、木材繊維サービス企業に向けた動きの最初の兆しが現れている。

コリンズパイン社
　コリンズパイン社は、産業用材および建築用材を生産している。同社は、持続可能な企業として自らを定義しており、地域社会のニーズと「調和」するように努力する中で、持続可能な森林経営を強調している。カリフォルニア州とペンシルバニア州、オレゴン州にあるコリンズパイン社の生産工場が使用する原木の50％以上は、認証を受けた森林施業により生産されている。同社の戦略は、持続可能な生産に完全に基づいたものであり、認証製品に対して価格プレミアムが付くことを望んでいる。しかし、この戦略は十分に成功していない。コリンズパイン社が販売する製品は、必需品志向の市場においては競争相手との差異がない。その結果、同社の持続可能な森林経営に対する努力は、持続可能な森林経営によって生ずるコストを補償するだけの優位性が創出できるような中心的戦略の中に取り込まれてはいない。コリンズパイン社が管理する林分の健全性は、隣接する土地よりも目に見えて優れているのであるが、同社の戦略はそうした改善から収益上のメリットをうまく生み出すようにはなっていない。ゆえに、木材産業を「再定義」する企業の試みは、持続可能な森林経営の戦略が経営目的の下位にあるかぎり、十分な成果を上げられないだろう。

統合された持続可能性

　4つの戦略は、互いに排他的ではない。持続可能な森林経営を経営の内部に完全に取り込むには、4つの領域すべてにおいて優位に立つための方法を見出す必要がある。

事例研究を行った3つの企業（ウェアハウザー、アラクルスセルロース、ポルティコ）は、このようなレベルでの統合を認識し始めている。以下ではウェアハウザー社の例を取り上げ、環境上、社会上の成果だけでなく経営上の成果を生み出すために、4つの戦略がどのように強力に組み合わされているかを見ていく。

ウェアハウザー社

　ウェアハウザー社は世界で最も大きな木材企業のひとつである。1996年の総売上高は111億ドル、純収益は4億6,300万ドルとなっている。同社は、パルプや製材を生産する林業から、小売やリサイクルに至るまで、木材価値連鎖全体を包含する事業を行っている。同社は、アメリカに500万エーカー以上の森林を所有している。収益性が十分でなかった1980年代の後半、新たに社長となったジョン・クレイトン氏が同社を中心的な木材事業へと再び集中させることにより、ウェアハウザー社は一連の戦略転換を行った。原点に還り、同社はかつてのように自らを「樹木生育企業」として定義するようになった。同社の収益性は1989年以降上向きとなり、1993年の株主配当に関して、ウェアハウザー社は木材産業の上位4分の1に入る実績を上げた。そして今後10～20年以上は、森林や森林施業への投資によって多額の経済的報酬を受けられる位置にいる。ウェアハウザー社は過去10年間にわたり、モデルの4つすべてを効果的に取り込んだ持続可能な森林経営の戦略を発展させてきた（図表13.3）。

　マダラフクロウやその他の環境問題が所有する土地の脅威となっていた時、ウェアハウザー社は一連の小規模な会議に利害関係者らを集め、そうした懸念を語りかける

図表13.3　ウェアハウザー社におけるSFMの統合化戦略

市民権の保護	負荷の低減
・プロジェクトの継承 ・資源戦略 ・管理方針	・「木材の城壁」 ・高収穫林業 ・リサイクルプログラム
製品品質の向上	**経営の再定義**
・選抜育種 ・林木の遺伝的改良 ・均一な品質	・炭素固定 ・森林保護 ・人工林モデル

ことにより、市民権の保護に取り組んだ。同社は、森林の最適管理方法を明示し、それを採用した。そして、広い範囲で生息域の保全に取りかかり、水質・野生生物生息域・土壌生産性・文化的・歴史的・美的価値の目標を含んだ管理方針や特定資源戦略を定型化した。ウェアハウザー社はこれらの行動によって、事業に関して論争が続く絶滅危惧種への負荷を最小化するだけでなく、良き企業市民として地域社会における自らの評価を再構築した。ウェアハウザー社は市民権を守るための努力によって、本来なら立入禁止が宣言されたであろう土地においても操業を続けることができたが、これは会社にとって計り知れないメリットをもたらした。

　同社はまた、持続可能な森林経営を通じた負荷の低減を目指してきた。アメリカ国内の所有林ではここ数十年にわたり、いずれも土壌の保護と土地への負荷の最小化を前提として、遺伝学の意欲的研究、選抜育種、育林の技術革新を通じた高収穫林業（人工林林業の一形態）を促進した。これらの投資により、既に天然生林よりも2～4倍の生産性を持つ森林となっている。そして21世紀初頭には、遺伝的に改良された森林がついに成熟期を迎え、さらに50～100％の産出増となるであろう。このいわゆる「木材の城壁」は、世界中の針葉樹木材のストックが徐々に不足して高価となるために、今後数十年間にわたり大きな利益を生み出すであろう。同社は紙リサイクルでも強みがあり、紙パルプ事業における投入コスト削減に成功している。遺伝学および選抜育種イニシアティブは、市場でプレミアムが付く可能性の高い無節高級材の生育を促進することで、製品の品質向上をさらに促進している。また、ウェアハウザー社の森林施業は、製材顧客の大部分が一番気にする木材の品質上のばらつきをより小さくすることにつながっている。

　最後に同社は、経営を再定義するための拠り所として、持続可能な発展について考え始めている。ウェアハウザー社の広大な所有林は、化石燃料を燃やすことによりできた炭素を固定する。さらに同社は、より小さな面積の土地からより多くの木材を生産することによって、世界規模での原生林保護を主張できる立場にある。確かに、同社の高収穫モデルは、地球上に残っているオールドグロース林や天然林へ需要をシフトさせずに、増大する木材製品需要を満たすことができるだろう。同社は、統合的な価値連鎖アプローチによって、広がりつつある森林認証制度において競争相手よりも優位にある。このアプローチに対する経営的な見方は、近い将来このような形で明らかになっていくだろう。ウェアハウザー社はまだまだ多くの問題を抱えており、未来の「木材繊維サービス」モデルを完全には達成していない。しかし、同社はこれらの問題に取り組む中で、経営的な価値を見出しつつある。

　ウェアハウザー社の事例は、持続可能な森林経営を経営に完全に取り込むことによる絶大な威力を見せてくれる。もしウェアハウザー社が最低限の規制に従っただけであったならば、マダラフクロウや他の絶滅危惧種の論争によってコストはさらに大きなものとなり、事業を行う権利さえ脅かされたであろう。もしウェアハウザー社が森

林管理に関して必要最低限のことしか行っていなかったならば、木材や木材繊維の生産は続けたであろうが、同社の林業プログラムの結果として、保護された土地の価値や高収穫、品質の向上を達成することはできなかっただろう。同社はまた、持続可能な森林経営によって新たな方向性を切り拓くことができ、将来的に国際市場で著しい成長を遂げられるかもしれない。このように、持続可能な森林経営を戦略に取り込み、それを市民権の保護や負荷の低減、製品品質の向上、経営の再定義に利用した木材企業は、収益性を向上させるばかりでなく、成長を生み出し、重要な将来の機会を創出しているのである。

未来の「木材繊維サービス」企業

　本章の分析は、産業の存続に脅威を与えるのではなく、持続可能性への転換が木材企業にとっては大きなビジネスチャンスであることを示唆している。生態的・社会的な持続可能性は、経営戦略を補強するものとして競争力の核となるものである。持続可能な森林経営は、競争上の優位性を打ち立て、有利に展開し、拡張していくための重要な要素であるに違いない。もし産業転換の必然性が明白であるならば、前向きの企業は、持続可能な森林経営がいかに自社の事業と持続可能性の新しい戦略的ビジョンとを調和させるのに役立つかを、きっと理解しようとするだろう。

　今後20年は、生産者への規制が強まるとともに森林の非木材的価値が高まり、森林を損なうことへの対価、すなわち非持続的な木材生産のコストは増大する。また、オールドグロース林から電話帳や木材繊維板を作ることは、将来的に採算が合わなくなる。世界全体の木材需要は、今後10年間では少なくとも年率1～2％増となることが見込まれている。この需要を満たすだけの木材繊維を供給するためには、既存の森林の利用効率を上げること、もしくは人工林や非木材資源から新たな生産を行うことの2つの方法がある。木材繊維を生産する企業は、伐採する1本1本の木をより有効に利用するための方法を模索していくだろう。熱帯林においては多くの場合、1本の木の80％程度が未だに捨てられているのである。

　伐採作業や製材工場は、時代遅れの設備や技術という悩みを抱えている。新規投資や技術交流の機会は数え切れないほどある。利用サイドでは、企業は製品に多くの木材を使わないようになる。例えば、住宅や家具では木材がもっと効率的に使われ、梱包や運送用材では再利用が進む。また、天然林から収穫される木材繊維の代替として、早生人工林が拡大し、農業廃棄物・麻・その他の非木材繊維が、総繊維消費において非常に大きなシェアを占めることにもなるだろう。

　このような傾向は、木材産業に経営目的の見直しを迫るだろう。樹木をパルプや製材に加工するという現時点での経営の定義から、よりサービス志向の概念である「木材繊維サービス」へとシフトする企業が増えてくるだろう。現在、木材産業が供給す

る製品はすべて木材繊維でできており、木材製品かパルプのどちらかである。木材繊維や関連サービスに対する需要が世界的に増大する中で資源の不足に直面した時、木材産業はその需要を満たすため、代替的な繊維供給先である人工林やリサイクル繊維、持続可能な認証を受けた天然林、さらには農作物やポリマーのような非木材繊維へとますますシフトしていくだろう。マーケティングにおいては、木材繊維サービス企業は、自らが提供するサービスのための市場や顧客を新たに開拓するだろう。木材繊維は布地として既に使われており、エンジニアードウッドはプラスチックや他の材料とだんだんと競合するようになっているのである。

　未来の森林サービス企業は、森林にある非木材的な価値から、事業を通じて収入や利益を引き出そうともする。天然林で持続的に事業を行っている企業は、CO_2排出権取引を始めることで顧客から収入が得られるかもしれない。ここでいう顧客とは他の企業であり、それらは自らの炭素の排出を相殺するために森林維持の費用を負担することになる。商業的なエコツーリズムや生息地保護の取り組みも、徐々に森林所有企業の事業のひとつとなっていくに違いない。ついには天然林への圧力を緩和するために農業的な林業を行う企業でさえも天然林を所有し、そこから保護価値を引き出そうとするだろう。例えばアラクルス社は、人工林事業の一部として所有が法的に義務づけられている天然林において、CO_2排出権取引のマーケティングを既に検討している。

　「木材繊維サービス」企業のアイデアは産業の発展に関する1つのビジョンであり、天然林の衰退、木材繊維に対する需要の高まり、利害関係者グループからの圧力の増大といった中から生み出されたものである。本研究では、このビジョンを完全な形で体現している企業はなかったものの、いくつかの先駆的な企業はこうした方向に沿って自らの経営を再定義し始めていた。持続可能な森林経営が我々の予期する方向に進歩するかどうかは、時がたてば明らかになるだろう。

第14章
得られた教訓

　本書で検討した事例は、世界中にそして業界の隅々に急激に増えつつあるその他の事例と同様に、持続可能な森林経営がニッチを埋める活動から、大きなビジネスチャンスへと急速に変わろうとしていることを示している。持続可能な森林経営の広がりは、世界の森林、木製品を作るために森林を育てる人々と企業、その製品が流通する市場、そして一般の人々がそれらに影響を与えるべく取っている方法の四者の関係が地球規模で再調整されようとしている明らかな兆しである。

　これらの事例は移り変わる過程の初期段階しか示しておらず、またそれぞれの企業も独自の環境のもとにあるが、それらの企業の総体としての経験は、さらなる持続可能な森林経営を探求する展開の輪郭、程度、早さに関して、有益な知見と普遍化をもたらしてくれる。

１．業界はさらなる持続可能な生産へと急展開している

　持続可能性は強力な原動力として業界全体に台頭し、森林から販売店に至る過程で大小の木材企業に影響を与えている。この転換速度は加速しているものの、世界の木材業界の異なる分野や異なる地域の間では、程度や見通しにばらつきがある。ヨーロッパの小売業者・生産者・消費者はこの変化を先導しており、アメリカはゆっくりと

これに追従している。中南米とアジアではきわめて動きが鈍い。認証製品の市場は、パルプ・製紙業界や、高級品販売ルート、専門工場のような、少数の買い手や売り手がその動向に影響を及ぼし得る分野で急速に発達しつつある。

　それぞれの地域において、一握りの先駆者たちがこの転換を先導している。ヨーロッパではUKバイヤーズグループが中心となって、主要な量販小売店チェーンであるB&Q社やセインズベリー社とともに、木製品の供給業者に対し「良く経営されている」と認証された森林からの木材を使うよう求めることで、市場アクセスへの状況を変えつつある。こうした大手量販店からの圧力は、ストラ社やアッシドマン社など業界のリーダー企業に認証を取得させ、ヨーロッパ最初の認証製品生産者となるきっかけを与えた。世界的な木材供給の先細りと環境面からの圧力は、持続可能性への転換に最も大きな影響力を及ぼしている。新たな市場と森林資源を求める多国籍企業は産業のグローバリゼーションを進めており、それらの企業が資本と技術を遠隔地にシフトさせるにつれて、天然林への開発圧力が強まっている。しかし一方でこうした企業が南半球へ資源と生産の拠点を拡張する過程で、それらの地域へ持続可能な森林施業の技術を移転し、その地域での持続可能な林業が支援されるかもしれない。

　世界的な木材消費の拡大が続けば、原材料を効率的に利用することの重要性が高まるであろう。アラクルスセルロース社やリオセル社による経営をはじめ、中南米の人工林はパルプや紙生産において高い水準の生態的効率を発揮している。これらの企業は、持続的経営から生産された林産物をヨーロッパ市場へ供給する先導的企業となることが運命づけられており、やがて北半球の生産者に大きな競争圧力をかけるであろう。南半球で量的な生産が増大するにつれて、その地域での一次、二次加工も大幅に拡大するだろう。

２．現時点では小さな市場であるが、持続的経営から生み出される林産物に対する市場は、狭いニッチから重要なビジネスチャンスへと飛躍的に拡大している

　市場の需要と供給両面からの圧力は、持続的な森林経営から生産された林産物の量を増大させようとしている。消費者は木材が伐採されてから二酸化炭素となって放出されたり廃棄されるまでの林産物のライフサイクルを重視し始めている。一方、小売業者や中間流通業者は、持続的林産物市場へ製品を供給するよう、林業企業に対し圧力をかけている。木材の流通・加工業者からなるバイヤーズグループは、主要な木材生産者が差別化した持続的林産物で市場へ早期に参入し、価格プレミアムや市場シェアの獲得、顧客からの支持といった競争上の特典を得ることができるように、十分な需要を生み出そうとしている。認証製品重視の動きは、最初は木材製品に集中していたが、ヨーロッパの出版業界からの圧力を受けて紙製品へも波及しつつある。

　しかし、認証された林産物の市場が成長しつづけ、差別化された市場セグメントとしてその地位を確保し、市場のスタンダードとなれるかどうかは未だ未知数である。

森林と木材産業界に持続的経営が定着する以前に、森林から加工、製造、小売り、そしてすべての流通に関わる業者を通じて最終消費者に至る「価値連鎖」が、より連携する形で形成される必要がある。市場での需要が高まるとともに、確実に供給できる能力も同時に育っていかなければならない。1990年代終盤において、世界の森林面積のわずか1％しか認証されておらず、その多くは開発途上国のコミュニティーベースの試みであって、ほとんどもしくは全く国際的な大規模市場へは出荷されていない。認証された森林の中には認証製品として市場に出荷していないところもある。バイヤーズグループの進展により顕在化した認証林産物への需要の増大は、認証された持続的経営からの木材の供給をしのぐペースで進んでいる。世界の多くの地域で、持続的に経営される認証森林から認証製品を求める小売店への製品の流れを妨げているのは、認証を必要とする加工・製造過程のキャパシティ不足である。生産物を森林から消費者の手に渡るまで追跡する検証可能なCoCが不足していることが、堅固で持続可能な林産業を作るうえでの大きな障害となっている。

3．森林認証は持続可能な森林経営と同義語になりつつあり、また認証は森林施業にさらに高い基準を設けるようになるであろう

　非政府組織による認証の台頭は、こうした認証プロセスが、信頼できる第三者機関による森林経営および施業評価のツールとして、一般市民に対し機能し得ることを示している。熱帯地域では、企業が森林伐採の許可を得るために認証が不可欠となっている国もある。しかし今のところ、認証は市場に対する影響よりもはるかに大きな政治的影響を及ぼしてきた。林産業界の中で、複数の認証組織や枠組みの間に混乱や衝突が生じていることは認証の普及にとって大きな障害である。しかし近い将来、市場の力により、ただひとつの認証の仕組みに向かって収斂していくであろう。

4．認証は新たなビジネスチャンスを拓く

　事例が示すとおり、認証製品に取り組んできた持続的な林業企業は、経営上の特典を得ることができる。確かに多くの事例において、認証によって生み出される消費者価格の差額すなわちプレミアムが、会社に金銭的な利益をもたらすことはなかった。しかし認証木材を生産する会社（例えばMTE、コリンズパイン社、コロニアルクラフト社など）は、市場へ優先的なアクセスを可能にし、小売店との販売チャンネルの中で影響力を増し、良好な企業イメージを築き、そして時には価格プレミアムを獲得した。スウェーデンのストラ社は、ヨーロッパで最初の認証製品製造企業として、ヨーロッパの紙パルプ市場へ優先的に参入し、プレミアムの獲得を期待している。加工業者が認証林産物に積極的に取り組むことで、さもなくば失っていたような、非産業的生産林の資源や新たな製品、特別な市場への接近を可能にした。国際的監視の圧力のもとで、各国政府は持続可能性に結びつく森林施業に対しては、より有利な取り計

らいを行っている。認証林産物の進展は、持続可能な企業が利益を追求する余地を与えつづけるだろう。

5．優れた経営実践と結びついた持続的林業は、コストの低減と高品質な森林資源の長期安定供給を通じて企業の競争力向上に貢献する

　本書中に示した企業の事例が示すように、確かに短期的には持続的林業の初期費用は高いかもしれない。しかし、生産量および品質の両面で収穫高が向上することによる長期的な利益は、そうした費用を結果的に一部相殺する。アラクルス社は、林業経営とともに印刷用紙工場にも多額の投資を行い、環境に負荷を与えず操業できるようにした。この戦略によりアラクルス社は、人工林パルプ市場における低コスト体質を確立し、あわせて汚染の少ない技法でパルプを生産し市場でのシェアを獲得した。この会社は戦略的な競争優位性と技術的指導力を確立した。これによって一貫して高品質な紙の原材料を供給でき、しかも環境負荷の少ない垂直統合された人工林経営が可能になった。

　林産物の消費が拡大し利用できる森林が減少するにつれて、林産業界では、安定して高品質の木材繊維資源を確保する企業の能力が、戦略上重要で差し迫った課題となる。そうした限りある資源を持続的な方法で管理できる企業は、引き続き森林資源へのアクセスを確保するとともに、将来にわたる高品質な原材料の安定的供給も確保するであろう。この2点を確保することは、世界中で木材供給が逼迫する状況においてきわめて大きな利点となる。木質繊維資源が引き続き不足する状況では、バージンパルプへの依存を減らすことのできる、残材やエンジニアードウッドを利用した技術に投資する企業もまた競争に勝つチャンスがある。実際、木材をさらに効率的に利用することは、さらなる持続的経営へ移行する際の副産物と言えよう。例えばパーソンズパイン社は既に、残材を使った融通性の高い加工システムでさまざまな製品を製造している。また、コスタリカのポルティコ社は最高級マホガニードアの市場において、持続的林業経営により既に最大のシェアを獲得しているが、このことが同社への熱帯広葉樹材の供給を確かなものにし、エンジニアードウッドによるドア製造を安定的にしている。このドアには再利用の材料が多く使われている。

6．林産業が持続的な方向へ転換するためには文化も変わらなければならない

　林産業は、その技術にせよ資源にせよ使い果たすまで使った後それを捨ててさらに新たなものを探すことによって発展してきた歴史の所産である。他の天然資源産業と同様に、林業は移動産業のパターンを踏襲し、フロンティアや新たな資源を求めた。フロンティアの消失とともに、資源が潤沢にあった時代は終わりを告げ、物理的にも政治的にも限りある森林資源の時代へと移っていった。

　持続可能性と持続可能な発展は、幅広い参加と絶え間ない適応過程を含む長いプロ

セスの一部である。林産業界にとって持続可能な発展とは、環境、経済、そして社会文化的な森林の価値を保全しつつ、拡大する林産物への需要も満たすという新たな契約を社会と交わすことである。持続的林業のプロセスは、短期的な業績と目先の要求に応えてきた慣習的な経営行為へのアンチテーゼである。それは、業界が成長や開発を評価し、製材工場を建設・操業し、従業員を訓練・管理する方法に挑戦するものである。企業レベルで持続可能な森林経営を実践するためには、価値連鎖の各段階における革新とともに企業内のすべての段階における革新が必要であるが、そのためには究極的には業界、そして社会のあり方そのものの変化が求められるのである。

　文化にも関わる大きな変化は多くの場合、危機感の認識によってもたらされる。木材産業が持続可能性を重視する方向へ動いていることもこの例外ではない。世界中で森林に関わる活動家や保護団体が、ランドスケープに残された爪跡を告発したり森林に生活する人々の暮らしが破壊された惨状を示すことによって、森林減少の危機を巧みに広報している。彼らはまた森林の減少に、さまざまな種の絶滅や地球規模の望ましくない気候変動を巧みに結びつけたりもしている。林産業界は森林資源の先細りという現実に直面することでその緊急性を認識し、効率性の追求、体質の強化、組織の再編成などの変革に努めてきた。これらの要因は、それ以外のものも含め、森林を監視する規制や大衆の中で業界に自覚を促し、より持続的な林業経営へと向かわせた。経営面で継続的な改善に取り組み、持続可能な森林経営を目指すことは、世界の森林資源を賢明に、しかも利益をもたらすように利用しようという将来必ず生起する問題を林産業界が適切に解決する最良の方法を与えるであろう。

英略語一覧

AF&PA	American Forestry and Paper Association	全米林産物製紙協会
BHK	bleached hardwood kraft pulp	広葉樹漂白クラフトパルプ
BORFOR		ボリビアにおける持続的森林経営プロジェクト
CEO	chief executive officer	最高経営責任者
CLP	Certified Loggers Program	認定伐採者プログラム
CoC	chain of custody	生産・加工・流通過程の管理
CSA	Canadian Standard Association	カナダ基準協会
CSD	Committee of Sustainable Development	持続可能な開発委員会
DIY	do it yourself	日曜大工店
ECF	Elemental Chlorine Free	無塩素
ELP	Ecological Landscape Planning	生態的景域計画
EMAS	Eco-Management Auditing System	エコマネージメント監査システム
EMS	environmental management system	環境管理システム
FAO	Food and Agriculture Organization	国連食糧農業機関
FSC	Forest Stewardship Council	森林管理協議会
GATT	General Agreement on Trades and Tariff	関税と貿易に関する一般協定
GDP	gross domestic product	国内総生産
GIS	geographic information systems	地理情報システム
GNP	gross national products	国民総生産
GPS	global positioning systems	汎地球測位システム
HDF	high density fiberboard	ハードボード、硬質繊維板
ISO	International Standards Organization	国際標準化機構
ITTO	International Tropical Timber Organization	国際熱帯木材機関
LVL	laminated veneer lumber	積層単板
MDF	medium density fiberboard	中質繊維板
MSM	multi-sensor machine	複数センサマシン
MTE	The Menominee Tribal Enterprises	メノミニー部族企業
NAFTA	North American Free Trade Agreement	北米自由貿易協定
NGO	nongovernment organization	非政府組織

NIPF	nonindustrial private forest	非産業私有林
OSB	oriented strand board	配向性積層板
SCS	Scientific Certification Systems	認証機関のひとつ
SFI	Sustainable Forestry Initiative	持続的林業イニシアティブ
SFM	sustainable forest management	持続可能な森林経営
TCF	Totally Chlorine Free	完全無塩素
UNCED	United Nations Conference on Environmental Development	環境と開発に関する国連会議
UNEP	United Nations Environment Programme	国連環境計画
WRI	World Resources Institute	世界資源研究所
WTO	World Trade Organization	世界貿易機関
WWF	World-Wide Fund for Nature	世界自然保護基金

用語解説

CoC　chain of custody（生産・加工・流通過程の管理）
　森林から最終製品までに至る、林産物の生産過程と流通経路を監視する手続き。

ISO14000シリーズ　ISO14000 series
　国際標準化機構（ISO）によって作成された環境管理に関わる一連の国際規格。この規格は事業活動における環境面に関する実践評価・改善を企業に促す環境管理システム（EMS）を含む。このEMSはシステム監査を通して改善される。

ISO9000シリーズ　ISO9000 series
　ISOによって作成された一連の国際品質規格。その指導原則（guiding principle）は、設計・施工および付帯サービスまでのビジネスの、すべての段階におけるベストプラクティスの計画と適用を通じて、欠陥を防ぐことを掲げている。

ISO9000の認証　ISO9000 Certification
　ISO9000規格の要求事項に対する特定品質システムの審査。その結果として、特定品質システムが規格の要求事項を満たすものであることを保証する認定証が発行される。

ISOによる国際環境マネージメントシステム　international environmental management systems under ISO
　国際的に認められる環境マネージメントの基準を創るために、ISOによって開発されたシステム。

アグロフォレストリー　agroforestry
　林業と農業を同時にひとつのシステムとして管理経営する方法。

一斉林　even-aged stand
　単一樹齢の樹木によって構成される林分。ハリケーンのような自然災害や皆伐施業によって、それまであった多様な樹齢の林分が消滅し、その後一斉に更新した同齢の木々によって形成される。同齢林とも言う。

異齢林　uneven-aged stand
　さまざまな年齢の樹木で構成される林分。単木または群状の択伐により林分を小規模に攪乱することで形成される。

エコシステムマネージメント　ecosystem management
　健全な生態系の維持を目標とする森林管理方法。

エコマネージメント監査システム Eco-Management Auditing System: EMAS
ヨーロッパ連合が1993年に立ち上げた任意の管理機構。現場を診断し環境への取り組みを指導するとともに、その情報を一般に公開することで、企業活動における環境パフォーマンスを継続的に向上させることを目的としている。

エコラベリング ecolabeling
ある製品またはサービスを、環境的負荷を基準に差別化する目的で用いられるラベリング制度。環境ラベリングも同義。

エッジング edgings
エッジャー（edger）と呼ばれる機械で、板の片側あるいは両側に丸みがある耳つき板や、太鼓材から丸みのある部分を切断・縁取りし、成型加工する際に出る廃材。

エンジニアードウッド engineered wood products
無垢材ではなく、いろいろな部材を糊づけするなどして構造を強化した木質材料。積層単板（LVL）はその一例。

オールドグロース林 old-growth forests
老齢木が優占する手つかずの原生林。

押し角 live-edge square
片側に耳（鋸断されていない樹皮側の面）があり、もう一方の側面が鋸断されている材で、日本では押し角と呼ばれる。例えば、平角に木取ったフリッチ（スライサ単板を取るために丸太から両側面を平面に木取りした材）を切断する場合、側面の樹皮の付いた部分が切り落とされる。

皆伐 clear-cut
特定の地域内で商業的価値のある立木をすべて一斉に伐採する方法。

画伐作業 group shelterwood
隣接する樹木が次世代を庇蔭するように林分内に小さなスペースを作る作業法。残しておく樹木の群は徐々に伐採され、やがて完全に取り払われる。

家族経営 household enterprise
家族を基礎とした経営体。

河畔保留木 riparian set-asides
伐採されずに水流に沿って残された樹木群。これらの樹木を残しておくことは、河川への土砂の流入防止や樹陰による水温調整に役立ち、水生生物の保護にとって重要な役割を果たす。

河畔林 riparian forests
渓流およびその継続的作用によって形づくられた河畔域の森林。

可変生産 flexible manufacturing
市場の要請に応じて、生産ラインから外したり生産工程を変更したりできる自由度が高いこと。大企業よりも中小規模の企業の方がこうした体制を取りやすい。

環境機能 environmental services
　森林が提供する林産物生産以外の公益的機能。具体的には、流域や土壌の保護、野生動物の生息域の提供、炭素固定、レクリエーション利用など。

環境効率 eco-efficiency
　環境負荷の現状維持または削減を図りながらも顧客ニーズを満たし、付加価値創造に重きをおく考え方。商品製造にかかる原料やエネルギーの削減、有害物質拡散の削減、リサイクル（再生可能資源の持続可能な再利用）、商品耐久性の向上、商品の長期使用のためのサービス向上などが含まれる。

環境スワップ debt-for-nature exchange
　一般に、自然保護を条件に先進国の組織や政府が開発途上国の債務返済を免除する合意。debt-for-nature swap も同義。

環境認証 environmental certification
　独立した第三者機関によって、一定の基準に照らし合わせて森林管理の実態とそこから生産される製品を評価しモニターするプロセス。

環境保全トラスト conservation trusts
　環境保全目的のために地権・水権を永久に信託する、さまざまな公的・私的取り決め。

間伐 thinning
　林分の生育途中で、形質不良木などを除去して残存木に空間を再配分し、あるいは中間収入を得るために行われる間引き。

キャラクターウッド character wood
　外観上あるいは構造上の欠点があり従来の基準では低質材と見なされるが、製品に加工された時にかえって消費者に喜ばれ購入される場合もある木材。例えば、ある種の家具に用いられる鉱物による染みや大きな節のある材など。鉱物による染みは鉱条（かなすじ）と呼ばれ、木材組織内に各種鉱物質の結晶やフェノール性物質が含まれるなどして暗緑色または暗褐色を呈する複雑な条斑を指す。

共有地の悲劇 "A Tragedy of the Commons"
　ギャレット・ハーディンが、再生可能な共有資産に関する資源利用と再生投資との不均衡の結末をこう表現した。各個人は共有資源を利用したいと考える一方、その再生のために投資しようとは考えない。結果として、資源の生産性と利用者全体の利益は低下する。

グリーンシール Green Seal
　1989年に設立され、環境面から見て望ましい消費者向け製品に「承認されたシール」を与えることによって、その生産・利用・廃棄に伴う環境への負の影響を削減することを目指した非営利組織。

群状択伐 group selection
　成木樹高の2倍以下の幅のスペースを林分内に作るため群状に択伐する作業法であり、その結果林分は異齢林として管理される。

高収穫林業　high-yield forestry
　単位面積当たりの伐採材積を最大化する林業。
広葉樹　hardwood
　針状の葉をつける針葉樹に対し、広い葉を持つ樹木の植物学上のグループ。また、きめや密度に関係なく広葉樹から生産される木材を広葉樹材と呼ぶ。
広葉樹漂白クラフトパルプ　bleached hardwood kraft pulp：BHK
　針葉樹材に比べ繊維長が短い広葉樹材を原料として、硫酸塩法により作られたパルプを漂白したもの。
国際熱帯木材機関　International Tropical Timber Organization：ITTO
　熱帯木材の生産国と消費国との国際的な協力を通じて、熱帯林の保全と持続可能な開発を促進するために、1987年に設立された会員組織。2001年7月現在、57カ国が加盟する。
国際標準化機構　International Standards Organization：ISO
　世界規模での標準化を推進するための、各国の規格機関の連合体。ISOは、財やサービスの交換を促進し、知的・科学的・経済的領域における相互協力を奨励するために、国際規格を作成し公表する。
コミュニティーフォレスト　community forest
　地元の人々によって経営・管理されている森林。
コンサベーションブローカー　conservation brokerages
　土地所有者と税務当局を仲介し、土地環境保全のための取り決めを行うとともに、その取り決めを執行する組織。固定資産税が減額される代償として、土地所有者は開発権の一部を永久に制限される。
最小関与育林法　minimal cultivation
　更新時に環境への影響を最小限にすることを目的とした森林管理方法。
自然資本資産　natural capital assets
　人工的に作る場合に比べて、より安いコストで収入の確保や福利を享受できるような資産的性格を有する自然。
自然林　natural forest
　系の複雑さ・物理的構造・生物多様性などの点で、その土地本来の生態系の基本的特徴と重要な構成要素が存在する森林。
持続可能な森林　sustainable forest
　生態学的な働き・機能・生産物を長期的に供給しつづけることのできるような森林。
持続可能な森林経営　sustainable forest management
　森林の持つ長期的な働き・機能・生産物の供給を損なわないように、経済的・生態学的・社会的な変化に適切な対応のできるような森林経営。
集材路　skid trails
　伐採した樹木を森林から滑らせたり引きずったりして搬出する林内の経路。

植物群落 plant associations
複数種が共存することによって最適な生育環境が形成されるような植物種の集団。

人工林 plantation
FSC の国・地域レベルでの評価基準で定義されているように、当該地域の固有の生態学的・構造的特徴のほとんどを喪失している森林で、植栽、播種、あるいは集約的な保育による人為的活動の結果として成立したもの。

人工林林業 plantation forestry
単一あるいは複数の樹種が植栽された林地を管理経営すること。多くの場合、木材生産のために行われる。

針葉樹 softwood
マツ・モミ・スギなど、針状もしくは鱗片状の葉を持つ植物学上のグループ。また、きめや密度に関係なく、針葉樹から生産される木材を針葉樹材と呼ぶ。

森林 forest
樹木と自然過程によって支えられた集合体。

森林インセンティブプログラム The Forest Incentive Program
アメリカにおいて、健全な森林を育成する活動に、政府の資金を提供して費用を分担するプログラム。FIP と呼ばれ、1990 年農業法の一部として森林スチュワードシッププログラムとともに創設された。

森林インテグリティ forest integrity
天然林の構成、動態、機能、および構造的属性。

森林管理協議会 Forest Stewardship Council: FSC
国際的な認証機関として、市場での公共の信頼と林産物ラベルの厳密な基準を確立するために、1993 年に設立された独立で非営利の非政府組織。

森林経営 forest management
林分に対し、木材が成熟してある目的に見合うようになるまでの期間中に施される、あらゆる種類の活動。その目的の中には、ある決まった樹種の林分を造成したり、価値の高い樹種の生育を促したり、天然林のような森林を造ったり、あるいは景観の質を高めたりすることなどが含まれ得る。

森林スチュワードシッププログラム Forest Stewardship Program
アメリカにおいて森林施業を実施するために、また州によっては森林経営計画を策定するために、非産業私有林所有者に対して技術的支援と費用分担を提供する政府プログラム。

森林の断片化 forest fragmentation
総森林面積の減少により、森林がパッチ状に分散孤立すること。

森林利用の転換 conversion
しばしば土地の恒久的な断片化をもたらす、他の使用目的への森林の土地利用の転換。これには、数種類の樹種を含む林分を単一樹種からなる林分に変更するような場合も含まれる。

スマートウッド SmartWood
 環境保護団体レインフォレスト・アライアンスのプログラムのひとつで、世界で最初の森林認証機関。森林管理協議会（FSC）によって認可された認証機関。これまでに世界の20カ国以上で森林認証を、35カ国以上でCoC認証を手がけてきている。

生態系 ecosystem
 すべての動植物および物理的環境の集合体で、相互依存によって機能している系。生物層とこれをとりまく環境との複雑な相互関係。

生態系創造学 ecoculture
 望まれる林産物やサービスとその品質の持続可能な生産を達成するような生態系の創造に向けた科学的アプローチ。

生物多様性 biological diversity
 陸上・海洋・陸水をはじめすべての生態系における生物の多様性およびその生態学的な複雑性を指し、遺伝子レベル・種レベル・生態系レベルでの多様性からなる。

世帯維持可能な常勤の職 full-time family-wage jobs
 同一地域内の同様の職種と比較して、世帯を維持するのに十分な高い賃金が支給される仕事。この場合の賃金には社会保険や年金などが含まれる。

切削丸太 peeler log
 ロータリー単板加工用の原木丸太。

潜在植生区分法 The Forest Habitat Classification System
 ヨーロッパで最初に開発された方法で、植物群集の生態的特徴を明らかにすることにより、その立地における樹木の生育の潜在力を区分する方法。

漸伐作業 shelterwood tree systems
 伐期に達した林分を何度かに分けて伐採しながら、残された上層成木の陰に新たな一斉林分を育てる造林作業法。

造林 silviculture
 林産物を持続的に生産するために森林生態系を科学的に取り扱う方法。樹木を収穫可能な資源として、あるいはその他の森林価値や便益の向上を目的として育成する科学技術。その過程における機械的・化学的な取り扱いも造林に含まれる。

択伐作業（単木、郡状、帯状） selection systems（single tree, group, and strip）
 3種以上の異なった主要齢級から構成される異齢林分を造成・維持するための作業法。この経営方式の目的は、林分を造成しその齢級構成を永久に維持することにある。

単板 veneer
 丸太をロータリレースやスライサ、鋸で切削し、均一な厚さに加工した薄板。合板や積層単板（LVL）、家具、梱包材などに使われる。

地位指数 site index
 その土地における樹木の生育度を表す指標。基準となる年数で期待される樹高を反映して定められるのが普通である。一般には、50年が基準として用いられる。例えば、基準年が50

年で地位指数が100であれば、その樹種の優勢木（樹高が最も高い）と準優勢木の平均樹高が50年後に100フィートに達するという意味である。

中質繊維板　medium density fiberboard（MDF）
　非常に小さな木質繊維を圧縮し接着剤で固めたパネル製品。繊維板にはこのほか、LDF（インシュレーションボード、軟質繊維板）とHDF（ハードボード、硬質繊維板）があり、用途によって使い分けられる。

ツリーファーム　The Tree Farm Program
　アメリカで1940年代に木材産業によって始められたプログラムで、継続的に木材と木質繊維を確保することを目的として林地への投資を促進するもの。非産業私有林経営を活性化するための全国的なプログラムとしては最も古いもので、今日においても行われている。

天然更新　natural regeneration
　植栽など人の手を借りず、自然の芽生えで行われる森林の更新。

天然林　natural forest
　天然更新によって成立した森林。人為的に植栽された人工林との対概念。

特別仕様材　custom-grade lumber
　通常の国内基準だけによらない等級づけによって、特殊なニーズを持つ顧客のために選別された木材。

パーティクルボード　particleboard
　木材の小片あるいはリグニン・セルロース素材（例えば、チップ・薄片・粉砕木・方形削片・鋸くず・鉋くずなど）を原料として作られるパネル製品。加熱・加圧・加湿・触媒反応などのうち、単一もしくは複数の過程を経て圧縮処理される。

配向性積層板　oriented strand board : OSB
　木質系ボードの一種。薄くて細長い木片をボード面の長尺方向に平行に並べた層と直角に並べた層を交互に積層して接着したパネル製品。構造用合板の代替製品として注目されている。

端材　cut-off blocks, trim end
　製材時に目的の材を切り出した後に残る、梢端よりも大きい割材のような木片。これらはチップにされパルプの原料やバイオマスエネルギーに利用される。

非産業私有林　nonindustrial private forest: NIPF
　木材関連企業によって経営される大規模な森林以外のすべての私有林。アメリカでは、一般的に1,000エーカー以下の規模の場合を指す。

フィンガージョイント技術　fingerjoint technology
　2つ以上の木片を接合して強度のばらつきが少ない部材に仕上げる技術。それぞれの木片の先端に指を伸ばしたようなギザギザの切り込みをつけ、これを向かい合わせて糊づけするところからこの名前が付けられた。

付加価値生産　valued manufacturing
　生産・販売過程において製品の高付加価値化を図ること。

方向伐倒 directional felling
　伐倒者が切り倒す方向や地面に倒れ込む場所を選定しながら行う伐倒方法。

ボードフィート board foot
　アメリカにおいて通常使われる木材取引の測定単位。1 mbf = 1,000ボードフィート。1ボードフィートは1フィート×1フィート×1インチの板材の材積。

母樹保残作業 seed tree systems
　あらかじめ選定された立木あるいは立木群を種子供給のための母樹として残し、それ以外を伐採する作業法。天然更新完了後の母樹は、伐採される場合もされない場合もある。

保続収穫 sustained yield
　純成長量と収穫量との適切な均衡を図ることにより継続的な生産を行うこと。

保存皆伐 clear-cut with reserve
　林分を構成しているいくつかの林分要素を残しつつ行う皆伐方法のひとつ。残し方としては、皆伐地に個々の木を散在させる方法やパッチ状にまとまった木々を残す方法などがある。一般的にもともとあった林分内木の20％以上が残されることはなく、残された林木は皆伐後の更新が行われた後でもそのまま保存されることが多い。

ボルトウッド boltwood
　小さな丸太、あるいは大きなものでも採材されて残った切れ端。通常、長さ4.5フィート（約1.3m）未満のもの。

緑の投資信託 "green" mutual funds
　環境面から見て健全で持続可能な企業の発行する有価証券に投資する投資信託。エコファンドとも呼ばれる。

無塩素技術 Elemental Chlorine Free Technology：ECF技術
　塩素ガスではなく、二酸化塩素によってパルプを漂白する技術。二酸化塩素の代わりにオゾンを利用するTCF（Totally Chlorine Free Technology）技術も開発されている。

無排水パルプ effluent-free pulp
　現在開発中の、排水を完全にリサイクル利用する工場で生産されるパルプ。

モノカルチャー人工林 monoculture plantation
　単一樹種のみで構成される木材生産を目的とした人工林。

ランドスケープ landscape
　地理・地形・土壌・気候・生物・人為的干渉などの影響からなり、相互作用を及ぼし合うような複数の生態系から構成される地理的なモザイク。

立地 site
　林分あるいは特定の樹木が生育している場所（環境）。立地の条件は樹木の成長に影響を与える光・熱・水・空間およびその他の栄養素などの要因からなる。

立木価格 stumpage fees or stumpage cost
　立木に対して支払われる対価、あるいはその時点での立木の評価額。

立木度 stocking
　その立地において最適な林分密度と比較した場合の蓄積の相対値。最適立木度とは林分が最大の年間成長量を達成するような立木密度をいう。

良木抜き切り high grading
　林内の商業的に価値のある樹種のみを収穫すること。その結果、商業的価値のより低い樹種が優先して更新する。

林業 forestry
　期待される林産物、公益的機能、そして生態的条件を手に入れるために森林を保護し改変する一連の活動。

林産物の価値連鎖 forest products value chain
　木材が（森林から消費者のもとに届くまでの）加工や販売流通の段階を経る間に付加される価値。

輪伐期 rotation
　皆伐作業法における主伐から次の主伐までの期間のことで、林木の生育条件に依存し、また、地域・樹種・木材の生産目標によっても変化する。

林分 stand
　特定の場所に一緒に生育する樹木の群落。林業技術者にとっては、これを1つの単位として効率的に管理することができる。天然林ではある林分から別の林分への移り変わりは緩やかであることが多いが、これは立地の緩やかな変化の結果として生じている。しかし、例えば急傾斜地において水利条件が異なる場合、1本の線によって2つの林分に分けることができる。さらに、造林によって林分間に「はっきりとした境界線」を作り出すことが可能である。

林分構造 stand structure
　林分における樹木の太さ・林齢・配置・高さの組合せ。

索引

【ア行】
アウトソーシング　228
アカシア　243
アカシア人工林　35
アグロフォレストリー　22
アタベリーコンサルタント社　97
アッシドマン社　48, 78
アッシュランド社　183
アマゾン　42, 209
アメリカ　36, 45, 61, 79
アメリカ・カナダ貿易協定　188, 191
アメリカ国際開発局（USAID）　109
アメリカ市場　79
アラクルスセルロース社　48, 223, 292
アルド・レオポルド　181
アンダーセンウィンドウズ社　193
アンダーセン社　193
イケア社　51
意思決定　156
1995＋グループ　71, 256, 259
イマゾン　107
異齢林　113, 161, 172
インセンティブ　23, 173, 201, 236
インターナショナルペーパー社　29, 96
インディアン部族　129
インデュライト・プロセス　106
インドネシア　35, 37, 209, 223, 243
ウィルダネス　17, 273
ウィンチ付きスキッダ　214
ウェアハウザー社　13, 34, 72, 150, 153, 264, 294
ウェアハウザー林業　271, 272
ウェルドウッド社　81
ウッドマスター社　289
エコシステムマネージメント　24, 72
エコツーリズム　284
エコファンド　24
エコラベル　60
エッジグルーイング　140
エバーグリーンインダストリー社　106
エンジニアードウッド　12, 40, 47, 51, 52, 301

エンジニアードパネル　49, 50
エンソ社　63
オーバーンマシーナリー社　99
オールドグロース林　8, 12, 47, 250
オセアニア　34, 39
汚染防止　285
オッペンハイマー社　254
温帯広葉樹　55

【カ行】
カータースプラーグ社　99
ガイアナ　42
回廊　251, 253
画伐作業法　145
加工業者　92
価値連鎖　300
カナダ　34, 45, 61, 83
カナダ基準協会（CSA）　65
カナダ基準協会（CSA）プログラム　81
河畔林　22
株主資本利益率　218, 290
可変生産　189, 193
ガボン　43
紙サイクル　76
紙製品　76
紙パルプ産業　45
環境管理システム（EMS）　285
環境企業支援基金（EEAF）　206
環境機能　222
環境効率　226, 227, 241, 287
環境サービス　11
環境スワップ　24, 201
環境戦略　286
環境団体　62, 68, 252
環境デザイン　285
環境と開発に関する国連会議（UNCED）　223
環境認証　9, 114, 199
環境パフォーマンス　41
環境ボイコット　84
環境保護運動　10

314

環境保全コスト　240
環境マネージメント監査スキーム　261
環境マネージメント基準　279
環境問題　223, 248
関税と貿易に関する一般協定（GATT）　39, 73
完全無塩素（TCF）紙　62
完全無塩素（TCF）パルプ　227
乾燥材　142, 150
キーバンク　111
企業イメージ　116, 128, 300
技術開発　90, 233
キャタピラ社　107
キャッシュフロー　278
キャピタルゲイン税　173
キャラクターウッド　92, 143, 146, 184
京都議定書　12
共有地の悲劇　20
許容伐採量　34
金融市場　24
クノールグループ　136
クライビッチアンドアソシエーツ社　103
クライビッチ・システム　103
グリーンウェルド社　102
グリーンウェルド・プロセス　102
クリーン技術　285
グリーン購入ネットワーク　84
グリーンシール　194
グリーンな消費者　68
グリーンピース　62, 63, 223
グリーンピース・カナダ　146
グリーンピース・スウェーデン　251
グリーンブローカー　24
グループ認証　178
グローバリゼーション　30, 39, 85, 299
群集択伐　169
景域　22
経営の再定義　14, 287, 292
化粧単板　52
研究機関　90
原産地表示義務　74
原木丸太選別土場　145
合意形成グループ　119
高級品市場　86
航空写真　97
高収穫林業　268, 295

広葉樹材　55
広葉樹漂白クラフト（BHK）パルプ　224
ゴールデンホープ社　51
国際熱帯木材機関（ITTO）　42, 57, 65, 84
国際標準化機構（ISO）　41
国際貿易協定　73
国内基準　61, 248, 259
国内認証システム　78
国有林　81
国連環境計画（UNEP）　231
国連食糧農業機関（FAO）　224
コスタリカ　199, 204
固定資産税　162
固定標準地　117
コネチカット・バーモント計画　180
コミュニティー　222, 224
コミュニティーフォレスト　25
雇用　184
雇用創出　90
コリンズウッド　116, 125
コリンズパイン社　13, 113, 293
コリンズリソースインターナショナル社　114
コロニアルクラフト社　179, 191
コンセッション（伐採権）　244
コンノール社　141
コンピュータリテラシー　91
コンベヤーシステム　185

【サ行】
財産税　173
財務管理システム　221
サビアインターナショナル社　8
サプライチェーンマネジメント　285
差別化の手段　198
自家発電　185
自主的な認証制度　61
システム・アプローチ　64
持続可能性　26, 85, 285, 296
持続可能な開発委員会（CSD）　42
持続可能な森林　18
持続可能な森林経営　4, 9, 60, 88, 113, 181, 212, 293
持続可能な森林経営技術　88
持続可能な森林経営の未来技術　111
持続可能な木材生産　258

315

持続可能な林業　9, 13, 20, 27, 130
持続可能な林業ワーキンググループ　4, 13, 16, 288
持続的森林経営プロジェクト　109
持続的林業イニシアティブ(SFI)　63, 279
持続的林業イニシアティブ(SFI)プログラム　79
持続的林業発展に対する大統領賞　116, 143
市町村レベルの行政機関　73
支払い意思　68
市民権の保護　14, 286, 289
社会経済的利益　258
社会林業　22
収穫調査　201
狩猟　156
小規模林家　177, 180
消失面積　1
上層間伐　160, 169, 172
奨励金　133
シルバニアフォレストリー社　108
人工林優遇政策　37
人工林林業　37, 40
信託　157, 166, 176
針葉樹製材品　53
森林火災　245
森林管理協議会(FSC)　6, 9, 41, 61, 78, 109, 191, 216, 222, 248
森林管理協議会(FSC)認証　81, 109, 259
森林管理協議会(FSC)ワーキンググループ　259, 262
森林管理の規模問題　19
森林経営に関する認証　64
森林資源管理者　178, 180
森林資源管理者の認証　154
森林資源調査　117, 127
森林生態系　11
森林トラスト　24
森林認証制度　25
森林の健全性　114, 274
森林の多様化　114
森林の断片化　155
森林の転換　159
森林の分散　155
森林破壊　11
水源林　25
垂直的製造工程　184

垂直的統合　199, 206, 262
スウェーデン　48, 61, 247
スカンジナビア諸国　77
スカンジナビア・モデル　236
スキャンシステム　31, 104
スクラップ・リカバリー・システム　99
スチュワードシップ　23, 168
スチュワードシップ林業　163
ステーツインダストリー社　82
ストラ社　13, 29, 247
ストランド　48
ストンフォレスタル社　66
スマートウッド　130, 141, 179, 193, 216
スリナム　42, 43
生産・加工・流通過程の管理(CoC)の認証　64, 154, 178, 195, 262
製紙工場　62
税制　173
生息地保全計画　272
生態系サービス　2
生態系創造学　21
生態系の維持　258
生態系ベースの森林経営　252, 263
生態的景観計画(ELP)　247
製品管理　285
製品スチュワードシップ　241
製品の差別化　67
製品品質の向上　287, 291
生物学的酸素要求量(BOD)　227
生物多様性　23, 202, 222, 231, 252
生物多様性保護計画　4
セインズベリー社　48, 256
世界資源研究所(WRI)　1
世界自然保護基金(WWF)　63, 251
世界貿易機関(WTO)　39
絶滅危惧種　251
セブンアイランド社　67
ゼロ・エミッション　285
先行的アプローチ　284
潜在植生分類法　131
先住民族　144, 229
漸伐　118, 145
全米林産物製紙協会(AF&PA)　41, 65, 79
戦略的ビジョン　296
早生樹種　222

相続計画　174
相続税　155, 161, 173, 174
ソービライト社　87
ソービライトプロセス　87

【タ行】
ターナー社　71, 82
第三者機関　136, 151
第三者認証　64, 260, 279, 280
第三者認証機関　70, 248
第三者認証制度　53
代替的な伐採　145
択伐　113, 201
択伐作業法　145
炭素固定　12, 284
炭素林　22
単板産業　52
地位　164, 166
地域コミュニティー　23
地位指数　171, 176
地球温暖化　11
地球温暖化防止　12
地球サミット　16
チャンピオンインターナショナル社　31
チャンピオンインターナショナルブラジル社　217
中質繊維板（MDF）　40, 50, 87
注文等級制　142
チリ　8, 43
地理情報システム（GIS）　22, 96, 118, 251
追随的アプローチ　284
通信販売　190
ツリーファーム　37, 157, 160, 268
ツリーファームプログラム　180
低負荷伐採　97
ティンバートラッカー　257, 258
適応学習　27, 28
テクノフォレスト社　201
天然更新　115, 161, 169, 176, 267
天然林資源　32
天然林の転換　245
ドイツの出版業界　255
同齢林　113
都市林　22, 25
土地所有構造　236

土地信託　178, 180
トラピスト修道院　167
トリム・ブロック・ドライング・ラック・システム　99
トリリウム社　8
ドンヒァ社　71

【ナ行】
ニッチ市場　2, 77, 115, 123, 183, 186, 290
日本　45, 54
日本市場　84
日本の在来軸組工法　266
ニュージーランド　37
ニュージーランド森林研究所　105
認証機関　127, 181
認証制度　1, 13, 41
認証製品　70, 73, 114, 122, 152, 179, 199, 299
認証に関わるコスト　122
認証費用　177
認証木材　73
認定伐採者プログラム（CLP）　95
熱帯広葉樹　57, 200, 209
熱帯広葉樹材　57, 73
熱帯木材　209
熱帯林行動計画　16
熱帯林破壊　206, 208
年許容伐採量　121, 132

【ハ行】
パーソンズパインプロダクツ社　183, 290
パーティクルボード　49
パートナーシップ　16, 111
バイオテクノロジー　9
バイオマス　274
配向性積層板（OSB）　40, 48, 87
廃材利用　184
バイヤーズグループ　9, 61, 71, 299
端材　184
罰金　133
伐採業者　92
伐採許可証　204
伐採計画　201
バッファゾーン　96
ハビタットフォーヒューマニティー社　71
パフォーマンス基準　64
パラゴミナス　210

317

パラ州　210
パラマ社　29
パレット　99
半製品　215
汎地球測位システム（GPS）　96
火入れ　245
非産業私有林（NIPF）　153
ビジネスチャンス　128, 296, 298
漂白ユーカリパルプ　223
品質の向上　14
フィブレックス　193
フィンガージョイント　100, 140, 184
フィンランド　61
フィンランド製紙協会　68, 76
フォレスト・ビュー　97
付加価値　90, 140, 182
付加価値の連鎖　5
負荷の低減　14, 287, 290
複数センサマシン（MSM）　105
歩留まり　9, 219
プライスウォータハウスクーパーズ　149
ブラウントラッキングアンドロギング社　98
プラザハードウッド社　66
ブラジル　35, 37, 43, 208, 223
プラス・ツリー（精鋭樹）　269
プランテーション　222, 243
プランテーション林業　224, 234
フリーマン社　125
ブリティッシュコロンビア州　37, 63, 281
プレシャスウッド社　212
プレミアム　68, 115, 126, 138, 196, 207
ブレント家　290
フローリング材　220
プロクターアンドギャンブル（P＆G）社　72, 280
フロンティア　11, 20
分離システム　127, 292
ペルー　43
ペンシルバニア州　81
ホームデポ社　13, 80, 124, 196, 204, 291
北米自由貿易協定（NAFTA）　39
母樹保存作業法　145
保続収穫　271
保存皆伐　145
ホッグ　185
ボリビア　108

ポルティコ社　199, 291
ボルトウッド　98
ポンス・システム　97
ポンス社　98

【マ行】
マーケティング　128, 141, 191, 221, 297
マイアミオレゴンコースト社　97
マクミランブローデル社　61
マダラフクロウ　34, 272
マッカーサー財団　4
マナドック製紙　85
マホガニー　200
マレーシア　35, 37, 58, 209
緑の党　74
ミネソタ州　81
未利用樹種　99, 219
無塩素（ECF）パルプ　227
無塩素（ECF）法　62
メイターエンジニアリング社　92, 99
メノミニー部族　130
メノミニー部族企業（MTE）　56, 66, 129
木材乾燥　99
木材繊維　222
木材繊維サービス　284, 287, 293
木材廃棄物　98
モザイク　26
モザイク戦略　238
モノカルチャー　15

【ヤ行】
ユーカリ　243
ユーカリ人工林　35
ユーカリの黄金三角地帯　225
優遇税制　170, 173, 233
有毒溶解性有機ハロゲン化物質（AOX）　227
ユナイテッドソイビーンボード社　103
ヨーロッパ市場　74

【ラ行】
ライフサイクルアセスメント　260, 285
ラジアタパイン　106, 169
ラジアタパイン人工林　38
ランドスケープ　22, 118, 251, 253
リオセル社　234, 289

利害関係者　277, 294
リサイクル　82
リサイクルパルプ　83, 267
リサイクル木材　185
流域管理　284
流域分析　272
利用間伐　172
林家　92
輪伐期　120
林分構造　172
林木育種プログラム　269
レインフォレスト・アライアンス　179
レキシントン家具　125
レクリエーション　156, 273
労働組合　230
ロゴマーク　122
ロシア　34, 39, 281

ロバートベリーアンドサンズ社　96
ロフトベッド社　82
ロボアイ　105

【A～Z】
B&Q社　75, 81
Celosモデル　213
CO_2排出権取引　297
DIYチェーン　71, 291
IBAMA　211
IMR／CIMAL社　75
ISO14000シリーズ　233
ISO14001　238, 262
ISO9001　238
NGO　15
SCS　114, 119, 130, 202, 248, 258
WTDインダストリ社　102

【著者略歴】
マイケル・B・ジェンキンス（Michael B. Jenkins）
世界中の森林における持続可能な経営の実現を目指すNGO、フォレストトレンド（本部アメリカ・ワシントンD.C.）の代表。エール大学で森林科学専攻の修士号を取得後、さまざまなNGOで森林保全と持続可能な経営に関する活動に参画した。1989年からは、マッカーサー財団で世界規模の環境保全と持続可能性に関するプログラムのディレクターを務めた。本書はそのプログラムの成果の一部である。

エミリー・T・スミス（Emily T. Smith）
環境とビジネスの調和というテーマに取り組むフリージャーナリスト。ミネソタ大学でマスコミ専攻の修士号を取得後、「ビジネスウイーク」誌で長年、科学担当編集者として活躍した。守備範囲は、環境科学をはじめ、工学、薬学、生命科学、コンピュータ、化学と多岐にわたる。全米雑誌協会賞を2回受賞したほか、1993年には環境問題と経済発展に関する著作で海外記者クラブ賞を受賞した。

【編訳者略歴】
大田　伊久雄（おおた　いくお）
1960年生まれ、京都大学大学院農学研究科助手、担当：序、まえがき、序章、第1章
梶原　晃（かじわら　あきら）
1963年生まれ、神戸大学経済経営研究所助教授、担当：第2章
白石　則彦（しらいし　のりひこ）
1955年生まれ、東京大学大学院農学生命科学研究科助教授、担当：第5章、第14章

訳者略歴（五十音順）
奥野　剛（おくの　つよし）
1963年生まれ、日商岩井株式会社勤務、担当：第8章第1節
尾張　敏章（おわり　としあき）
1971年生まれ、北海道大学大学院農学研究科助手、担当：第13章
芝　正己（しば　まさみ）
1954年生まれ、京都大学大学院農学研究科助教授、担当：第6章、第7章
杉森　正敏（すぎもり　まさとし）
1961年生まれ、愛媛大学農学部森林資源利用システム助教授、担当：第4章
富村　周平（とみむら　しゅうへい）
1947年生まれ、富村環境事務所代表、担当：第9章
楢崎　達也（ならさき　たつや）
1973年生まれ、京都大学大学院農学研究科森林科学専攻森林利用学分野修士課程在学、担当：第11章
西山　泰三（にしやま　たいぞう）
1977年生まれ、東京大学大学院農学生命科学研究科森林科学専攻修士課程在学、担当：第8章第2節
廣嶋　卓也（ひろしま　たくや）
1972年生まれ、東京大学大学院農学生命科学研究科助手、担当：第3章第1節、第2節
福田　淳（ふくだ　じゅん）
1972年生まれ、林野庁木材課木材貿易対策室、担当：第3章第3節〜第9節、第8章第3節、第10章、第12章

森林ビジネス革命
環境認証がひらく持続可能な未来

2002年2月15日　初版発行

著者	マイケル・B・ジェンキンス
	エミリー・T・スミス
編訳者	大田伊久雄・梶原　晃・白石則彦
発行者	土井二郎
発行所	築地書館株式会社

東京都中央区築地7-4-4-201　〒104-0045
TEL 03-3542-3731　FAX 03-3541-5799
http://www.tsukiji-shokan.co.jp/
振替00110-5-19057

組版————ジャヌア3
印刷所———株式会社平河工業社
製本所———富士製本株式会社
装丁————新西聰明

Ⓒ 2002 Printed in Japan
ISBN4-8067-1237-X C0060

森林の本

《価格・刷数は2002年1月現在》

日本人はどのように森をつくってきたのか

コンラッド・タットマン[著]　熊崎実[訳]　◉2刷　2,900円＋税

強い人口圧力と膨大な木材需要にも関わらず、日本に豊かな森林が残ったのはなぜか。古代から徳川末期までの森林利用をめぐる村人、商人、支配層の役割、略奪林業から育成林業への転換過程まで、日本人・日本社会と森との1200年におよぶ関係を明らかにした名著。

森なしには生きられない

ヨーロッパ・自然美とエコロジーの文化史

ヨースト・ヘルマント[編著]　山縣光晶[訳]　2,500円＋税

◉国立公園評＝ヨーロッパの自然・環境保護の取り組み、環境倫理形成の歴史を、人間本位の自然観からの脱却やホリスティックな観点から色鮮やかに論じた本書は、この分野に関心のある方々の必読の一冊。

森と人間の歴史

ジャック・ウェスウトビー[著]　熊崎実[訳]　◉6刷　2,900円＋税

環境問題の常識と解決策を根本から覆し、新たなる視座を与えるとともに、現代の森林問題の本質にせまる書。◉読書人評＝森林の生態学、森林の経済学、森林の政治学の入門テキスト。◉朝日新聞評＝森林問題に関心を持つ人には必読の書。

森が語るドイツの歴史

カール・ハーゼル[著]　山縣光晶[訳]　◉3刷　4,100円＋税

◉読書新聞評＝土太古の時代から近代造林の時代まで森と人間との相互関係の歴史を壮大に、そして綿密に跡づけた大著。森を消していった人間の歴史について豊富な資料を駆使して検証。◉信濃毎日新聞評＝専門家だけでなく、森に関心を持っている人にも読みやすい書。

◉本のくわしい内容はホームページを。http://www.tsukiji-shokan.co.jp/

環境保護を考える

《価格・刷数は2002年1月現在》

樹木学

トーマス［著］　熊崎実＋浅川澄彦＋須藤彰司［著］　3600円＋税

生物学、生態学がこれまで蓄積してきた、樹木についてのあらゆる側面を、分かりやすく魅惑的な洞察とともに紹介した樹木の自然誌。「この本を一読して身近な木々をもう一度眺めてみると、けなげに生きている樹木の一本一本が急にいとおしく思えてくる」（訳者あとがきより）

エコシステムマネジメント

柿澤宏昭［著］　2,800円＋税

●**西日本新聞評**＝環境保全と産業、地域社会。矛盾しがちなこの関係を考えるため、米国国有林の歴史的な方針転換を素材に、具体的な政策、制度の実現過程を紹介。●**出版ニュース評**＝行政・企業・専門家の協働による実践事例を取り上げ、日本が学ぶべき点を明らかにしている。

流域一貫　森と川と人のつながりを求めて

中村太士［著］　2,400円＋税

21世紀に求められる流域管理、流砂系管理、集水域管理、景域管理の指針を指し示す書。北アメリカ、中国、釧路湿原など、先進事例・調査事例を紹介しながら、森林、河川、農地、宅地と分断されてしまった河川流域管理をつなぎ直すための総合的な土地利用のあり方を提言する。

日本の森林植生　［補訂版］

山中二男［著］　●7刷　1,900円＋税

【主要目次】森林／日本の森林帯／森林と土地／森林の変遷／日本の森林／分布日本の森林地理区分／日本の森林の特徴と現状／森林の保護

●**科学評**＝日本の森林植生の概要をつかみ、植生研究とはなにかを教えてくれる好個の書。

●総合図書目録進呈いたします。ご請求はTEL 03-3542-3731　FAX 03-3541-5799まで。